重庆邮电大学哲学社会科学学术文库

网络空间安全的分析与应用

重庆邮电大学　编著

科 学 出 版 社
北 京

内容简介

在网络信息化的时代背景下，网络空间主流意识形态安全治理既面临机遇，又遭遇困境。网络空间的无界性、即时性、技术性有利于扩大主流意识形态的传播范围、提升其传播速度，为其安全治理提供技术支撑，但网络空间的多元性、虚拟性、开放性又分别消解了主流意识形态的主导权、削弱了其认同感、侵蚀了其话语权。为此，我们要建构意识形态领域理想生态等方面的协同治理，以维护网络空间主流意识形态的安全。本书从通信保障应急预案有效性评估理论与方法、政务微博引导下的网络舆情演化规律研究、移动互联网隐私安全现状分析及对策研究、刑事电子证据规则研究等方面论述了加强网络安全管理的方法及其应用。

本书适合于网络空间安全、经济与管理等专业的师生与科研工作者参考阅读，也可作为科研院所的参考用书。

图书在版编目(CIP)数据

网络空间安全的分析与应用 / 重庆邮电大学编著. — 北京：科学出版社，2022.9

ISBN 978-7-03-067003-8

Ⅰ. ①网…　Ⅱ. ①重…　Ⅲ. ①计算机网络-网络安全　Ⅳ. ①TP393.08

中国版本图书馆 CIP 数据核字 (2020) 第 231340 号

责任编辑：莫永国　陈丽华 / 责任校对：彭　映
责任印制：罗　科 / 封面设计：墨创文化

科学出版社出版
北京东黄城根北街16号
邮政编码：100717
http://www.sciencep.com

成都锦瑞印刷有限责任公司印刷
科学出版社发行　各地新华书店经销

*

2022年9月第　一　版　　开本：787×1092　1/16
2022年9月第一次印刷　　印张：18 1/2
字数：439 000

定价：166.00 元

(如有印装质量问题，我社负责调换)

《网络空间安全的分析与应用》编委会

前　言

近年来，计算机网络迅速发展，逐渐成为全球最大的资源信息平台，计算机网络给人们带来了很大的便捷，同时，网络安全也受到前所未有的威胁，已经越来越受到人们的重视。随着网络的日益发展，人们对网络安全问题的分析与防范策略的深入研究将成为必然趋势。十八大以来，习近平总书记从政治高度和全球化的视域，阐述了国家总体安全新形势、新变化、新挑战，就网络空间安全问题发表了一系列重要论述，具有十分重大的理论和实践意义。面对日益复杂的国际国内环境和突如其来的危机，如何处理好网络空间安全公共突发事件，维护公共安全成为提高政府执政能力的重中之重。本书从通信保障应急预案有效性评估理论与方法、政务微博引导下的网络舆情演化规律研究、移动互联网隐私安全现状分析及对策研究、刑事电子证据规则研究等方面论述了加强网络公共安全管理的方法及其应用。具体来说，本书的核心部分包括以下内容。

一是通信保障应急预案有效性评估理论与方法，构建了通信保障预案有效性指标体系与评估模型。建立了通信保障应急预案故障树和基于故障树的预案有效性评估模型、基于模糊综合评价法的通信保障应急预案有效性评估指标体系与评估模型、基于灰色多层次评价的通信保障应急预案有效性评估指标体系与评估模型等；利用管理、计算机等多学科交叉实现研究方法创新，将粗糙集理论应用于应急响应分级标准构建，建立了基于优势粗糙集的通信保障应急预案响应分级模型，提取了相应的决策规则等。

二是政务微博引导下的网络舆情演化规律研究，提出了兼顾安全性和高效性的隐私保护方案。深入研究移动互联网的隐私保护技术及方案，重点考虑了移动互联网中数据存储、移动互联网数据共享、移动互联网用户交互、移动互联网用户接入等多种场合的隐私保护问题。设计了支持多用户动态私有查询的可搜索加密方案，以适应多层次的隐私数据保护需求。在随机预言机模型下通过对敌手攻击能力评估进行形式化建模，精确分析了方案的安全性。

三是移动互联网隐私安全现状分析及对策研究，构建了网络舆情演化模型。从政府角度，构建网络舆情事件系统体系，采用多维观点模型、妥协扩散模型、粒子群模型等基本方法，结合社会调查法，对政府与公众通过政务微博进行事件的交流与互动，并做学术探索，提出了以生命周期理论为基本框架的网络舆情演化模型，丰富和发展了新型社会管理理论。这有助于促进政务微博在网络舆情演化中发挥引导作用，为政府把握合适反应时机、行动方式、参与深度提供科学决策依据，为构建和谐社会提供合理政策建议。

四是刑事电子证据规则研究，从证据法角度系统研究刑事电子数据特殊证据规则。在对电子证据这一新兴证据种类的内涵、外延、特点和分类进行深入分析的基础上，以可采性规则为核心，重点研究了电子证据在刑事司法中适用鉴真规则、传闻规则、最佳证据规则、非法证据排除规则时的特殊性，同时分析了电子证据对自由心证的冲击，提出了适合中国国情的证据规则的设计。

本书由李林、高新波、符明秋担任主编。参编人员具体分工如下：第 1 篇，樊自甫；第 2 篇，周由胜；第 3 篇，刘洪涛；第四篇，赵长江。在全体人员的共同努力下，本书按期圆满完成了编写。这既是主动学习、思考，以改进我们所从事的研究工作的必要环节，又是与现实对话的过程。其间，我们收获颇丰。

本书得益于“重庆邮电大学出版基金”的资助，在此特别感谢。在本书写作过程中，我们参考了国内外专家的研究成果，在此也表示衷心的感谢！本书中还存在一些有待进一步完善的地方，欢迎各界专家批评指正。

目　录

第一篇　通信保障应急预案有效性评估理论与方法

第二篇 政务微博引导下的网络舆情演化规律研究

第三篇 移动互联网隐私安全现状分析及对策研究

第四篇 刑事电子证据规则研究

第一篇

通信保障应急预案有效性评估理论与方法

第1章　突发事件通信保障应急预案有效性评估研究

1.1　模糊综合评价指标体系

模糊综合评价指标体系是进行综合评价的基础，评价指标的选取是否适宜，将直接影响综合评价的准确性。从通信保障应急预案编制角度出发，主要是从预案的编制原则、组成要素和内容等方面进行评估。预案编制是否科学、内容是否完备等都会影响到预案的实施效果。因此，本章通过参阅国内外相关文献，结合专家深度访谈，按照一定的评价标准，从预案的编制原则、组成要素和内容等方面选取指标，对其进行评估，具体见表1-1。

表1-1　通信保障应急预案效果评估指标体系

名称	组成要素和内容	指标
通信保障应急预案评估体系 A	通信保障应急预案编制的科学性 B_1	编制目的和依据的科学性 C_{11}
		预案编制的系统性 C_{12}
		编制人员的适用性 C_{13}
		编制流程的合理性 C_{14}
	通信保障应急预案组成要素的完备性 B_2	具有明确的情景 C_{21}
		具有明确的主体 C_{22}
		具有明确的客体 C_{23}
		具有明确的目的 C_{24}
		具有科学的方法 C_{25}
		具有可行的措施 C_{26}
	通信保障应急预案内容的完整性 B_3	具有明确的适用范围 C_{31}
		拥有完备的组织指挥体系及合理的职责分配 C_{32}
		建立健全的通信网络安全的预防和预警机制 C_{33}
		科学的分类分级体系 C_{34}
		资源合理分配 C_{35}
		完善的后期处置与保障流程 C_{36}

续表

名称	组成要素和内容	指标
通信保障应急预案评估体系 A	通信保障应急预案的可操作性 B_4	具有机制保障 C_{41}
		具有资源保障 C_{42}
		具有较强的逻辑性 C_{43}
		具有较大的灵活性 C_{44}

1.1.1　通信保障应急预案编制的科学性

通信保障应急预案编制的科学性是指预案的编制依据、生成程序和实施方法等都是科学的，即预案应该根据突发事件的发生发展机理来编制，以保证预案在实施过程中能真正发挥作用。因此，科学性是预案编制的首要条件。预案必须组织专门人员进行编制，且编制过程要合理、严谨，这是预案的开始。如果选定的编制小组成员不合适，则很难保证预案的实施效果。

1. 编制目的和依据的科学性

通信保障应急预案编制的目的是提高应对突发事件的组织指挥能力和应急处置能力，保证应急通信指挥调度工作迅速、高效、有序地进行，满足突发情况下通信保障和通信恢复工作的需要，确保通信的安全畅通。因此，编制通信保障应急预案是一定要依据国家出台的相应法律法规，保障预案的合法性、有用性以及科学性。

2. 预案编制的系统性

完备的应急预案应该是一个系统，各个步骤相互衔接。

3. 编制人员的适用性

编制预案应该成立专门的小组，并且小组成员应该来自所有与通信类突发事件相关的职能部门、专业部门、政府及应急机构等，如各运营商、工信部、通管局等。小组成员确定后，需确定小组领导，明确编制内容，保证通信保障应急预案编制的顺利进行。

4. 编制流程的合理性

预案编制流程必须科学合理，首先要组建专门的预案编制小组，进行当地环境分析，识别潜在的威胁因素，研究可能出现的突发事件，设置对应的情景，有针对性地编制通信保障应急预案，之后进行相应的评审和演练工作，确保预案的相对科学性、合理性和可操作性。

1.1.2　通信保障应急预案组成要素的完备性

通信保障应急预案组成要素的完备性是指预案必须具备的六大要素：情景、主体、客体、目的、方法和措施是否完备。它们是建立预案必备的基本框架，各要素之间相互关联、相互作用。

1. 具有明确的情景

情景是突发事件发生过程中所呈现出的一种态势，这种态势既包括静的状态，也包括动的发挥状态。情景会随着自身演变以及外界干扰有所变化，因此，要针对明确的情景做出预案，需要预案具有相对的灵活性。

2. 具有明确的主体

主体是预案实施的决策者、组织者和执行者。任何方案的实施，都需要一个统一的领导单位或者个人，因此通信保障应急预案也需要明确其主体，如各省(市、自治区)通信管理局设立电信行业省级通信保障应急工作管理机构，负责组织和协调本省(市、自治区)各基础电信运营企业通信保障应急管理机构，对本省(市、自治区)的通信保障和通信恢复进行应急工作。

3. 具有明确的客体

客体是预案实施的对象，如某重大通信事故或重要通信保障任务。

4. 具有明确的目的

通信保障应急预案的目的是提高应对突发事件的组织指挥能力和应急处置能力，保证应急通信指挥调度工作迅速、高效、有序地进行，满足突发情况下通信保障和通信恢复工作的需要，确保通信的安全畅通。

5. 具有科学的方法

科学方法是指应急预案的管理方法和应急预案实施的辅助方法。例如，在应急管理中，采用责任矩阵评价方法来解决分工不明、责任不清导致的部门间或责任人之间推诿扯皮的问题。

6. 具有可行的措施

措施是指预案实施过程中所采取的方式、方法和手段。可行的措施是预案实施的必要前提。

1.1.3 通信保障应急预案内容的完整性

通信保障应急预案内容的完整性是指预案所包含的内容要完整且没有缺失，只有完整的预案才能保证实施顺利。

1. 具有明确的适用范围

通信保障应急预案有其适用的地域范围和事件范围，比如适用于某个地区的某种事件的重大通信保障或通信恢复工作。

2. 拥有完备的组织指挥体系及合理的职责分配

通信保障应急预案必须建立完备的组织指挥体系，明确其组成机构及机构之间的从属关系和各机构内人员的职责。对于应急处置过程中的每个步骤都需要有明确的责任人和操作的先后顺序。只有这样，在突发事件发生后，才能迅速、有效地进行通信保障和通信恢复工作。

3. 建立健全的通信网络安全的预防和预警机制

各级电信主管部门和基础电信运营企业应从制度建立、技术实现、业务管理等方面建立健全通信网络安全的预防和预警机制。通过预防和预警机制，可以早发现、早报告、早处置，对可能演变为严重通信事故的情况，及时做好预防和应急准备工作。

4. 科学的分类分级体系

由于不同类别、级别的突发事件所造成的通信故障，其所需资源和应对措施有所不同。因此，预案编制小组需根据本地区可能发生的突发事件进行分类分级，可使应急管理部门迅速、科学地配备相应的人力、物力，有针对性地应对其通信保障或通信恢复。在对突发事件实行分类分级时，需标明其分类分级标准及每一类每一级别所对应的通信保障应急预案。

5. 资源合理分配

资源配备包括资源种类、数量、存放地点及所属部门等方面。不同的通信保障和通信恢复工作所需资源种类、数量等都是不同的，需有针对性地做出相应的资源配置，并由具体机构进行保障和维护。

6. 完善的后期处置与保障流程

通信保障应急预案是提高应对突发事件的组织指挥能力和应急处置能力，保证应急通信指挥调度工作迅速、高效、有序地进行，在突发情况下满足通信保障和通信恢复工作的需要，确保通信的安全畅通，并预先制定的有关计划或者方案。既然是预先制定的计划或者方案，就不可能完全符合现实，需不断完善，才能最大限度地体现其效果。因此，通信保障和通信恢复应急任务结束后，相关部门应做好突发事件中公众电信网络设施损失情况的统计、汇总，以及任务完成情况的总结和汇报，不断改进通信保障应急工作。对在通信保障和通信恢复应急过程中表现突出的单位和个人给予表彰，对保障不力，给国家和企业造成损失的单位和个人进行惩处，以利于以后的应急管理。

1.1.4 通信保障应急预案的可操作性

1. 具有机制保障

预案实施需得到政府相应法律法规的支撑，具有一定的强制性。如在突发事件应对过程中，遇到应急资源调度等部门冲突，或需其他部门保障时，都要在政府法律法规及政策允许的条件下才能进行。

2. 具有资源保障

资源是整个应急保障的前提。拥有充足的资源才能保证应急处置的实施。因此，需根据本地区可能发生的重大通信保障和恢复工作，配备相应的应急通信设备资源，并需定期进行维护评估。

3. 具有较强的逻辑性

应急预案是由多部门、多机构的方案共同组成的，各个部门之间的工作衔接要合理，符合逻辑顺序，不能因为步骤错乱，出现应急工作失败的情况。

4. 具有较大的灵活性

多变性是突发事件的一大特性，任何详尽的应急预案都无法概括所有的情景。因此，应急预案的灵活性，即动态可调整性，就显得尤为重要。

1.2　有效性评估模型

模糊综合评价就是充分考虑与评估相关的各因素，综合运用模糊变换原理和最大隶属度原则进行综合评价。模糊综合评价是在层次分析法的基础上进行的，它可以对评价时评价人员自身所持的主观性进行相应的处理，并对客观遇到的模糊现象进行有效的具象化。结合通信保障应急预案编制层面对实施效果产生影响的特点，使用模糊综合评价法构建通信保障应急预案有效性评估模型，首先在指标体系构建完整且使用 AHP(层次分析法)进行权重的确定之后建立模糊隶属度矩阵。隶属度矩阵的求法有登记比重法、隶属度函数法、频率法、专家评判表法等。将多位专家评判的结果依据评语集的 5 个等级(本章采用理想、较好、一般、较差、差 5 个等级的评语集)进行评定，将结果填入评判表，然后计算出各指标的模糊评语集为 $R=(r1，r2，r3，r4，r5)$，其中 $r1$、$r2$、$r3$、$r4$、$r5$ 依次为该指标对评语集第一项至第五项的相对频率，即隶属度。将得到的隶属度矩阵与使用 AHP 得到的指标权重逐级相乘直至得到最终评价结果，最后根据最大隶属度原则确定该预案的评价结果，具体步骤如图 1-1 所示。

1.2.1　确定评语集

首先根据已建立的评价指标体系，设立评价指标集，可表示为 $\mathbf{U}=\{u_1，u_2,\cdots，u_n\}$。本章中一级评价指标(主因素集)为 $\mathbf{A}=\{B_1，B_2，B_3，B_4\}$，二级评价指标(子因素集)有 $\mathbf{B}_i=\{C_1，C_2,\cdots，C_j\}$，等等。

在确定评价指标集后确定相应的评语集，评语集是评价人员对被评价事物可能做出的所有评价结果构成的集合，它表示为 $\mathbf{V}=\{v_1，v_2,\cdots，v_n\}$。针对通信保障应急预案的特点，本章划分的 5 级效率评语级为优、良、中、较差、差。

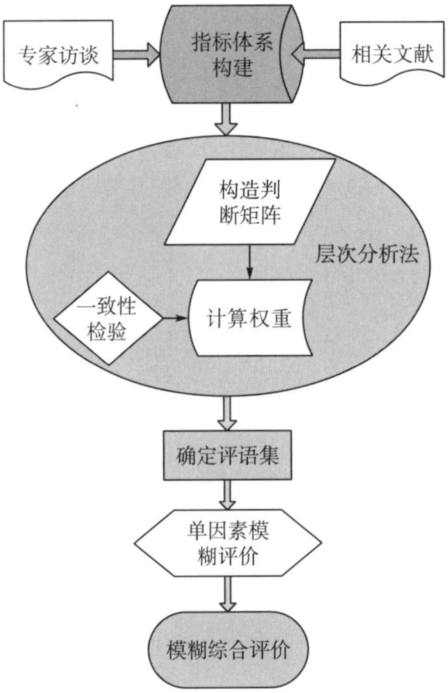

图 1-1　基于模糊综合评价法的通信保障应急预案有效性评估模型

1.2.2　单因素模糊评价

单因素模糊评价是指每次评价单独的一个因素，以确定被评价的所有因素的隶属程度。

以第 i 个评价因素 u_i 为例，对它进行单因素评价，将会得到一个相对于 v_i 的模糊向量 $\boldsymbol{R}_i=(r_{i1}, r_{i2}, \cdots, r_{ij})$，$i=1,2,\cdots, n$，$j=1,2,\cdots, n$。

r_{ij} 表示因素 v_j 隶属于 u_i 的程度，$0<r_{ij}<1$。如果一共对 n 个因素进行综合评价，则会得到一个 n 行 n 列的矩阵，也就是隶属度 $\boldsymbol{R}$。$\boldsymbol{R}$ 是评语集 **V** 上的模糊子集，它是一个单因素集。这个 n 阶矩阵反映的是按评价标准集合 **V** 对评价因素集合 **U** 进行评价所获得的全部信息。本章将各指标专家赞成的评价等级数目占全部专家人数的比例作为该指标的评价值，即隶属度。各指标的模糊评语集为 $\boldsymbol{R}=(r1, r2, r3, r4, r5)$，其中 $r1$、$r2$、$r3$、$r4$、$r5$ 依次为该指标对评语集第一项至第五项的隶属度。

1.2.3　一级模糊综合评价

由因素集、评语集和单因素权重集就可以得到模糊综合评价模型。

$$\boldsymbol{B}=\boldsymbol{A}\times\boldsymbol{R}=(a_1, a_2, \cdots, a_n)\times\begin{bmatrix} r_{11} & r_{12} & \cdots & r_{1n} \\ r_{21} & r_{22} & \cdots & r_{2n} \\ \cdots & \cdots & \ddots & \cdots \\ r_{n1} & r_{n2} & \cdots & r_{nn} \end{bmatrix}=(b_1, b_2, \cdots, b_n)$$

式中，b_n 是模糊综合评价指标。

1.2.4　二级模糊评价

首先，对同一准则层下的各指标进行综合评价，得到第 i 个准则层的模糊综合评价几何矩阵。然后，综合考虑各准则层之间的相互影响，在各准则之间进行综合。因为只是准则层之间进行评价，故在此之间的评价也是单因素评价。最后，得到的一个单因素评价矩阵就是最终需要的模糊综合评价矩阵。

$$\boldsymbol{B}=\boldsymbol{W}\left[B_1, B_2,\cdots, B_n\right]^{\mathrm{T}}=\left[w_1, w_2,\cdots, w_n\right]\left[B_1, B_2,\cdots, B_n\right]^{\mathrm{T}}$$

其中，$\boldsymbol{W}$ 为权重系数矩阵。

根据最大隶属度原则确定最终的通信保障应急预案评估结果。

1.3　案 例 分 析

1.3.1　案例介绍

本节以《国家通信保障应急预案》①作为案例进行评估，根据《国家通信保障应急预案》的规定，我国通信保障应急预案编制内容的完整框架如下。

(1) 总则。包括制定目的、制定依据、适用范围、工作原则、预案体系。

(2) 应急通信处置指挥机构的组成和相关部门的职责及权限。包括组织指挥体系与职责，即组织落实要放在第一位。

(3) 突发事件的预防与预警。包括预防机制、预警分级、预警监测、预警通报、预警行动。

(4) 突发事件的应急响应。包括工作机制、先期处置和信息报告、工级响应阶段的相关工作。

(5) 后期处置。包括总结评估、征用补偿、恢复与重建、奖励和责任追究。

(6) 保障措施。包括应急通信保障队伍、基础设施及物资保障、交通运输保障、电力能源供应保障、地方政府支援保障和资金保障。

(7) 附则。包括启动条件，预案管理与更新、宣传、培训和演练、预案生效。

本章从通信保障应急预案内容编制的角度评估通信保障应急预案的整体有效性。

1.3.2　具体算例

根据模糊综合评价法建立模糊隶属度矩阵，见表 1-2。

---

① 中华人民共和国中央人民政府. 国家通信保障应急预案[EB/OL]. [2011-12-21]. http://www.gov.cn/yjgl/2011-12/21/content_2025504.htm.

表 1-2　通信保障应急预案有效性的评估体系、权重及隶属度矩阵表

A 级指标	B 级指标（权重）	C 级指标	C 级权重	总权重（C→A）	隶属度				
					理想	较好	一般	较差	差
A	B_1（0.0678）	C_{11}	0.1175	0.05046	0.6	0.3	0.1	0	0
		C_{12}	0.2622	0.05229	0.5	0.3	0.2	0	0
		C_{13}	0.0553	0.04968	0.7	0.3	0	0	0
		C_{14}	0.5650	0.05611	0.3	0.6	0.1	0	0
	B_2（0.1524）	C_{21}	0.1785	0.03811	0.6	0.3	0.1	0	0
		C_{22}	0.3175	0.03986	0.7	0.3	0	0	0
		C_{23}	0.1012	0.03713	0.8	0.2	0	0	0
		C_{24}	0.1785	0.03811	0.3	0.5	0.2	0	0
		C_{25}	0.0458	0.03644	0.3	0.4	0.2	0.1	0
		C_{26}	0.1785	0.03811	0.3	0.5	0.2	0	0
	B_3（0.3899）	C_{31}	0.2757	0.04835	0.7	0.3	0	0	0
		C_{32}	0.2757	0.04835	0.3	0.5	0.2	0	0
		C_{33}	0.1562	0.04684	0.3	0.4	0.3	0	0
		C_{34}	0.0929	0.04604	0.5	0.3	0.2	0	0
		C_{35}	0.1562	0.04684	0.2	0.5	0.2	0.1	0
		C_{36}	0.0433	0.04542	0.3	0.6	0.1	0	0
	B_4（0.3899）	C_{41}	0.0632	0.06811	0.8	0.2	0	0	0
		C_{42}	0.1646	0.06939	0.4	0.6	0	0	0
		C_{43}	0.3861	0.07218	0.5	0.3	0.2	0	0
		C_{44}	0.3861	0.07218	0.3	0.4	0.2	0.1	0

一级模糊综合评价：

$$\boldsymbol{Y}_1=\omega_1^{\mathrm{T}}\times\boldsymbol{R}_1=\begin{bmatrix}0.1175\\0.2622\\0.0553\\0.5650\end{bmatrix}^{\mathrm{T}}\begin{bmatrix}0.6&0.3&0.1&0&0\\0.5&0.3&0.2&0&0\\0.7&0.3&0&0&0\\0.3&0.6&0.1&0&0\end{bmatrix}$$

$$=\begin{bmatrix}0.4098&0.4695&0.1207&0&0\end{bmatrix}$$

$$Y_2=\omega_2^{\mathrm{T}}\times R_2=\begin{bmatrix}0.1785\\0.3175\\0.1012\\0.1785\\0.0458\\0.1785\end{bmatrix}^{\mathrm{T}}\begin{bmatrix}0.6&0.3&0.1&0&0\\0.7&0.3&0&0&0\\0.8&0.2&0&0&0\\0.3&0.5&0.2&0&0\\0.3&0.4&0.2&0.1&0\\0.3&0.5&0.2&0&0\end{bmatrix}$$

$$=\begin{bmatrix}0.5312&0.3659&0.0984&0.0046&0\end{bmatrix}$$

$$Y_3=\omega_3^{\mathrm{T}}\times R_3=\begin{bmatrix}0.2757\\0.2757\\0.1562\\0.0929\\0.1562\\0.0433\end{bmatrix}^{\mathrm{T}}\begin{bmatrix}0.7&0.3&0&0&0\\0.3&0.5&0.2&0&0\\0.3&0.4&0.3&0&0\\0.5&0.3&0.2&0&0\\0.2&0.5&0.2&0.1&0\\0.3&0.6&0.1&0&0\end{bmatrix}$$

$$=\begin{bmatrix}0.4132&0.4150&0.1562&0.0156&0\end{bmatrix}$$

$$Y_4=\omega_4^{\mathrm{T}}\times R_4=\begin{bmatrix}0.0632\\0.1646\\0.3861\\0.3861\end{bmatrix}^{\mathrm{T}}\begin{bmatrix}0.8&0.2&0&0&0\\0.4&0.6&0&0&0\\0.5&0.3&0.2&0&0\\0.3&0.4&0.2&0.1&0\end{bmatrix}$$

$$=\begin{bmatrix}0.4253&0.3817&0.1544&0.0386&0\end{bmatrix}$$

由此，形成模糊判断矩阵 $\boldsymbol{R}$：

$$R=\begin{bmatrix}0.4098&0.4695&0.1207&0&0\\0.5311&0.3659&0.0984&0.0046&0\\0.4132&0.4150&0.1562&0.0156&0\\0.4253&0.3817&0.1544&0.0386&0\end{bmatrix}$$

二级模糊综合评价：

$$Y=\omega_B^{\mathrm{T}}\times R=\begin{bmatrix}0.0678\\0.1524\\0.3899\\0.3899\end{bmatrix}^{\mathrm{T}}\begin{bmatrix}0.4098&0.4695&0.1207&0&0\\0.5311&0.3659&0.0984&0.0046&0\\0.4132&0.4150&0.1562&0.0156&0\\0.4253&0.3817&0.1544&0.0386&0\end{bmatrix}$$

$$=\begin{bmatrix}0.4356&0.3982&0.1443&0.0218&0\end{bmatrix}$$

根据上述计算，结合最大隶属原则，选取 0.4356 作为评价结果，其对应的评价等级为理想，因此，通过模糊综合评价法确定从预案编制角度看《国家通信保障应急预案》实施的整体有效性为理想。

1.4　结论及建议

1.4.1　结论

本章通过模糊综合评价法从预案编制的角度对《国家通信保障应急预案》的效果进行评估，通过了解预案编制的相关情况，提取指标，建立《国家通信保障应急预案》评估体系，然后采用模糊综合评价法对目前我国通信保障应急预案编制的整体情况进行综合评价。通过评估发现我国通信保障应急预案编制方面在可操作性和完整性方面较为欠缺，并结合中国通信保障应急预案编制现状，提出了相应的问题和建议。预案毕竟只是计划或方案，不可能完美，需要通过各种方法不断地完善，才能使预案尽可能地科学，具有可操作性，以提高通信保障应急预案的整体有效性。

虽然《国家通信保障应急预案》整体编制较为理想，但是对其影响较大的两个指标：通信保障应急预案内容的完整性、通信保障应急预案的可操作性，获得理想评价的隶属度却不是最大的，可见我国通信保障应急预案在这两个方面，尤其是在预案可操作性方面，还有待进一步的完善。但是，差和较差对应的隶属度都很小，分别为 0.0218 和 0，说明我国在通信保障应急预案编制方面做了较多努力，取得了阶段性成果，为后续通信保障应急预案的实施奠定了较为坚实的基础。

1.4.2　建议

通过模糊综合评价法得出我国应重点增强通信保障应急预案的可操作性和完整性，结合中国应急通信管理现状以及对通信保障应急预案打分专家的深度访谈，提出下列提高通信保障应急预案整体有效性的对策建议。

1. 优化应急通信组织指挥体系

从现状来看，国家和大部分省一级的通信保障应急预案的组织指挥体系中的组织架构大部分都只包括了通信主管部门和基础电信运营企业，而不包括地方政府相关部门，尤其是交通安全、电力、油料等对通信保障应急必不可少的部门。另外，从目前各地应急通信保障预案中，可以发现有的主体指挥机构是地方政府部门，有的却是地方通信主管部门。

从现实需求和近年灾害的经验来看，仅仅靠传统的通信行业垂直管理体系是不足以完成通信保障任务的，如一般重大的自然灾害在不同程度上存在道路损毁、人员无法到达、通信基站遭到破坏、断水断电等情况，所以要想在第一时间抢通通信线路，没有交通安全、电力、油料等其他部门的配合，是很难完成任务的。其实，在很多大规模的通信保障应急任务中，事实上就是由政府统一指挥、各相关部门参与的组织指挥体系来确保通信保障应急任务的高效运作的。

因此，要提高应急通信保障能力，就应该明确政府和运营商的职责，建立由政府出资、统一管理和调度，各运营商积极配合的通信保障应急体系，同时要加强政府不同部门之间的协调和联系。

2. 完善通信管理垂直体系逻辑性

目前国内的通信管理垂直体系中，一般只有国家、省级通信主管部门，(地)市一级没有设立通信管理机构。大多数省级预案只考虑到了基础电信运营企业内部的上传下达，没有考虑与市级指挥体系的上传下达，从而降低了预案的逻辑性，这同样是现行通信保障应急预案需要完善的问题。因此在预案中，应增加通信管理垂直体系的逻辑性，在应急响应中切实增强可操作性，提高预案的整体有效性。

3. 强化预案的更新与管理，提高预案灵活性

各地各级通信保障应急预案中一般都规定了更新与管理的要求，但是从现实情况来看，很多都是长期不更新的。《中华人民共和国突发事件应对法》的出台，各级地方政府总体应急体系的逐步建立和完善，以及近年的几次大型突发公共事件，都对现行的通信保障应急预案体系提出了更新、完善的需求。因此，预案的更新与管理，必须严格执行，不能流于形式，通过不断地更新预案，使其更加切合实际，尽量增加突发事件可能发生的一些情况，提高整体预案的灵活性。

4. 加大应急演练力度

通过应急演练，可以发现应急预案中存在的问题，在突发事件发生前暴露预案的缺点，验证预案在应对可能出现的各种意外情况所具备的适应性，找出预案需要进一步完善和修正的地方；可以检验预案的可行性和应急反应的准备情况，验证应急预案的整体或关键性局部是否可以有效地付诸实施；可以检验应急工作机制是否完善，应急反应和应急救援能力是否提高，各部门之间的协调配合是否一致等。从而在突发事件发生时，提高各个部门之间的工作衔接和资源保障，进而增强预案的可操作性，提高预案的整体有效性。

第2章　基于灰色多层次评价的通信保障应急预案有效性评估

2.1　评价指标体系构建

评估预案实施效果的难点在于评价指标的选取。目前针对通信保障应急预案实施效果进行评价的指标体系相对较少，本章主要通过借鉴国内外相关领域的研究成果，结合通信行业的特点，并与业内多位通信保障应急预案相关方面的专家进行深度访谈，发现通信保障应急预案的实施效果不仅受预案自身运行状况的影响，还与外界因素和突发事件的具体类型息息相关。因此，为了使该评估模型更具全面性、宏观性和前瞻性，本书尝试从预案内部因素、外部因素和具体因素三大方面入手设计指标体系，见表2-1。

表2-1　通信保障应急预案有效性评估指标体系

目标	一级指标	二级指标	三级指标
通信保障应急预案效果评估	内部因素 A_1	组织管理 A_{11}	组织结构 A_{111}
			权责划分 A_{112}
			考核机制 A_{113}
			队伍建设 A_{114}
			信息管理能力 A_{115}
		时间因素 A_{12}	应急响应时间 A_{121}
			应急信息处理传递时间 A_{122}
			应急处置时间 A_{123}
		资源利用程度 A_{13}	
		损失挽救情况 A_{14}	社会损失挽救情况 A_{141}
			经济损失挽救情况 A_{142}
			生命财产损失挽救情况 A_{143}
		预案管理的弹性度 A_{15}	
	外部因素 A_2	媒体配合度 A_{21}	
		政府关注度 A_{22}	
		交通、电力等相关部门支持度 A_{23}	

续表

目标	一级指标	二级指标	三级指标
通信保障应急预案效果评估	具体因素 A_3	实际环境与预设情景符合度 A_{31}	
		地域环境复杂度 A_{32}	

2.1.1　内部因素

内部因素是指影响预案实施效果，且受组织内部管理控制的因素。

(1) 组织管理。主要涉及组织架构的合理性，各部门权责划分是否明确，是否有完善的考核机制，沟通协调与否，应急通信保障队伍日常建设过硬程度，对接收信息的应急管理措施等，指标描述为组织结构、权责划分、考核机制、队伍建设以及信息管理能力。

(2) 时间因素。应急抢救，强调争分夺秒。通信是突发事件应急处置的基础，恢复越快，损失越少。因此，时间对于通信保障应急预案的实施效果，起着至关重要的作用。应急响应时间是指从突发事件发生到全面启动预案所经历的时间。应急处置时间则表示从全面启动通信保障应急预案到通信恢复畅通所经历的时间。指标描述为应急响应时间、应急信息处理传递时间、应急处置时间。

(3) 资源利用程度。资源投入过多或过少，都会影响预案最后的实施效果。因此，要充分、合理地利用资源，将资源效用最大化。

(4) 损失挽救情况。由于通信事故或通信故障引发的损失越少，实施效果越好，因此，损失挽救情况也是考虑的因素之一。

①社会损失挽救情况。通信事故或通信故障的发生，会引发社会恐慌等一系列问题，因此，应尽快恢复通信，消除群众恐慌，挽救社会损失。

②经济损失挽救情况。通信事故的发生会直接或间接导致经济损失。一是，由于通信事故直接带来的经济损失，如基站或光缆等设施的损坏；二是，应对事故所消耗的资源损失，如重建基站、重组光缆等。实施预案在遏制事件继续发展而减少损失的同时，也应重视对灾害所使用资源的节约，尽可能地减少经济损失。

③生命财产损失挽救情况。突发事件的发生往往伴随人民生命财产的损失。所以，在挽救通信故障，保障通信安全的同时，也应挽救人民的生命财产。

(5) 预案管理的弹性度。毕竟预案是提前制定的计划或方案，因此，难免会与现场环境产生出入，所以预案管理是否具有弹性，对其实施效果起着至关重要的作用。

2.1.2　外部因素

外部因素是指影响预案实施效果，但却不受组织内部控制管理的因素。

(1) 媒体配合度。媒体对事故的反应会影响事故救援的效果。事故信息须准确且及时地与媒体交流。通信作为传播媒介的载体，起着至关重要的作用。在通信尚未恢复之前，以预案中与媒体或公众交流信息的媒介或策略为评价标准。

(2) 政府关注度。突发事件的发生往往会受到各界人士的关注，尤其会受到政府的重视，在预案实施过程中，很多情况需要借助政府的强制力和影响力来完成，因此，政府对事故的反应及救援努力，也是影响救援效果的一方面。

(3)交通、电力等相关部门的支持度。从现实需求和近年灾害的经验来看，仅仅靠传统的通信行业垂直管理体系不足以完成通信保障任务，如一般重大的自然灾害在不同程度上存在道路损毁，人员无法到达，通信基站遭到破坏，断水断电等情况，所以要想在第一时间抢通通信线路，没有交通安全、电力、油料等其他部门的配合，是很难完成任务的。其实，在很多大规模的通信保障应急任务中，事实上就是由政府统一指挥、各相关部门参与的组织指挥体系来确保通信保障应急任务的高效运作。所以，在预案实施效果的评价过程中，同样需要考虑各部门之间的协调性和联系紧密度。

2.1.3 具体因素

具体因素是指与具体突发事件相关，且影响预案实施效果的因素。

(1)实际环境与预设情景符合度。预案是针对可能发生的重大事故或灾害，预设相关的情景而预先制定的一种计划或方案。然而，之前预设的情景和实际的环境不可能完全符合，它们的相似度越高，预案实施效果就越好；反之，越差。

(2)地域环境复杂度。突发事件发生的具体环境情况，同样也会影响预案实施的效果。同类型同级别的灾害发生在环境恶劣、经济技术落后、交通不便的环境和发生在经济技术发达、设备齐全、交通便利的区域，应急预案会产生不同的实施效果。

2.2 有效性评估模型

本节结合层次分析法与灰色系统理论构建基于灰色多层次评价的通信保障应急预案有效性评估模型。首先通过参考相关文献，以及专家深度访谈得出通信保障应急预案有效性指标，使用层次分析法得出指标权重。然后通过专家打分得出评分矩阵，并确定评价灰类的白化权函数，进而得到灰色系数和权矩阵。最后求出最终评估得分，多层次灰色评价法的具体步骤如图 2-1 所示。

2.2.1 评价等级的确定

因为评价指标 U 属于定性指标，为了将这种定性指标转化为定量指标，本章采用制定评价指标评分等级标准的方法加以实现，即用理想、较好、一般、较差、差 5 个等级来表示评价指标 U 的效果，得分分别为 5 分、4 分、3 分、2 分、1 分。

2.2.2 基于 AHP 指标权重计算

同 1.1 节的层次分析法，得出通信保障应急预案有效性评估体系各项指标的权重，见表 2-2 至表 2-8。

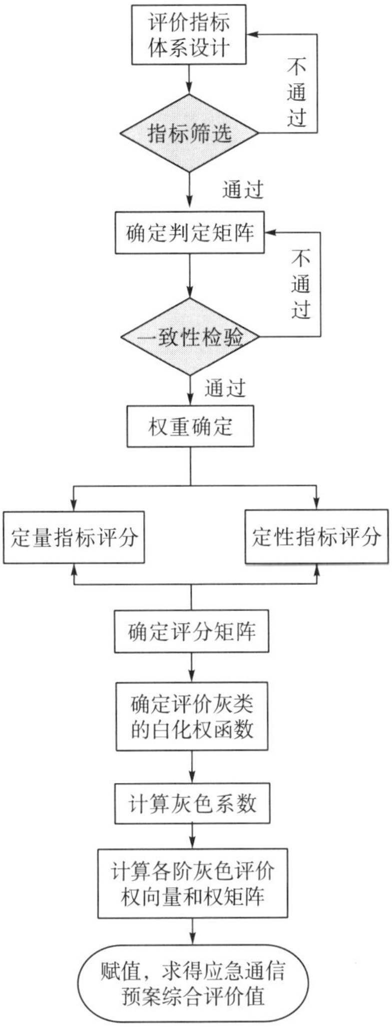

图 2-1　基于灰色多层次评价的通信保障应急预案有效性评估模型

表 2-2　在优先秩序下的判断矩阵

优先秩序	A_1	A_2	A_3	权重值
A_1	1	7	5	0.7306
A_2	1/7	1	1/3	0.0810
A_3	1/5	3	1	0.1884
$C.R.=0.05593<0.1$，判断矩阵具有满意一致性				

表 2-3　A_1 判断矩阵

A_1	A_{11}	A_{12}	A_{13}	A_{14}	A_{15}	权重值
A_{11}	1	1/5	5	1/3	3	0.1290

续表

A_1	A_{11}	A_{12}	A_{13}	A_{14}	A_{15}	权重值
A_{12}	5	1	9	3	7	0.5128
A_{13}	1/5	1/9	1	1/7	1/3	0.0333
A_{14}	3	1/3	7	1	5	0.2615
A_{15}	1/3	1/7	3	1/5	1	0.0634
$C.R.=0.0415<0.1$，判断矩阵具有满意一致性						

表 2-4　A_2 判断矩阵

A_2	A_{21}	A_{22}	A_{23}	权重值
A_{21}	1	1/5	1/7	0.0719
A_{22}	5	1	1/3	0.2790
A_{23}	7	3	1	0.6491
$C.R.=0.03911<0.1$，判断矩阵具有满意一致性				

表 2-5　A_3 判断矩阵

A_3	A_{31}	A_{32}	权重值
A_{31}	1	3	0.7500
A_{32}	1/3	1	0.2500
$C.R.=0.05482<0.1$，判断矩阵具有满意一致性			

表 2-6　A_{11} 判断矩阵

A_{11}	A_{111}	A_{112}	A_{113}	A_{114}	A_{115}	权重值
A_{111}	1	1/4	1/3	1/5	1/5	0.0528
A_{112}	4	1	2	1/2	1/2	0.1880
A_{113}	3	1/2	1	1/3	1/3	0.1150
A_{114}	5	2	3	1	1	0.3221
A_{115}	5	2	3	1	1	0.3221
$C.R.=0.01923<0.1$，判断矩阵具有满意一致性						

表 2-7　A_{12} 判断矩阵

A_{12}	A_{121}	A_{122}	A_{123}	权重值
A_{121}	1	1/2	1/3	0.1634

续表

A_{12}	A_{121}	A_{122}	A_{123}	权重值
A_{122}	2	1	1/2	0.2970
A_{123}	3	2	1	0.5396
$C.R.=0.01780<0.1$，判断矩阵具有满意一致性				

表 2-8　A_{14} 判断矩阵

A_{14}	A_{141}	A_{142}	A_{143}	权重值
A_{141}	1	3	1/3	0.2583
A_{142}	1/3	1	1/5	0.1047
A_{143}	3	5	1	0.6370
$C.R.-0.03319<0.1$，判断矩阵具有满意　致性				

2.2.3　评价样本矩阵确定

组织预案实施效果评审专家（参与事故应急预案实施过程的相关人员）k（$k=1, 2, 3, \cdots, n$，即有 n 位评价专家），对某突发通信事故的应对或通信保障过程中启动的通信保障应急预案实施情况所反映的指标进行打分，并填写专家打分表，从而得到评价样本矩阵 $\boldsymbol{D}$。

$$\boldsymbol{D}=\begin{bmatrix} d_{111} & d_{112} & d_{113} & \cdots & d_{11n} \\ d_{121} & d_{122} & d_{123} & \cdots & d_{12n} \\ d_{131} & d_{132} & d_{133} & \cdots & d_{13n} \\ \vdots & \vdots & \vdots & \ddots & \vdots \\ d_{ij1} & d_{ij2} & d_{ij3} & \cdots & d_{ijn} \end{bmatrix}$$

其中，d_{ijn} 为反映通信保障应急预案实施情况指标 A_{ij} 的打分；n 为专家数量。

2.2.4　评价灰类确定

由于专家水平的限制和主观认识的差异，仅仅可以给出灰数的白化值，为了准确反映指标的程度，需要确定评价灰类，即灰类等级、灰类灰数、灰类白化权函数。设评价灰类序号为 e（$e=1, 2, 3, \cdots, m$，m 为评价灰类数），本章选取灰类数为 5 个（理想、较好、一般、较差、差），即 m=5。为描述上述灰类，需确定评价灰类的白化权函数。

第一灰类：差（$e=1$），设定灰数 $\otimes\in[0, 1, 2]$，则白化权函数 f_1 为

$$f_1(d_{ijk})=\begin{cases} 0, & d_{ijk}\notin[0,2] \\ 1, & d_{ijk}\in[0,1] \\ 2-d_{ijk}, & d_{ijk}\in[1,2] \end{cases}$$

其白化权函数曲线如图 2-2 所示。

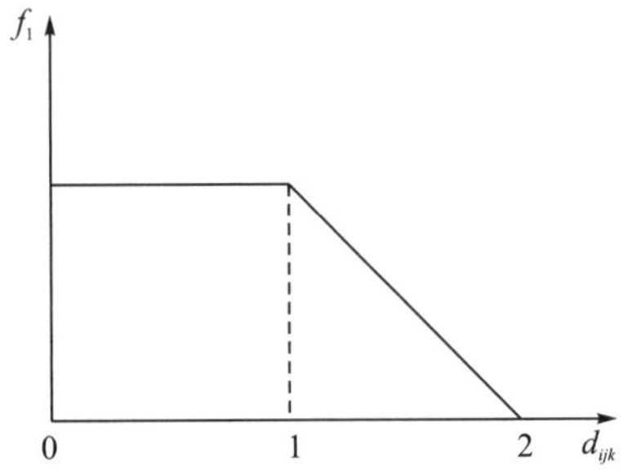

图 2-2　第一灰类白化权函数曲线

第二灰类：较差（$e=2$），设定灰数 $\otimes\in[0,2,4]$，则白化权函数 f_2 为

$$f_2(d_{ijk})=\begin{cases}0, & d_{ijk}\notin[0,4]\\ \dfrac{d_{ijk}}{2}, & d_{ijk}\in[0,2]\\ \dfrac{4-d_{ijk}}{2}, & d_{ijk}\in[2,4]\end{cases}$$

其白化权函数曲线如图 2-3 所示。

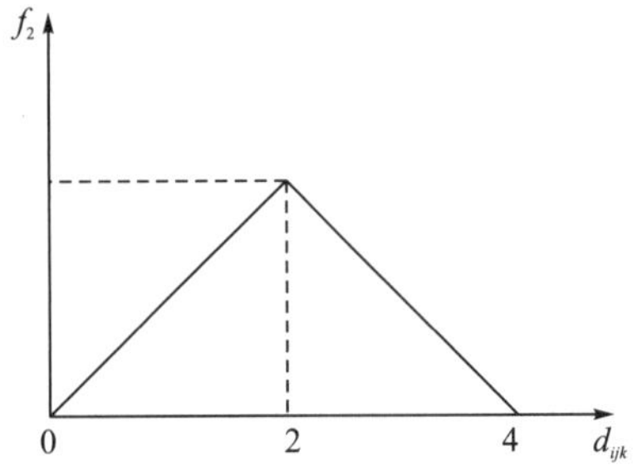

图 2-3　第二灰类白化权函数曲线

第三灰类：一般（$e=3$），设定灰数 $\otimes\in[0,3,6]$，则白化权函数 f_3 为

$$f_3(d_{ijk})=\begin{cases}0, & d_{ijk}\notin[0,6]\\ \dfrac{d_{ijk}}{3}, & d_{ijk}\in[0,3]\\ \dfrac{6-d_{ijk}}{3}, & d_{ijk}\in[3,6]\end{cases}$$

其白化权函数曲线如图 2-4 所示。

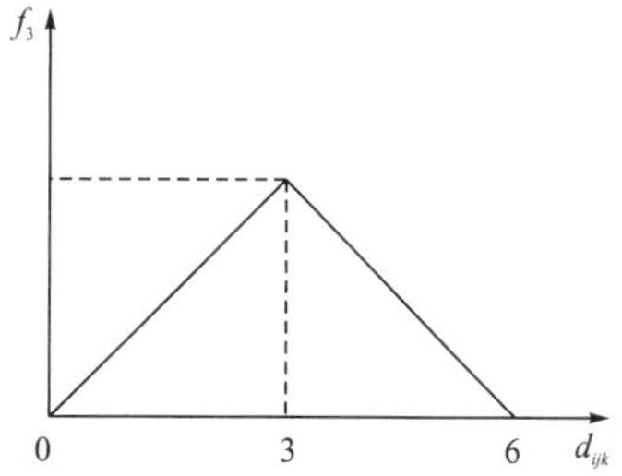

图 2-4　第三灰类白化权函数曲线

第四灰类：较好（$e=4$），设定灰数$\otimes\in[0，4，8]$，则白化权函数 f_4 为

$$f_4(d_{ijk})=\begin{cases}0, & d_{ijk}\notin[0,\ 8]\\ \dfrac{d_{ijk}}{4}, & d_{ijk}\in[0,\ 4]\\ \dfrac{8-d_{ijk}}{4}, & d_{ijk}\in[4,\ 8]\end{cases}$$

其白化权函数曲线如图 2-5 所示。

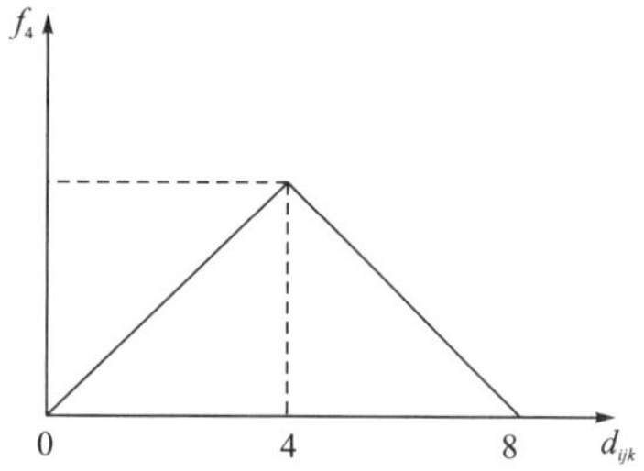

图 2-5　第四灰类白化权函数曲线

第五灰类：理想（$e=5$），设定灰数$\otimes\in[0,5，10]$，则白化权函数 f_5 为

$$f_5(d_{ijk})=\begin{cases}0, & d_{ijk}\notin[0,\ 10]\\ \dfrac{d_{ijk}}{5}, & d_{ijk}\in[0,\ 5]\\ \dfrac{10-d_{ijk}}{5}, & d_{ijk}\in[5,\ 10]\end{cases}$$

其白化权函数如图 2-6 所示。

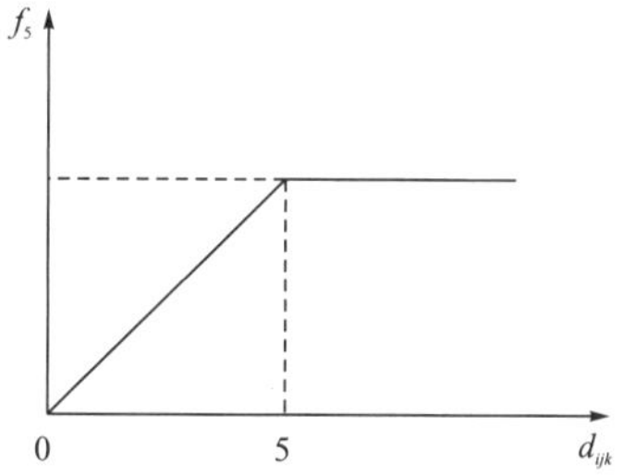

图 2-6　第五灰类白化权函数曲线

2.2.5　计算灰类评价系数和权矩阵

1. 灰类评价系数

对于评价指标 A_{ij}，属于第 e 个评价灰类的灰色评价系数 M_{ije} 为

$$M_{ije}=\sum_{k=1}^{n}f_e(d_{ijk})$$

属于各个评价灰类的灰色评价系数 M_{ij} 为

$$M_{ij}=\sum_{k=1}^{n}M_{ije}$$

2. 权矩阵

n 个评价专家就评价指标 A_{ij}，第 e 个灰类的灰色评价权为 $r_{ije}=M_{ije}/M_{ij}$，评价指标 A_{ij} 对于各灰类灰色评价权向量为 $\boldsymbol{r}_{ij}=[r_{ij1},\ r_{ij2},\cdots,\ r_{ije}]$，从而得到 A_i 所属指标 A_{ij} 对于各评价灰类的灰色评价权矩阵 $\boldsymbol{R}_i$：

$$\boldsymbol{R}_i=\begin{bmatrix}\boldsymbol{r}_{i1}\\ \boldsymbol{r}_{i2}\\ \vdots\\ \boldsymbol{r}_{rj}\end{bmatrix}=\begin{bmatrix}r_{i11} & r_{i12} & r_{i13} & r_{i14} & r_{i15}\\ r_{i21} & r_{i22} & r_{i23} & r_{i24} & r_{i25}\\ \vdots & \vdots & \vdots & \vdots & \vdots\\ r_{ij1} & r_{ij2} & r_{ij3} & r_{ij4} & r_{ij5}\end{bmatrix}$$

2.2.6　多层次综合评价

对评价指标 A_{ij} 做综合评价 $\boldsymbol{B}_i$：$\boldsymbol{B}_i=A_i\times\boldsymbol{R}_i=\left[b_{i1},\ b_{i2},\ b_{i3},\ b_{i4},\ b_{i5}\right]$，进而得出 A_i 指标的综合评价 $\boldsymbol{R}$：

$$\boldsymbol{R}=\begin{bmatrix}\boldsymbol{B}_1\\ \boldsymbol{B}_2\\ \vdots\\ \boldsymbol{B}_m\end{bmatrix}=\begin{bmatrix}b_{11} & b_{12} & b_{13} & b_{14} & b_{15}\\ b_{21} & b_{22} & b_{23} & b_{24} & b_{25}\\ \vdots & \vdots & \vdots & \vdots & \vdots\\ b_{m1} & b_{m2} & b_{m3} & b_{m4} & b_{m5}\end{bmatrix}$$

因此，预案的最终综合评价结果为

$$\boldsymbol{B}=\boldsymbol{A}\times\boldsymbol{R}=\left[b_1,\ b_2,\ b_3,\ b_4,\ b_5\right]$$

设将各评价灰类等价的按灰水平赋值，则各评价灰类等值化向量 $\boldsymbol{C}=(1,\ 2,\ 3,\ 4,\ 5)$。于是预案的综合评价值为 $\boldsymbol{Z}=\boldsymbol{B}\times\boldsymbol{C}^{\mathrm{T}}$。

2.3　案 例 分 析

2.3.1　案例介绍

2007 年 7 月 16 日至 20 日，重庆出现连续强降雨，山体滑坡、洪水泛滥。7 月 17 日

凌晨起，一场罕见的雷暴雨横扫重庆中西部地区，至当日 17 时，全市炸雷 4.1 万余次，22 个区(县)出现暴雨、大暴雨或特大暴雨，最大降雨量达 266.6mm，打破了重庆自 1892 年有气象观测记录以来的历史最大日降雨量纪录。17 日至 19 日，重庆 33 个区(县)、411 个乡(镇)、634 万人受灾，造成经济损失 26 亿多元。

“7 • 17”特大雷暴雨引发的洪水、泥石流、山体滑坡、雷击等自然灾害，致使多处机房积水，光缆线路断杆、倒杆，基站损坏严重。面对强降雨造成的洪灾，重庆通信管理局和各电信运营商，在第一时间启动通信保障应急预案，开展应急救援，全力以赴确保通信畅通。

本节以该突发事件中启动的应急预案：重庆市通信保障应急预案、重庆电信通信保障应急预案的实施效果作为案例，利用构建的基于灰色多层次评价的通信保障应急预案有效性评估模型进行评价，对本章的理论做进一步的验证。

2.3.2　具体算例

本章邀请了 5 位参与该次应急通信保障应急管理的专家对预案进行评价，其中重庆通信管理局应急管理专家 2 位，重庆电信应急管理专家 3 位。

设重庆市通信保障应急预案为 A 预案，重庆电信通信保障应急预案为 B 预案，根据评价标准确定评价矩阵如下。

$$
\boldsymbol{R}^{(\mathrm{A})}=\begin{bmatrix}
4 & 4 & 3.5 & 3.5 & 4\\
4 & 3 & 3 & 3.5 & 4\\
4 & 5 & 5 & 4 & 3\\
4 & 5 & 5 & 4.5 & 4\\
5 & 4.5 & 5 & 3.5 & 5\\
5 & 4 & 4.5 & 4 & 5\\
5 & 5 & 4 & 5 & 4\\
5 & 4 & 4 & 4 & 4.5\\
5 & 5 & 5 & 5 & 4.5\\
4 & 4 & 4.5 & 3 & 3.5\\
5 & 3 & 3 & 3 & 3.5\\
4 & 5 & 5 & 4 & 4.5\\
4 & 4 & 3.5 & 4 & 4.5\\
4 & 3.5 & 3.5 & 2.5 & 3\\
4 & 3 & 3.5 & 4 & 3\\
4 & 3.5 & 3 & 3.5 & 3\\
3 & 2 & 2.5 & 4 & 3\\
3 & 3 & 2 & 2 & 2
\end{bmatrix}
$$

$$
\boldsymbol{R}^{(\mathrm{B})}=\begin{bmatrix}
5 & 4 & 4.5 & 4 & 4.5 \\
4 & 4 & 4.5 & 4 & 3 \\
5 & 4 & 2 & 4 & 4 \\
5 & 5 & 4 & 3 & 4 \\
4 & 3 & 3 & 2 & 3.5 \\
4 & 4.5 & 3.5 & 3 & 3 \\
5 & 4 & 3 & 3 & 4 \\
4 & 3 & 3 & 3.5 & 4.5 \\
3 & 3 & 3 & 3.5 & 4.5 \\
3 & 2 & 2 & 3 & 3.5 \\
4 & 3 & 3 & 3 & 4 \\
4 & 4.5 & 4 & 4 & 3.5 \\
5 & 4 & 4.5 & 4 & 5 \\
3 & 3.5 & 2 & 2.5 & 2 \\
3 & 1 & 1.5 & 2 & 2 \\
3 & 2.5 & 2.5 & 3 & 3 \\
4 & 3 & 3 & 3 & 4 \\
4 & 3 & 3.5 & 3 & 3.5
\end{bmatrix}
$$

$\boldsymbol{R}^{(\mathrm{A})}$的灰色评价权矩阵：

$$
\boldsymbol{F}_1^{(\mathrm{A})}=\begin{bmatrix}
0 & 0.0393 & 0.2883 & 0.3735 & 0.2988 \\
0 & 0.1463 & 0.4878 & 0.3951 & 0.4098 \\
0 & 0.0418 & 0.2510 & 0.3556 & 0.3515 \\
0 & 0 & 0.2198 & 0.3846 & 0.3956 \\
0 & 0.0224 & 0.2086 & 0.3577 & 0.4113
\end{bmatrix}
$$

$$
\boldsymbol{F}_2^{(\mathrm{A})}=\begin{bmatrix}
0 & 0 & 0.0220 & 0.3846 & 0.3956 \\
0 & 0 & 0.2086 & 0.3800 & 0.4133 \\
0 & 0 & 0.2410 & 0.3933 & 0.3657
\end{bmatrix}
$$

$$
\boldsymbol{F}_3^{(\mathrm{A})}=\begin{bmatrix}0 & 0 & 0.1728 & 0.3653 & 0.4619\end{bmatrix}
$$

$$
\boldsymbol{F}_4^{(\mathrm{A})}=\begin{bmatrix}
0 & 0.0590 & 0.2883 & 0.3539 & 0.2988 \\
0 & 0.1317 & 0.3135 & 0.2915 & 0.2633 \\
0 & 0 & 0.2198 & 0.3846 & 0.3956
\end{bmatrix}
$$

$$
\boldsymbol{F}_5^{(\mathrm{A})}=\begin{bmatrix}0 & 0.0203 & 0.2703 & 0.3851 & 0.3243\end{bmatrix}
$$

$$
\boldsymbol{F}_6^{(\mathrm{A})}=\begin{bmatrix}
0 & 0.1418 & 0.2566 & 0.3342 & 0.2674 \\
0 & 0.0940 & 0.3135 & 0.3292 & 0.2633 \\
0 & 0.1112 & 0.3214 & 0.3152 & 0.2522
\end{bmatrix}
$$

$$
\boldsymbol{F}_7^{(\mathrm{A})}=\begin{bmatrix}
0 & 0.2046 & 0.3100 & 0.2697 & 0.2157 \\
0 & 0.2985 & 0.2985 & 0.2239 & 0.1791
\end{bmatrix}
$$

由上文 AHP 方法计算可知：

$$A_1=\begin{bmatrix}0.0528 & 0.1880 & 0.1150 & 0.3221 & 0.3221\end{bmatrix}$$

$$A_2=\begin{bmatrix}0.1634 & 0.2970 & 0.5396\end{bmatrix}$$

$$A_4=\begin{bmatrix}0.2583 & 0.1047 & 0.6370\end{bmatrix}$$

$$A_6=\begin{bmatrix}0.0719 & 0.2790 & 0.6491\end{bmatrix}$$

$$A_7=\begin{bmatrix}0.7500 & 0.2500\end{bmatrix}$$

$$F^{(\mathrm{A})}=\begin{bmatrix}A_1\times F_1\\ A_2\times F_2\\ F_3\\ A_4\times F_4\\ F_5\\ A_6\times F_6\\ A_7\times F_7\end{bmatrix}=\begin{bmatrix}0 & 0.042 & 0.274 & 0.374 & 0.393\\ 0 & 0 & 0.196 & 0.388 & 0.384\\ 0 & 0 & 0.173 & 0.365 & 0.462\\ 0 & 0.029 & 0.247 & 0.367 & 0.357\\ 0 & 0.020 & 0.270 & 0.385 & 0.324\\ 0 & 0.109 & 0.315 & 0.321 & 0.256\\ 0 & 0.228 & 0.307 & 0.258 & 0.207\end{bmatrix}$$

$$B^{(\mathrm{A})}=A\times F^{(\mathrm{A})}=\begin{bmatrix}0.094 & 0.375 & 0.024 & 0.191 & 0.046 & 0.081 & 0.188\end{bmatrix}$$

$$\times\begin{bmatrix}0 & 0.042 & 0.274 & 0.374 & 0.393\\ 0 & 0 & 0.196 & 0.388 & 0.384\\ 0 & 0 & 0.173 & 0.365 & 0.462\\ 0 & 0.029 & 0.247 & 0.367 & 0.357\\ 0 & 0.020 & 0.270 & 0.385 & 0.324\\ 0 & 0.109 & 0.315 & 0.321 & 0.256\\ 0 & 0.228 & 0.307 & 0.258 & 0.207\end{bmatrix}$$

$$=\begin{bmatrix}0 & 0.062 & 0.246 & 0.352 & 0.335\end{bmatrix}$$

各评价灰类等值化向量 $C=(1，2，3，4，5)$，通信保障应急预案 A 综合评价值 $Z^{(\mathrm{A})}$ 为

$$B^{(\mathrm{A})}\times C^{(\mathrm{T})}=\begin{bmatrix}0 & 0.062 & 0.246 & 0.352 & 0.335\end{bmatrix}\times\begin{bmatrix}1\\2\\3\\4\\5\end{bmatrix}=3.945$$

同理可得，通信保障应急预案 B 的综合评价值为 $Z^{(\mathrm{B})}=4.102$。

由上可知，通信保障应急预案 B 比应急预案 A 效果稍好一些，但是两套预案实施效果均不理想。从专家打分来看，主要是预案管理的弹性度(即灵活性)，以及预设情景与现实环境的匹配度不高，导致最后结果不是很理想，所以需要针对在应急救援过程中预案实施的相关情况，对后期的预案进行调整。

2.4　结论及建议

2.4.1　结论

本章主要通过文献阅读、专家深度访谈等，提取相应的影响通信保障应急预案实施效果的指标，构建通信保障应急预案效果评估体系，然后运用灰色多层次评价，对预案进行横向和纵向评价对比。由于灰色多层次评价方法充分考虑了人为因素的影响，充分吸收了各类基层信息，做出高层次系统综合，给出从不同角度考虑的分析结果，能够很好地消除在预案有效性评估中因专家个体差异所带来的不确定性，进而得到通信保障应急预案评估结果。最后以重庆市的一则应急通信保障事件为案例，验证该方法的可行性。通过对预案的评估，得到现阶段我国通信保障应急预案主要存在以下 3 个问题和现象。

1. 企业级别预案可操作性相对较强

就我国目前预案现状来看，省部级别的预案大多是指导性、原则性的，可操作性不太强，且实践检验不够。然而，企业应急预案不仅包括预案的基本部分，还包括具体的行动方案和各类支持附件，保证了预案既有的普遍适用性，又具有较强的针对性。因此，当突发事件发生时，企业级别的预案可操作性更强，预案的实施效果往往更好。

2. 预案管理的弹性度较为薄弱

预案是一种预先设定的计划或方案，在预案实施过程中会由于其他因素的影响，导致很多偶然性和不确定性，因此很难做到全面准确地事先预测和分析，主要体现在环境的不确定性、相关部门间的配合出现问题、决策失误、预案与实际环境不匹配等。因此，预案编制上要求有一定的弹性度，预案的弹性度能积极调动人们的主观能动性。根据灰色多层次评价法对预案的评估结果，对比分析了我国整体预案体系，显示出在应急通信预案管理方面都缺乏一定的弹性度，而在突发事件现场，更多的是根据一线实施人员的经验判断，积极发挥主观能动性，根据现场情况，弹性实施预案。

3. 预案实际环境与预设情景符合度低

预案编制通常要进行环境分析、事件发展过程及后果假设，但由于突发事件变化多端，现场环境无法完全准确预测。在应对突发事件时，必须根据实际环境、操作者经验、以往事件案例等综合考虑，弹性处理，对现有的预案进行判断和调整，制定符合现场状况的临时应急预案。由于突发事件的多样性和环境的不同，导致现有的预案实际环境与预设情景符合度低，在突发事件发生时无法完全按照预案情况进行处理，更多的是根据一线操作人员的经验进行处理。

2.4.2　建议

1. 建立通信保障决策支持系统，科学制定应急响应行动方案，提高实际环境与预设情景符合度 A_{31}

由于预案实施过程存在偶然性和不确定性等问题，难以在预案中具体细化各类突发事件的应急响应行动，造成预案编制较为固守原则、宏观，预案的适用性不强。为此，利用国家通信网应急指挥调度系统政府平台建立通信保障决策支持系统，利用平台采集各类突发事件应急通信保障行动的基础数据、应急处置行为、背景资料等，建立决策模型，提供各种应急情景下的应急响应行动备选方案，并且对各种方案进行评价和优选，为应急决策人员提供支持。

2. 注重提高各级应急管理人员的预案编制与执行水平，提高预案管理的弹性度 A_{15}

为进一步加强应急预案对应急通信保障行动的指导力度，各级通信管理部门和通信运营企业在预案编制中需明确且具体预案编制的内容，对预案编制重点内容和工作重点做出规范，以提高预案的可操作性。同时，为了提高预案的适用性，在制定预案时要注意各类突发事件的差异性和不确定性，使预案具有一定的弹性，以避免出现生搬硬套预案造成预案有效性不高的情况。为高起点推进应急预案的编制与执行，各级还应加强对应急管理人员的培训力度，提高应急管理人员的分析与决策水平，以提高通信保障应急预案的执行水平。

第 3 章　基于流程的通信保障应急预案有效性评估

3.1　应急通信整体流程识别

应急通信流程识别的具体步骤如下：

首先，以文献为依据，确定针对突发事件的应急通信保障工作，梳理并统计所有可能需要的处置任务，即子任务。据此，根据各任务间的逻辑顺序关系，将关联的子任务活动串联起来，初步形成相应的任务簇。

其次，针对每个任务簇进行系统分析，对相关度高的任务进行汇总、合并提炼成应急任务，然后进一步聚合成应急主题。

最后，将这些应急主题依据的逻辑关系串联起来。将所有应急主题的应急流程组合在一起，适当地调整和融合，就形成了突发事件应急通信的逻辑流程。

通过对突发事件下通信保障应急行动案例的研究，结合国内外相关文献的研习，抽取学者普遍认为在应急保障过程中必须进行的任务或工作，按照逻辑关系进行汇总和梳理，总结得到具有普遍代表意义的 4 个通信保障应急主题：预防预警、应急准备、应急响应和后期处置。具体的应急通信整体流程如图 3-1 所示。

3.2　评估指标体系构建

3.2.1　通信保障应急预案评估指标体系结构

在综合考虑了应急流程的层次性特点和相关要素后，以应急通信的整体流程为基础建立预案评估指标体系，通过评价预案中对于应急流程的描述是否完备和对预案的有效性进行评估。以前文的应急通信整体流程为依据，将应急主题定义为评估体系的一级指标，应急任务定义为二级指标，子任务定义为三级指标，构建应急通信预案评估指标体系。其中，某个应急主题 S_i 的评估指标体系结构如图 3-2 所示，通信保障应急预案整体评估指标体系结构如图 3-3 所示。

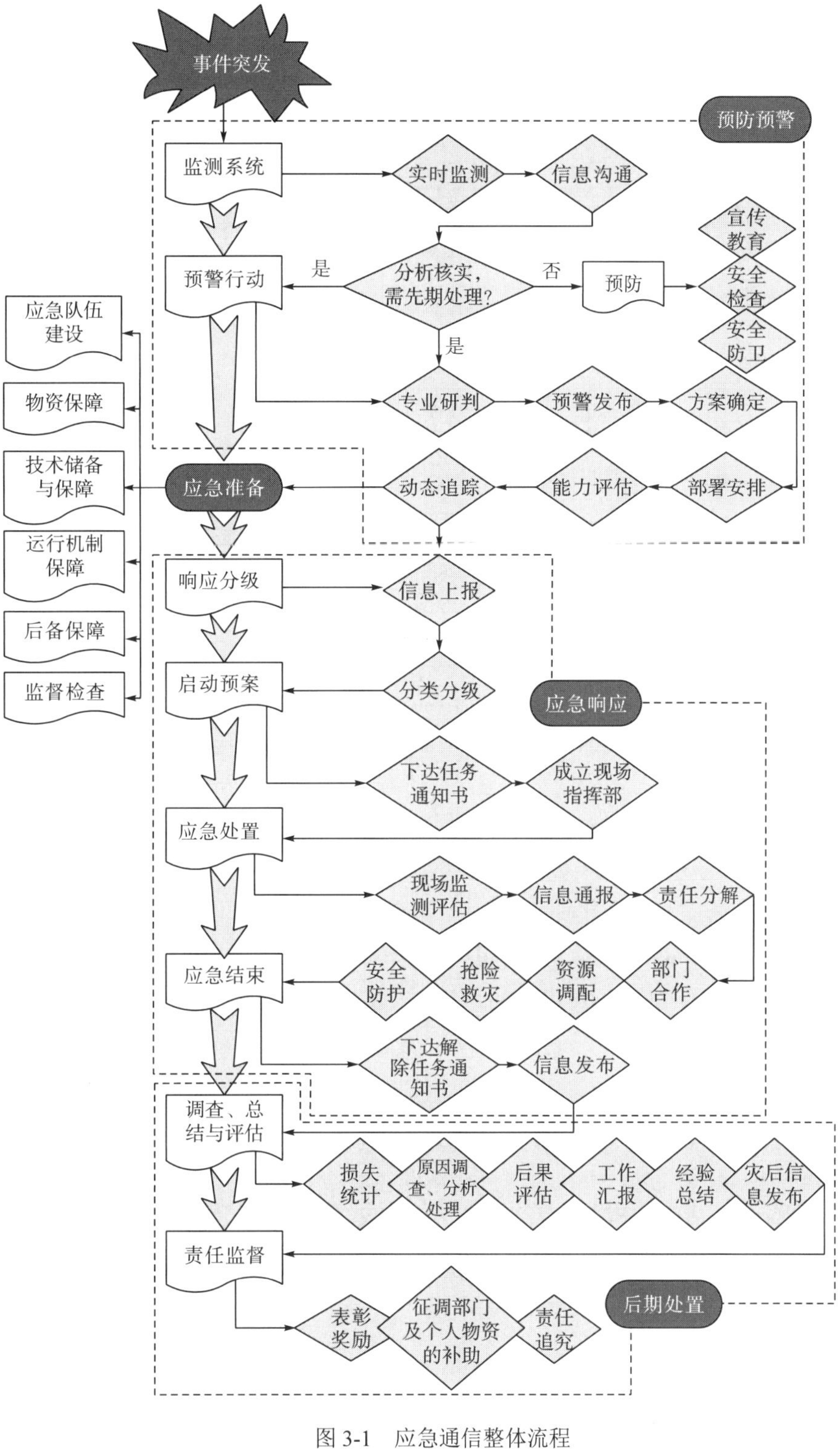

图 3-1　应急通信整体流程

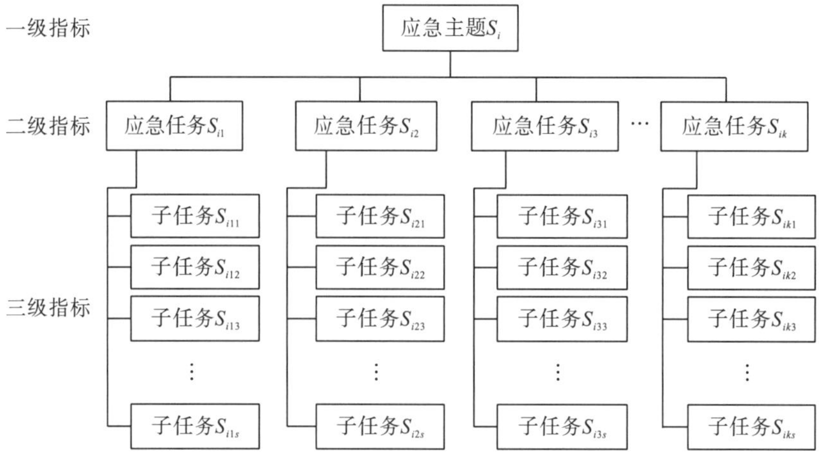

图 3-2　应急主题 S_i 的评估指标体系

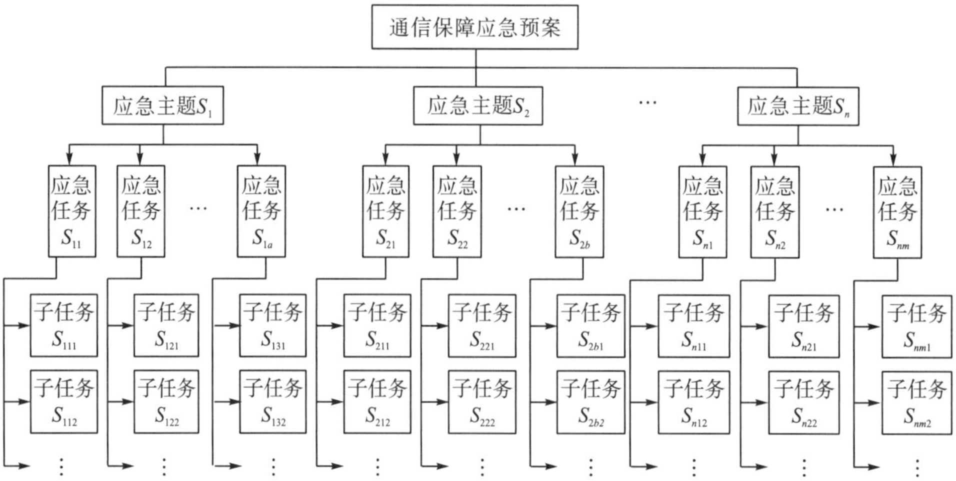

图 3-3　通信保障应急预案整体评估指标体系结构图

3.2.2　通信保障应急预案评估指标体系构建及指标定义

以应急预案评估指标体系结构为模板，将前文的应急通信整体流程图与之对照，分门别类地填充整体流程中的子任务、应急任务和应急主题，得到通信保障应急预案整体评估指标体系，如图 3-4 所示。

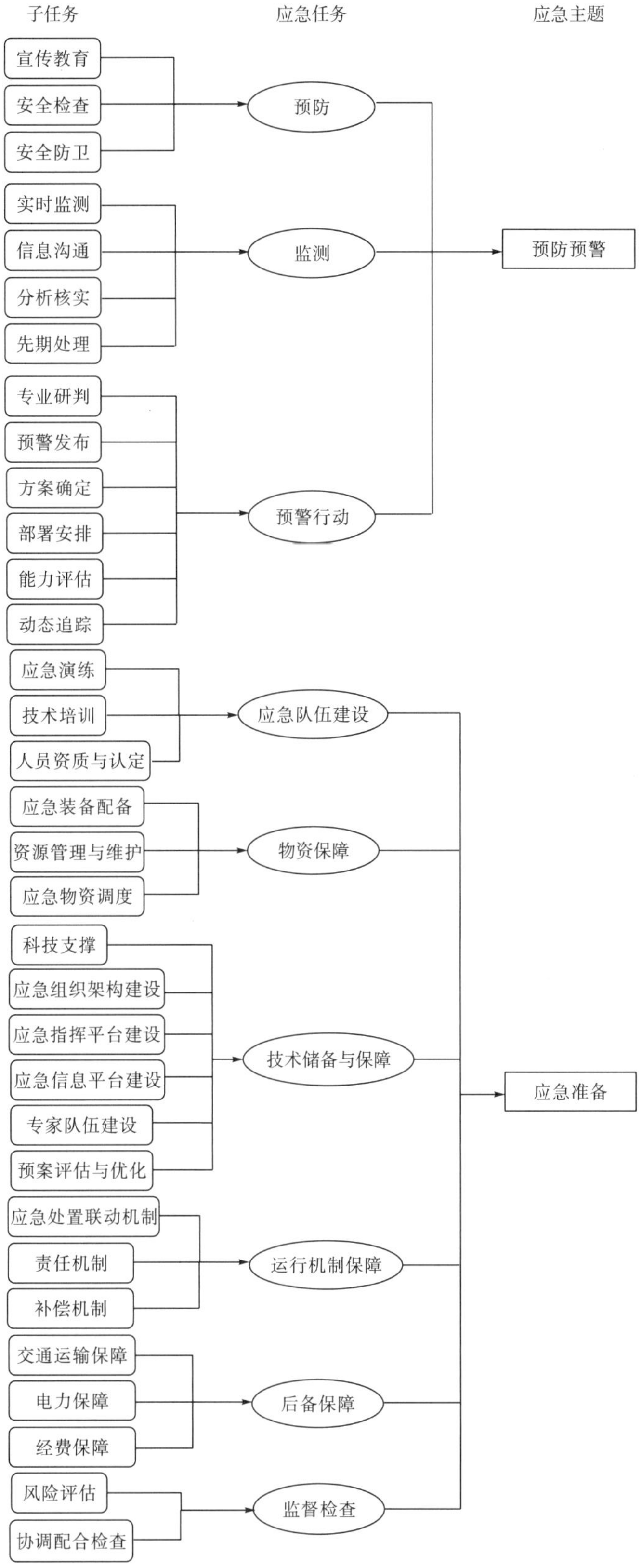
子任务
应急任务
应急主题
宣传教育
安全检查
安全防卫
预防
实时监测
信息沟通
分析核实
先期处理
监测
预防预警
专业研判
预警发布
方案确定
部署安排
能力评估
动态追踪
预警行动
应急演练
技术培训
人员资质与认定
应急队伍建设
应急装备配备
资源管理与维护
应急物资调度
物资保障
科技支撑
应急组织架构建设
应急指挥平台建设
应急信息平台建设
专家队伍建设
预案评估与优化
技术储备与保障
应急准备
应急处置联动机制
责任机制
补偿机制
运行机制保障
交通运输保障
电力保障
经费保障
后备保障
风险评估
协调配合检查
监督检查

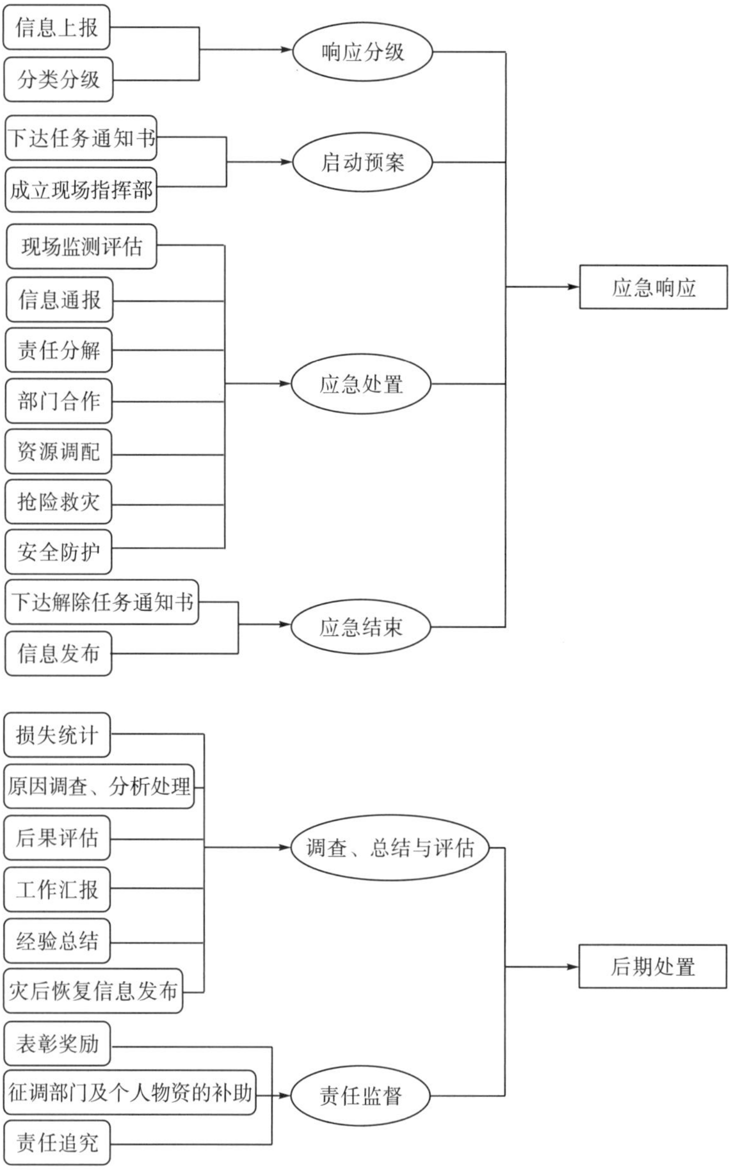

图 3-4　通信保障应急预案整体评估指标体系

1. 预防预警指标定义

(1) **宣传教育**：指各级应急通信管理机构向应急通信相关组织及人员加强网络安全的宣传教育工作，增强其安全与忧患意识，提高警惕。同时，加大对社会公众的应急通信知识宣传教育，倡导社会公众爱护各类应急通信设施，提高组织指挥和预防事故及自救互救能力。

(2) **安全检查**：指各级应急通信管理机构在日常工作中加强对通信网络的安全监测和检查力度，消除安全隐患，保障通信网络的安全畅通。

(3) **安全防卫**：指各级通信保障应急管理机构加强通信重点保障目标的安全防卫，做到居安思危、常备不懈。

(4) **实时监测**：监视社会环境中每一个可能引发通信灾害事故的细小的不良变化，发现和收集各种情报信息，及时掌握事件变化的第一手材料，为预警防范提供资料和依据。

(5) **信息沟通**：监测系统就监测到的有效信息，及时与其他部门、机构和组织沟通交流，形成预警信息的联动局面。

(6) **分析核实**：将监测系统收集来的信息进行整理和归类，排除干扰信息和虚假信息，将信息进行“去粗存精，去伪存真”，以保证信息的准确性和及时性。

(7) **先期处理**：核实监测信息后，尽快判明事件性质和可能的危害程度，及时采取相应的处理措施，全力控制事态的发展，减少损失和社会影响。对可能演变为严重通信事故的情况，若先期处理效果不大，则立即上报上级应急通信保障部门，以便做下一步的处置。

(8) **专业研判**：综合情报部门和专业情报部门的研判人员，对较严重的预警信息，根据实践经验、主观判断进行深度分析，必要时与专家队伍进行沟通和会商，确定缓急，从而形成重大突发事件的预警信息和级别。

(9) **预警发布**：根据研判后的预警信息，立即向相关应急管理组织发出警报，促使他们采取有效的应急准备措施。同时，立即借助媒体向社会公众发出预警声明，通知可能受到影响的企业和群众，做好预防和应急准备工作，积极防范和应对突发事件。

(10) **方案确定**：专家队伍和专业人员根据会商结果，预测事件可能出现的后果，并就这些后果拟定对应的应急通信保障备选方案。

(11) **部署安排**：应急管理机构根据确定的备选方案，依次做好对应的部署战略安排，确保事件突发时能及时进行应对反应，最大程度地减小损失。

(12) **能力评估**：在部署安排中，初步预测与识别相关应急组织所拥有的能力，并对其进行评估，明确各应急组织在应对突发事件中的优势与不足，为进一步提高应急能力，更好地应对突发事件提供依据。

(13) **动态追踪**：认知的有限性、信息的不对称性以及事件发展的难预测性，决定了预警是动态变化的。因此，需要对事件信息的发展变化进行实时追踪，并不断反馈，随时做好应对调整。由于突发事件的自身特征，动态追踪将一直贯穿于整个预警行动的过程中。

2. 应急准备指标定义

(1) **应急演练**：应急组织应定期开展应急通信演练，检验各项应急管理的功能和应急预案的科学性，测试应急通信保障人员的专业知识技术与能力；找出应急队伍的不足，不断训练改善，增强应急队伍开展通信保障行动的熟练度和及时性，提高应急队伍的应急处置能力。

(2) **技术培训**：应急组织应对基层应急人员进行专门培训，使基层应急人员熟悉、掌握应急通信专业知识技能，同时定期开展专业的应急通信队伍技术培训，以增强应急通信人员的应急保障能力。

(3) **人员资质与认定**：为规范化应急通信队伍管理，提高应急队伍的专业化水平，在应急人员中开展资质认证制度，应急人员必须取得相应的专业资质，拥有扎实的应急通信保障理论和实践知识。同时定期对应急人员的资质进行检查认定，不符合要求的人员要及时参加培训及考试取得相关资格认证，使得应急队伍的整体水平始终保持优秀，能够应对各种突发事件。

(4)**应急装备配备**：科学、合理地配备应急通信装备是开展应急通信保障活动的重要前提，所配备的应急通信装备须种类齐全，数量充足，具备应对重大突发事件的通信保障能力。

(5)**资源管理与维护**：对应急通信装备、应急物资等应急资源的适用性、功能性等问题进行定期检查评估，特别是对存在问题的应急装备进行修缮补充，对不再适用的装备进行淘汰更新，以保证应急资源的有效性。

(6)**应急物资调度**：根据应急物资的配备情况，结合应急物资的布防，确定应急物资调度到各突发事件现场的最佳方案，如选择合理的运输工具、最佳的运输路径、最佳物资储备量，保证应急物资筹集、储存、配送等各环节的有效衔接，以保证应急响应的有效展开。

(7)**科技支撑**：通过搭建能够有效处置各类突发事件的专家队伍，积极引进、消化吸收国外的应急通信先进技术，建立完善的应急通信产学研用运行机制，研究与开发各类先进应急通信科技产品，为应急通信工作提供科技支撑，不断提高应急处置水平。

(8)**应急组织架构建设**：应急准备与应急响应等行动都离不开强有力的组织与领导，合理构建应急组织架构与科学设计运行模式是应急准备工作的重要内容。需要事先建立结构扁平、功能齐全、灵活协调和职责清晰的应急组织，同时，根据组织机构调整和人员变化等情况及时优化应急组织形式，以解决突发事件发生时信息沟通、领导、决策和指挥协调等方面的问题，更好地开展应急响应行动，将灾害影响降到最低。

(9)**应急指挥平台建设**：突发事件发生时，应急响应行动的开展需要有一个高效运行的应急指挥系统。为了更好地开展应急指挥，实现所有行动命令的发布、下达等，应急通信指挥平台的搭建十分重要。同时，需要对应急通信指挥平台的功能和性能进行定期评估优化，以更好地为应急指挥提供支撑与保障。

(10)**应急信息平台建设**：信息引领并贯穿于整个应急行动，从预防预警数据的收集到应急准备再到应急响应行动，再到最后的后期处置，每一步都离不开信息的支持。因此，应急信息平台是应急体系建设中的一个基础性平台，为应急组织提供智能信息搜索、互动展示和决策支持等功能。相关应急组织利用该平台实时共享应急通信的相关数据、图像、语音和资料，以实现应急信息传递的高效、便捷，提高应急通信保障工作的整体响应速度。

(11)**专家队伍建设**：应急通信管理工作专业性强，需要有一支水平高、经验丰富的专家队伍进行支撑。为此，需要加大专家队伍的建设，组建集领导、管理、技术于一体的应急通信专家队伍，并定期组织召开专家会议，加强专家之间的沟通交流，全面提高专家队伍的应急管理与决策水平。

(12)**预案评估与优化**：预案是一切应急行动的指南，应急预案编制的好与坏直接影响着应急通信保障工作的有效开展。为此，需要定期对应急通信保障预案进行评估，再根据评估结果及时对其进行优化调整，以提高预案的适用性。

(13)**应急处置联动机制**：应急行动不是某一个部门或某一个小组的单独行动，通常需要跨部门、跨区域的合作，因此必须建立应急处置联动机制，使应急行动的指挥协调更为合理，应急响应更为有效。应急处置联动机制的建立可以全面掌握突发事件发生区域内的应急资源，及时调度配备；进一步加强部门间的横向、纵向联系，实现信息的有效沟通和共享，确定统一指挥调度、密切协作的行动机制，避免无人领导或多头领导的混乱状况；推动不同级别不同地区应急队伍的融合与合作，增强协同作战能力。

(14) **责任机制**：为了保证应急响应行动中的每一项工作任务都有专人负责，每人都有明确负责的工作范围，避免行动过程中出现漏洞甚至脱节，对应急响应工作造成不良影响，必须事先建立好应急通信责任机制，精细分割所有应急响应涉及的工作和职责，确定责任追究原则。突发事件发生后，根据责任机制安排每个应急部门及人员的工作，保证整个应急行动的有序开展，并在应急任务结束后，对保障不力的部门或个人根据责任机制追究责任。

(15) **补偿机制**：由于突发事件的不确定性，应急响应过程中可能会出现需要就近紧急征调部门或个人物资的情况，为了提高应急通信保障工作的效率和积极性，有必要事先建立应急通信补偿机制，对在应急行动中征调过物资的部门或个人给予相应的补偿。

(16) **交通运输保障**：为了保证突发事件发生时应急通信保障车辆和应急通信物资能够迅速抵达事发地点，需要国家或地方的交通管理部门为应急通信提供交通运输保障。国家或地方交通管理部门应为应急通信车辆的行驶提供保障(如配置执行应急任务特许通行证、开辟绿色通道优先放行等)，在特殊情况下，国家或地方交通部门应为应急通信物资的调配提供必要的交通运输工具支持，以保证应急物资能迅速到达目的地。

(17) **电力保障**：突发事件发生时，国家或地方电力部门应优先保证通信设施的供电需求。

(18) **经费保障**：应急通信工作的开展需要有持续、稳定的经费保障。目前，我国的应急通信保障工作经费主要由电信运营企业承担，处置突发事件产生的通信保障费用，参照《国家财政应急保障预案》执行。为此，一方面需要落实各电信运营企业的应急通信经费来源；另一方面政府应设立应急通信专项基金，以及通过募捐、赞助等方式积极吸纳社会资金，以确保应急通信保障经费充足，支撑各项应急通信工作有序进行。

(19) **风险评估**：通过对应急突发事件的风险评估，找出应急行动中需要特别注意之处，向整个系统传达风险信息，并给出应对建议。

(20) **协调配合检查**：通过对应急组织、企业之间的协调配合情况进行检查，加强相关政府部门(如通信管理部门、交通运输部门、电力部门等)、企业(电信公司、联通公司、移动公司、电力公司等)的沟通与协同，及时交流共享信息，相互配合行动，形成社会协同合作的联动局面，以便在突发事件发生时快速实施应急行动，减少灾害损失。

3. 应急响应指标定义

(1) **信息上报**：突发事件发生后，基层在第一时间核实分析后，将其上报给上级部门，供上级部门进行决策分析和开展应急响应行动。

(2) **分类分级**：根据信息平台收集的数据结合上报的现场情况，对突发事件做出准确迅速的判断，必要时与专家队伍进行沟通商议，确定突发事件的类别与级别，从而确定应急通信响应级别。按照分级响应程序的信息网络通道，迅速上报和通知相应的应急管理机构。

(3) **下达任务通知书**：确定响应级别后，即刻下达具体的开展应急响应的任务通知书，通告整个应急通信相关组织开始应急响应行动。

(4) **成立现场指挥部**：根据响应级别，出动相应级别的应急队伍，成立对应的现场指挥部，根据应急预案实施现场和应急通信保障政策进行指挥协调工作。

(5) **现场监测评估**：根据现场应急人员实时监测并上报突发事件发展情况和应急救援情况，对事件的发展、危害等实施评估，及时掌握事件变化的第一手资料。若无大变化，则继续监测；若有重大变化，则及时对应急响应等级和应急方案做出相应调整。

(6) **信息通报**：实时向整个应急相关部门通报灾害状况和救援情况，使相关应急组织和人员知晓实时信息，做好调整准备。同时，通过广播、电视等媒体途径向公众通报整理后的灾害及救援信息，安抚公众情绪。

(7) **责任分解**：根据响应级别和应急方案，将应急工作任务分解到相关部门和个人，根据责任机制，明确每个部门和个人的职责和权力，确保每项工作都有专人负责，工作的衔接高效有序。

(8) **部门合作**：根据应急处置联动机制，联合不同部门人员开展跨部门、跨区域合作，确定权责，保证应急行动的高效开展。

(9) **资源调配**：根据应急方案的要求，确定资源配备和调度方案，做好应急救援的资源保障工作。

(10) **抢险救灾**：应急救援队伍为保障、恢复通信和减少灾害损失而采取的救援行动。

(11) **安全防护**：应急救援人员作为应急通信响应行动的一线人员，在开展应急通信保障工作的同时，需要有相应的安全防护措施，以保障应急人员的人身安全。

(12) **下达解除任务通知书**：应急通信工作任务完成后，应急领导小组下达解除任务的通知书，现场应急通信指挥部和相关应急通信机构确认收到通知书后，应急响应正式结束。

(13) **信息发布**：应急响应结束后，地方政府部门或应急通信主管部门通过媒体及其他途径向公众通报应急行动结束的信息，告知社会。

4. 后期处置指标定义

(1) **损失统计**：应急行动结束后，后期处置人员根据现场信息，对灾害引发的电信网络设施及通信损失进行详细的计算、统计和汇总。

(2) **原因调查、分析处理**：根据整个预防预警、应急准备以及应急响应搜集到的所有信息，对突发事件发生造成应急通信保障的原因进行调查、分析和处理。

(3) **后果评估**：对突发事件对通信可能产生的后期影响进行分析评估，做好相应的应对准备。

(4) **工作汇报**：整个应急相关部门、个人需要对各部门、自己完成的工作以及所取得的成果进行总结，并向上级部门汇报。地方政府部门或应急通信主管部门通过媒体或其他途径向社会公布整个应急行动的开展情况。

(5) **经验总结**：对整个应急流程的工作信息和工作汇报进行分析，找出其中的不足和优异之处。通报优异点，号召学习；批评不足之处，指正修缮，引以为戒。此外，将整个应急行动的所有信息录入应急通信信息平台，为此后的应急行动提供经验借鉴。

(6) **灾后恢复信息发布：** 应急响应结束后，适时开展后续的应急恢复工作(修复通信线路、修缮或重建通信设备等)，及时向公众通报后期应急通信恢复情况。

(7) **表彰奖励：** 对在应急工作中表现突出或做出贡献的部门和个人，及时给予奖励和表彰。

(8) **征调部门及个人物资的补助：** 在应急工作时，对征调过应急物资的部门和个人，及时给予相应的补助。

(9) **责任追究：** 对由于工作失职、渎职造成应急行动受阻的部门和个人，视情节严重程度，依据责任机制给予相应的处分。

3.3　有效性评分体系构建

3.3.1　基于流程的通信保障应急预案有效性评分结构

突发事件发生后，应急通信流程中的任务或工作大体应该是相同的，因此应急主题不变。假设这里共包含 n 个应急主题，由于不同的应急主题在应急救援作业中的重要程度不尽相同，设应急主题 S_i 的权重为 w_i (其中，$i=1, 2, \cdots, n$，且 $\sum_{i=1}^{n} w_i = 1$)，该一级指标(即应急主题)的权重采用专家打分法确定；假设一级指标应急主题 S_i 包含 k 个应急任务，二级指标应急任务 S_{ij} 的权重表示为 w_{ij} (其中，$j=1, 2, \cdots, k$，且 $\sum_{j=1}^{k} w_{ij} = 1$)，由于各应急主题下应急任务的重要程度应是相同的，因此权重平分，即 $w_{i1} = w_{i2} \cdots = w_{ij} = w_{ik} = \dfrac{1}{k}$；假设应急任务 S_{ij} 中包含 m 个子任务，三级指标子任务 S_{ijp} 的权重表示为 w_{ijp} (其中，$p=1, 2, \cdots, m$，且 $\sum_{p=1}^{m} w_{ijp} = 1$)，由于各应急任务下的重要程度也应是相同的，因此权重平分，即 $w_{ij1} = w_{ij2} \cdots = w_{ijp} = w_{ijm} = \dfrac{1}{m}$。

设指标 S_{ijp} 的分值为 x_{ijp}，应急主题 S_{ij} 的完备程度为 $C_i = \sum_{j=1}^{k}\left[w_{ij} \sum_{p=1}^{m} (w_{ijp} x_{ijp}) \right]$，设待评价预案对应急响应流程描述的完备程度为 CE，则 $CE = \sum_{i=1}^{n} w_i c_i$。为免赘述，本书只列出应急响应流程中应急主题 S_i 的指标体系权重和评分(表 3-1)，其他应急主题的评判方法与此相同。

依据评估指标体系对待评价预案进行评估，采取 5 分制的评分方法，对每个指标进行打分，其中 5 分表示预案中对该主题或任务的描述与评价指标完全相同，4 分表示非常相似，3 分表示比较相似，2 分表示不是很相似，1 分表示只有一点相似，0 分表示预案中缺少对该主题或任务的描述。

表 3-1　应急主题 S_i 的指标体系评分表

一级指标	权重	二级指标	权重	三级指标	权重	分值
应急主题 S_i	w_i	应急任务 S_{i1}	w_{i1}	子任务 S_{i11}	w_{i11}	x_{i11}
				⋮	⋮	⋮
				子任务 S_{i1t}	w_{i1t}	x_{i1t}
		应急任务 S_{i2}	w_{i2}	子任务 S_{i21}	w_{i21}	x_{i21}
				⋮	⋮	⋮
				子任务 S_{i2n}	w_{i2n}	x_{i2n}
		应急任务 S_{ik}	w_{ik}	子任务 S_{ik1}	w_{ik1}	x_{ik1}
				⋮	⋮	⋮
				子任务 S_{ikp}	w_{ikp}	x_{ikp}

3.3.2　基于流程的通信保障应急预案有效性评分体系

将表 3-1 通信保障应急预案整体评估指标体系与应急预案评分表对应填写，得到具体的通信保障应急预案整体评估指标体系评分表，见表 3-2。其中，一级指标权重由专家打分决定，4 个应急主题的权重依次是 0.34、0.18、0.38、0.1。

表 3-2　通信保障应急预案评估指标体系评分表

一级指标	权重	二级指标	权重	三级指标	权重	分值
预防预警	0.34	预防	0.33	宣传教育	0.33	x_{111}
				安全检查	0.33	x_{112}
				安全防卫	0.33	x_{113}
		监测	0.33	实时监测	0.25	x_{121}
				信息沟通	0.25	x_{122}
				分析核实	0.25	x_{123}
				先期处理	0.25	x_{124}
		预警行动	0.33	专业研判	0.16	x_{131}
				预警发布	0.16	x_{132}
				方案确定	0.16	x_{133}
				部署安排	0.16	x_{134}
				能力评估	0.16	x_{135}
				动态追踪	0.16	x_{136}

续表

一级指标	权重	二级指标	权重	三级指标	权重	分值
应急准备	0.18	应急队伍建设	0.16	应急演练	0.33	x_{211}
				技术培训	0.33	x_{212}
				人员资质与认定	0.33	x_{213}
		物资保障	0.16	应急装备配备	0.33	x_{221}
				资源管理与维护	0.33	x_{222}
				应急物资调度	0.33	x_{223}
		技术储备与保障	0.16	科技支撑	0.16	x_{231}
				应急组织架构建设	0.16	x_{232}
				应急指挥平台建设	0.16	x_{233}
				应急信息平台建设	0.16	x_{234}
				专家队伍建设	0.16	x_{235}
				预案评估及优化	0.16	x_{236}
		运行机制保障	0.16	应急处置联动机制	0.33	x_{241}
				责任机制	0.33	x_{242}
				补偿机制	0.33	x_{243}
		后备保障	0.16	交通运输保障	0.33	x_{251}
				电力保障	0.33	x_{252}
				经费保障	0.33	x_{253}
		监督检查	0.16	风险评估	0.5	x_{261}
				协调配合检查	0.5	x_{262}
应急响应	0.38	响应分级	0.25	信息上报	0.5	x_{311}
				分类分级	0.5	x_{312}
		启动预案	0.25	下达任务通知书	0.5	x_{321}
				成立现场指挥部	0.5	x_{322}
		应急处置	0.25	现场监测评估	0.14	x_{331}
				信息通报	0.14	x_{332}
				责任分解	0.14	x_{333}
				部门合作	0.14	x_{334}
				资源调配	0.14	x_{335}
				抢险救灾	0.14	x_{336}
				安全防护	0.14	x_{337}

续表

一级指标	权重	二级指标	权重	三级指标	权重	分值
后期处置	0.1	应急结束	0.25	下达解除任务通知书	0.5	x_{341}
				信息发布	0.5	x_{342}
		调查、总结与评价	0.5	损失统计	0.16	x_{411}
				原因调查、分析处理	0.16	x_{412}
				后果评估	0.16	x_{413}
				工作汇报	0.16	x_{414}
				经验总结	0.16	x_{415}
				灾后恢复信息发布	0.16	x_{416}
		责任监督	0.5	表彰奖励	0.33	x_{421}
				征调部门及个人物资的补助	0.33	x_{422}
				责任追究	0.33	x_{423}

3.4 案例分析

3.4.1 《国家通信保障应急预案》的有效性评估

1. 样本预案指标体系的提取

根据《国家通信保障应急预案》的文本内容，首先以前文建立的应急通信预案评估指标体系中的应急主题为标准，寻找与4个应急主题相关的文本描述，抽取并整理所有的关键活动，从中提取子任务和应急任务，系统梳理出预案中的整个应急通信逻辑流程；然后整合成一个完整的预案指标体系，并表示成与前文图3-4所示的指标体系相同的形式；最后依据评估指标的含义对样本预案指标的符合度打分，计算得到预案中对应急流程描述的完备性，从而得到样本预案整体的有效性。

以应急响应应急主题为例，从《国家通信保障应急预案》中提取与该主题相关的应急流程的预案文本如下。

突发事件发生时，出现重大通信中断和通信设施损坏的企业和单位，应立即将情况上报信息产业部。信息产业部接到报告后，应在1小时内报国务院。国家通信保障应急工作办公室获得突发事件信息后，应立即分析事件的严重性，应急领导小组应加强与通信保障应急任务下达单位或部门及相关基础电信运营企业的信息沟通，及时通报应急处置过程中的信息。通信保障应急工作办公室下达任务通知书。接到任务通知书后，各单位应立即传达并贯彻落实，成立现场通信保障应急指挥机构，并组织相应人员进行通信保障和通信恢复工作，积极搞好企业间的协作配合。通信保障和通信恢复应急工作任务完成后，由国家通信保障应急领导小组下达解除任务通知书，由信息产业部负责有关的信息发布工作。

从上述文本中提取整理得到子任务、应急任务，表示成如前文图3-4所示的形式，然后采取同样的方法，提取其他应急主题的子任务、应急任务等。由前文图 3-4 可知，《国家通信保障应急预案》中对应急响应主题缺少对子任务现场监测评估、责任分解、资源调配和安全防护的描述。

其中，“国家通信保障应急领导小组应加强与通信保障应急任务下达单位或部门及相关基础电信运营企业的信息沟通，及时通报应急处置过程中的信息”的文本描述，虽字面上与信息通报指标相对应，但是实际上该指标应该还包含对公众进行应急通信保障信息的通报的含义，故对该指标打 3 分。以此类推，对提取的所有子任务对比指标体系打出分数。

2. 样本预案的有效性评估

根据预案指标的打分情况，得到《国家通信保障应急预案》有效性的评分表，见表 3-3。经公式计算，得到《国家通信保障应急预案》对应急流程描述的完备程度 CE = 70.4%（5 分的完备程度为 100%），则该预案的有效性为 70.4%。

表 3-3　《国家通信保障应急预案》有效性评分表

一级指标	权重	二级指标	权重	三级指标	权重	分值
预防预警	0.34	预防	0.33	宣传教育	0.33	5
				安全检查	0.33	5
				安全防卫	0.33	5
		监测	0.33	实时监测	0.25	5
				信息沟通	0.25	5
				分析核实	0.25	5
				先期处理	0.25	0
		预警行动	0.33	专业研判	0.16	2
				预警发布	0.16	5
				方案确定	0.16	5
				部署安排	0.16	3
				能力评估	0.16	0
				动态追踪	0.16	0
应急准备	0.18	应急队伍建设	0.16	应急演练	0.33	5
				技术培训	0.33	5
				人员资质与认定	0.33	0
		物资保障	0.16	应急装备配备	0.33	5
				资源管理与维护	0.33	5
				应急物资调度	0.33	0
		技术储备与保障	0.16	科技支撑	0.16	1
				应急组织架构建设	0.16	5
				应急指挥平台建设	0.16	1
				应急信息平台建设	0.16	0
				专家队伍建设	0.16	1
				预案评估与优化	0.16	5

续表

一级指标	权重	二级指标	权重	三级指标	权重	分值
应急准备	0.18	运行机制保障	0.16	应急处置联动机制	0.33	0
				责任机制	0.33	5
				补偿机制	0.33	0
		后备保障	0.16	交通运输保障	0.33	5
				电力保障	0.33	5
				经费保障	0.33	5
		监督检查	0.16	风险评估	0.5	0
				协调配合检查	0.5	1
应急响应	0.38	响应分级	0.25	信息上报	0.5	5
				分类分级	0.5	5
		启动预案	0.25	下达任务通知书	0.5	5
				成立现场指挥部	0.5	5
		应急处置	0.25	现场监测评估	0.14	0
				信息通报	0.14	3
				责任分解	0.14	0
				部门合作	0.14	5
				资源调配	0.14	0
				抢险救灾	0.14	5
				安全防护	0.14	0
		应急结束	0.25	下达解除任务通知书	0.5	5
				信息发布	0.5	2
后期处置	0.1	调查、总结与评价	0.5	损失统计	0.16	5
				原因调查、分析处理	0.16	5
				后果评估	0.16	5
				工作汇报	0.16	5
				经验总结	0.16	5
				灾后恢复信息发布	0.16	0
		责任监督	0.5	表彰奖励	0.33	5
				征调部门及个人物资的补助	0.33	0
				责任追究	0.33	5

3.4.2　《湖北省通信保障应急预案》的有效性评估

1. 样本预案指标体系的提取

与国家预案的评估方式相同，首先根据《湖北省通信保障应急预案》的文本内容①，以前文确定的应急主题为标准，寻找与之对应的相关文本描述，从中提取子任务和应急任务；然后整合成一个完整的预案指标体系，并表示成与前文图3-4所示的指标体系相同的

① 湖北省人民政府. 湖北省通信保障应急预案[EB/OL]. [2011-5-10]. http://www.hubei.gov.cn/zwgk/yjgl/yjya/201105/t20110510_243419_4.shtml.

形式；最后依据评估指标的含义对样本预案指标的符合度打分，计算得到预案中对应急流程描述的完备性，从而得到样本预案整体的有效性。

以预防预警主题为例，从预案中提取与该主题相关的应急流程的预案文本如下。

各基础电信运营企业及省专用通信局在日常工作中要加强网络安全宣传教育工作，增强忧患意识；加强对电信网络的安全监测和检查，消除安全隐患；加强通信重点保障目标的安全防卫。省通信保障应急指挥部与工信部、省政府及有关部门建立有效的信息沟通渠道；对可能演变为严重通信事故的情况，及时报告省通信保障应急指挥部，并同时报当地政府。各级基础电信运营企业网络运行管理维护机构要对电信网络日常运行状况实时监测分析，及时发现预警信息。省通信保障应急指挥部获得外部预警信息后，应立即进行分析核实，应按规定提请通信保障应急领导小组召开会议，研究部署通信保障应急工作；预警级别按其紧急程度、发展势态或可能造成的危害程度从高到低分为一级、二级、三级和四级。预警信息的发布以文件传真形式，紧急情况下可以采用电话通知方式。省通信保障应急指挥部接到信息报告后，应研判事件的严重程度，提出应对措施和启动预案的建议报省通信保障应急领导小组。

从上述文本中提取整理得到子任务、应急任务，表示成如前文图 3-4 所示的形式，然后采取同样的方法，提取其他应急主题的子任务、应急任务等。由指标体系表可知，《湖北省通信保障应急预案》中对预防预警应急主题缺少对子任务先期处理、能力评估和动态追踪的描述。其中，“应按规定提请通信保障应急领导小组召开会议”文本描述中的“应急领导小组召开会议”，有一部分专业研判的意思，但并不明确，因此对该指标打 1 分。以此类推，对所有提取的指标打出分数。

2. 样本预案的有效性评估

根据预案指标的打分情况，得到《湖北省通信保障应急预案》有效性的评分表，见表 3-4。经公式计算，得到《湖北省通信保障应急预案》对应急流程描述的完备程度 CE = 72.3% (5 分的完备程度为 100%)，则该预案的有效性为 72.3%。

表 3-4 《湖北省通信保障应急预案》有效性评分表

一级指标	权重	二级指标	权重	三级指标	权重	分值
预防预警	0.34	预防	0.33	宣传教育	0.33	5
				安全检查	0.33	5
				安全防卫	0.33	5
		监测	0.33	实时监测	0.25	5
				信息沟通	0.25	5
				分析核实	0.25	5
				先期处理	0.25	0
		预警行动	0.33	专业研判	0.16	2
				预警发布	0.16	5
				方案确定	0.16	3

续表

一级指标	权重	二级指标	权重	三级指标	权重	分值
预防预警	0.34	预警行动	0.33	部署安排	0.16	2
				能力评估	0.16	0
				动态追踪	0.16	0
应急准备	0.18	应急队伍建设	0.16	应急演练	0.25	5
				技术培训	0.25	5
				人员资质与认定	0.25	0
		物资保障	0.16	应急装备配备	0.33	5
				资源管理与维护	0.33	5
				应急物资调度	0.33	0
		技术储备与保障	0.16	科技支撑	0.16	1
				应急组织架构建设	0.16	5
				应急指挥平台建设	0.16	1
				应急信息平台建设	0.16	0
				专家队伍建设	0.16	1
				预案评估与优化	0.16	5
		运行机制保障	0.16	应急处置联动机制	0.33	0
				责任机制	0.33	5
				补偿机制	0.33	0
		后备保障	0.16	交通运输保障	0.33	5
				电力保障	0.33	5
				经费保障	0.33	5
		监督检查	0.16	风险评估	0.5	0
				协调配合检查	0.5	4
应急响应	0.38	响应分级	0.25	信息上报	0.5	5
				分类分级	0.5	5
		启动预案	0.25	下达任务通知书	0.5	5
				成立现场指挥部	0.5	5
		应急处置	0.25	现场监测评估	0.14	0
				信息通报	0.14	4
				责任分解	0.14	4
				部门合作	0.14	4
				资源调配	0.14	4
				抢险救灾	0.14	5
				安全防护	0.14	0
		应急结束	0.25	下达解除任务通知书	0.5	5
				信息发布	0.5	2

续表

一级指标	权重	二级指标	权重	三级指标	权重	分值
后期处置	0.1	调查、总结与评价	0.5	损失统计	0.16	5
				原因调查、分析处理	0.16	5
				后果评估	0.16	5
				工作汇报	0.16	5
				经验总结	0.16	5
				灾后恢复信息发布	0.16	0
		责任监督	0.5	表彰奖励	0.33	5
				征调部门及个人物资的补助	0.33	0
				责任追究	0.33	5

3.4.3　《中国移动通信集团安徽有限公司太湖县分公司通信保障应急预案》的有效性评估研究

1. 样本预案指标体系的提取

与前两个预案的评估方式相同，首先根据《中国移动通信集团安徽有限公司太湖县分公司通信保障应急预案》的文本内容，寻找与应急主题对应的文本描述，从中提取子任务和应急任务，整合成与图 3-5 形式相同的完整预案指标体系。最后，对样本预案指标的符合度打分，依据公式计算得到样本预案整体的有效性。

以“后期处置”这个应急主题为例，从应急预案中提取与该主题相关的应急流程预案文本，其描述如下。

对突发事件造成通信网络异常、通信设施受损的情况进行全面深入和客观公正的调查与评估；对应急通信保障情况进行全面深入和客观公正的调查、分析和处理，总结应急处置的经验和教训，对事故后果进行评估，对事故责任处理情况进行监督检查。根据形成的调查报告，查找原有应急预案考虑不周、流程不畅等问题，及时对预案加以修改和完善，不断改进通信保障应急工作。由安徽太湖移动公司①应急通信工作办公室负责有关的信息发布工作。实事求是地提供实施应急通信保障过程的相关材料，及时、准确、有效地进行公共沟通。应对在应急通信保障工作中表现突出的干部和职工给予必要的物质和精神奖励，而对因玩忽职守造成重大损失的，则应给予通报批评，并依法追究相关责任。

从上述文本中整理得到如图 3-5 所示的指标形式，然后以同样的方法提取其他应急主题的子任务和应急任务。由图 3-5 可知，预案中对“后期处置”该应急主题缺少对子任务“灾后信息发布”和“征调部门及个人的物资补助”的描述。

① 安徽太湖移动公司是中国移动通信集团安徽有限公司太湖县分公司的简称。

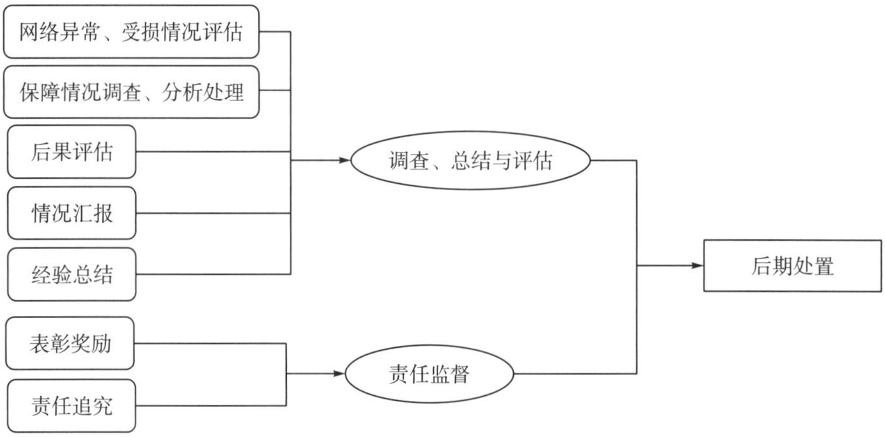

图 3-5　“后期处置”应急主题的指标体系

其中，“对突发事件造成通信网络异常、通信设施受损的情况进行全面深入和客观公正的调查与评估”的文本描述，与指标体系中的“损失统计”对应，虽表述并非完全一致，但表达的意义较为吻合，因此对该指标打 5 分，依此类推，对提取的所有指标打出分数，其指标对应的文本描述及打分情况如表 3-5 所示。

表 3-5　预案指标对应的文本描述及打分情况

指标	文本描述	打分
宣传教育	针对安徽移动应急组织机构和相关责任人制定明确的管理职责、预防制度和操作规程，培养员工的安全意识	3
安全检查	加强日常对系统的检修工作，强化基础维护工作实现主动维护、预防维护	5
安全防卫	按照长期准备、重点建设的要求，做好应对突发事件的思想准备、预案准备、机制准备和工作准备，综合保障组负责协调应急通信的安全保卫工作	4
实时监测	利用各专业网络监测及安全防护系统，24 小时监测、控制网络资源	5
信息沟通	建立有效的信息沟通渠道获得预警信息，收集网络预警信息，对相关信息进行整理分析上报，及时通报各专业保障小组	5
分析核实	从各种途径获得的预警信息相互印证，确保信息的准确性	5
先期处理	对可预见的紧急事件信息，要做到早发现，以便迅速反应、及时应对，确保网络安全	3
专业研判	结合相关专业人士的历史经验，采集移动网络和系统可能出现故障或重大故障的信息，分析其可能的影响范围和危害程度	5
预警发布	按照“早发现、早报告、早处置”的原则，逐级上报，根据需要启动应急预案，做到防微杜渐，防患于未然	2
方案确定	分析冲击规模和破坏程度有多大，针对这些冲击采取主要应对策略	5
部署安排	针对这些冲击的主要应对策略，及时将信息、分析结论发送至相关应急指挥人员和实施人员	2
能力评估	—	—
动态追踪	形成对可预期的社会重大活动持续跟踪的机制，及时向主管部门提出可行的应急通信预案，跟踪应急通信保障进度	4
应急演练	定期(一年不低于一次)进行应急预案的演练	5
技术培训	加强对应急通信队伍业务素质和业务能力的培训工作	5

续表

指标	文本描述	打分
人员资质与认定	—	—
应急装备配备	建立必要的应急物资保障机制，及时做好应急物资的配置计划和预算工作	5
资源管理与维护	加强对应急物资的管理、维护和保养，使应急物资永远处于可用状态	5
应急物资调度	综合部负责各类应急通信物资的采购、调配和仓储等，为各类应急通信保障以及演练工作提供后勤保障、实施应急通信保障	4
科技支撑	积极应用省公司组织开发的基站声光智能报警系统、“三遥”基站动环监控系统、室内分布集中监控系统、无线网络分析预警系统、业务支撑系统等	4
应急组织架构建设	安徽太湖移动分公司成立三级应急组织机构：应急通信领导小组、工作办公室和保障队伍	5
应急指挥平台建设	确保应急处置系统内部机构之间和部门之间的通信联络畅通	1
应急信息平台建设	预警支持系统实现集中且统一界面的预警信息的汇集、分析和传送、管理支撑系统(包括统一信息平台、OA 系统、MIS 系统)	4
专家队伍建设	—	—
预案评估与优化	建维部负责各类应急通信方案的制定、更新	4
应急处置联动机制	应急通信工作办公室作为应急组织的统一对外接口，与地方政府(如信息产业办公室)、其他运营商、相关政府部门、重大活动的组织部门、厂家、外界其他组织机构协调处理各类应急通信事件。建立预警和保障应急通信的快速反应机制，确保发现、报告、指挥、处置等环节的紧密衔接，确保相关部门的密切协作、快速反应	4
责任机制	针对安徽移动应急组织机构和相关责任人制定明确的管理职责。应急人员的管理工作应遵循统一领导，分级管理的原则。不但要责任到人，而且要保证 A、B 角配置	5
补偿机制	—	—
交通运输保障	通信车辆应集中管理、统一调度	3
电力保障	动力组保障各级局用机房电源系统、营业用电源系统、基站电源系统安全运行	5
经费保障	每年做好应急资金的使用计划、支出预算工作，并根据应急事件的影响范围、严重程度进行分配和使用	5
风险评估	—	—
协调配合检查	综合保障组负责与国家、地方有关部门的协调联络工作，并向领导小组提出相关工作建议	3
信息上报	在应急通信事件发生时，收集、整理、分析和上报应急通信事件各类信息	5
分类分级	应急通信事件发生后，应急通信工作办公室根据事件的性质、类别以及紧急程度，采取有效的应对措施	3
下达任务通知书	应急通信领导小组通过启动应急预案的决定后，及时向安徽太湖移动公司应急通信工作办公室下达预案启动命令，并提出应急通信保障要求	5
成立现场指挥部	根据事件评估结果，组织相关人员编制现场调度实施方案	2
现场监测评估	安徽太湖移动公司应急通信工作办公室负责应急通信保障的组织、管理、监督	2
信息通报	完成应急通信保障的准备工作和执行工作，并及时进行信息反馈；实事求是地提供实施应急通信保障过程的相关材料，及时、准确、有效地进行公共沟通	5
责任分解	根据各部门职责，在应急通信保障工作中担任不同的角色，成立以下应急通信保障队伍：土建/机房抢修、安全保卫、网络安全等。应急通信工作办公室组织应急通信保障队伍按照现场调度实施方案的规定，完成应急通信保障的准备工作和执行工作	5
部门合作	协调各部门、代维站之间的关系，制定各级应急通信保障组织的职责	4
资源调配	按照现场调度实施方案的要求，配合做好物资采购与调度	5
抢险救灾	组织、协调应急通信保障队伍，按照有关预案完成应急通信保障任务	5

续表

指标	文本描述	打分
安全防护	负责人员疏散、通信设施安全转移、财产安全保卫等工作，为各类应急通信保障工作提供人员及财产安全保障	5
下达解除任务通知书	现场应急通信指挥机构收到应急通信保障任务解除通知书后，任务正式结束	5
信息发布	充分利用广播电视报纸杂志等媒体资源，落实各项应急通信保障对外宣传工作	3
损失统计	对突发事件造成通信网络异常、通信设施受损的情况进行全面深入和客观公正的调查与评估	5
原因调查、分析处理	及时组织相关部门对应急通信保障情况进行全面深入和客观公正的调查、分析和处理	5
后果评估	对事故后果进行评估，对事故责任处理情况进行监督检查	5
工作汇报	形成应急通信保障调查报告，总结应急处置的经验和教训，并提出以后相关工作的改进建议	5
经验总结	总结应急处置的经验和教训	5
灾后恢复信息发布	—	—
表彰奖励	应对在应急通信保障工作中表现突出的干部和职工给予必要的物质和精神奖励	5
征调部门及个人的物资补助	—	—
责任追究	对因玩忽职守造成重大损失的，则应给予通报批评，并依法追究相关责任	5

2. 样本预案的有效性评估

根据表 3.5 预案指标的打分情况，得到安徽太湖移动公司通信保障应急预案的有效性评分表，如下表 3-6。经公式计算，得到《中国移动通信集团安徽有限公司太湖县分公司通信保障应急预案》对应急流程描述的完备程度 CE=74.1%(5 分的完备程度为 100%)，则该预案的有效性为 74.1%。

表 3-6　安徽太湖移动公司通信保障应急预案有效性评分表

一级指标	权重	二级指标	权重	三级指标	权重	分值
预防预警	0.34	预防	0.33	宣传教育	0.33	3
				安全检查	0.33	5
				安全防卫	0.33	4
		监测	0.33	实时监测	0.25	5
				信息沟通	0.25	5
				分析核实	0.25	5
				先期处理	0.25	3
		预警行动	0.33	专业研判	0.16	5
				预警发布	0.16	2
				方案确定	0.16	5
				部署安排	0.16	2
				能力评估	0.16	0
				动态追踪	0.16	4

续表

一级指标	权重	二级指标	权重	三级指标	权重	分值
应急准备	0.18	应急队伍建设	0.16	应急演练	0.33	5
				技术培训	0.33	5
				人员资质与认定	0.33	0
		物资保障	0.16	应急装备配备	0.33	5
				资源管理与维护	0.33	5
				应急物资调度	0.33	4
		技术储备与保障	0.16	科技支撑	0.16	4
				应急组织架构建设	0.16	5
				应急指挥平台建设	0.16	1
				应急信息平台建设	0.16	4
				专家队伍建设	0.16	0
				预案评估与优化	0.16	4
		运行机制保障	0.16	应急处置联动机制	0.33	4
				责任机制	0.33	5
				补偿机制	0.33	0
		后备保障	0.16	交通运输保障	0.33	3
				电力保障	0.33	5
				经费保障	0.33	5
		监督检查	0.16	风险评估	0.5	0
				协调配合检查	0.5	3
应急响应	0.38	响应分级	0.25	信息上报	0.5	5
				分类分级	0.5	3
		启动预案	0.25	下达任务通知书	0.5	5
				成立现场指挥部	0.5	2
		应急处置	0.25	现场监测评估	0.14	2
				信息通报	0.14	5
				责任分解	0.14	5
				部门合作	0.14	4
				资源调配	0.14	5
				抢险救灾	0.14	5
				安全防护	0.14	5
		应急结束	0.25	下达解除任务通知书	0.5	5
				信息发布	0.5	3
后期处置	0.1	调查、总结与评价	0.5	损失统计	0.16	5
				原因调查、分析处理	0.16	5
				后果评估	0.16	5
				工作汇报	0.16	5

续表

一级指标	权重	二级指标	权重	三级指标	权重	分值
后期处置	0.1	调查、总结与评价	0.5	经验总结	0.16	5
				灾后恢复信息发布	0.16	0
		责任监督	0.5	表彰奖励	0.33	5
				征调部门及个人的物资补助	0.33	0
				责任追究	0.33	5

3.5　结论及建议

3.5.1　结论

1. 预案整体编制水平良好

目前，我国各级别通信保障应急预案的编制基本涵盖了预防预警、应急准备、应急响应、后期处理 4 个主要应急主题，整体流程较为完整。根据案例分析结果(国家 70.4%，湖北 72.3%)，3 个级别的通信保障应急预案有效性差别不大，《国家通信保障应急预案》的有效性相对较低，安徽太湖移动公司的通信保障应急预案相对较好，但整体来说均属于良好水平。

2. 预案的应急响应、后期处置主题表现较好

应急响应是整个通信保障应急预案的核心，样本预案在应急响应主题阶段 3 个预案均表现优秀，除个别子任务有疏漏外，极大部分的流程都是完整流畅的。在后期处置主题部分，3 个预案对子任务的描述非常相近，虽有些许缺失，但都十分准确完整。此外，在预防预警主题部分，内容差别不大，任务表述也很明晰。

3. 预案在应急准备方面还存在一定的缺陷

样本预案在应急准备主题上的表现都不理想，缺少很多关键性的应急任务，如人员资质与认定、专家队伍建设等。另外，有些应急任务虽有提及，但表述并不准确或者与指标体系实际要求的符合度较差，如预案中与应急指挥平台建设指标对应的只有关于确保系统的通信联络畅通的描述。这些缺陷导致预案中该主题流程的完备性均较低，影响到预案的整体有效性。

4. 预案越具体有效性越高

从样本预案的应急主题评估对比来看，在预防预警阶段，安徽太湖移动公司的预案出现两个子任务疏漏，而国家和湖北省的预案均缺少三个子任务描述；三个预案在应急准备中的文本描述都存在任务缺失和表述不清，但对于国家和湖北省预案中缺少的应急物资调度和应急信息平台建设两个指标，安徽太湖移动公司的预案中有具体的文本表达；在应急响应主题中，安徽太湖移动公司的应急预案是最完整的，虽然有少数表述不够明确具体，但是所有的子任务都有相应说明；在后期处置部分，安徽太湖移动公司的预案与其他两个预案表述基本一致，都缺少两个子任务的流程描述。

3.5.2 建议

1. 补充应急预案中缺失的应急任务

从案例分析结果来看，三个预案在 4 个应急主题层面中都存在任务缺失的情况，这些任务的缺失会影响到应急通信保障工作的有序开展，甚至会造成应急救援工作的停滞。因此，今后在通信保障应急预案修订中，可以以案例分析为依据，重点补充完善预案中缺少的应急任务。

以应急准备主题为例，样本预案都缺少人员资质与认定、专家队伍建设等关键任务，说明我国的应急通信预案普遍在该主题下表现不佳，需要及时组织专业人员会议，制定应急人员资质考核与认定的标准，进一步规范和优化应急队伍；同时，应急通信保障各个层面的专家团队也亟待建设，为应急救援提供强有力的专业支撑。

2. 完善应急预案中表述不明或不具体的应急任务

通过对样本预案的文本解读，可以看到评估体系中要求的部分任务指标，预案中虽有提及，但对该类任务的具体描述及操作细则却没有详细的说明解释。为此，针对预案中有所提及但在预案中表述不具体的应急任务，如应急物资调度、应急信息平台建设、资源调度等，可以通过预案之间的相互学习借鉴，参照在这方面表现良好的预案的经验，修改完善自身的任务文本描述。同时，针对表述不清的任务，如预防预警主题下的部署安排和应急准备主题下的应急指挥平台建设，虽然样本预案中均有任务涉及，但表述并不明确，在实际操作中势必会给应急通信救援带来阻力，建议预案修订部门应组织专业人员会议，参照评级指标体系和含义，探讨出合理有效的文本表达，对该类表述不明的任务进行细致精确的修改。

3. 明确应急物资调度的原则及规范

应急资源的配置贯穿于应急流程的 4 个主题阶段，科学合理的资源配置是应急救援顺利展开的重要基础，确保应急资源的有效生产、合理储存、优化调运、节约使用，能有效加快应急救援的步伐。因此，通信保障应急预案中将应急物资调度作为应急准备主题下物资保障应急任务的一项重要指标，但在样本预案中表现得并不理想，虽然文本中对该任务指标有所指出，但是对于实际调度时应该遵循的原则和规范描述并不具体。

应急通信保障工作的关键在于依据突发事件的演化趋势和阶段性的救灾成果动态选择最佳救援方案、优化资源调运，迅速且有效地向灾区调度应急资源，最大程度地减少灾害损失。因此，明确应急通信资源调度的相关原则和规范，对于高效快速地调度有限的应急资源、提高应对非常规突发事件快速反应和抵抗风险的能力，显得尤为重要。建议在通信保障应急预案中明确应急物资调度的原则和规范，进一步提高我国通信保障应急预案的有效性。

第 4 章　基于故障树的通信保障应急预案有效性评估

4.1　通信保障应急预案故障分析

通信保障应急预案是以文本形式展现的，所以分析预案内容的主要途径就是对文本进行分析。通信保障应急预案文本是按照章、节、段落进行编排的，而段落又是由句子组成的，汉语中一个完整的句子结构表示如下：(定语)主语+(状语)谓语(补语)+(定语)宾语(补语)。通信保障应急预案中主语通常是应急响应的主体，包括应急部门、单位或者个人；谓语表示应急响应的动作；宾语表示应急动作的对象，有可能是灾害后果、应急资源、应急部门，也有可能是方案措施等。

4.1.1　主语故障

在通信应急事件发生之后，预案能够清楚地对每个应急动作的主体或者主体的职责做出明确的规定，这样的预案才称得上较为完善的预案。如果预案中对应急主体的描述不明确，则在应对突发事件时，极有可能会出现各部门职责不明、相互推诿的情况。因此，研究预案中的主语故障显得非常必要，下面将归纳出 4 类主语故障。

(1) 主体缺失：预案中的动作没有主体，不知道由哪个部门来负责。例如，做好专网应急通信突发事件经费保障工作，没表明由谁来做好这项工作。

(2) 未明确主体职责：预案中对主体职责的描述过于笼统，不够明确，极易产生职责不明的情况，例如，指挥部办公室协调相关成员单位对通信资源实施通信保障，指挥部办公室该怎样协调呢？

(3) 未明确描述主体：主体描述模糊，不够精确。例如，相关成员单位(接到通知后应迅速)组织、调度所属通信资源，到底是哪些单位呢？

(4) 未明确主体级别：预案中实施动作的主体级别没有交代清楚。例如，通信保障和信息安全应急指挥部实施专网应急通信保障，哪一级的指挥部来实施？

4.1.2　宾语故障

在语句分析中，宾语通常是指谓语动作的对象，是主体施加动作的对象，在通信应急预案中，通常是主体指挥的对象或者救援的对象等。预案若存在宾语故障，则在应对突发事件时，使抢险部门不知道对什么设备采取抢险措施或者对哪个部门发号施令。下面归纳 3 个基本的宾语故障。

(1) 对象缺失：应急动作的对象缺失。例如，指挥部办公室及各保障单位应积极组织，全力抢险救灾，办公室组织谁？

(2) 未明确描述对象：对应急动作的对象的描述不够明确。例如，指挥部办公室实时组织相关专家和机构，是怎样的专家和机构呢？

(3) 未明确对象级别：通常是规定上级部门在统一部署时，出现部署的对象级别不清的错误。例如，指挥部办公室报告(一周内)应急办、应急指挥部办公室，办公室报告给哪一级的应急办、哪一级的应急指挥办公室？

4.1.3　谓语故障

通信保障应急预案在给出突发事件响应中可能出现的所有情况的同时，还要在预案中对应急主体应该采取的措施做出精准的规定，这样才能使决策者科学有效地指挥调度。下面将具体分析预案中常见的基本谓语故障。

(1) 任务缺失：应急措施缺失。例如，本市专网应急通信保障应充分利用资源，进行抢险救灾，怎样利用资源呢？

(2) 未明确描述任务：对应该采取的应急措施描述不清晰。例如，指挥部办公室随时掌握各相关应急通信资源的通信保障状况，没有明确具体的任务，因此也无法进行考核。

(3) 未细化任务：预案中给出的应急措施不够具体。例如，各单位不断加强专网应急通信保障队伍的建设，怎么去加强？

4.2　通信保障应急预案标准故障树构架

构建故障树是应用故障树分析法的重要部分。本章根据上文对预案内容分析发现的语句故障来建立通信保障应急预案的标准故障树，达到对通信保障应急预案进行诊断的目的。故障树是一种特殊的倒立树状逻辑因果关系图，它用事件符号、逻辑门符号和转移符号描述系统中各种事件之间的因果关系。逻辑门的输入事件是输出事件的“因”，逻辑门的输出事件是输入事件的“果”。组成系统的各个要素和状态被称为事件，这些事件通过逻辑门联系起来，逻辑门描述了事件之间的关系。

4.2.1　确定分析对象及故障事件

在构建通信保障应急预案标准故障树的过程中，关键是能够明确故障树分析的对象，在本章的研究中，分析对象是通信应急预案文本，因此，在建立故障树之前，应大量收集通信保障应急预案，对其文本进行语句成分分析。

在预案故障树中，顶事件是不希望发生的事件，根据本章研究的目的——诊断通信应急预案的内容故障。在前文预案内容分析的基础上，可以发现应急预案文本中主要存在主语问题、宾语问题和谓语问题 3 类问题。本书将这 3 类问题作为预案标准故障树的中间事件，按照这 3 个中间事件来组织应急预案故障树事件之间的层次关系。其中，主语故障下包含 4 个基本事件：主体缺失、未明确主体职责、未明确描述主体、未明确主体级别；宾语故障下包含 3 个基本事件：对象缺失、未明确描述对象、未明确对象级别；谓语故障下包含 3 个基本事件：任务缺失、未明确描述任务、未细化任务。

4.2.2　建立标准通信保障应急预案故障树

在上述分析的基础上，采用相关的故障树逻辑关系符号，建立应急预案的标准故障树，如图 4-1 所示。图 4-1 中各项的具体意义见表 4-1。主体缺失、未明确主体职责、未明确描述主体、未明确主体级别、对象缺失、未明确描述对象、未明确对象级别、任务缺失、未明确描述任务、未细化任务是故障树中的基本事件；主语故障、谓语故障、宾语故障是故障树的中间事件，基本事件采用“逻辑与”或者“逻辑或”的方式触发上层事件，中间事件采用“逻辑或”的方式触发上层事件，也就是导致应急预案故障。

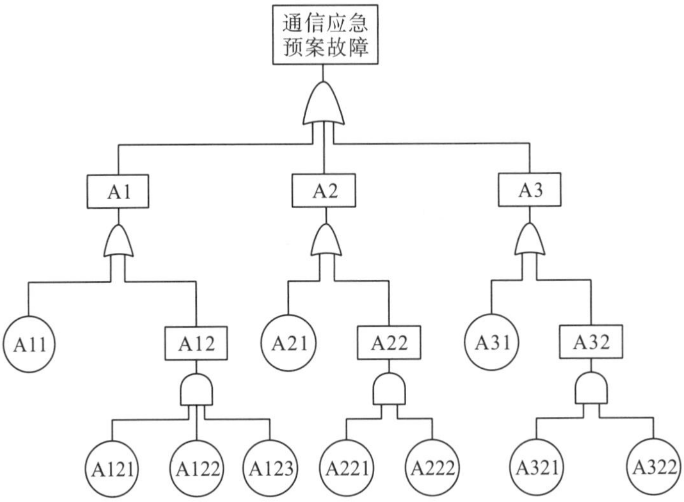

图 4-1　标准通信保障应急预案故障树

表 4-1　标准通信保障应急预案故障树中各项的具体意义

事件	具体意义
A1	主语故障
A2	宾语故障
A3	谓语故障
A11	主体缺失
A12	主体不明
A121	未明确主体职责
A122	未明确描述主体
A123	未明确主体级别
A21	对象缺失
A22	对象不明

续表

事件	具体意义
A221	未明确描述对象
A222	未明确对象级别
A31	任务缺失
A32	任务不明
A321	未明确描述任务
A322	未细化任务

4.2.3　确定标准故障树中各事件的权重

权重是一个相对的概念，是针对某一指标而言的，是指该指标在整体评价中的相对重要程度。没有重点的评价就不算是客观的评价。权重表示在评价过程中，依据实际情况和应用需求的不同，对被评价对象不同侧面的重要程度进行区别对待。

例如，对于一句话，只要句子的主语、宾语、谓语出现语法错误，我们就可能对语义无法理解，那么这 3 种成分出错对语义的影响程度是否一样呢？假设 3 种错误的权重是一样的，则这 3 种错误对我们理解语义产生的影响是一样的，设被影响的数值为 1，每种错误分别占 1/3。通常人们对于一个句子中的主语、宾语以及谓语的感知是不同的，有时候即使主语出错，通过人类的大脑补充和纠错，也能够正确理解句子意思，这时主语错误对理解句子的影响权重就要低一些。

由于每一份通信保障应急预案的编写者不同，他们在句子成分中发生的语法错误也是随机的，因此无法通过统计通信保障应急预案的主语故障、宾语故障、谓语故障和逻辑故障的频率来代替各故障发生的概率。由此，本书从各基本事件在标准故障树结构中的重要度来给出中间事件的权重。

基本事件的结构重要度计算公式为

$$I_{(i)}=\sum_{X_i\in\mathbf{K}_i}\frac{1}{2^{n_t-1}}$$

其中，$I_{(i)}$ 为基本事件 X_i 结构重要度的近似判别值；$X_i\in\mathbf{K}_i$ 表示基本事件 X_i 属于最小割集 $\mathbf{K}_i$；n_t 表示基本事件 X_i 所在割集中基本事件的个数。

运用行列法得出标准通信应急预案故障树的最小割集：$\mathbf{K}_1=\{\text{A11}\}$，$\mathbf{K}_2=\{\text{A121，A122，A123}\}$；$\mathbf{K}_3=\{\text{A21}\}$；$\mathbf{K}_4=\{\text{A221，A222}\}$；$\mathbf{K}_5=\{\text{A31}\}$；$\mathbf{K}_6=\{\text{A321，A322}\}$。

其中，对于 $\mathbf{K}_1$，它的触发故障路径为 A11→A1→预案故障；对于 $\mathbf{K}_2$，它的触发故障路径为 A121+A122+A123→A12→预案故障；对于 $\mathbf{K}_3$，它的触发故障路径为 A21→A2→预案故障；对于 $\mathbf{K}_4$，它的触发故障路径为 A221+A222→A22→A2→预案故障；对于 $\mathbf{K}_5$，它的触发故障路径为 A31→A3→预案故障；对于 $\mathbf{K}_6$，它的触发故障路径为 A321+A322→A32→A3→预案故障。

通过基本事件结构重要度计算公式可得

$$I_1 = 1\text{；}\ I_2 = \frac{1}{4}\text{；}\ I_3 = 1\text{；}\ I_4 = \frac{1}{2}\text{；}\ I_5 = 1\text{；}\ I_6 = \frac{1}{2}$$

对基本事件重要度进行归一化处理，有 $Q_i = I_i / \sum I_i$，其中 Q_i 为基本事件 X_i 的权重，有

$$\sum I_i = \frac{17}{4}\text{；}\ Q_1 = \frac{I_1}{\sum I_i} = \frac{4}{17}\text{；}\ Q_2 = \frac{I_2}{\sum I_i} = \frac{1}{17}$$

$$Q_3 = \frac{I_3}{\sum I_i} = \frac{4}{17}\text{；}\ Q_4 = \frac{I_4}{\sum I_i} = \frac{2}{17}\text{；}\ Q_5 = \frac{I_5}{\sum I_i} = \frac{4}{17}$$

$$Q_6 = \frac{I_6}{\sum I_i} = \frac{2}{17}$$

由以上分析可得出，中间事件主语故障、宾语故障、谓语故障的权重分别为

$$w_1 = Q_1 + Q_2 = \frac{5}{17}\text{；}\ w_2 = Q_3 + Q_4 = \frac{6}{17}\text{；}\ w_3 = Q_5 + Q_6 = \frac{6}{17}$$

4.3　通信保障应急预案故障诊断流程

通信突发事件应急管理是指在通信突发事件发生前、发生时和消亡后的整个时期内，用科学的方法对其加以干预和控制，使其造成的损失最小。根据通信应急经验，可分为 3 个阶段：一是事前管理，主要任务是预警预防和应急准备；二是事中管理，即在突发事件发生时，根据事前的各项准备，快速做出反应，在最短的时间内组织和协调人力、物力等资源进行处理，这个阶段通常被称为应急响应；三是事后管理，主要任务是恢复重建，总结经验教训。通过对突发事件应急管理 3 个阶段的分析，对通信应急预案进行任务分解，依据预案标准故障树对应急预案进行故障诊断，诊断流程如图 4-2 所示。

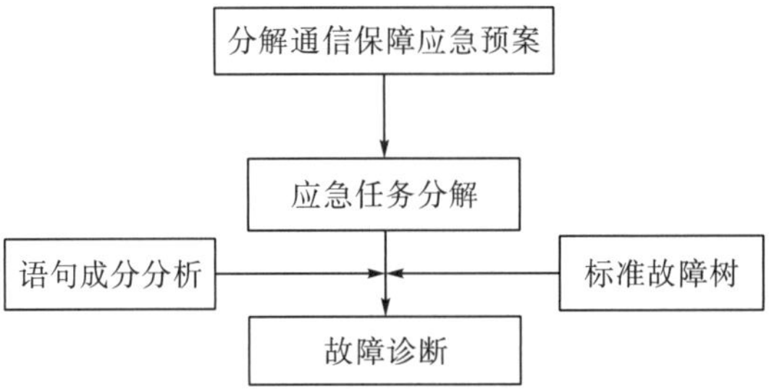

图 4-2　应急预案故障诊断流程

4.3.1　分解通信保障应急预案

通信保障应急预案是标准的结构化文本。在物理结构上，所有的突发事件应急预案都与传统的文本物理结构方式一样，采用树型层次结构，首先是标题，然后是章、节、段落、句子。在逻辑结构上，应急预案的一个文本逻辑结构块描述一个应急主题，可能由一个或几个自然段落来共同表示。

由于预案是针对潜在的或可能发生的突发事件的类别和影响程度而事先制定的应急

处置方案，预案中规定突发事件应急响应中一系列应急任务是如何实施的，因此，文本从应急任务的角度出发，以应急管理流程中的 4 个任务(预防预警、应急准备、应急响应、后期处置)为主题，分解通信保障应急预案文本。

由于文本应急预案的文本结构框架相对明显，一般可以直接根据标题对应急预案的内容进行分解，这样既可以保持应急预案自身的层次结构，又能够保证分解的客观性。

4.3.2　应急任务分解

基于任务对通信保障应急预案分解完后，每一个应急任务都是由一个或者几个段落组成的文本，然而段落形成的文本不能直接利用故障树进行诊断，需要将这些应急任务进一步分解成句子的形式，这样每一个应急任务 T 就可以表示成由若干个句子组成的集合 **T**={句子1，句子2,…，句子n}。在汉语体系中，句子有单句和复句之分。从构成来说，单句是由句子成分(由词或者短语充当)构成的，复句是由分句(复句中的单句)构成的。本章建立预案故障树的前提是对句子成分是否出现故障进行分析，即诊断的对象是单句，因此，为了使本章提出的方法同样适用于复句，需要将预案中的复句转换成单句的形式，充分运用已有的语法、语义和上下文语境知识，对预案中不规范的句式和部分语句成分的简化，进行适当地修改和添补，使各应急任务中的每一个谓语动词都有一个与之对应的主语和宾语。

4.3.3　通信保障应急预案的故障诊断

利用建立的预案标准故障树对每个应急任务中的句子进行诊断时，采用逻辑推理诊断法，即从故障树顶事件开始，先测试最初的中间事件，根据中间事件测试结果判断是否需要测试其下一级事件，一直到底事件，搜寻到故障原因及位置。在预案故障诊断过程中，针对不同应急任务，分别记录其发生各基本故障的个数，由此得到每个应急任务的故障数据，将这些故障数据汇总，就得到了整个预案的故障数据。为了方便对预案故障数据的整理与分析，本章建立预案故障数据表，表 4-2 中变量表示各应急任务的故障数据。

表 4-2　故障树数据

故障类型		预防预警	应急准备	应急响应	后期处置	总计
主语故障	主体缺失	a11	a12	a13	a14	a11 +a12 +a13 +a14
	未明确主体职责	a21	a22	a23	a24	a21 +a22 +a23 +a24
	未明确描述主体	a31	a32	a33	a34	a31 +a32 +a33 +a34
	未明确主体级别	a41	a42	a43	a44	a41 +a42 +a43 +a44
宾语故障	对象缺失	b11	b12	b13	b14	b11 +b12 +b13 +b14
	未明确描述对象	b21	b22	b23	b24	b21 +b22 +b23 +b24
	未明确对象级别	b31	b32	b33	b34	b31+b32 +b33 +b34
谓语故障	任务缺失	c11	c12	c13	c14	c11 +c12 +c13 +c14
	未明确描述任务	c21	c22	c23	c24	c21 +c22 +c23 +c24
	未细化任务	c31	c32	c33	c34	c31 +c32 +c33 +c34

根据得到的故障数据，就可以确定该预案在哪些环节存在问题，这些问题应该得到加强和完善，但并不清楚各应急任务及预案整体的故障达到什么程度。因此，需要综合基本事件的故障数据和权重，确定各应急任务和应急预案整体的故障程度。故障程度越大，说明预案文本越不规范，越需要加强和完善。

假设预案中对各应急任务的描述中主语个数分别为 A1、A2、A3、A4；宾语个数为 B1、B2、B3、B4；谓语个数为 C1、C2、C3、C4，则预案中应急任务 k 的主语故障率为 $\sum_{i=1}^{4} a_{ik} \Big/ A_k$；预案中应急任务 k 的宾语故障率为 $\sum_{i=1}^{3} b_{ik} \Big/ B_k$，预案中应急任务 k 的谓语故障率为 $\sum_{i=1}^{3} c_{ik} \Big/ C_k$，其中 $k=1,2,3,4$，则预案中整体的主语故障率为 $P_{\mathrm{A}} = \sum_{k=1}^{4}\sum_{i=1}^{4} a_{ik} \Big/ \sum_{k=1}^{4} A_k$，宾语故障率为 $P_{\mathrm{B}} = \sum_{k=1}^{4}\sum_{i=1}^{3} b_{ik} \Big/ \sum_{k=1}^{4} B_k$，谓语故障率为 $P_{\mathrm{C}} = \sum_{k=1}^{4}\sum_{i=1}^{3} c_{ik} \Big/ \sum_{k=1}^{4} C_k$。

因此，整体通信预案的故障率 $P = W_1 P_{\mathrm{A}} + W_2 P_{\mathrm{B}} + W_3 P_{\mathrm{C}}$。

4.4 案例分析

4.4.1 国家级通信保障应急预案有效性评估

以《国家通信保障应急预案》为例，采用上文所述故障诊断方法，对该预案进行诊断。首先，通过对应急相关文献的总结，以及对本通信保障应急预案的分析，将本预案的文本结构分解成预防预警、应急准备、应急响应和后期处置 4 个部分。其次，将每个应急任务进一步分解成句子集合的形式，依据通信应急预案标准故障树，采用逻辑推理诊断的方法对每一个句子进行诊断，记录下每个任务发生基本故障事件的个数，以及各应急任务中主语、宾语、谓语的总数(表 4-3)。

表 4-3　《国家通信保障应急预案》故障数据表

	故障类型	预防预警	应急准备	应急响应	后期处置	预案整体
主语故障	主体缺失	1	2	2	2	7
	未明确主体职责	0	0	4	0	4
	未明确描述主体	1	2	12	5	20
	未明确主体级别	0	1	4	0	5
	主语总数	13	16	50	30	109
宾语故障	对象缺失	0	0	0	0	0
	未明确描述对象	2	6	0	2	10
	未明确对象级别	0	0	0	0	0
	宾语总数	13	16	50	30	109
谓语故障	任务缺失	2	1	3	0	6
	未明确描述任务	1	1	3	2	7
	未细化任务	4	0	4	1	9
	谓语总数	13	16	50	30	109

依据表中数据，计算该通信保障应急预案各应急任务部分的主语、宾语、谓语故障率，以及各应急任务部分相对于预案整体的故障比率。下一步结合各基本事件的权重计算该通信应急预案的故障率。

根据上节对通信保障应急预案标准故障树结构的分析，主语故障、宾语故障、谓语故障在通信保障应急预案标准故障树中所占的权重分别为 5/17、6/17、6/17，根据第 4 章的通信保障应急预案的故障率计算公式 $P = W_1P_A + W_2P_B + W_3P_C$，可以得出本预案的故障率为 21.18%。

4.4.2　省部级通信保障应急预案有效性评估

省部级通信保障应急预案是指省内重大通信保障或通信恢复工作，在本省发生通信事故时，应当及时启动省级通信保障应急预案进行抢险救援，保证应急通信指挥调度工作迅速、高效、有序地进行，满足突发情况下通信保障和通信恢复工作的需要，确保通信的安全畅通。

本章选取的是《北京市通信保障应急预案》，将预案的文本结构同样分成预防预警、应急准备、应急响应和后期处置 4 个部分，依据通信保障应急预案标准故障树，采用逻辑推理诊断的方法对每一个句子进行诊断，记录每个任务发生基本故障事件的个数，以及各应急任务中主语、宾语、谓语的总数(表 4-4)。

表 4-4　《北京市通信保障应急预案》故障数据表

	故障类型	预防预警	应急准备	应急响应	后期处置	预案整体
主语故障	主体缺失	0	1	4	0	5
	未明确主体职责	0	4	19	1	24
	未明确描述主体	2	2	20	1	25
	未明确主体级别	0	1	44	2	47
	主语总数	16	50	91	26	183
宾语故障	对象缺失	0	0	0	0	0
	未明确描述对象	7	2	14	2	25
	未明确对象级别	4	1	4	1	10
	宾语总数	16	50	91	26	183
谓语故障	任务缺失	0	1	3	0	4
	未明确描述任务	1	3	7	1	12
	未细化任务	1	3	9	4	17
	谓语总数	16	50	91	26	183

依据表中数据，计算该通信保障应急预案各应急任务部分的主语、宾语、谓语故障率，以及各应急任务部分相对于预案整体的故障比率。下一步结合各基本事件的权重计算该通信保障应急预案的故障率。

根据 4.2 节对通信保障应急预案标准故障树结构的分析，主语故障、宾语故障、谓语故障在通信保障应急预案标准故障树中所占的权重分别为 5/17、6/17、6/17，根据第 4 章的通信保障应急预案的故障率计算公式 $P = W_1P_A + W_2P_B + W_3P_C$，可以得出本预案的故障率为 31.27%。

4.4.3　地市级通信保障应急预案有效性评估

地市级通信保障应急预案是指市内重大通信保障或通信恢复工作，在本市发生通信事故时，应当及时启动市级通信保障应急预案进行抢险救援，保证应急通信指挥调度工作迅速、高效、有序地进行，满足突发情况下通信保障和通信恢复工作的需要，确保通信的安全畅通。

本章选取的是《佛山市通信保障应急预案》，将预案的文本结构同样分成预防预警、应急准备、应急响应和后期处置 4 个部分，依据通信应急预案标准故障树，采用逻辑推理诊断的方法对每一个句子进行诊断，记录每个任务发生基本故障事件的个数，以及各应急任务中主语、宾语、谓语的总数(表 4-5)。

表 4-5　《佛山市通信保障应急预案》故障数据表

	故障类型	预防预警	应急准备	应急响应	后期处置	预案整体
主语故障	主体缺失	0	1	1	6	8
	未明确主体职责	0	0	0	0	0
	未明确描述主体	6	0	1	0	7
	未明确主体级别	0	0	0	0	0
	主语总数	25	17	17	27	86
宾语故障	对象缺失	0	1	0	0	1
	未明确描述对象	2	4	0	1	7
	未明确对象级别	1	0	0	1	2
	宾语总数	25	17	17	27	86
谓语故障	任务缺失	0	0	0	0	0
	未明确描述任务	5	4	1	2	12
	未细化任务	0	0	1	0	1
	谓语总数	25	17	17	27	86

依据表中数据，计算该通信保障应急预案各应急任务部分的主语、宾语、谓语故障率，以及各应急任务部分相对于预案整体的故障比率。下一步结合各基本事件的权重计算该通信保障应急预案的故障率。

根据 4.2 节对通信保障应急预案标准故障树结构的分析，主语故障、宾语故障、谓语故障在通信保障应急预案标准故障树中所占的权重分别为 5/17、6/17、6/17，根据第 4 章通信保障应急预案的故障率计算公式 $P = W_1P_A + W_2P_B + W_3P_C$，可以得出本预案的故障率为 14.57%。

4.4.4　企业级通信保障应急预案有效性评估

企业级通信保障应急预案是指运营商针对辖区内发生的通信故障所进行的恢复工作，通信事故发生时，运营商应当立即启动应急预案对事故进行排除，保证应急通信指挥调度工作迅速、高效、有序地进行，满足突发情况下通信保障和通信恢复工作的需要，确保通信的安全畅通。

本章以《中国电信成都分公司通信保障应急预案》为例，对基于故障树的评估通信应急预案的有效性进行验证。将预案的文本结构分成预防预警、应急准备、应急响应和后期处置 4 个部分，依据通信保障应急预案标准故障树，采用逻辑推理诊断的方法对每一个句子进行诊断，记录每个任务发生基本故障事件的个数，以及各应急任务中主语、宾语、谓语的总数(表 4-6)。

表 4-6　《中国电信成都分公司通信保障应急预案》故障数据表

	故障类型	预防预警	应急准备	应急响应	后期处置	预案整体
主语故障	主体缺失	0	0	1	0	1
	未明确主体职责	0	0	0	0	0
	未明确描述主体	2	1	4	0	7
	未明确主体级别	0	2	0	0	2
	主语总数	17	7	43	5	72
宾语故障	对象缺失	0	0	1	0	1
	未明确描述对象	1	0	3	2	6
	未明确对象级别	0	1	2	0	3
	宾语总数	17	7	43	5	72
谓语故障	任务缺失	0	0	3	0	3
	未明确描述任务	1	3	4	1	9
	未细化任务	0	0	2	2	4
	谓语总数	17	7	43	5	72

依据表中数据，计算该通信保障应急预案各应急任务部分的主语、宾语、谓语故障率，以及各应急任务部分相对于预案整体的故障比率。下一步结合各基本事件的权重计算该通信保障应急预案的故障率。

根据 4.2 节对通信保障应急预案标准故障树结构的分析，主语故障、宾语故障、谓语故障在通信应急预案标准故障树中所占的权重分别为 5/17、6/17、6/17，根据第 4 章通信预案的故障率计算公式 $P = W_1P_A + W_2P_B + W_3P_C$，可以得出本预案的故障率为 16.83%。

4.5　结论及建议

4.5.1　结论

利用基于故障树的通信保障应急预案有效性评估模型分别对《国家通信保障应急预案》《北京市通信保障应急预案》《佛山市通信保障应急预案》以及《中国电信成都分公司通信保障应急预案》的有效性进行评估之后，得出这 4 个预案的故障率分别为 21.18%、31.27%、14.57%、16.83%。我们知道故障率越高，通信保障应急预案对通信应急事件应急救援工作的指导性就越差。本章从语句成分的角度用故障树的基本原理对通信保障应急预案的有效性进行考察之后发现，省部级通信保障应急预案故障率最高，接近 1/3，其次是国家级通信保障应急预案，大约为 1/5，再次是企业级的通信保障应急预案，约为 1/6，最低的是地市级通信保障应急预案，大约为 1/7。为什么会出现这样的结果呢？我们将从通信保障应急预案本身来进行分析。

前文已经分析，通信保障应急预案在语句成分上主要存在 3 类故障，主语故障(包括主体缺失、未明确主体职责、未明确描述主体、未明确主体级别)、宾语故障(包括对象缺失、未明确描述对象、未明确对象级别)和谓语故障(包括任务缺失、未明确描述任务、未细化任务)。当通信保障应急预案的指导范围增大、调动部门数量增多时，预案容易出现主语故障、宾语故障，当预案对救援动作描述较少时，便容易出现谓语故障。从表 4-7 来看，地市级通信保障应急预案指导范围较小，调动部门不多，而对救援动作的描述却非常多，因此，它的故障率最低就不难理解了，同样地，可以分析出，省部级通信保障应急预案故障率最高，国家级预案次之，企业级预案再次的原因。

表 4-7　通信保障应急预案分析表

预案层级	指导范围	调动部门数量	救援动作描述
国家级通信保障应急预案	最广	较多	较少
省部级通信保障应急预案	较广	最多	较多
地市级通信保障应急预案	一般	一般	最多
企业级通信保障应急预案	一般	较少	较多

4.5.2　建议

本章构建了基于故障树的通信保障应急预案有效性评估模型，在利用此模型分别针对国家级、省部级、地市级以及企业级通信保障应急预案进行详细分析后发现，4 个级别的通信保障应急预案在不同程度上存在故障，其中省部级通信保障应急预案的故障率最高，接近 1/3，也就是预案内容的 1/3 无法有效地传递给预案的执行者，虽然地市级通信保障应急预案故障率最低，但是也达到了 1/7，这对通信突发事件的抢险救灾是十分不利的。因此，现有通信应急预案需要做出必要的调整和修正，主要从以下三个方面着手。

1. 确保应急主体准确

在对 4 个级别的通信保障应急预案的统计分析中，我们发现预案对应急动作的发起者的描述常常存在主体缺失、未明确主体职责、未明确描述主体、未明确主体级别 4 类错误，导致应急动作主体发生故障。在 4 个级别的预案中，主语的故障率分别为 35.84%、55.19%、17.44%、13.89%，因此，对现有通信保障应急预案的应急动作主体进行修正是十分必要的，预案修订者需要进一步明确主体的职责、级别，并且要对主体进行正确详细的描述，将缺失的主体填补起来。

2. 确保应急对象准确

在对 4 个级别的通信保障应急预案的统计分析中，我们发现预案对应急动作的承受者的描述常常存在对象缺失、未明确描述对象、未明确对象级别 3 类错误，导致应急动作客体发生故障。在 4 个级别的预案中，宾语的故障率分别为 9.43%、24.59%、11.63%、13.89%，由此可见，通信保障应急预案中应急动作的客体故障率并不是非常高，但是却也能对预案的有效性带来一定影响，因此，预案修订者需要进一步明确客体的职责、级别，并对他们进行详细的描述，填补上缺失的客体。

3. 确保应急动作准确

在对 4 个级别的通信保障应急预案的统计分析中，我们发现预案对应急动作本身的描述常常存在任务不明、未明确描述任务、未细化任务 3 类错误，导致应急动作发生故障。在 4 个级别的预案中，谓语的故障率分别为 20.75%、21.57%、15.12%、22.22%，说明应急动作的故障率还是比较高的，会对预案的有效性带来较大的影响，因此，预案修订者需要规范应急响应的动作，细化救援的措施，确保应急动作精确。

第 5 章　基于优势粗糙集的通信保障应急响应分级模型

5.1　应急通信分类分级指标体系

不同类别的突发事件，或同一类型不同影响程度的突发事件所造成的通信事故，会导致应急通信预案的实施过程有所不同，如响应等级的识别、所需资源的调度、需要配合的救援部门、恢复通信的手段、整修通信设施的技术方法等。而应急通信分类分级是指对由突发事件引起的，需要提供应急保障的通信事故进行性质上的分类、程度上的分级。因此，本节主要介绍应急通信分类标准界定和分级指标的提取，为后续模型的构建奠定基础。

5.1.1　应急通信分类标准界定

应急通信分类主要针对事件的性质。例如，某一次应急通信事件，是地震所致、台风或洪水所致，还是大规模群体性事件所致。分级主要针对通信故障的影响程度、严重程度。例如，某次台风导致全市（全省、全国）30% 的面积无法通信，或更加严重的某个程度。

目前，世界各国对突发事件分类分级工作展开了大量的研究。例如，美国联邦应急体系将突发事件分为紧急事件、重大灾难、灾害、自然灾害、危害等，它将事故严重程度分为 5 个等级，以 5 种颜色编码。我国 2006 年 1 月 8 日发布的《国家突发公共事件总体应急预案》和 2007 年 11 月 1 日开始实施的《中华人民共和国突发事件应对法》中，从突发事件发生机理出发，将突发事件分为四大类：自然灾害、事故灾难、公共卫生事件和社会安全事件。学界对突发事件的分类还有如下研究：王光辉和陈安（2012）在突发事件应急启动机制的设计研究中，在《国家突发公共事件总体应急预案》的分类方法中增加了一个维度，分为突发性事件和渐发性事件[1]；孔繁超（2009）按照成因将图书馆危机事件分为外部因素造成的危机和内部因素造成的危机两类[2]；在应急通信方面，胡浩（2010）对引起突发通信工程伴随的突发事件主要分为自然灾害、事故灾害、遇到国家的一些重大政治事件和社会安全事件[3]。概括以上对分类标准的研究，主要是从触发事件的性质进行分类，该分类方法对应急通信预案的操作性比较差。然而，本章的侧重点是突发事件发生后对应急通信保障的分类。陈仑（2012）在事前预防阶段将事件分为可预知的通信保障（大型会议、展览等）和不可预知的突发事件通信保障（恐怖袭击、重大疫情等）[4]；在事中响应中从保障侧重点不同，将应急通信保障分为重大节假日保障、热点区域保障、抗台防汛保障和其他类别保障。概括以上分类标准的研究，《国家突发公共事件总体应急预案》的分类方法比较标准、常见、符合实际。因此，结合应急通信保障的特性，并与工信部、通信管理局、三大运营商①、设备制造商的应急通信专家进行深度访谈，最后确定突发事件应急通信的类别，见表 5-1。

表 5-1　突发事件应急通信分类

类别	内容
自然灾害	主要包括水旱灾害、气象灾害、地震灾害、地质灾害、海洋灾害、生物灾害和森林草原火灾等，如 2008 年的汶川地震
事故灾难	主要包括工矿商贸等企业的各类安全事故、交通运输事故、公共设施和设备事故、环境污染和生态破坏事件等，如 2011 年的日本福岛核电站事故
公共卫生事件	主要包括传染病疫情、群体性不明原因疾病、食品安全和职业危害、动物疫情，以及其他严重影响公众健康和生命安全的事件，如 SARS
社会安全事件	主要包括恐怖袭击事件、经济安全事件和涉外突发事件等，如“9·11”事件
特殊时期	主要包括国家举行重要活动、会议期间等重要通信保障任务

5.1.2　应急通信分级指标

在分级指标的选取上，搜寻了国内外的一些文献。王富等(2013)在对城市交通事故应急预案进行分级时选取影响人数、范围以及路网和交通管理情况等主要影响因素作为评判指标[5]。孔繁超(2009)把图书馆危机事件的客观属性(事件的性质、严重程度、可控性和影响范围等)和应急管理的主观属性(事件的影响程度、应对能力的强弱等)结合起来划分，科学地确定危机事件的级别[2]。胡浩(2010)通过机理分析和案例分析，从事件本身(影响范围、危害程度、扩散要素和事件要素)和应急管理(认知程度、社会影响程度、公众心理承受度和资源保障度)两个方面考虑，找出事件评级的主要因素[3]。王谦等(2012)从突发事件状况、通信网络状态、内外保障需求、事发地客观环境等客观因素进行系统分析，作为应急通信保障工作级别设定的指标[6]。杨静等(2005)在对突发事件的分类分级中主要是从主观和客观两个方面进行考虑，客观因素包括影响范围、损失程度、扩散要素、事件要素；主观因素包括认知程度、社会影响程度、公众心理承受度和资源保障度[7]。这些突发事件的分类分级指标的选取对应急通信指标的选取提供了很好的借鉴作用。

选择什么样的指标作为研究变量，对模型的准确性和可靠性有着较大影响。本章根据《国家突发公共事件总体应急预案》《国家通信保障应急预案》及相关文献和专家建议，结合突发事件应急通信响应运行机理，将应急通信分级指标体系分为通信网络受损、突发事件客观因素应急通信资源、社会影响因素 4 个维度，20 个指标，并将其作为分级决策表中的条件属性，如图 5-1 所示。

5.1.3　A 通信网络受损

通信网络受损是指突发事件发生后造成的网络损失。通信网络一般可分为线路和设备两大部分。此外，突发事件发生后通常会激发话务需求，使得话务量剧增，严重时会造成通信网络拥塞，甚至瘫痪。因此，本章中的通信网络受损指标具体又分为 A1 话务拥塞情

① 三大运营商是指中国联合网络通信集团有限公司(简称“中国联通”)、中国移动通信集团有限公司(简称“中国移动”)、中国电信集团有限公司(简称“中国电信”)。

况、A2 线路受损、A3 通信设施受损 3 个二级指标。

1. A1 话务拥塞情况

话务拥塞情况是指突发事件发生后，话务量剧增，造成网络拥塞的情况。此项指标具体赋值如下：话务平稳且无网络拥塞时为 0，话务急剧增加出现网络拥塞时为 1。

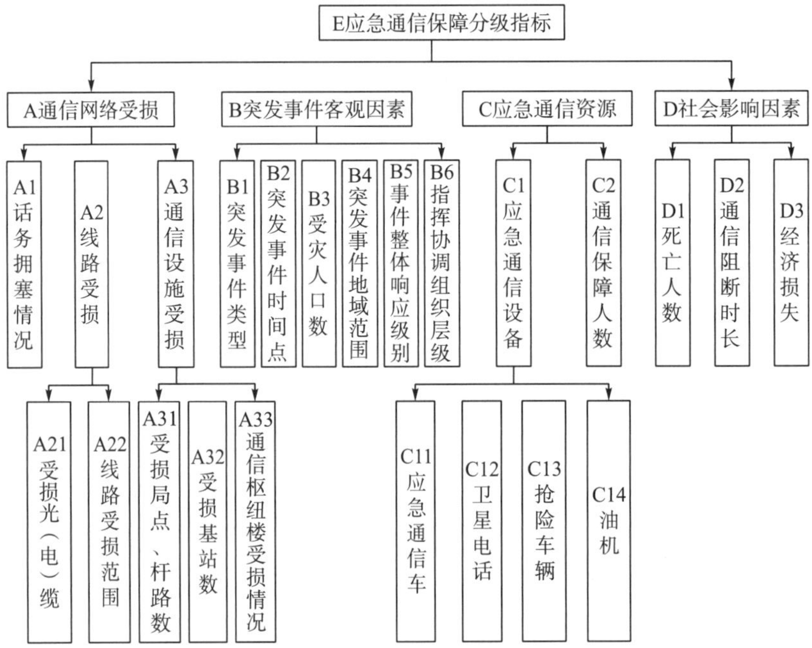

图 5-1　应急通信分级指标体系

2. A2 线路受损

线路受损是指突发事件发生后造成网络中的通信线路受损的情况，可以从受损线路的长度和范围两个维度来衡量。其中，线路受损范围赋值如下：省际级别的线路受损为 1，省内级别的线路受损为 2，市内局域网或者本地网的线路受损为 3，县级线路受损为 4。

3. A3 通信设施受损

通信设施受损是指突发事件发生后造成通信局点、杆路、基站、通信枢纽楼等受损的情况。其中，受损局点(包括交接箱、分线盒、枢纽楼以外的小型通信机房)、杆路、基站用具体的受损数表示；通信枢纽楼受损情况赋值如下：全国重要通信枢纽楼遭到破坏为 1，省级重要通信枢纽楼遭到破坏为 2，地市级重要通信枢纽楼遭到破坏为 3。

5.1.4　B 突发事件客观因素

突发事件客观因素用于描述突发事件发生时的客观状况，本章将其定义为 B1 突发事件类型、B2 突发事件时间点、B3 受灾人口数、B4 突发事件地域范围、B5 事件整体响应级别和 B6 指挥协调组织层级 6 个二级指标。

1. B1 突发事件类型

突发事件类型定义了自然灾害、事故灾难、公共卫生事件、社会安全事件和特殊时期通信保障 5 类事件。其中，特殊时期通信保障事件是根据《国家通信保障应急预案》对应急通信工作任务而提出的，主要包括大型体育赛事、户外文艺活动等特殊时期需要通信保障的活动。

2. B2 突发事件时间点

突发事件时间点是指突发事件发生的时间。通常突发事件发生在夜间造成的破坏性较大。为此，本章将 7：00～12：00、13：00～23：00 赋值为 1，12：00～13：00、23：00～7：00 赋值为 2；特殊时期通信保障时间(以整天计算)赋值为 3。

3. B3 受灾人口数

受灾人口数是指在突发事件发生时受到事件影响的人数。

4. B4 突发事件地域范围

突发事件地域范围是指突发事件发生的地区。此项指标具体赋值如下：1—省级，2—省内、多个市级，3—多个县级，4—单个县级。

5. B5 事件整体响应级别

事件整体响应级别是指突发事件发生后，对于该事件所做出的整体应急响应的级别。此指标直接根据各类突发事件的应急响应级别进行赋值。

6. B6 指挥协调组织层级

指挥协调组织层级是指突发事件发生后，对事件做出应急响应，负责指挥协调应急物资、应急救援等工作的组织机构的级别。此指标赋值如下：国家级为 1，多个部、省联合指挥级别为 2，单一部委、省级指挥级别为 3，部省以下指挥级别为 4。

5.1.5　C 应急通信资源

应急通信资源是指突发事件发生后，应急救援过程中所需要的应急通信资源，具体分为 C1 应急通信设备、C2 通信保障人数两个二级指标。

1. C1 应急通信设备

应急通信设备是指突发事件发生后，用于为通信网络提供保障的应急通信车、卫星电话，对损毁的通信设施设备进行修护的抢险车辆，以及为应急通信车、卫星电话、抢险车辆提供动力的油机。

2. C2 通信保障人数

通信保障人数是指突发事件后，参与应急通信保障工作的人数。

5.1.6 D 社会影响因素

社会影响因素是指突发事件的发生造成的人员死亡、通信阻断和经济损失等影响情况，具体分为 D1 死亡人数、D2 通信阻断时长和 D3 经济损失 3 个二级指标。

1. D1 死亡人数

死亡人数是指突发事件的发生造成灾区失去生命的人数之和。

2. D2 通信阻断时长

通信阻断时长是指从突发事件的发生导致通信阻断的时间开始算起到通信全面恢复结束所经历的时间。

3. D3 经济损失

经济损失是指突发事件发生后造成的各项经济损失情况，包括以下两个方面：一是因突发事件造成人身伤亡及善后处理支出的费用和毁坏财产的价值；二是突发事件造成房屋建筑、公共设施等破坏、直接报废、修理所需的人工或材料费所引起的损失，用市场价格计算得到的价值。

5.2 基于优势粗糙集的应急通信分级模型

应急通信分级模型的构建分为前期指标提取和后期优势粗糙集数据挖掘两个阶段，具体构建流程如图 5-2 所示。

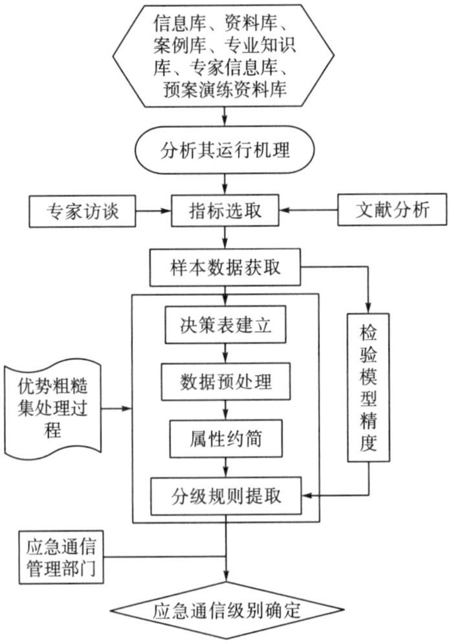

图 5-2 应急通信分级模型

5.2.1　样本获取，建立初始应急通信分级决策表

在指标提取后，需要围绕该指标体系收集数据样本，并建立应用通信分级决策表。分级决策表中，每一行代表一个突发事件，每一列代表一个属性的描述，属性分为条件属性 C 和决策属性 D(突发事件造成应急通信的不同级别)，其中条件属性又分为具有偏好关系的标准属性和不具有偏好的常规属性。根据所构建的指标体系，应急通信分级决策表的条件属性 C={通信网络受损，突发事件客观因素，应急通信资源，社会影响因素}，决策属性 D={类别描述：1 级，2 级，3 级，4 级}。整个二维关系表构成决策系统 S，分级决策表通过收集各突发事件发生的各属性值建立而成。从而得到不完备的决策表(表 5-2)，其中 a、b 是条件属性，c 为决策属性。

表 5-2　一个不完备的决策表

U	a	b	c
1	0	2	1
2	1	0	0
3	*	3	0
4	3	*	1
5	3	2	0
6	*	1	1
7	4	*	1
8	5	3	1

5.2.2　数据预处理

在实际应用中的大多数情况下，由于信息的不完整性，人们收集到的待处理的决策表并不是一个完备的决策表，表中的某些属性值对应的数据是缺失的(如表 5-2 中*)，造成决策表的不确定性。在缺失的数据中包含了一定的信息量，基于优势粗糙集理论的数据预处理就是将收集的数据中缺失的部分进行数据补齐。数据补齐法即通过某种方法填补所有未知的属性值，从而把不完备的信息系统转化为完备的信息系统。数据补齐的目的是通过对缺失的数据进行补齐，分析对象之间的差异性，进一步挖掘信息的潜在关系，为后续提取决策规则提供更为准确的信息。

在应急通信分级指标中，存在定性和定量指标。对于定性指标，需要进行属性赋值。例如，指标体系中的 A1 话务拥塞情况，话务量明显增加赋值为 2，话务量平稳则赋值为 1。对于定量指标，需要补齐实际收集数据中缺失的数据。本章选择 Conditional Mean Completer 法(平均值填充法)来进行数据补齐。Conditional Mean Completer 法是依据统计学方法，对缺失的数值型数据，根据其属性选取其他所有实例中的取值的平均值来补充缺失的属性值，进而得到完备的数据决策表，见表 5-3。

表 5-3　一个完备的决策表

U	a	b	c
1	0	2	1
2	1	0	0
3	2.67	3	0
4	3	2	1
5	3	2	0
6	2.67	1	1
7	4	2	1
8	5	3	1

5.2.3　属性约简

属性约简即在保持应急通信级别分辨能力不变的情况下，删去不相关或不重要的属性，以寻找所有属性集中包含条件属性最少的属性，进而根据约简结果得到核心属性。国内的研究者对 DRSA 在知识约简上的应用做了很多的工作，如叶东毅和陈昭炯(2000)的求核约简算法[8]、袁修久和何华灿(2006)的广义决策约简和上近似约简[9]等。核是所有属性约简的交集，也是偏好信息决策表中最重要的属性集，它也可能是空集。传统的粗糙集理论中的属性约简求核是用差别矩阵来实现的，但是本章分级模型构建的最基本理论是优势粗糙集，优势粗糙集有别于具有不可分辨关系的传统粗糙集，所以选择基于优势关系的区别矩阵进行属性约简求核。此方法是李克星在 2003 年提出的[10]，充分继承了经典粗糙集的求核方法。因此，本章使用基于优势关系的区别矩阵进行求核，得到的核心属性可用于应急通信管理部门确定应急通信分级的核心影响因素。

5.2.4　规则生成

Greco 等(2000)提出了 DOMLEM 算法，该算法使用迭代方法不断从训练集中提取规则，最终从学习数据集中提取出一个规则数相对较少、完备且非冗余的决策规则集[11]。相比基于经典粗糙集方法的 MODLEM 算法和基于启发式的 LEM2 算法，DOMLEM 算法在计算时间上要节约很多。Greco 通过大量的实验对 DOMLEM 算法、Glance 算法和 Allrules 算法进行了比较，在不同的情况下各种算法各有优劣。从生成规则数方面来看，DOMLEM 算法生成的规则数较 Glance 算法少，较 Allrules 算法多，呈居中的状态。从适合属性种类方面看，DOMLEM 的常规属性多，标准少，Glance 算法居中，Allrules 算法标准多，常规属性少。结合应急通信特征，DOMLEM 算法更适合用于本次建模中的分级规则提取的理论方法。目前 DOMLEM 算法已被集成到 JMAF 软件(波兰科学院 Slowinski 院士团队开发的基于优势关系粗糙集的智能决策分析系统)中。因此，本章在使用 JMAF 软件进行属性约简后采用该算法提取规则，再根据支持度对规则进行选择和过滤，最终得到应急通信级别偏好规则库。

5.2.5　检验级别确定精度

本节选取十折交叉验证法来检验模型精度，验证规则有效性。交叉验证是常用的测量精度的方法之一。Hastie 等使用十折交叉验证来估计分类模型泛化误差。首先，将需要检验的数据作为原始训练集；其次，选取 90%的数据作为训练集进行学习，得到规则；最后，将剩下的 10%的数据作为验证集进行规则精确度的验证。前面的步骤重复 10 次，每次检验都会得到相应的精确度，将 10 次结果的精确度的平均值作为对最终精确度的估计。

之所以选择将整个数据集分为 90%和 10%，是因为通过利用大量数据集，使用不同学习技术进行大量试验，表明十折是获得最好误差估计的恰当选择，而且也有一些理论根据可以证明这一点。

最后，应急管理部门或专家根据识别规则库里的偏好决策规则，确定最终的应急通信级别。

5.3　实 证 分 析

为验证本章所构建的应急通信分级模型，选取 2008～2013 年发生的 60 个历史突发事件应急通信案例作为样本，按照本章所构建的应急通信分级模型进行了实证分析。整体流程如图 5-3 所示。其中，在案例选择中，自然灾害类突发事件为 32 例，事故灾害、公共卫生事件和社会安全类突发事件为 10 例，特殊时期重要通信保障事件(如国家举行重要活动、体育赛事等)为 18 例，合成的 60 个案例基本涵盖了所有类型突发事件的应急通信分级场景。由于现阶段我国应急通信保障没有专门的数据库系统，数据获取途径为国内通信行业网站中的新闻报道和部分国内外灾害数据库，其中通信网络受损、应急通信资源和跨部门协调因素 3 个指标数据来源于工信部官网中的应急通信报道和中国信息产业网中的“自然灾害应急通信保障追踪报道”专题；突发事件客观因素和社会影响因素两个指标数据来源于国内外一些灾害数据库和专业数据库，包括 EM-DAT 数据库、USGS 地震数据库、中国海洋灾害公报和中国地震台网中心地震数据管理与服务系统等。

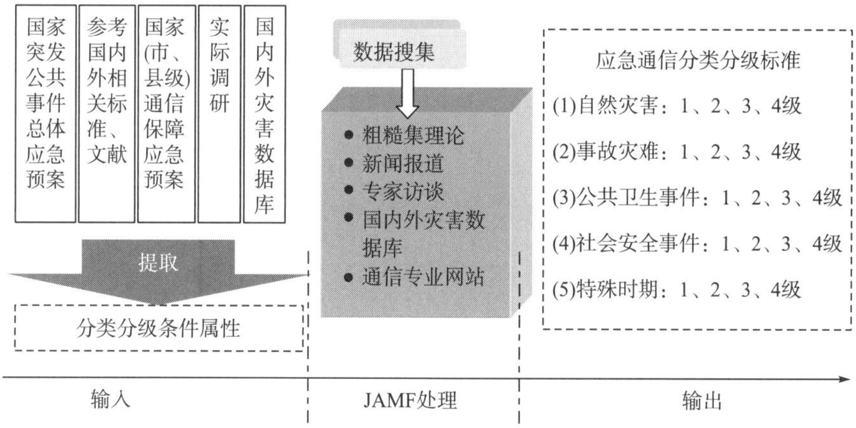

图 5-3　应急通信的分类分级

5.3.1　指标预处理

指标包括定量指标和定性指标，由于优势粗糙集只能处理数据，因此需要先对定性指标进行量化，使用专家深度访谈，将定性指标定量化，其结果见表 5-4。

表 5-4　定性指标量化

指标	分类				
突发事件类型	自然灾害	事故灾难	公共卫生事件	社会安全事件	特殊时期(如国家举行重要活动、会议期间)重要通信保障任务
突发事件发生时间点	7：00～12：00；13：00～23：00	12：00～13：00；23：00～7：00	重要时期(如奥运会)对一整天事件进行赋值为 3		
影响范围	省级	省内，多个市级	多个县级	单个县级	
指挥协调组织层级	设立中央级别的指挥部	设立多个部、省联合指挥部	设立单一部委、省级指挥部	设立部、省级之下指挥部	
线路受损范围(国家通信预案)	公众通信网省际骨干网络中断	公众通信网省(市、自治区)内干线网络中断	公众通信网市(地)级网络中断	公众通信网县级网络中断	
重要通信枢纽楼破坏情况	全国重要通信枢纽楼遭到破坏	省级重要通信枢纽楼遭到破坏	市(地)级重要通信枢纽楼遭到破坏		
话务拥塞情况	话务量明显增加	话务量平稳			

5.3.2　建立初始应急通信分级决策表

将专题报道数据与国内外灾害数据库中的数据按突发事件进行匹配，形成如表 5-5 所示的不完备的分级决策表(篇幅所限，只显示一部分)。

表 5-5　原始分级决策信息表

U	A1	A21	A22	…	C14	C2	D1	D2	D3	E
1	2	*	*	…	44	140	*	*	20	2
2	2	*	*	…	113	334	*	4	1.3	1
3	2	35	1	…	476	1500	3	34	14.8	1
4	2	*	3	…	21	300	*	9	7.6	2
5	2	2869	2	…	774	3896	198	61	68	1
6	1	1070.5	1	…	652	1319	81	32	10	4
7	1	*	1	…	40	100	7	21	0.1	2
⋮	⋮	⋮	⋮	⋱	⋮	⋮	⋮	⋮	⋮	⋮

5.3.3　数据预处理及近似质量

将原始决策信息表利用 Mean/mode 法进行数据补齐，得到完备二维决策表，根据优势粗糙集的定义，得到各联合类的近似质量为 $CL_4^{\leqslant}=1$，$CL_3^{\leqslant}=0.917$，$CL_2^{\leqslant}=1$，$CL_2^{\geqslant}=0.947$，

$CL_3^{\geqslant}=1$，$CL_1^{\geqslant}=1$，见表 5-6。

表 5-6　联合类近似质量

联合类	下近似基数	上近似基数	边界域基数	近似质量
$CL_4^{\leqslant}$	14	14	0	1
$CL_3^{\leqslant}$	22	24	2	0.917
$CL_2^{\leqslant}$	45	45	0	1
$CL_2^{\geqslant}$	36	38	2	0.947
$CL_3^{\geqslant}$	46	46	0	1
$CL_1^{\geqslant}$	15	15	0	1

近似质量都较高，整体质量水平为

$$\gamma_p(\mathrm{CL})=\frac{\mathrm{card}\left(U-\left[\bigcup_{t\in T}\mathrm{Bnp}\left(\mathrm{CL}_t^{\leqslant}\right)\right]\right)}{\mathrm{card}(U)}=\frac{\mathrm{card}\left(U-\left[\bigcup_{t\in T}\mathrm{Bnp}\left(\mathrm{CL}_t^{\geqslant}\right)\right]\right)}{\mathrm{card}(U)}=96.7\%$$

说明所选取的条件属性较为全面，能够得到比较精确的分级结果。

5.3.4　属性约简结果

使用基于优势关系的区别矩阵进行求核的约简方法，可以得到以下 8 个约简：

{A1，A31，A32，B1，B2，B3，B4，B5，B6，C11，C14，C2，D1，D2，D3}

{A1，A22，A31，A32，B2，B3，B4，B5，B6，C11，C14，C2，D1，D2，D3}

{A1，A21，A32，B1，B2，B3，B4，B5，B6，C11，C14，C2，D1，D2}

{A1，A21，A32，B1，B2，B3，B4，B5，B6，C11，C14，C2，D1，D3}

{A1，A21，A32，B1，B2，B3，B4，B5，B6，C11，C12，C14，C2，D1}

{A1，A21，A22，A32，B2，B3，B4，B5，B6，C11，C14，C2，D1，D2}

{A1，A21，A22，A32，B2，B3，B4，B5，B6，C11，C14，C2，D1，D3}

{A1，A21，A22，A32，B2，B3，B4，B5，B6，C11，C12，C14，C2，D1}

从约简结果可以得到核心属性为{A1，A32，B2，B3，B4，B5，B6，C11，C14，C2，D1}。

分别代表话务拥塞情况、受损基站数、突发事件时间点、受灾人口数、事件地域范围、突发事件整体响应级别、指挥协调组织层级、应急通信车、油机、通信保障人数和经济损失 11 个核心影响因素。

5.3.5　识别规则库形成

采用 DOMLEM 算法，由 60 个样本总共得到 44 条确定性规则，规则数量较多，选取支持度高于 5 的 29 条确定性规则形成判别规则库，见表 5-7。

表 5-7　规则库

规则数	规则	决策级别	支持度
1	(B6 <= 2) & (C14 >= 199800.0) & (D2 >= 14400.0) => (E <= 1)	1 级	5
2	(A1 =2) & (B3 >= 3542000.0) & (C13 >= 10200.0) => (E <= 1)	1 级	5
3	(A1 =2) & (B6 <= 2) => (E <= 1)	1 级	5
4	(A31 >= 54200.0) & (D2 >= 9600.0) & (D3 >= 19043.0) => (E <= 1)	1 级	5
5	(A31 >= 1954600.0) => (E <= 2)	至少为 2 级	5
6	(B6 <= 2) & (C12 >= 2000.0) => (E <= 2)	至少为 2 级	15
7	(B6 <= 2) & (D2 >= 3500.0) => (E <= 2)	至少为 2 级	13
8	(B3 >= 250000000) => (E <= 2)	至少为 2 级	8
9	(B4 <= 2) & (B5 <= 2) => (E <= 2)	至少为 2 级	7
10	(A1=2) & (D1 >= 196786.0) => (E <= 2)	至少为 2 级	6
11	(A22 <= 1) & (B4 <= 2) & (C13 >= 2002033.0) & (C2 >= 53700.0) => (E <= 2)	至少为 2 级	6
12	(A21 >= 17369.0) & (B4 <= 2) => (E <= 3)	至少为 3 级	13
13	(B4 <= 2) & (C2 >= 150000.0) => (E <= 3)	至少为 3 级	27
14	(D1 >= 196786.0) & (D3 >= 760.0) => (E <= 3)	至少为 3 级	13
15	(B4 <= 2) & (C11 >= 1600.0) & (C2 >= 43600.0) => (E <= 3)	至少为 3 级	26
16	(B4 <= 2) & (B6 <= 3) & (C14 >= 281206.0) => (E <= 3)	至少为 3 级	19
17	(D2 >= 3575.0) & (D3 >= 19043.0) => (E <= 3)	至少为 3 级	11
18	(A32 <= 13400.0) & (B4 >= 4) & (B6 >= 3) => (E >= 4)	4 级	5
19	(C2 <= 8300.0) => (E >= 3)	至多为 3 级	6
20	(A32 <= 13400.0) & (B6 >= 3) & (C2 <= 42700.0) => (E >= 3)	至多为 3 级	10
21	(A31 <= 508700.0) & (C11 <= 1500.0) & (C2 <= 131900.0) => (E >= 3)	至多为 3 级	5
22	(C2 <= 25800.0) => (E >= 2)	至多为 2 级	12
23	(B6 >= 2) & (D3 <= 116.0) => (E >= 2)	至多为 2 级	20
24	(A31 <= 43900.0) & (B6 >= 3) => (E >= 2)	至多为 2 级	21
25	(B2 = 2) & (B6 >= 2) & (D3 <= 960.0) => (E >= 2)	至多为 2 级	5
26	(B2 = 2) & (D1 <= 7900.0) => (E >= 2)	至多为 2 级	7
27	(A1 =1) & (B6 >= 3) & (D3 <= 16140.0) => (E >= 2)	至多为 2 级	21
28	(A22 >= 3) & (D3 <= 1000.0) => (E >= 2)	至多为 2 级	7
29	(A1=1) & (A22 >= 1) & (D2 <= 5900.0) => (E >= 2)	至多为 2 级	6

其中，判断级别为 1 级的应急通信规则是 4 条，7 条规则至少为 2 级，8 条规则至多为 2 级，6 条规则至少为 3 级，3 条规则至多为 3 级，1 条规则为 4 级。

当突发事件发生时，应急通信管理部门或专家可以参考该模型中的规则库偏好决策规则，重点考虑 11 个核心影响因素，最终确立应急通信等级。上述规则不仅验证了《国家通信保障应急预案》从不同行政范围内通信大面积中断和需提供的通信保障来划分等级的合理性，还可以根据规则中的通信基础设施损毁和通信资源保障情况的定量数据对等级进行划分，进一步明确了《国家通信保障应急预案》中大面积中断的模糊概念。

5.3.6　模型精度检验

根据十折交叉验证法将 4 条本来是级别 3 规则的误判成级别 2，1 条级别 2 规则的误判成级别 3，1 条级别 1 规则的误判为级别 2，整体模型精度为 90%(表 5-8)。

表 5-8　模型精确度表

级别	级别 4	级别 3	级别 2	级别 1
级别 4	14	0	0	0
级别 3	0	5	4	0
级别 2	0	0	21	1
级别 1	0	0	1	14
正确数	54			
错误数	6			
正确率	90%			

说明该模型学习能力较强，能够较为准确地判别出应急通信的级别。

5.4　结论及建议

5.4.1　结论

本章将优势粗糙集模型应用到应急通信分级研究中，利用优势粗糙集的属性约简能力，从大量的原始数据中挖掘出关键属性，采用 DOMLEM 算法，得出应急通信 4 个级别的相应判定规则。应急通信管理部门可以根据此判定规则中的级别决策范围，并结合关键属性，最后确定应急通信级别。该模型避免了应急通信级别确定的主观臆断性，且精度高达 90%，具有良好的应急通信等级划分能力。根据该模型得出启动相应应急响应级别的条件如下。

1. 启动 1 级应急响应条件(对应规则库中规则 1 至规则 4)

(1)需设立多个部、省联合指挥部及以上，且调度 199800 台油机车，造成通信阻断时长在 14400 小时以上。

(2)突发事件发生时受灾人口数超过 3542000 人，且造成通信网络话务量急剧增加，调度抢险车辆为 10200 辆。

(3)突发事件造成通信网络话务量急剧增加，且需要设立多个部、省联合指挥部及以上来应对该突发事件，应急通信等级为 1 级(规则 3)。

(4)受损局点、杆路数多于 54200 个，造成通信阻断时长超过 19043 小时，直接经济损失大于 19043.2 亿元。

2. 启动至少 2 级应急响应条件(对应规则库中规则 5 至规则 11)

(1)受损局点、杆路数多于 1954600 个。

(2)设立多个部、省联合指挥部及以上进行调度指挥，且启用的卫星电话至少为 2000 部(规则 6)。

(3)突发事件造成通信阻断时长超过 3500 小时，且设立多个部、省联合指挥部及以上来应对该突发事件。

(4)突发事件发生受灾人口数超过 250000000 人。

(5)多个市以上受灾，且突发事件响应级别至少为 2 级。

(6)突发事件造成通信网络话务量急剧增加，死亡人数超过 196786 人。

(7)突发事件波及多个省份，且造成公众通信网省际骨干网络中断，调度抢险车辆超过 2002033 辆和派遣通信保障人员 53700 人。

3. 启动至少 3 级应急响应条件(对应规则库中规则 12 至规则 17)

(1)突发事件至少造成 17369 皮长公里光(电)缆受损，且多个市以上受灾。

(2)多个市以上受灾，派遣通信保障人员超过 150000 人。

(3)死亡人数超过 196786 人，造成直接经济损失超过 76 亿元。

(4)多个市以上受灾，调度超过 1600 辆应急通信车，造成通信阻断时长超过 43600 小时。

(5)多个市以上受灾，且至少设置设立单一部委、省级指挥部，调度油机车超过 281206 台。

(6)造成通信阻断时长超过 3575 小时和直接经济损失超过 1904.3 亿元。

4. 启动 4 级应急响应条件(对应规则库中规则 18)

当突发事件的影响范围仅是一个县级以内，且受损局点、杆路数少于 13400 时，设立省级以下指挥层级。

5. 启动至多 3 级应急影响条件(对应规则库中规则 19 至规则 21)

(1)派遣通信保障人员少于 8300 人。

(2)受损基站数低于 508700 个，设立单一部委、省级及以下指挥部，且派遣通信保障人员少于 42700 人。

(3)受损局点、杆路数少于 508700 个，调度应急通信车少于 1500 辆，通信阻断时长少于 131900 小时。

6. 启动至多 2 级应急响应条件(对应规则库中规则 22 至规则 29)

(1)派遣通信保障人员少于 25800 人。

(2)设立多个部、省联合及以下指挥部，造成直接经济损失低于 11.6 亿元。

(3)受损局点、杆路数少于 43900 个，设立单一部委、省级及以下指挥部。

(4) 突发事件发生在 12：00～13：00 和 23：00～7：00 等人们休息时间段，且设立多个部、省联合及以下指挥部，造成直接经济损失低于 96 亿元。

(5) 突发事件发生在 12：00～13：00 和 23：00～7：00 等人们休息时间段，且死亡人数少于 7900 人。

(6) 话务量较平稳，设立单一部委、省级及以下指挥部，直接经济损失低于 1614 亿元。

(7) 突发事件造成公众通信网市(地)级以下网络中断和直接经济损失低于 100 亿元。

(8) 话务量较平稳，造成公众通信网省际骨干及以下网络中断和通信中断时长低于 5900 小时。

由以上规则可知 A1 话务拥塞情况、B6 指挥协调组织层级、B4 突发事件地域范围、C 应急通信资源以及突发事件对通信基础设施造成的损害程度对应急通信应急响应级别的确定至关重要。

分析启动应急通信预案的整个时间过程可以看出，在事前，突发事件影响地域范围和指挥协调组织层级与应急通信级别呈止相关关系，说明突发事件会直接影响应急响应级别的确定；在事中，突发事件发生会对应急通信基础设施造成一定的损害，进而导致话务拥塞，损害程度越大，相应的启动预案级别也越高；在通信保障应急预案启动后，越高级别的应急响应调度的应急通信资源越多。

5.4.2　建议

1. 建立一套科学的动态分级机制，完善现有预案分类分级

以前应急通信级别较多仅仅是根据突发事件级别而确定的，但应急通信级别并不是与突发事件级别一一相对应的，而是与事前突发事件影响地域范围和指挥协调组织层级呈正相关关系，同时事中对应急通信基础设施造成的损失和事后应急通信资源的调度对应急通信级别的确定也有相应的影响。因此，建议应急通信管理相关部门根据本书提出的方法建立一套科学的动态分级机制，应急通信级别随着突发事件发生动态变化，在事前重点关注突发事件影响地域范围和指挥协调组织层级两个核心指标，并根据规则库中规则确定应急通信级别；事中重点考察话务拥塞情况和应急通信机车设施的损毁情况；事后重点查看应急通信资源调度情况。在突发事件发生的不同阶段，关注指标侧重点不同，且在不同阶段根据不同规则确定应急通信级别，完善现有预案，从不同行政范围内通信大面积中断和需提供的通信保障两个维度来确定整个突发事件的级别。

2. 建立跨部门应急信息平台，及时收集分类分级决策信息

应急决策者处于高度不确定的复杂环境中，应急反应时间很短，难以做出科学决策，容易导致决策失误。本章提出基于优势粗糙集构建的应急分级模型为应急决策者提供良好的参照，由于应急通信分级的确定需参考大量指标，且每个阶段关注的核心属性会随着整个突发事件的发展而变化，该模型中的规则和核心属性都需要有前方确切数据支撑，因此，决策信息支持显得尤为重要。决策信息支持力度，一定程度上决定了决策能力的大小。但

实际上，各个部门掌握一定的信息量，各种信息分散在不同部门平台之上，不同部门之间一般并没有进行信息共享，因此，需要建立一套跨部门综合信息平台。根据模型该应急信息平台应包括通信网络受损、突发事件客观因素、应急通信资源、社会影响因素 4 个二级指标的信息以及受损基站数、应急通信车、事后人员伤亡等三级指标，还应包括预案信息、资源调度信息情况。突发事件发生时，应及时收集前方分类分级决策信息，并通过该应急信息平台及时反馈到后方以供决策者分析判断，决策者根据核心关键属性和决策规则进行综合判定，最后确定应急通信级别，进而启动与其相匹配的应急通信预案。

3. 根据决策规则预测应急调度资源量

应急物资调度是突发事件发生以后，根据指挥调度系统的指令和突发事件的情形动态预测物资需求量，确定调度的资源数量。在保证快速供应的前提下，以降低成本为原则，通过动用储备、征收征用、市场采购、紧急扩产等方式进行物资筹措，然后进行运输路径和方式选择，将筹措到的物资送达应急点。物资需求预测是应急物资调度的前提和基础，只有准确地预测应急通信物资需求量，才能够为救援提供宝贵支撑和避免浪费。在突发事件发生时，应急决策者可以根据前期应急通信的预警级别，反推出规则中至多、至少的资源利用情况，确定调度资源的最大值与最小值，从而预测出应急通信资源的需求量，以免造成浪费与资源短缺。例如，在至少启动 3 级预案的第 4 条规则中（规则 15）调度的应急通信车超过 1600 辆，而至多启动 3 级预案的第 3 条规则（规则 21）中调度的应急通信车少于 1500 辆，因此，当应急通信级别确定为 3 级时，需调度的应急通信车辆的范围是 1500～1600 辆。

参 考 文 献

[1] 王光辉, 陈安. 突发事件应急启动机制的设计研究[J]. 电子科技大学学报：社会科学版, 2012,14(4):6.

[2] 孔繁超. 图书馆危机事件分级模型构建[J]. 图书情报工作, 2009,53(13):42-23.

[3] 胡浩. 突发通信工程的应急管理[D]. 北京: 北京邮电大学, 2010.

[4] 陈仑. 应急通信保障管理系统的设计及其应用研究[D].北京：北京邮电大学,2012.

[5] 王富, 李杰, 石永辉. 2013. 城市事故灾难交通应急等级模糊综合评判模型及应用[J]. 湖北大学学报：自然科学版, (1):5.

[6] 王谦, 易武, 田晓东, 等. 企业通信保障应急响应等级设定模型研究初探[J]. 现代电信科技, 2012(1):5.

[7] 杨静, 陈建明, 赵红. 应急管理中的突发事件分类分级研究[J]. 管理评论, 2005,(4): 37-41.

[8] 叶东毅, 陈昭炯. 一个改进的粗糙集属性约简算法[J]. 福州大学学报(自然科学版), 2000.

[9] 袁修久, 何华灿. 优势关系下广义决策约简和上近似约简[J]. 计算机工程与应用, 2006, 42(5):4-7.

[10] 李克星. 基于序关系的粗糙集[C].中国人工智能进展 2003：第 10 届全国人工智能会议文集. 北京：北京邮电大学出版社, 2003:1359-1363.

[11] Greco S, Matarazzo B, Slowinski R, et al. An Algorithm for Induction of Decision Rules Consistent with the Dominance Principle[J]. DBLP, 2000.

第二篇

政务微博引导下的网络舆情演化规律研究

第 6 章　相关理论及研究现状

6.1　网络舆情演化的研究

6.1.1　网络舆情的结构和特征

网络舆情伴随着互联网的普及而诞生，是社会舆情在互联网平台的映射，直接反映着社会舆情。网络舆情是以网络为载体，以事件为核心的广大网民情感、态度、意见、观点的表达、传播与互动，以及后续影响力的集合，其对社会稳定和社会秩序的影响不可忽视，一个小的突发事件如果处理不当足以引发舆论的暴动和群众的过激行为。网络舆情的逻辑层次结构，如图 6-1 所示。

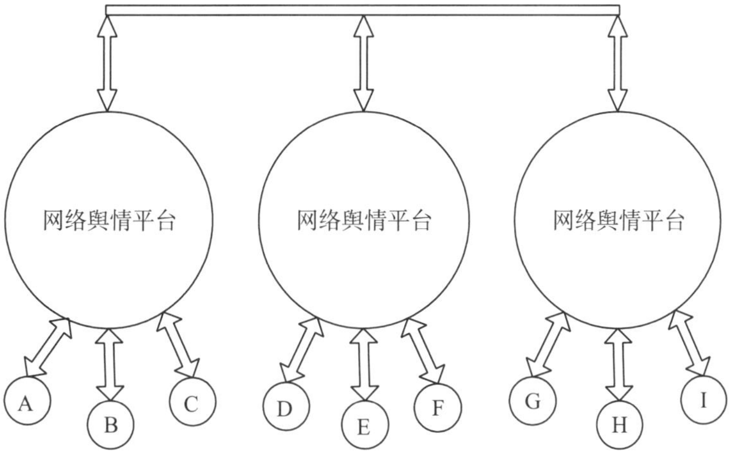

图 6-1　网络舆情的逻辑层次结构图

图中字母代表网民，网民既是网络舆情的制造者，也是网络舆情的受众，网络舆情由网民制造后经过网络平台向更多的网民传播。网民是网络舆情的主体，表现出五大特性：①互联网的特性使得社会舆情的参与者不断地产生和重构；②用户所表达的情绪、意见和态度不具有普遍性，即不能代表广泛的群众；③用户的情绪、意见和态度都会受到所处环境的影响；④用户可以通过强大的网络平台来表达自身的情绪、意见和态度；⑤用户通过网络发表的言论可以引导或改变舆论的方向。

网络舆情平台可以是互联网上一个简单的网站，也可以是具有相同功能的其他产物，如社交网络平台。用户通过网络舆情平台生成、传播自己的情绪、意见和态度，促成了舆情的传播和发展。

网络催化下的网络舆情呈现出自由性、丰富性、交互性、偏差性和突发性等独有的特性。

自由性是互联网赋予的，主要体现在网民获取和分享自己观点的方式上。互联网拓宽了所有用户的公共空间，群众可以随时、随地地在互联网上发表自己的想法并分享其他人的想法，而互联网的匿名性使得用户能够畅所欲言，尽情表达自己的情绪和想法。因此，网络舆情既能相对真实地反映不同用户的价值观点和情绪心态，也能够比较客观地反映社会、群众的矛盾。

丰富性也是网络赋予的，包括平台的丰富性、内容的丰富性和用户的丰富性。网络赋予了舆情更广阔的天地，获取舆情的方式多种多样，各种网站、社交平台都是网络舆情的聚集地；而网络舆情的自由性也赋予了舆情内容的丰富性，人人畅所欲言使得舆情的内容极为广泛，包含政治、经济、生活、文化、社会等方面；网络舆情的用户也随着互联网的普及变得极为丰富，各个年龄、职业的用户都成为网络舆情的创造者和传播者。

交互性是网络舆情所有特性中最重要的一项，正因为网络舆情的交互性，才使得网络舆情快速传播。与社会舆情不同的是，网络舆情的交互不分时间、不分地点、不分用户，即任何人可以在任何时间、任何地点参与讨论。交互是网络舆情和现实生活的同步，现实生活通过网络传播和放大形成网络舆情，网络舆情又反作用于现实，反映现实生活中存在的问题和矛盾。

偏差性是指网络舆情主体的主观性导致网络言论偏离实际情况。由于网民的言行都有自身的特点，所发布的舆情或多或少都会有主观性和情绪化，从而导致网络言论理性的缺乏，甚至有些网民将网络平台作为发泄负面情绪的地方。

突发性是指由于网络舆情的即时性和网络舆情平台使得舆情的产生、分裂或合并、衰亡都十分迅速。网络上的一个事件，经过用户情绪化评论后会迅速掀起对该事件的激烈议论，同时因其他事件的激烈讨论而迅速被网民所丢弃和遗忘。

近些年来，社会在网络催化下复杂程度迅速提高，网络舆情演化的研究受到了广泛重视，很多国家都设立了舆情中心，并对网络舆情演化进行研究，以实现舆情的监管和控制。

网络舆情是通过互联网产生和传播的，是用户对于自己关心或与自身利益紧密相关的各种公共事务所持有的多种情绪、态度和意见交错的总和。当网络舆情产生时，舆情会在用户、态度、情绪方面出现变化，随时间的推移由无序状态到有序状态，侧面地反映了不同个体、群体之间的冲突，并随着用户关注度的变化而变化。

目前关于网络舆情演化的研究主要有以下 3 个主流方向：基于话题的演化研究，主要是研究话题在传播过程中的变化，由此来反映舆情的演化情况，包括旧话题的消亡、一个话题向另一个话题的转变、新话题的产生等；基于网络传播模型的演化研究，部分学者认为网络舆情演化的基础是信息的传播，研究主要包括信息在网络中的传播行为；基于粒子交互模型的演化研究，主要是借用了物理学中粒子之间的交互作用对舆情演化中的信息及信息间的关系进行建模。

6.1.2　话题提取模型研究

要进行内容的演化分析，首先需要从大量的语料集合中提取出潜在的语义信息，即话题的提取。

传统的 TF-IDF（term frequency-inverse document frequency，词频-逆向文档频率）思想使用文本中出现频率较低的单词来对不同文本进行归类，但很多用于表示文档的字词存在二义性，并且现实情况中这样简单的区分方法往往效果不佳。为了克服 TF-IDF 思想的这些缺陷，有学者提出了语义模型。首先研究给出了 LSA（latent semantic analysis，潜在语义分析）模型，该模型基于以向量空间模型为基础的语义分析技术，利用 SVD（singular value decomposition，奇异值分解）技术对文本进行降维；在 LSA 模型中进一步加入概率模型，得到 PLSA（probabilistic latent semantic analysis，概率潜在语义分析）模型，该模型是生成模型，假设每篇文档均由话题组成；Blei 提出的 LDA（latent Dirichlet allocation，隐狄利克雷分配）模型继承了 PLSA 模型所有的优点，可以挖掘大规模语料的语义信息。其模型研究发展如下。

1. TF-IDF

TF-IDF 思想首先选出一个基词典，然后对每一个文档查找每个词的出现次数，然后进行归一化，最后将得到的词以一个矩阵的形式展现，矩阵 $\boldsymbol{X}$ 的横坐标为各个文档，纵坐标为各个词，矩阵内容是某个词在某个文档中出现的频率，矩阵 $\boldsymbol{X}$ 见表 6-1。

表 6-1　TF-IDF 词典矩阵

坐标	Doc_1	Doc_2	…	Doc_*N*
Word_1	*	*	…	*
Word_2	*	χ_{ij}	…	*
⋮	⋮	⋮	⋱	⋮
Word_*M*	*	*	…	*

$$\chi_{ij}=\frac{\text{词数}\ i}{\text{文档总词数}\ j}$$

该算法可以简明易懂地将每个文档表示出来，而且无论每个文档本身长度如何，都会被缩减为固定长度。但如果选择的词典较大，则这个表示矩阵的维度也会比较大，而且它的列的长度会伴随着库中文本数量的增加而增加。另外，这样的表示没有考虑到文档与文档之间以及文档内部的结构信息。

2. LSA 模型

针对 TF-IDF 的缺点，LSA 模型将矩阵 $\boldsymbol{X}$ 进行奇异值分解，只取一部分作为其特征，此过程其实就是相当于对矩阵 $\boldsymbol{X}$ 进行 PCA（principal component analysis，主成分分析）降维，将原始的向量转化到一个低维的隐含语义空间中，而保留下来的维度（根据奇异值大小决定）所对应的奇异值就对应了每个“隐含语义”的权重，去掉哪些维度就相当于把不重要的“隐含语义”的权重赋值为 0。LSA 模型旨在在词频矩阵 $\boldsymbol{X}$ 的基础上找出 latent semantic，即潜在的语义信息。其缺点在于不能解决多义词问题。

3. PLSA 模型

PLSA 模型如图 6-2 所示。其中，D、Z、W 分别表示文档、话题和单词，M 和 N 分别表示文本中文档的数量和单个文档的长度，在模型图中，M 和 N 即为循环次数。在 PLSA 模型中对每一个元素都进行建模，从文档到主题的建模为混合模型，从主题到单词也是一个混合模型，每个单词都是从这个混合模型中提取出来的，不过在 PLSA 模型中每个混合模型都是多项式分布。

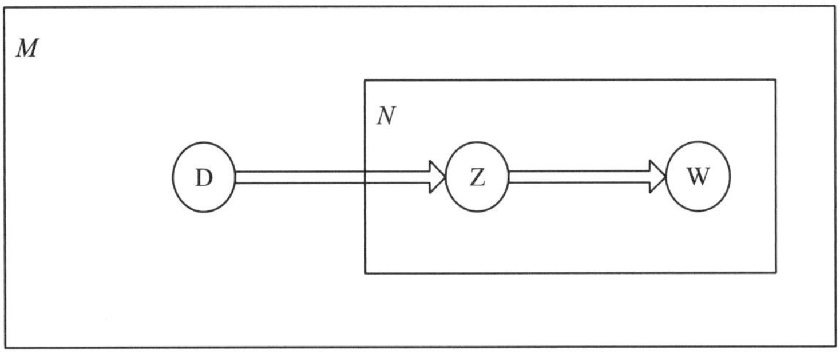

图 6-2　PLSA 模型图

在 PLSA 模型中，每个文档已经可以有多个话题，每个话题出现的概率不等，这一点在 LDA 模型中也有。只不过 LDA 模型比 PLSA 模型多了一层。从图 6-2 中可以看出，在 PLSA 模型中已经有了话题的概念，而且对于文档-主题和主题-单词两个层面都进行了建模(混合模型)，还可以看出这个模型是对应每一个文档集的，每一个文档集都对应着模型的一堆参数，如果新加入一个文档(不在原来的训练集里)，就没法处理。而 LDA 模型不仅可以对已有的文档进行估计，还可以对其他新的或相似的文档给出一个较高的概率。

4. LDA 模型

LDA 模型是近年来机器学习领域提出的一个概率主题模型，是 Blei 等对 PLSA 模型的缺陷进行改进而提出的。针对 PLSA 模型的缺陷，LDA 模型使 PLSA 模型的主题概率分布服从狄利克雷先验分布，解决了 PLSA 模型容易过拟合的缺点。目前 LDA 模型作为主题模型中最简单且最具有代表性的主题模型，已经广泛应用于各个科学领域。

LDA 模型是一个三层的变参数层次贝叶斯模型，其中的三层是文档、话题和词。模型假设原始文档由若干话题组合而成，而话题是由若干词组合而成，不同原始文档的区别在于它们所含话题的概率比不同。图 6-3 所示为 LDA 模型的三层拓扑结构[①]。

① LDA-Latent Dirichlet Allocation 学习笔记_yshnny，2013.

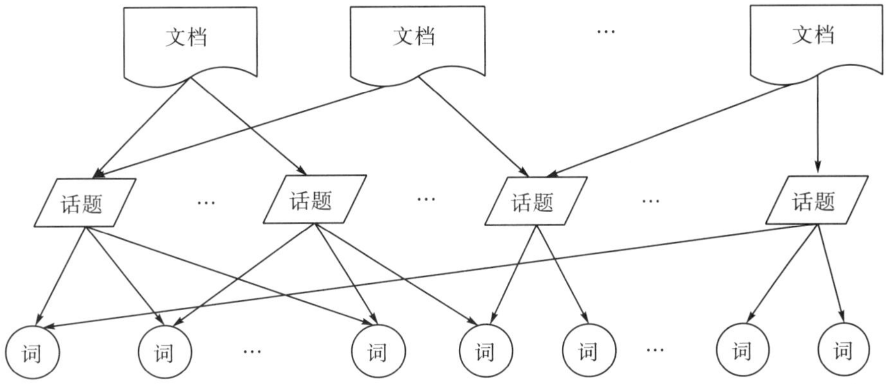

图 6-3　LDA 模型的三层拓扑结构

LDA 模型生成文档的过程如下：

(1) 对于主题 j，根据狄利克雷分布 $\mathrm{Dir}(\beta)$ 得到该主题的一个单词多项式分布向量 $\boldsymbol{\varphi}^{(j)}$ 。

(2) 根据泊松分布 $\mathrm{Poisson}(\xi)$ 得到文档内所包含的单词数目 N。

(3) 根据狄利克雷分布 $\mathrm{Dir}(\beta)$ 可得到一个该文档的主题概率分布向量 $\boldsymbol{\theta}$ 。

(4) 对于文档中提取出的 N 个单词中的任一个单词 w_n，从 $\boldsymbol{\theta}$ 的多项式分布 $\mathrm{Multinomial}(\boldsymbol{\theta})$ 中随机选择一个主题 k，然后从主题 k 的多项式条件概率分布 $\mathrm{Multinomial}(\boldsymbol{\varphi}^{(k)})$ 中选择一个单词 w_n 。

假设文档中有 k 个主题，那么文档 D 中第 i 个词 w_i 的概率为

$$P(w_i)=\sum_{j=1}^{T}P\left(w_i\,|\,z_i=j\right)P\left(z_i=j\right) \tag{6.1}$$

其中，z_i 为潜在变量，表示文档中第 i 个词 w_i 取自该主题；$P(w_i|\,z_i=j)$ 表示词 w_i 属于主题 j 的概率；$P(z_i=j)$ 表示文档 D 属于主题 j 的概率。

然后通过期望最大化算法求最大似然函数：

$$l\left(\alpha,\ \beta\right)=\sum_{i=1}^{M}\log p\left(d_i\,|\,\alpha,\ \beta\right) \tag{6.2}$$

其中，α 、β 为最大似然估计量，估计它们的参数值，从而确定 LDA 模型。

由此可得到文档 D“发生”的条件概率函数为

$$p\left(d\,|\,\alpha,\ \beta\right)=\frac{\Gamma\left(\sum_{i}\alpha_i\right)}{\prod_{i}\Gamma\left(\alpha_i\right)}\int\left(\prod_{i=1}^{k}\theta_i^{\alpha_i-1}\right)\left[\sum_{n=1}^{N}\sum_{i=1}^{k}\prod_{j=1}^{V}\left(\theta_i\beta_{ij}\right)^{w_n^j}\mathrm{d}\theta\right] \tag{6.3}$$

图 6-4 所示为 LDA 模型图，该图很好地展示了话题的生成过程。

LDA 模型最常用的抽样方法就是 Gibbs（吉布斯）抽样。其基本思想是：通过反复迭代抽样的方式逼近真实的概率分布，对复杂的概率分布进行推导，得到隐含变量。由于其容易理解且计算简单，被广泛用于 LDA 模型的求解。具体的过程为：通过估计当前采样单词 $w_{d,i}$ 的主题 $z_{d,i}$ 的后验分布 $p(z_{d,i}=j\,|\,w_{d,i},\ z_{-d,i})$，估算出模型的参数 θ_d 和 ϕ_k。分配一个

单词到一个主题的概率为

$$p\left(z_{d,i}=j \mid w_{d,i}=m,\ z_{-d,i},\ w_{-d,i}\right) \propto \frac{C_{mj}^{VK}+\beta}{\sum_{m} C_{mj}^{VK}+V\beta} \frac{C_{dj}^{DK}+\alpha}{\sum_{j} C_{dj}^{DK}+V\alpha} \tag{6.4}$$

其中，$w_{d,i}$ 表示第 d 个文档中的第 i 个单词；$z_{d,i}$ 表示第 d 个文档中第 i 个单词的主题；$z_{d,i}=j$ 表示第 d 个文档中第 i 个单词的主题是 j；$w_{d,i}=m$ 表示第 d 个文档中第 i 个单词的值为 m；C_{mj}^{VK} 表示 V 个文档的单词在 K 个主题的频数统计矩阵中，单词 $w_{d,i}$ 的值 m 在主题 j 上出现的次数；C_{dj}^{DK} 表示 D 个文档的单词在 K 个主题的频数统计矩阵中，文档 d 出现主题 j 的次数。

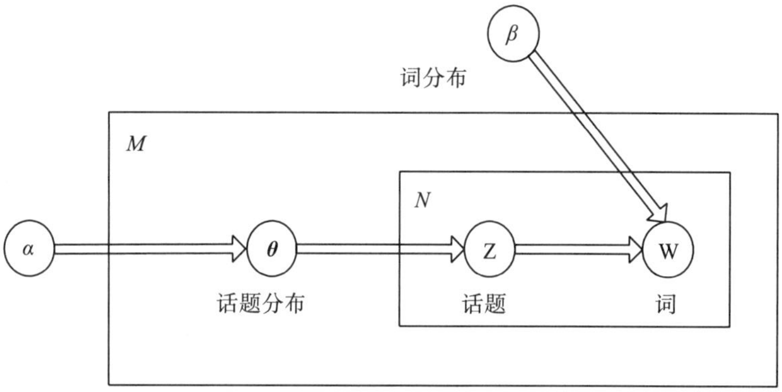

图 6-4　LDA 模型图

ϕ_{mj} 表示当前单词 m 在主题 j 上的概率：

$$\phi_{mj}=\frac{C_{mj}^{Vk}+\beta}{\sum_{m} C_{mj}^{VK}+V\beta} \tag{6.5}$$

θ_{dj} 表示文档 d 包含主题 j 的概率：

$$\theta_{dj}=\frac{C_{dj}^{DK}+\alpha}{\sum_{j} C_{dj}^{DK}+V\alpha} \tag{6.6}$$

由此，分配一个单词到一个主题中受两个概率影响，即单词在主题中的概率和单词所在文档的主题概率。由于在主题中和文档中高频词占有的比例比较大，主题的分配会适当地向具有高频词的主题倾斜。

6.1.3　网络舆情的演化研究

学者主要从 3 个方面进行网络舆情的演化研究，分别是基于话题模型的演化、基于网络传播模型的演化和基于粒子交互模型的演化。

1. 基于话题模型的演化研究

话题演化与生物进化有着相同之处，主要表现为在传播过程中话题内容和话题强度不断地发生变化，反映了话题从产生到自身的分裂或合并，再到消亡的整个过程。

目前话题的提取和演化分析的方法有多种，大致可分为以下 3 类：①切分词拼接方法，利用多级滤噪策略和特定的噪声库来严格控制拼接过程，可得到较为准确的热点话题信息；②聚类方法，DBSCAN(density based spatial clustering of applications with noise，基于密度的带噪声数据应用的空间聚类方法)可将语义关联的话题聚合为簇，而舆情文档一般包含很多热点话题，该聚类算法避免了话题的独立性，能将多个话题集中展示，但由于对话题词的分辨率不高，会造成话题聚类的准确率较低，而 single-pass(单遍)聚类算法可将文档中的类簇逐一对比，根据类簇之间的相似度来考虑是否归并为同一类簇，但该方法步骤繁多，不利于实现智能化，改进的 K-means 聚类算法，解决了 K-means 算法效果太过依赖于初始聚类中心点和聚类数目的选取的难点，同时提升了算法的速度，但无法展示话题的变化过程；③话题提取模型，该方法主要包括数据的预处理、话题提取和对话题进行演化分析 3 个步骤，根据目前话题演化方法的发展可分为 3 种话题提取及演化方法。

第一种方法是在话题提取模型中加入时间参数，认为不同时间的文档信息会不相同，于是在相应的时间信息下对文档数据集进行话题分布。但不能不断地导入新的文档数据。该方法的典型代表有 TOT(topic over time)模型，该模型可通过不同时间段上话题的分布情况反映话题强度的演化趋势，但没有对话题的具体内容进行演化分析。

第二种方法是忽略时间因素，先提取某一时间点上的话题，再在离散的时间轴上观察所得话题的分布来衡量演化。这种方法同样只能得到话题强度的演化，并不能得到话题内容的演化，并且强度演化结果对离散时间段的选取有着很大的依赖性，选取不同的离散时间段对演化的结果影响很大。

第三种方法是先考虑时间因素再对话题进行提取，先将原始文档按照时间分割为不同时间段的文档子集，然后对每个文档子集进行话题提取。该方法的典型代表是在线话题(online-LDA，OLDA)模型和动态话题模型(dynamic topic model，DTM)。

话题演化主要通过两个方面来反映，即话题内容随时间发生的变化和话题强度随时间发生的变化，从而体现时间轴上同一话题表现出来的差异性、发展性和动态性。经过对原始文档数据的预处理和概率主题模型的话题提取，得到文档所有话题词的概率分布，再从中选取概率较高的话题词，这样得到的话题是纯净的，是最能替代源文档的，将这些词作为后续演化分析的主体，从而在很大程度上提高了演化分析的准确度。

话题演化中最重要的特征是这一时间段的话题跟下一时间段的话题是否存在语义上的延续性，即是否有语义相关性。话题内容演化展现的是不同时间段、不同话题的特征词的差异，即特征词在语义上的关联性，该语义关联度由特征词在各自话题中的概率分布决定。所以话题内容的演化主要是计算话题间的语义关联度，计算语义关联度最常用的参数有 KL 距离(Kullback-Leibler divergence)和 JS 距离(Jensen-Shannon divergence)。

话题强度的演化效果一般可以通过坐标图来表示，横轴表示不同时间段，纵轴表示某一新闻文档的生成概率，该概率可由话题提取模型的后验得到。文档已经按发布时间离散到各个时间段，可直接利用固定时间段内每个话题在整个文档中的概率分布来计算话题出现的强度，以此来衡量话题强度的演化。

2. 基于网络传播模型的演化研究

这类舆情演化的研究来源于学者以数学角度来看待舆情传播，主要是基于扩散的普遍性来开展研究的，扩散是指物质分子由高密度区域转移到低密度区域，直到呈现出均匀分布的现象。舆情演化领域对于扩散的研究也甚是丰富，如巴斯(F. M. Bass)等(2004)根据新产品在市场上的扩散现象提出了巴斯模型[1]，罗杰斯(E. M. Rogers)于2010年提出的创新扩散理论[2]，布兹瑙(L. Buzna)等(2006)研究的市场危机扩散和基建领域的灾害传播[3]。由于舆情的演化规律和传染病的传播规律相似，都是网络中的非活跃节点受活跃节点的影响由非活跃状态变为活跃状态，这一过程的不断反复促使网络舆情在更大的范围内扩散开来，其中活跃节点是那些最早接受信息的用户或是信息的发布者。传统的传染病扩散模型主要是沿用SIR(susceptible-infective-removed，易感染者-感染者-恢复者)模型根据用户状态将用户划分为3类，即易感染者、感染者和恢复者。朱恒民和李青(2012)也提出了以无标度网络为载体的舆情传播模型SIRS[4]。

3. 基于粒子交互模型的演化研究

学者借用物理学中粒子之间的交互作用对舆情演化中的信息和信息间的关系进行建模。主要有以下四类主流模型：①多数原则模型，该模型是在选举模型的基础上发展起来的一种观点归并模型，其中的“多数原则”是指“少数服从多数原则”，即一个团体内以少数服从多数的原则来实现团体内所有个体的意见统一；②社会影响模型，该模型的思想主要是来源于心理学中的社会影响理论，该理论描述了群体中的个体是如何感知其他个体的存在，并对其施加影响的；③Sznajd 模型，该模型是粒子交互模型中的典型代表，其主要思想可简单地表述为一个成语，即“三人成虎”，就是越多的个体越容易让人信服；④有限信任模型，在现实生活中，我们会发现，很多时候我们的观点、决策并不只有两个选择，基于这样的情况，以有限信任原则为基础而形成的连续观点模型即为有限信任模型。

6.1.4　研究存在的主要问题

目前对于网络舆情分析的研究十分丰富，主要体现在如下四个方面：

(1)现有的很多舆情分析模型都是基于复杂网络的建模，基于内容的也就只有基于话题的舆情分析，而基于内容来分析舆情的优点在于可即时看到舆情内容，对于不利于社会安全、稳定的内容可直接过滤。

(2)关于选择话题提取模型，现有的主题模型中LDA模型是学者使用最多、改进最多的一个，但该模型提出已有一段时间，且存在一定的缺陷，如何对其进行改进以获得更为准确的话题词，成为研究的一个重要部分。

(3)基于话题的舆情演化分析有很多的方法，但现有的话题演化大多是根据相邻时间段的两个话题的语义关联度来判断这两个话题是否存在语义上的延续性，这样不能将相应话题结合起来，造成热点词语的独立，而且现有的短文档，无法用一个主题词来恰当描述，多个主题词使用演化聚类可降低结果的稀疏性，提高分析的准确度。

(4)数据分析领域中聚类算法和分类算法都是最常见的，但相比分类算法，聚类算法不需要预先对文档数据集中的样本进行标记，而且聚类算法注重的是数据的内容和分布，有些聚类算法还能自主选取类簇的个数。

6.2　复杂网络的研究

自然界和人类社会中的诸多系统都可以抽象成网络的形式，如新陈代谢、神经网络、万维网、社交网络等。由于其具有高度的复杂性，因此被称为复杂网络（complex networks）。复杂网络可看作节点和连接它们的边组合而成的集合，以节点表示现实系统中的个体，以边表示个体之间的联系，这样就把复杂系统网络化。

学者用图的形式表示复杂网络的基本拓扑结构，即把复杂网络抽象成拓扑图。复杂网络可表示为 $\boldsymbol{G}=(\boldsymbol{V}, \boldsymbol{E})$，其中 $\boldsymbol{V}$ 表示网络中节点的集合，$\boldsymbol{E}$ 表示网络中节点之间的边的集合。根据网络中的边是否有方向，复杂网络被称作有向网络或无向网络；根据网络中的边是否有权重，复杂网络被称作加权网络或无权网络。其中，权重的含义在各种类型网络中的意义也不尽相同。例如，在合作关系网络中，边的权重表示用户间合作的次数；在引用网络中，边的权重表示不同作者相互引用的频次；在网络论坛中，边的权重表示用户之间的回复次数。

6.2.1　复杂网络研究历程

20 世纪 90 年代以来，以互联网为代表的信息技术得到了迅速的发展，人类社会也进入了信息社会。在现实生活中存在的各种不同复杂系统，如日常生活中最为密切的电力网络、朋友网络、科研合作网、各种新陈代谢等。通过研究，人们发现许多现实系统的网络模型是介于完全规则和完全随机之间的。由于这种网络是真实复杂系统的拓扑抽象，因此，它被称为复杂网络。

现有研究并没有为复杂网络给出一个明确的定义。学者普遍认为，复杂网络是指介于规则网络和随机网络之间的一种具有小世界特性（WS）和无标度特性（BA）等一些复杂特征的网络。复杂网络是一个包含大量个体和个体之间相互作用的系统，是将复杂系统的元素抽象成点，元素之间的联系抽象成点之间的连线，形成一个如网络般的复杂系统。

人们对于复杂网络的研究是从图论的相关知识开始的。1736 年，瑞士的一个数学家莱昂哈德 • 欧拉（Leonhard Euler）利用图的知识对经典的柯尼斯堡（Konigsberg）七桥问题进行了抽象和论证，开创了人们对图论研究的先河。在 20 世纪 60 年代，匈牙利的两位数学家阿尔弗雷德 •雷尼（Alfréd Rényi）和保罗 •厄多斯（Paul Erdös）建立了随机图论的理论，这一理论被公认为是在数学的问题上开创了有关复杂网络理论的系统性研究。1998 年，《自然》杂志上一篇关于“小世界网络”的论文引起了大家的关注，小世界网络（WS 网络模型）通过以概率 p 删除规则网络中的原始边并选取新的节点重新连接构造得到，其介于规则网络和随机网络之间，如图 6-5 所示。随后，巴拉巴斯（A. L. Barabási）和艾伯特（R. Albert）于 1999 年在《科学》杂志发表了关于“无标度网络”的网络模型，即 BA 网络模型，在构造网络时引入了增长性和择优性，其节点度服从幂律分布[5]。至此，对复杂网络的研究进入一个新的阶段，且随着理论研究的深入和计算机技术的发展而日益成熟，并逐渐成为研究热点。

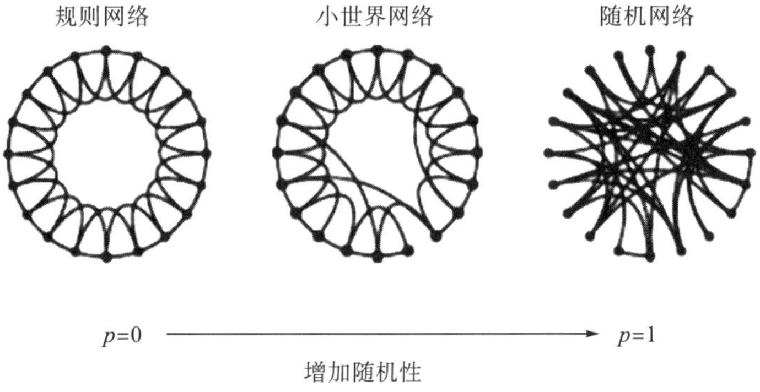

图 6-5　WS 网络模型示意图

复杂网络的结构是无规则的、复杂的，并随着时间动态地演变，主要关注点从分析小型网络转移到分析有着数以千百万计的节点的系统，且具有一些基本的统计特性，如小世界效应、无标度特性及社区结构特性。近年来，复杂网络已经成为多学科交叉领域中的研究热点，包括物理学、生物学、系统控制学、社会学、经济学等多个学科。研究涉及的方面主要有复杂网络建模和拓扑结构研究、动力学性质研究、网络突现行为研究、复杂网络的应用等。其中，复杂网络建模及在此基础上的社区发现研究已吸引了不少学者的关注。

6.2.2　复杂网络的统计特征

近年来，学者对真实世界网络的基本特性进行了深入研究，这些特性在图论的框架下，可对复杂网络进行扩展，从而加深人们对复杂网络的性质、属性和功能等的理解。下面简要介绍复杂网络的统计特征，最基本的有小世界效应、聚类特性、无标度特性等。

1. 小世界效应

复杂网络中的小世界效应是指与相同规模的随机网络相比，真实世界网络的平均距离较小且簇系数较大。如果网络中的两个节点可达，即可通过一些首尾相连的边连接，则最短路径就是连接两者的路径中边数最少的路径，也称作两个节点之间的距离。而网络的平均距离即为该网络中所有节点对之间的距离的平均值，它描述了网络中节点间的分离程度，即网络的大小或尺寸。

$$L=\frac{1}{\frac{1}{2}N\left(N+1\right)}\sum_{i\geqslant j}d_{ij} \tag{6.7}$$

其中，N 是网络中节点的数目；d_{ij} 表示节点 i 和节点 j 之间的距离；L 为网络的平均距离。

同时具有较小平均最短距离和高聚集性两种特性的网络才可以被称作小世界效应。此后，实验发现，生物学中的细胞化学反应网络、电影演员合作网络①、数学家合作网络②中，个体之间的平均最短距离均较小，因此，这些网络具有小世界的特点。

2. 聚类特性

网络的聚类特性用来描述网络有多紧密，如在社会网络中，某人的两个朋友可能彼此是朋友。聚类系数用于衡量这种可能性的程度，计算公式如下：

$$C_i = \frac{2E_i}{k_i\left(k_i - 1\right)} \tag{6.8}$$

其中，k_i 是节点 i 邻接的节点数目，如果这 k_i 个节点之间全连接，则它们之间的边数应该为 $k_i\,(k_i-1)/2$，而 E_i 是这 k_i 个节点之间实际存在的边数，节点 i 的聚类系数 C_i 就是这两者之间的比值。因此，聚类系数描述了网络中节点聚集的程度。网络中所有节点的聚类系数的平均值称为平均聚类系数 C 或整个网络的聚类系数，即

$$C = \frac{1}{N}\sum_i C_i \tag{6.9}$$

由公式(6.9)可知，聚类系数 C 的取值范围为[0，1]，如果网络中节点都是孤立节点，则 $C=0$；如果网络中节点之间都相互连通，即全连通网络，则 $C=1$；其他情况下，聚类系数均小于 1。然而，对于许多规模较大的实际网络，有较明显的聚类性，其聚类系数远大于具有相同节点数和边数的随机网络，与人的社会关系网络相似。

3. 无标度特性

节点的度是描述网络局部特性的基本参数。在 N 个节点的网络中，任意一个节点 i 的度 k_i 等于与该节点相连的其他节点的连接数目。如果网络的邻接矩阵为 $\boldsymbol{A}=[\,a_{ij}\,]_{N\times N}$，则节点 i 的度为

$$k_i = \sum_{j\in N} a_{ij} \tag{6.10}$$

度可用于描述网络节点连接数目的分布情况。在不同的网络中，度的具体含义也有所不同。例如，在社会网络中，度可以表示个体的影响力和重要程度，度越大的个体，其影响力也就越大；反之亦然。节点的平均度是指网络中所有节点的度的平均值，用符号 $\langle k\rangle$ 表示。

$$\langle k\rangle = \frac{1}{N}\sum_{i=1}^{N} k_i \tag{6.11}$$

网络中节点度的规律可由度分布来描述，通常用函数 $P(k)$ 表示，即任意选择一个网络节点，其度恰好为 k 的概率，由网络中度为 k 的节点的个数与网络节点总个数的比值得到。在随机网络和规则网络中，大多数节点都集中在节点平均度 $\langle k\rangle$ 附近，说明节点具有同质性，因此，平均值 $\langle k\rangle$ 可看作网络的一个特征标度。但在具有无标度特性的网络中，如万维网、蛋白质交互网络、电子邮件网络等，研究发现，其节点的度分布都满足幂律分布，大多数节点的度都很小，而少数节点的度很大，即满足 $P(k)\sim k^{r}$ 形式，其中 r

① The Oracle of Bacon，http://www.oracleofbacon.org/.

② The Erdős Number Project，http://www.oakland.edu/enp/.

是与标度无关的常数，一般介于 2 和 3 之间。由此说明，这种类型的网络节点具有异质性，特征标度消失，因此也被称作无标度网络。

6.3 社区及社区发现的研究

6.3.1 社区的定义

“社区”一词最初由德国社会学家斐迪南·滕尼斯(Ferdinand Tönnies)提出，德文 gemeinschaft 即“共同体”，表示任何基于协作关系的有机组织形式，也可译作“团体”“集体”等，后被英文译作 community，20 世纪 30 年代被引入我国时译作“社区”。经过几十年的发展，社区的研究已经日益成熟，但到目前，社区还没有一个公认的严格定义，一般以信息网络领域的研究作为共识，即认为社区是内部节点连接比较紧密而社区间连接比较松散的群组。结合相关研究文献，从不同的角度提出社区的概念，主要有以下 3 种。

1. 基于局部拓扑属性

以网络社区中结点的角度进行分析，又有以下几种具体的定义。①基于连接频数的定义：马克·纽曼(M. E. J. Newman)提出的社区概念就是指网络中一类结点的集合，这类结点在社区内部的连接比较紧密，而在不同的社区之间连接比较稀疏[6]。②基于强弱社区的定义：拉迪基(F. Radicchi)等(2004)以社区内结点的连接紧密程度，给出了强社区和弱社区的定义[7]，而张婷娜(2010)又在此基础上定义了最弱社区，并且对弱社区的概念进行了改进[8]。**LS** 集的定义：**LS** 集定义比强社区定义更加严格，一个 **LS** 集的任何真子集与本集合内部的连边数目都多于该集合和外部的连边数目。基于派系的定义：派系(clique)是基于社区的连通性，*n* 派系(*n*-cliques)是指社区内每两个节点之间的距离小于等于 *n*，网络图中任意两个顶点不必直接相连，弱化了派系的定义。

2. 基于全局拓扑属性

以网络全局的角度进行分析，此类定义主要通过研究存在社区的图和其对应的空随机图，发现社区内部边数大于其对应随机模型中的期望内部边数。

3. 基于节点属性相似度

这类定义中，要求社区内部节点的相似度要大于一定的阈值，而节点属性与相似度是此类定义的重点，可根据具体问题来确定计算。在萨坎(M. Sachan)等(2012)的工作中，社区被认为是用户(节点)相互连接并对共同的话题进行交流的群组[9]，课题组也沿用了这个观点。

6.3.2 社区发现研究

社区发现是进一步理解和应用复杂网络的一种重要方式，社区发现成为复杂网络研究领域的热点内容。自 2002 年格文(M. Girvan)和纽曼(M. E. J. Newman)正式定义社区结构并基于边的介数提出 GN 算法[10]后，国际上兴起了一股研究社区发现的热潮，涉及生物学、物理学、社会学、计算机科学等多个学科，并与机器学习、信息处理和自旋玻璃理论等多个领域有较深的联系。目前，对社区发现的研究较多，应用较多的主要有两大类：传统的基于拓扑图的社区发现方法和基于主题的社区发现方法。

随着社交网络规模的增大，社区发现算法在追求较高准确度的同时，也力争降低算法的计算时间复杂度，更加注重利用社交网络的局部拓扑结构。目前，学术界并没有对网络社区做规范性和标准性的定义。一般来讲，我们把社团描述成一些节点集合，集合内部的节点关系较为稠密，而集合间节点的关系较为稀疏。由于这种社团定义的不确定性，不同学者在研究社团发现课题时定义社团结构的角度和方法也不尽相同，但其含义大致相同，这些定义基本上可归类为四大类：基于内部连通性定义、基于外部连通性定义、基于内外部结合的连通性定义和基于网络结构连通性定义。

传统的社区发现算法是将网络划分为若干个互不相连的社区(或社团、簇、组等)，每个节点都必须隶属于唯一的社区。代表性的算法包括模块度优化算法、谱聚类算法、层次聚类算法、标签传播算法和基于信息论的算法等。然而，在很多实际的社会网络中，社区之间通常并不是彼此孤立的，而是彼此重叠、互相交叉的。也就是说，在社会网络中，有一些节点不仅仅包含于一个社区中，它们可以同时隶属于多个社区。例如，在社会网络中，每个人根据不同的分类方法可以属于多个不同的社区(如学校、家庭、朋友等)。因此，发现社会网络中具有重叠性的社区结构往往具有更加实际的意义。

1. 基于拓扑图的社区发现方法

基于拓扑图的方法是一种最常见的研究方法，也是传统的基于拓扑图的方法，即把真实网络结构映射成一个图结构，以图论知识找到网络中隐藏的社区结构，这些社区是由一些可能在图中有着共同结构属性或担任相似角色的节点群组成的。这类方法对网络的拓扑图进行研究，图中的结点代表网络中的用户，边代表用户之间的交互关系，使用基于分割或聚类的方法以提取出具有高密度的子图，比较典型的方法主要有 GN 算法、K-L(Kernighan-Lin)算法、谱平分法、Newman 快速算法等，这些算法的原理和缺点见表 6-2。

表 6-2　基于拓扑图的社区发现方法分析

算法	原理	缺点
GN 算法	从图的角度对网络进行社区发现，其将网民看作节点，网民之间的联系看作边，通过反复计算图中每条边的介数，并删除介数最大的边，直至整个图被分割成若干个连通子图	时间复杂度较大；不能给出明确的网络社区发现的结束条件；算法得到的结果不一定最好
K-L 算法	使用二分算法，利用贪婪算法的原理对网络社区进行发现研究	只能将一个群体划分出两个社区；划分前必须知道两个社区大小；不考虑结果的合理性；难以应用于真实网络环境中
谱平分法	将网民之间的关系网络转换成拉普拉斯矩阵，根据其不同特征值进行社区发现，特征值相同的网民在同一个社区	每次只能将网络上划分出两个社区；没有明确的终止条件；难以应用于真实的网络环境中
Newman 快速算法	将模块度(表示模块内部节点之间联系的紧密程度)作为网络社区发现的指标之一	时间复杂度较高；算法比较复杂；社区发现的结果并不一定满足用户需求

目前基于拓扑图的社区发现方法应用较为广泛，研究学者在经典算法的基础上，又提出了一些新的方法。田媛媛（Y. Tian）等（2008）提出了一个 OLAP（online analytical processing，联机分析处理）风格聚合方法以归纳大图，通过用户选择的属性和关系对节点分组[11]。这个方法可在聚类内部获得同类的属性值，但却忽视了群内的拓扑结构。特赛（C. Y. Tsai）等（2008）为 K-means 聚类提出一个特征权重自适应机制，即如何最小化聚类内部差异且最大化聚类间差异[12]。但大部分这种基于属性的聚类方法只集中考虑聚类的同质性，并不能保证聚类内部结构的凝聚性。刘晋霞等（2011）从网络拓扑结构出发，提出基于强社团结构定义的启发式算法进行社团结构探测，验证算法的有效性[13]。弗莱克（G. Flake）等（2002）研究网络图中节点的介数/中心度的计算方式，发现在动态的社会网络中，新节点的加入或退出会引起网络中边数的增加或减少，由此导致介数需要重新计算[14]。对于怎样快速地更新介数，降低算法的时间复杂度，他提出了一种快速更新介数的算法，由图论知识建立节点的缩减集，只需更新缩减集中的介数，以提高社区发现算法的效率。实验证明，该算法可大幅度地提高现有基于介数计算方法的速度。

基于拓扑图的社区发现方法大多研究社区的结构属性，忽视了社区的其他重要特征，特别是社区的主题特征，即同属于一个社区的人们更倾向于有相似的爱好、社会功能、职业、对同一主题的兴趣或视角等。

2. 基于主题的社区发现方法

由于以上原因，基于主题的方法得到了广泛的关注，即考虑网络中的文档信息，根据用户发表内容中的主题产生社区，将主题因素引入社区发现中。基于主题的社区发现，社区基于内容中的主题产生，可以是发表的论文、发表的博客、写过的评论，两个实体分享越多的单词，这两个实体越相似。比较常用的有层次聚类、基于距离或相似性矩阵聚类，常用树状图表示。主题建模方法也是其中的一种，包括 LDA 模型和它的各种变体，如作者-主题模型、CUT（community-user-topic，社区-用户-主题）模型、TUCM 模型（topic user community model，主题用户社区模型）等。LDA 是一个生成模型，对给定的潜在参数随机生成显著数据。如果这个显著数据是从文档中而来的单词，则它对每一个文档把单词分组给少量的潜在主题。这里将对这两大类算法的原理和缺点进行分析，见表 6-3。

表 6-3　基于主题的社区发现方法

算法	原理	缺点
层次聚类	根据簇形成方式可分为凝聚法与分裂法。主要依据节点之间的相似程度和节点之间的紧密程度的标准找出社区结构	无法确定网络最终分解社区的个数，且在形成簇的过程中，若先前产生的簇结构质量不高，则该算法无法回溯进行改进
主题建模	考虑网络中个体的兴趣、主题因素，即社区被认为是用户（节点）相互连接，并对共同的话题进行交流且相似性高的群组	模型较复杂，与主题相关，而“正确”主题却不易确定；如何定义这种相似性也是一个重要的问题

上述对社区发现方法的分类只是目前应用较为广泛且最基本的方法分类，但都存在一些自身难以克服的短处或缺点，单一地使用一种方法可能得不到合适的结果，因此，学者开始考虑结合拓扑图和主题的社区发现方法。

帕塔克(N. Pathak)等(2008)提出一个概率模型用于社区提取，首次尝试结合用户链接和用户内容的社区发现方法，提出 CART(community-author-recipient-topic，社区-作者-接受者-主题)模型，假设社区中的角色对共同感兴趣的主题交流，反过来，这些交流的主题决定社区[15]。以美国安然公司(Enron)的邮件网络为实验数据，证明了该模型可以提取连接较好且有意义的社区。萨坎(M. Sachan)等(2012)同样考虑用户主题和社会拓扑图特性对社区进行建模，基于讨论的主题、交互类型和社会交互 3 个方面的因素发现社区，考虑用户之间的交互，如用户兴趣等，以主题模型为基础，提出 TUCM(topic user community model，主题用户社区模型)[16]。以推特(Twitter)和 Enron 邮件库的真实数据验证该算法的有效性和效率。里奥斯(S.A.Ríos)和穆奥兹(R.Muoz)将 LDA 主题模型引入社区发现的研究中，建立基于 LDA 过滤的网络，并提出 SLTA 算法发现论坛中的重叠社区[17]。严姣(2012)通过引入主题模型，从大量的网络数据中获得抽象的主题信息，构建单词关联网络，结合派系过滤算法挖掘社区的结构，分析社区的变化情况，以得到网络的动态特性[18]。阮怡业(Y. Ruan)等在图结构中结合内容和链接信息进行社区发现，利用有偏边抽样方法 CODICIL 进行聚类，实验证明，相比现有的学习和挖掘算法其在有效性和效率方面有所提高[19]。王卫平和范田(2013)综合考虑拓扑结构和节点属性，提出一种基于主题相似性和网络拓扑的微博社区发现方法，以发现潜在的社区结构，并获得社区主题信息[20]。吴良(2014)根据社交网络话题传播、社区和用户影响力分析三者的关联性，提出 ACT-LDA(author-community-topic-LDA，作者-社区-主题-隐狄利克雷分配)模型[21]，以改进话题发现、社区发现的结果，验证了模型的有效性。

此外，实际的复杂网络中社区间是有交叉的，即重叠社区，某些节点可以同时属于多个社区，具有多个社区的属性。例如，科研合作网络中，一个学者可能在多个科研领域与其他学者合作；社会网络中，一个人可能有多个兴趣爱好，同时与多个社区有联系。因此，帕利亚(G. Palla)等(2005)提出了派系过滤方法(clique percolation method，CPM)，能够有效地发现具有重叠特征的社区结构[22]。在此基础上，法卡斯(Farkas)等(2007)又对 CPM 算法进行拓展，将模块度指标分别应用于加权和有向网络中，对应提出了带权重的派系过滤算法 CPMw 和针对有向网络的派系过滤算法 CPMd 两种算法[23]。但这种派系过滤算法并不适合发现层次性的结构，网络中的层次性主要表现在：节点可能呈现不同层次的组织结构，如大社区内部可能包含小规模的社区。同时体现层次性和重叠性的算法还有兰奇内蒂(A. Lancichinetti)等(2009)提出的 LFM(latent factor model，隐语义模型)算法，该算法基于极值优化的思想对一个适应度函数进行局部最优化，速度较快，时间复杂度取决于社区的大小和其重叠的程度，可应用于数百万节点的大型网络[24]。Shen 等(2009)通过凝聚的方法来划分社区，提出一种通过极大团之间的不断凝聚实现社区发现的 EAGLE 算法，该算法定义新的模块度指标，可得到兼具层次性和重叠性的社区结构，而且由于实际网络较稀疏，算法过程较快[25]。黄杰(J. Huang)等(2010)提出一个参数无关层次网络聚类算法 SHRINK，该算法不仅能够发现重叠和层次性社区，也能发现它们中间的枢纽节点和离群值[26]。

复杂网络中社区发现方法较多，从传统的图分裂方法、基于优化的方法、基于启发的方法，再到各种新提出的社区发现方法，社区发现的方法越来越成熟，但都或多或少有其局限性，社区发现的研究依旧需要学者进一步的努力。

6.3.3 重叠社区检测算法

目前，重叠社区发现的研究引起了越来越多的重视，一些具有代表性的算法相继被提出。

1. 基于派系的方法

CPM 算法是 Palla 等于 2005 年提出的一种可以发现重叠社区的派系过滤算法[22]。该方法可以发现互相重叠的社区结构，并运用到蛋白质网络、通信网络、合著网络的结构分析中。Adamcsek 和 Palla 等基于此思想编写了重叠社区发现软件 CFinder[27]。由于在网络中查找所有 K-clique 是一个 NP(non-deterministic polynomial，非确定多项式)问题，并且 CPM 算法对 K-clique 相互连通的条件限制较高，算法依赖于参数 k 的选择，这些因素导致 CPM 算法存在一些缺陷。在此基础上，法卡斯(Farkas)等对 CPM 算法做了扩展，使其可以处理有向图和带权图[28]。

由于派系是网络中连接非常紧密的部分，可以看作社区的极端表现形式，自帕利亚开始，许多研究者提出了新的基于派系的社区发现算法——EAGLE 算法。例如，Shen 等提出了一种基于合并相似极大派系(maximal clique)的层次重叠社区发现算法(EAGLE)[25]。一个极大派系不是任何其他派系的子集。Shen 等使用 Bron 和 Kerbosch 提出的查找网络中所有派系的方法[29]，并在该文中提出了一种 Q 函数的扩展，即 EQ 函数[25]。EQ 函数可以用于评价重叠社区结构的指标。

GCE 算法是莱(C. Lee)等通过对派系进行贪心扩展(greedy clique expansion)来获得高度重叠的社区结构[30]。此算法将初始的 K 个极大派系作为种子，对每个种子根据一定指标(fitness function，适应函数)进行扩展来得到社区结构。由于在现实中莱(Lee)等使用了大量优化(移除不必要的种子、缓存种子边界的节点对应的适应增量等)，GCE 算法在人工网络中效果良好。GCE 算法在面对大规模稠密网络时仍然有待改进。另外，还有其他一些基于派系的方法，如 CliqueMod 算法。

2. 基于分裂合并的方法

CONGA(cluster-overlap newman girvan algorithm，节点分裂的重叠社区发现算法)算法是 Steve 于 2007 年提出的一种基于 GN 算法的可以发现重叠社区的方法[31]，该方法首先分裂复制具有最高节点介数的节点成多个副本，然后使用传统的社区发现算法 GN 进行社区发现，最后合并分裂的节点。由于分裂的节点被分到了不同的社区，从而实现了重叠社区的发现。CONGA 算法最坏情况的时间复杂度为 $O(m^3)$，其中 m 为网络中边的数目，可见复杂度很高。Steve 在 2008 年提出了一种改进的 CONGA 算法，称为 CONGO 算法[32]，该算法本身和 CONGA 算法一致，但是引入了局部中介度的概念，使得算法在稀疏网络上时间复杂度可以降低到 $O(n\log n)$。

3. 基于标签传播的方法

Raghavan 等根据每个节点按照其邻接点的社区情况来选择所要加入的社区，这一朴素思想提出了一种基于标签传播(label propagation algorithm)的社区发现算法，即 LPA 算法[33]。但 LPA 算法有很多随机因素，使其结果不太稳定，即每次产生的社区结构会存在差异。莱昂(Leung)等验证了 LPA 算法的有效性，并用实验总结出了不同模式下算法平均的迭代次数[34]。莱昂(Leung)等也对 LPA 算法做了扩展，对每个标签引入了评分，以解决 LPA 算法在某些情况下一些社区过于庞大的问题，并提出了一些未实现的想法，如支持重叠社区、层次社区等。近期 Subelj 等以 LPA 算法为基础引入了两个新的策略，取得了更好的效果[35]。也对 LPA 算法进行了改进，提出一个新的聚类方法 DLPAE 动态网络，DLPAE 有能力检测重叠和非重叠社区动态网络。

COPRA 算法是 Steve 提出的一种扩展的 LPA 算法，能够发现重叠社区结构。COPRA 算法通过让每个节点携带多个标签来支持重叠社区结构，并且针对每个标签有一个隶属系数(belonging coefficient)，为了避免传播过程结束所有节点都带有相同的标签集合，在每轮迭代结束后，删除隶属系数小于 $1/v$ 的标签。因此，COPRA 算法需要指定参数 v，此参数对社区发现的结果影响很大，一般面对真实网络我们又无从知道每个节点最多包含的社区个数，所以算法有一定的局限性。

4. 基于合并社区核心和扩展社区的方法

LFM 方法是 Lancichinetti 等基于适应度函数局部最优化的思想提出的一种既可以找到重叠社区，又可以发现层次结构的方法[24]，该方法可用于大规模的网络社区划分。在算法过程中某些节点可以同时被划到多个社区中，从而实现重叠的发现，还可以调整 α 的大小实现社区层次性的发现。

NHOC 算法是王莉考虑节点邻居域间关系[36]，于 2010 年提出的一种基于共享邻居的分层重叠社区发现，该方法社区的定义和判断重叠社区的准则主要是节点邻居域之间的关系，而不是节点间的直接相连关系，因而该方法对研究节点邻居域重叠关系具有重要的指导意义。

近期许多学者通过目标函数来计算分区的总体质量，寻找最有影响力的节点，通过贪婪凝聚和扩散的办法对重叠社区进行检测。更有学者在加权的复杂网络中检测重叠社区的结构。

6.3.4　社区的评价标准

复杂网络的社区评价标准主要用来评价社区结构的好坏，早期的社区评价标准只能评价非重叠社区的划分质量，主要评价标准是模块度函数(即 Q 函数)。然而现实中网络很多具有重叠社区结构，因此，需要新的评价函数来评价重叠社区结构。在 Q 函数的基础上，有扩展的 EQ 函数和 Qov 函数可以对重叠社区的结构进行评价。

1. 非重叠社区的评价标准

为了判断社区发现结果的好坏，一种简单的想法是社区内部边尽可能多。

模块度(modularity)是由纽曼(Newman)和格文(Girvan)在 2004 年首次提出来的[37]，模块度函数用作复杂网络的簇划分的目标优化函数，后来渐渐成为衡量一个网络社区划分质量的标准。形式如下：

$$Q=\frac{1}{2m}\sum_{ij}\left(A_{ij}-\frac{K_iK_j}{2m}\right)\delta\left(C_i,\ C_j\right) \tag{6.12}$$

式中，K_i 和 K_j 是节点的度值；C_i 是节点 i 所属社区；m 是网络总边数。

当 $C_i=C_j$ 时，$\delta(C_i,\ C_j)=1$，否则为 0。Q 值在 0～1 之间，一般以 $Q=0.3$ 作为网络具有明显社区的下界。

模块度是应用最为广泛的评判社区特性强弱的指标。对其进行优化是一个 NP 难题，且具体的算法时间复杂度比较高，不能应用于大规模的网络。近年来，学者们提出了很多基于模块度的改进算法，这些算法或将原算法拓展到各种有向、加权网络中，或能够体现社团的层次性和重叠性，或具有较小的时间复杂度，可用于大规模网络，或解决模块度优化中存在的分辨率问题。

2. 重叠社区的评价标准

重叠社区就是允许社区中一个节点同时属于多个社区，当前重叠社区的模块度还没有更一般性的表述。

1) EQ 函数

Shen 等在提出 EAGLE 算法的同时为了能在树状图中选择某一层作为社区发现的结果，提出了一种能够评价重叠社区结构的 Q 函数的扩展，即 EQ 函数[25]。其形式如下：

$$\mathrm{EQ}=\frac{1}{2m}\sum_{i}\sum_{v\in C_i,w\in C_i}\frac{1}{O_vO_w}\left(A_{vw}-\frac{k_vk_w}{2m}\right) \tag{6.13}$$

式中，Q_v 表示节点 v 所属于的社区的数量；A_{vw} 是网络邻接矩阵 $\boldsymbol{A}$ 中的第 $(v,\ w)$ 个元素。

当社区结构是非重叠时(每个节点至多只属于一个社区)，EQ 的值和 Q 函数一致，较高的 EQ 值代表较强的重叠社区结构。另外，如果所有的节点都在一个社区中，则函数的值为 0。

2) Qov 函数

尼科西亚(Nicosia)等也提出了一种用于评价有向网络重叠社区结构的 Qov 函数[38]。

Qov 函数的思想可以理解为如果一个社区内部的边相比于对应的随机网络更多，那么这个社区就是模块化的，也就是社区结构更好。

由于重叠社区中的重叠节点同时属于多个社区，不失一般性，首先为图 $G(V,\ E)$ 中的每个节点 i 定义一个一维向量 $[\alpha_{i,1},\ \alpha_{i,2},\ldots,\ \alpha_{i,|C|}]$，$|C|$ 表示社区的个数，其每个分量 $\alpha_{i,c}$ 表示的是节点 i 属于社区 c 的程度，满足：

$$0<\alpha<1,\ \forall i\in V,\ \forall c\in C,\ \sum_{c=1}^{|C|}\alpha_{i,c}=1 \tag{6.14}$$

在算法实现中，尼科西亚视重叠的节点在每个其隶属社区中的归属度是一致的，在其他社区中的归属度为 0。设 C_i 为所有包含节点 i 的社区，因此有

$$\alpha_{i,c}\begin{cases}\dfrac{1}{|C_i|}, & c\in C_i\\ 0, & \text{其他}\end{cases} \tag{6.15}$$

最终，Nicosia 提出的 Qov 函数如下所示：

$$\text{Qov}=\frac{1}{2m}\sum_{c\in C}\sum_{i,j\in V}\left[F\left(\alpha_{i,c},\ \alpha_{j,c}\right)A_{ij}-\frac{\beta_i k_i\beta_j k_j}{2m}\right] \tag{6.16}$$

其中，β_i 和 β_j 的表达式为

$$\beta_i=\frac{\sum_{j\in V}F\left(\alpha_{i,c},\ \alpha_{j,c}\right)}{|V|},\ \beta_j=\frac{\sum_{i\in V}F\left(\alpha_{i,c},\ \alpha_{j,c}\right)}{|V|} \tag{6.17}$$

其中，m 是网络边的数目；A_{ij} 是网络邻接矩阵 $\boldsymbol{A}$ 中的第 $(i,\ j)$ 个元素；k_i 表示节点 i 的度；F 是一个形式不固定的函数，$F(i,\ j)$ 可表示元素 i 和元素 j 的最大值、乘积或平均值，或表示为线性函数 $f(x)=2px-p$ 的形式，其中 p 取 30。

6.3.5　社区演化

1. 社区演化模型研究

大多数社区发现算法都假设图是静态的。然而，这种假设与现实并不相符，特别是社交媒体，如脸书、优兔、论坛、博客等，它们都是动态的，并且随时间演化。因此，研究社区提取的算法并把社区的动态性考虑进去，使其一度成为研究者的研究热点。一种建模动态网络中结构变化的方法就是将一个演化的网络映射在一系列静态网络快照（snapshot）上，而每一个快照都对应着一个时间点。社交网络的演化分析，特别是社区的演化分析，使得我们可以从不同的侧面来理解网络的结构，在交互模式下监测演化和预测网络的未来趋势。

Palla 等扩展了他们的经典算法 CPM 来发现 K-clique。格利瓦・博格丹（Gliwa Bogdan）和齐格蒙特（Zygmunt）从网络的结构特性、情感、上下文等方面研究社区的演化[39]。接着通过研究节点的活动变化来分析社区的演化，研究社区中有影响力的节点和这些节点发表的评论内容来研究社区的演化[40]。塔长福利（Takaffoli）等提出了一种社区匹配算法[41]，可以有效地随时间挖掘和追踪相似社区，并基于社区和个体两个方面，定义了一组代表性事件类型和演化类型来描述网络的演化，提出了两种度量方式：稳定性（stability）和影响力（influence）来描述个体的活跃度。类似地，巴克斯特伦（Backstrom）等研究了社区是如何随着网络的结构特性而演化的[42]。Xu 等用了一种有着额外时间平滑特性的自适应演化方法来追踪聚类[43]。Gliwa 和 Zygmunt 提出一种社区演化的识别方法[39]。这种方法首先使用 CPM 算法得到一组易变（fugitive）聚类，通过改进的 Jaccard 评估标准识别聚类是否有延续，

然后根据定义得到稳定的聚类用于后续演化事件的发现。文中定义了 8 种事件类型：split、deletion、merge、addition、split_merge、decay、constancy 和 change size。最后将实验结果与 GED(group evolution discovery，群体进化发现)方法相比较。GED 中也定义了 7 种社区演化事件类型和评估方法 Inclusion，这种评估方法同时兼顾了社区成员的数量和质量两个性质。虽然与基于稳定聚类的演化分析方法 SGCI 不同，但是两者的实验结果颇为相近，都较为准确地揭示了社区的演化类型。其中，GED 定义的社区演化模型见表 6-4。

表 6-4　GED 算法定义的社区演化模型

社区演化事件类型	约束条件
Continuing(持续)	$I(G_1，G_2)\geqslant\alpha$、$I(G_2，G_1)\geqslant\beta$且$\lvert G_1\rvert=\lvert G_2\rvert$
Shrinking(缩小)	$I(G_1，G_2)\geqslant\alpha$、$I(G_2，G_1)\geqslant\beta$且$\lvert G_1\rvert>\lvert G_2\rvert$或 $I(G_1，G_2)<\alpha$、$I(G_2，G_1)\geqslant\beta$且$\lvert G_1\rvert\geqslant\lvert G_2\rvert$
Growing(增大)	$I(G_1，G_2)\geqslant\alpha$、$I(G_2，G_1)\geqslant\beta$且$\lvert G_1\rvert<\lvert G_2\rvert$或 $I(G_1，G_2)\geqslant\alpha$、$I(G_2，G_1)<\beta$且$\lvert G_1\rvert\leqslant\lvert G_2\rvert$
Splitting(分裂)	$I(G_1，G_2)<\alpha$、$I(G_2，G_1)\geqslant\beta$且$\lvert G_1\rvert\geqslant\lvert G_2\rvert$
Merging(融合)	$I(G_1，G_2)\geqslant\alpha$、$I(G_2，G_1)<\beta$且$\lvert G_1\rvert\leqslant\lvert G_2\rvert$
Dissolving(消融)	G_1消融，$I(G_1，G_2)<10\%$且$I(G_2，G_1)<10\%$
Forming(形成)	G_2形成，$I(G_1，G_2)<10\%$且$I(G_2，G_1)<10\%$

改进后的 Jaccard 算法如下：

$$\mathrm{MJ}(A，B)=\max\left(\frac{|A\cap B|}{|A|},\frac{|A\cap B|}{|B|}\right) \tag{6.18}$$

式中，A 和 B 分别是两个聚类，代表聚类 A 和 B 交集的节点个数。

2. 社区演化预测

社交网络给我们展现了个体之间的关系结构，而这种关系通常被定义为交互类型的一种。所以社交网络在本质上就是具有瞬时性的，并随时间而演化。动态网络建模可以研究网络结构随时间的变化，挖掘网络的演化过程和原因，并且最终可以预测社交网络未来的结构。演化预测大概有如图 6-6 所示的 4 个步骤。

一些研究只考虑社区的特性来预测演化。例如，凯拉姆(Kairam)等通过研究中发现的一个矛盾现象展开，定义了两种增长类型：传播型增长和非传播型增长来衡量社区的演化，以及 3 类特征：增长性(growth)、连通性(connectivity)和结构性(structural)来构造学习模型，从社区年龄、社区规模和预测区间 3 个维度进行对比研究，最终预测社区的增长特性和是否长时间存活[44]。Gliwa 和 Zygmunt 提出一种新的方法来描述事件和预测社区演化[39]。他们的预测实验分别基于 SGCI 和 GED 的结果。基于 SGCI 的预测方法中，预测基于社区的 3 个状态的序列，社区的状态由一些特征项组成，比如领导力(leadership)、密度

(density)、内聚力(cohension)等，并且定义了首要事件(dominating event)的概念，定义的用意是当一个社区的预测结果有两种事件类型时，选择优先级更高的一个作为预测结果。也就是给所有事件定义了优先级，优先选择优先级高的作为结果。

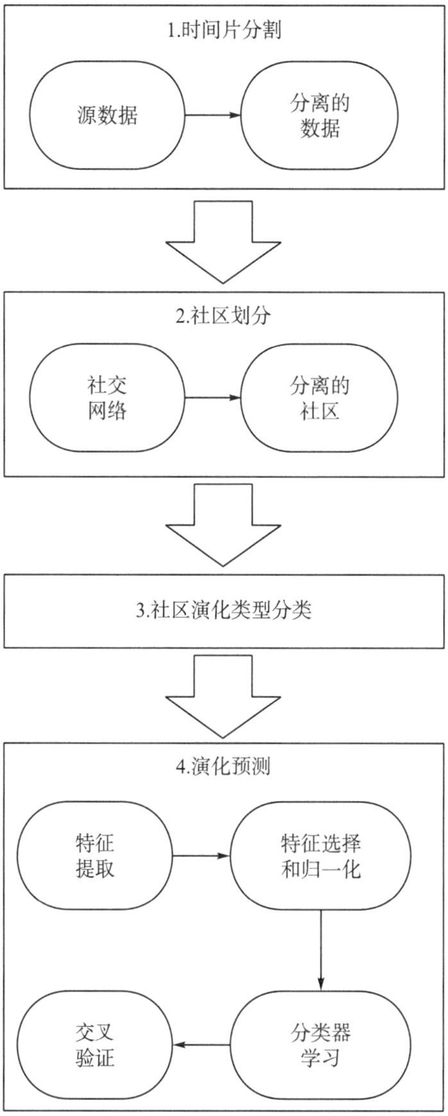

图 6-6 演化预测步骤图

而一些研究不仅考虑社区的特性，同时还考虑了社区内节点的特性。Takaffoli 等提出一个框架来预言社区的未来演化[41]。文中定义 4 种类型的特征来描述社区各个方面的特性，包括影响力成员的特性、社区的特性和随时间变化的特性。定义响应变量(response variables)来描述社区的变化，这些响应变量都是二值的，以便后续使用机器学习方法来预测未来演化。类似地，2015 年，斯坦尼斯劳 • 萨加诺夫斯基(Stanislaw Saganowski)等同样使用 SGCI 和 GED 的结果来进行预测[45]。算法分为 4 个步骤：①把数据分离到不同的时间片中；②使用社区检测算法发现社区；③社区演化链的识别(SGCI 和 GED)；④演化的预测，包括特征提取、特征选择和归一化、分类器学习和交叉验证。其中，特征分为社区特征和节点特征，SGCI 的特征和 GED 有部分不同，对于 SGCI，共有 29 个特征，而 GED 则有 31 个特征。预测结果也随着两者定义事件类型的不同而有所不同，但实际上实验结果颇为相似。

6.3.6　研究存在的主要问题

1. 社区发现研究存在的问题和研究难点

尽管近年来在发现社区结构的算法方面有较多研究，但是还存在许多深入的问题。

首先，现有的社区发现大都只考虑网络的拓扑图结构，将网络看作一个物理上的图，以图论的知识发现社区，考虑的因素大多集中在节点的拓扑特性上，忽略了节点本身的属性和特征，即拓扑结构上紧密相连的结点不一定代表它们有最相似的属性。因此，在社区发现过程中，需要考虑节点自身的属性和特征，也就是要对网络中的用户进行分析，考虑他们的主题特征，如职业、爱好、对共同主题的兴趣或视角等，以提高社区发现的准确率。

其次，现有的社区发现方法应用于实际网络时，为方便得到社区结果，大多假设“单用户属于单社区”，即社区之间并不重叠，每个用户属于且仅属于一个社区。社区发现的早期研究大部分集中在非重叠社区的发现，而网络的复杂性使得这种假设变得越来越不符合实际。在真实世界中，这种硬划分并不能真实地体现出节点与社区的实际关系，如社交网络中的用户可能同时属于多个团体，也可能有多个爱好，或对不同方面的话题感兴趣，因此，重叠社区发现由于其更符合真实世界的社区特性，已经成为社区发现研究中的热点和重点。

再者，为简化社区发现算法，大多数社区发现方法将现实网络简化为无向网络，而现实世界网络中用户之间的交互是存在方向性和次数的，因此，针对有向加权网络的社区发现方法也是社区发现研究中的一个重点。

最后，由于互联网中的交互环境更为多样化，人际关系网络结构也更复杂，目前的多数研究只停留在理论分析和讨论上，缺乏有说服力的检验，因此，有必要以复杂网络真实数据集对社区发现的结果进行验证，分析社区发现的结果，探索网络中隐藏的社区关系，如科学引用网的合作和引用关系、网络论坛中用户之间的回复关系等，以便于更加深入地理解复杂网络的结构特征。

2. 重叠社区检测研究存在的主要问题

近年来，尽管涌现了很多重叠社区的检测算法，但还是存在很多深入的问题。

(1) 如何选择或改进以找到合适的发现算法。尽管已有很多重叠社区发现的算法，可当面对诸多算法和一个实际要处理的网络数据时，该如何选择算法或改进算法，使得重叠节点更准确，也是未来要考虑的一个重点。

(2) 更优、更通用的评判指标。现在大多数算法还是通过模块度这一指标进行比较，但模块度有其固有缺陷，需要提出一种更优、更通用的评判指标。

(3) 可靠的测试网络集。需要定义一组可靠的基准网络，用来测试并比较各种算法以及它们所得到的社区结构的质量。

(4) 动态网络的重叠社区发现算法。如何分析网络的演化并给出社团产生和随时间相互作用的机理也是一个很具有挑战性的课题。

(5) 社区发现的实际应用。从所得的社团划分结果中到底能得到哪些信息，希望能够分析节点间所隐藏的关系，也就是在划分社团之前所看不出来的特性，这些结果能够表明哪些节点间的关系，能够展示网络的哪些特性等，这些问题都需要深入研究。

3. 社区演化研究存在的主要问题

动态社区研究的主要技术路线为基于时间段划分的算法设计、社区结构评价及分析。主要步骤为首先对社会网络数据进行时间段划分，按照一定时间窗口集成数据，然后提取各时间段的社区结构，对相邻时间段社区结构的关系进行分析，最后得到社区演化情况并发现结构演化模式和演化异常点。但是在这类研究路线中存在若干问题值得考虑：数据质量问题、时间窗口设定问题、评价问题、社区个数设定和演化问题等。

1) 数据质量问题

在线社会网络中，将动态变化的网络按照时间段划分或时间窗口集成，最直接面对的一个问题就是数据的可用性和够用性问题。由于分时间窗口收集数据，数据规模的降低使得噪声数据、缺失数据的影响被放大，在线社会网络结构固有的稀疏性使得分窗口中的数据稀疏性问题更为显著，由此影响了计算结果的有效性。

2) 时间窗口设定问题

对动态网络数据进行人为的时间窗口设定，将网络动态演化过程离散为若干窗口的集成数据，时间窗口长度和时间划分点选择合适与否将会在很大程度上影响社区结构发现和演化分析的质量。时间窗口设定过大，可能会将社区的重要变化信息淹没在窗口集成数据中；窗口过小，窗口数据可能会非常稀疏，无法发现重要中观结构信息，同时过细划分还会增加计算复杂度。时间划分点的选取也非常重要，事件的发生会引发一系列的交互行为，形成一定的网络结构，时间划分点选在事件初始、事件中、事件后所得到的网络结构是具有差异性的。所以，抽样时间窗口选择得是否合适，将极大影响算法发现结果的真实性和计算性能。

3) 评价问题

动态社区研究中需要对发现的社区质量和相邻时间的社区变化情况进行评价。不同问题场景的社区定义不同，社区质量评价方法也不同，从而设计产生不同社区发现算法。例如，由模块度评价引发的模块度社区发现算法，由流评价引发的基于图切(graph cut)的方法，由谱评价引发的基于谱聚类或基于拉普拉斯矩阵的方法，以及基于信息论的方法等。这产生了一种现象，同一个网络用不同社区发现算法得到不同社区结构，不同评价体系中得到不同最优社区结构，哪一种才是真正的隐含结构成为一个令人困惑的问题。这折射出两个问题：在评价标准中获得高评价的社区结构未必和现实情况拟合；评价标准相互之间不能有效支持。

动态社区演化中另一个重要的评价问题就是社区演化情况的判别问题。一般方法是建立社区相似度计算方法，并设定一定阈值和规则，然后根据相邻时间点的社区相似度进行评价，判别社区合并、分裂、缩小、增大、产生和消失等各种情况。当前存在多种社区相似度计算方法，典型的有基于 Jaccard 系数的方法、多结构特征综合评价的方法、归一化互信息 NMI 方法等。合适评价方法的选择和评价中阈值的设定等都是当前的难点问题。

4)社区个数及演化的问题

静态社区发现中，如何通过计算得到真实的社区个数是一个较难解决的问题。动态网络中，不同时间片段上的社区结构不同，隐含社区的个数也会有变化，如何不通过人为设定，自动学习出不同时间段上真实的社区数目更是动态社区发现的一个重要挑战。

5)异构网络中的动态社区发现

存在于在线社会网络中的实体并非总是单一类型，如微博网络中用户和微博信息并存，论文合作网络中作者、文章、会议等多实体并存，形成多模网络；实体间的关系往往也是多样的，呈现出关系异构性，如同时存在于用户之间的兴趣关系、好友关系、引用关系等不同关系类型，同时存在于微博网络中的用户引用关系、用户和信息间的发布关系、信息间主题相似关系等，从而构成异构网络。这些不同类型的实体、关系间具有丰富的复杂联系，其隐含的社区结构可能是单模的，也可能是多模混合的，社区间关系可能是同质的，也可能是异质的，如何根据特定需求，充分利用丰富信息发现隐含的真实有用的社区结构是近年的研究热点和难点。

第 7 章　网络舆情话题提取模型研究

在网络舆情事件发生后，公众会在相关话题下进行讨论。研究中可以对用户的评论进行分析，提取评论信息中的关键词。将关键词抽象为节点，关键词在同一评论内出现则称之为具有链接关系，抽象为边，由此可以建立以评论关键词为节点，关键词关联关系为边的社区。对该社区进行社区发现即可从网络舆情信息中提取相关话题。因此，课题组首先对社区发现技术进行了研究，分别建立了 3 种话题提取模型：基于主题距离的标注网络社区发现、有向加权网络的社区发现和基于 LDA 的话题提取模型。

7.1　基于主题距离的标注网络社区发现

用户属性中主题因素的引入是社区发现研究中一个重要的尝试。因此，综合考虑网络的拓扑特性和主题属性的社区发现方法受到了学者的关注。课题组综合考虑网络的拓扑结构和网络中存在的主题信息，首先，以 LDA 主题模型提取社会标注网络中隐藏的主题信息，定义用户之间的主题距离；其次，在林王群(Wangqun Lin)等提出的 DSHRINK 算法的基础上，引入用户的主题兴趣因素，提出针对标注网络的基于主题距离的模块度优化方法，将主题距离较短的节点聚到一个社区中，而主题距离较长的节点聚到不同的社区，从而达到标注网络社区发现的目的[46]；最后，对原算法和改进算法的同等数据集进行对比，以验证改进算法的有效性和效率。

7.1.1　基于主题距离的标注网络社区发现改进算法

作为复杂网络中的一类应用较广的网络，社会标注网络在人们的生活中发挥着重要的作用。在这些标注服务中，用户可以轻易地利用标签组织、分享和检索网上资源。这些标注系统已经创造大量的标签数据，从这些标签数据中发现潜在的社区结构也得到了越来越多学者的关注。如何引入主题模型发掘标签中隐藏的主题信息，用于量化网络中的社区关系，发现其中的社区结构是本节要解决的问题。

1. 改进算法的相关概念

为了建立社会网络图，必须考虑用户之间的交互关系。在社会标注网络中，利用两个用户之间的交互关系可理解两个用户对所有主题的标注关系。社会标注网络形式化表示为 $\mathbf{TN}=(\boldsymbol{U}, \boldsymbol{T}, \boldsymbol{R})$，其中 $\boldsymbol{U}$ 表示标注网络中用户的集合，$\boldsymbol{T}$ 表示网络中标签的集合，$\boldsymbol{R}$ 表示网络中资源的集合，在不同的环境中其含义也不尽相同。

首先，提取标注网络中的主题信息。以 LDA 主题模型进行标签中主题的提取，捕获标签与主题之间潜在的语义关系，从标签信息中提取 k 个主题，即 T_1，T_2，…，T_k，对应每个主题出现的概率为 p_1，p_2，…，p_k。其中，每个主题由 n 个关键词构成，也就是标注网络中标签的形式化表示，即 $T_i=(t_1, t_2, \cdots, t_n)$。

其次，构建主题标注网络。引入主题信息以相同主题的标注关系代替社会标注网络中用户之间的连接关系，该网络的形式化定义如下。

定义 7.1　主题标注网络　**TTN** = ($\boldsymbol{U}$，$\boldsymbol{E}$，$\boldsymbol{T}$，$\boldsymbol{R}$)，其中 $\boldsymbol{U}$ 是网络中用户节点的集合；$\boldsymbol{E}\subseteq\boldsymbol{U}\times\boldsymbol{U}$ 表示用户节点之间边的集合，代表任意两个用户之间的关于若干主题的标注关系；主题标签集 $\boldsymbol{T}=(T_1, T_2, \cdots, T_k)$ 表示从标签信息中提取的 k 个主题，其中每一个主题由若干个标签组成，即 $T_i=\{t|\, t\in T_i\}$；$\boldsymbol{R}$ 表示网络中资源的集合。

定义 7.2　主题距离　任意两个用户 $(v_i、v_j)$ 之间关于同一个主题的距离表示为这两个用户关于该主题的标注关系，由余弦相似度度量，称为主题距离，即

$$td_k(v_i, v_j)=\frac{\sum\limits_{t\in T_k}\left[g(v_i, t)g(v_j, t)\right]}{\sqrt{\sum\limits_{t\in T_k}g^2(v_i, t)\sum\limits_{t\in T_k}g^2(v_j, t)}} \tag{7.1}$$

其中，v_i，$v_j\in\boldsymbol{U}$ 且 $i\neq j$；$k=\{1, 2, \cdots, K\}$。

一个主题内包含若干个标签，$g(v_i, t)$ 表示用户 v_i 标注的所有资源中使用标签 t 的资源所占分值，即用户 v_i 使用标签 t 的资源数除以用户 v_i 标注的所有资源数。主题距离用于度量用户之间的主题相似度，取值范围为[0，1]，主题距离值越小，表明用户之间主题相似度越高。

定义 7.3　平均主题距离　因从标签中共抽取出 k 个主题，则任意两个用户有 k 个主题距离，分别为 td_1，td_2，…，td_k。计算任意两个用户之间的平均主题距离：

$$\overline{td}(v_i, v_j)=\frac{\sum\limits_{k=1}^{K}p_k td_k(v_i, v_j)}{K} \tag{7.2}$$

其中，$k=\{1, 2, \cdots, K\}$；p_1，p_2，…，p_k 分别是每一个主题出现的概率。

定义 7.4　初始社区　由任意两个用户的平均主题距离 $\overline{td}(v_i, v_j)$，设定一个主题阈值 α，初始社区 **IC**(v_i) 表示与用户 v_i 处于主题阈值内的用户集合，定义如下：

$$\mathbf{IC}(v_i)=\left\{v_j|\forall v_i, \exists v_j, \overline{td}(v_i, v_j)\leqslant\alpha, v_i\in U, v_j\in U, i\neq j\right\} \tag{7.3}$$

其中，α是初始社区的聚类半径。

定义 7.5　社区中心点　给定任意 3 个聚类 $\boldsymbol{C}_i$、$\boldsymbol{C}_j$ 和 $\boldsymbol{C}_k$，已知其社区中心点分别为 $c(i)$、$c(j)$ 和 $c(k)$，记对应的两点之间的距离为 $d(i, j)$、$d(i, k)$ 和 $d(j, k)$，则 $\boldsymbol{C}_i$ 和 $\boldsymbol{C}_j$ 两个聚类聚成一个新的聚类 $\boldsymbol{C}_m$ 后，其社区中心点 $c(m)$ 由这两个原始社区中心点的中点位置确定，其与聚类 $\boldsymbol{C}_k$ 的距离 $d(m, k)$ 计算如下所示：

$$d(m, k)=\frac{1}{2}\sqrt{2d^2(i, k)+2d^2(j, k)-d^2(i, j)} \tag{7.4}$$

注：初始社区 **IC**(v_i) 的聚类中心点 $c(i)$ 即为节点 v_i，合并成新的聚类后，新聚类中心点由定义 7.5 确定，其与其他聚类的距离由公式(7.4)计算。

为方便计算，将该主题标签网络 **TTN** 映射成主题空间的二维图，其中任意一个用户节点 v_i

有$\left(x_i, y_j\right)$的坐标，则任意两个节点$\left(v_i、v_j\right)$的几何距离为$d\left(i, j\right)=\sqrt{(x_j-x_i)^2-(y_j-y_i)^2}$，任意两个用户 v_i 和 v_j 的平均主题距离为$\overline{td}(v_i, v_j)=\sqrt{(x_j-x_i)^2-(y_j-y_i)^2}=d(i, j)$，如图 7-1 所示。

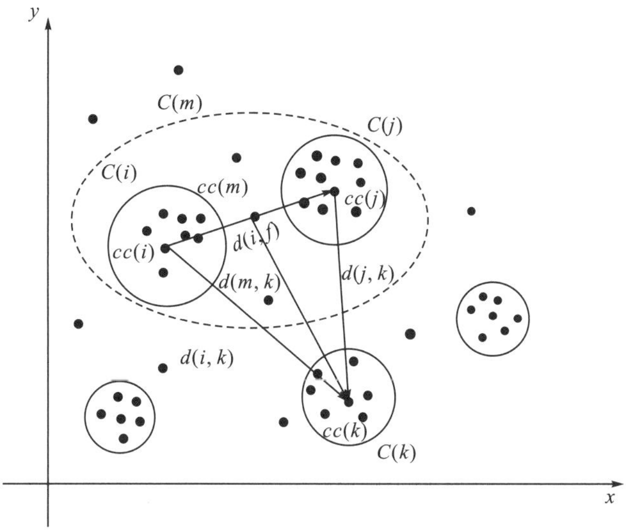

图 7-1　社区间的距离计算示意图

随后，在 Lin 等提出的基于距离的模块度函数[46]的基础上，提出基于主题距离的模块度 Q_{td}，用于评价聚类质量的好坏。模块度定义如下。

定义 7.6　基于主题距离的模块度　给定一个主题标注网络 **TTN** =(***U***，***E***，***T***，***R***)和聚类 ***C***= {C_1，C_2，…，C_h}，则基于主题距离的模块度 Q_{td} 由式(7.5)计算。

$$Q_{td}=\sum_{p=1}^{h}\left[\frac{D_p^I}{D^T}-\left(\frac{D_p^E}{D^T}\right)^2\right] \tag{7.5}$$

其中，h 是聚类的数目；$D_p^I=\sum_{v_i, v_j\in C_p}\overline{td}\left(v_i, v_j\right)$表示聚类 $\boldsymbol{C}_p$ 中任意两个顶点的平均主题距离的总和；$D_p^E=\sum_{v_i\in \boldsymbol{C}_p, v_j\in \boldsymbol{U}}\overline{td}\left(v_i, v_j\right)$表示聚类 $\boldsymbol{C}_p$ 中节点与主题标注网络 **TTN** 中节点之间平均主题距离的总和；$D^T=\sum_{v_i,v_j\in \boldsymbol{U}}\overline{td}\left(v_i, v_j\right)$表示主题标注网络 **TTN** 中任意两个节点的平均主题距离的总和。

2004 年，Newman 提出的模块度函数取值范围为[0，1][47]。因此，基于主题距离的模块度的取值范围为[0，1]。若 $Q_{td}=0$，则表明图中的所有节点或者在一个聚类中，或者随机地分散在不同的聚类中，且 Q_{td} 值越大，聚类质量越好。

为了增加算法的有效性，计算模块度增量，即合并两个聚类 $\boldsymbol{C}_p$ 和 $\boldsymbol{C}_q$ 为一个新的聚类所产生的基于主题距离的模块度增量ΔQ_{td}，计算公式如下：

$$\Delta Q_{td} = Q_{td}^{C_p \cup C_q} - Q_{td}^{C_p} - Q_{td}^{C_q} = \frac{2D_{pq}}{D^T} - \frac{2D_p^E D_q^E}{\left(D^T\right)^2} \tag{7.6}$$

其中，$D_{pq} = \sum_{v_i \in \boldsymbol{C}_p,\ v_j \in \boldsymbol{C}_q} \overline{td}\left(v_i,\ v_j\right)$表示聚类$\boldsymbol{C}_p$中的节点和聚类$\boldsymbol{C}_q$中的节点的平均主题距离的总和。

模块度增量的计算可用于控制聚类过程，以得到较好的社区发现结果。

2. 基于主题距离的模块度聚类算法

课题组在Lin等[46]提出的DSHRINK算法的基础上进行改进，提出了基于主题距离的模块度收缩算法(topic distance-based modularity shrinking algorithm，TDSHRINK算法)，根据用户间的主题距离进行社区划分，将主题距离较短的用户聚合到同一个聚类中，将主题距离较长的用户聚合到不同的聚类中，并可发现标注网络中的重叠社区。

TDSHRINK算法的流程如算法7.1所示。该算法可以分成两部分。第一步，建立主题标注网络**TTN**，计算网络中任意两个节点的平均主题距离$\overline{td}\left(v_i,\ v_j\right)$。第二步，首先，由定义7.4找到所有的初始社区；然后，对每一个初始社区，由定义7.5找出对应的社区中心点，同时由公式(7.4)计算任意两个初始社区的主题距离，并存储于一个数组中；最后，在数组中找到主题距离最小的两个社区，计算这两个社区合并后产生的模块度增量ΔQ_{td}。若$\Delta Q_{td}>0$，则表明这两个聚类的合并会增加总的基于主题距离的模块度Q_{td}值，于是合并这两个聚类为一个新的聚类，否则不合并，继续查找距离较小的两个社区，重复直到所有的聚类被访问且合并最后两个聚类不会增加模块度Q_{td}值，此时对应的每一个聚类即为每一个社区。

算法7.1　TDSHRINK算法

名称： TDSHRINK算法

输入： 社会标注网络**TN**=（$\boldsymbol{U}$，$\boldsymbol{T}$，$\boldsymbol{R}$），主题阈值α

输出： $\boldsymbol{C}$= {C_1，C_2，…，C_i，…，C_n}

方法： 执行以下步骤。

步骤1　初始化，构建主题标注网络**TTN**=（$\boldsymbol{U}$，$\boldsymbol{E}$，$\boldsymbol{T}$，$\boldsymbol{R}$）；

步骤2　根据公式(7.2)计算任意两个用户之间的主题距离$\overline{td}\left(v_i,\ v_j\right)$；

步骤3　根据定义7.4找出所有的初始社区，并由公式(7.4)计算任意两个初始社区间的距离，存储于数组$\boldsymbol{A}$。

步骤4　选择数组$\boldsymbol{A}$中最小的两个社区$\boldsymbol{C}_p$和$\boldsymbol{C}_q$，由公式(7.6)计算合并这两个社区产生的模块度增量ΔQ_{td}。

步骤5　若$\Delta Q_{td}>0$，则合并这两个社区为新社区，更新数组$\boldsymbol{A}$，否则，不合并，修改数组$\boldsymbol{A}$中的距离$d(\boldsymbol{C}_p，\boldsymbol{C}_q)=\infty$。

步骤6　数组是否遍历完成，否则执行步骤4。

步骤7　输出所有的社区$\boldsymbol{C}$。

步骤8　算法结束。

7.1.2　实验结果和对比分析

为验证课题组所改进算法的有效性和效率，实验采用复杂网络中社会标注网络 CiteULike 的真实数据集进行测试，同时为了与 Lin 等所提算法进行对比，课题组算法采用与 Lin 等实验所用的同等数据集进行实验，即 DBLP-A 数据集，以进行结果的对比。

1. 数据集

1) CiteULike 数据集

课题采用来自 CiteULike 官方网站的 CiteULike 数据集，CiteULike 的原始数据格式包括文章号、用户名(MD5)、收藏时间、收藏时用的标签 4 个字段。如果用户使用多个标签标注一篇文章，则这些标签分别存入多条数据中(表 7-1)。

表 7-1　原始数据格式

文章号	用户名(MD5)	收藏时间	标签
9168221	654442b4eaff2791d205c4abdeb99375	2012-01-01 00：21：27.814194+00	pvalue
5827136	654442b4eaff2791d205c4abdeb99375	2012-01-01 00：22：17.990863+00	pvalue
10186672	aac984847268804c15d115fbee0b3652	2012-01-01 00：26：26.822489+00	rsvp_iconchat
10186790	9730960ede281beae7419006b47dbf41	2012-01-01 01：55：47.960338+00	motivation
10186791	9730960ede281beae7419006b47dbf41	2012-01-01 01：58：43.275636+00	massively_multiplayer_online_games

由于原始数据量比较大，为便于后面的实验，实验截取了 2012 年 1 月到 2012 年 12 月的全部数据作为数据集。另外，由于课题组的研究是针对用户使用的标签和对应标注的文章资源，根据这些信息计算用户之间的主题距离，与用户的收藏时间并无直接关系，因此需要先从原始数据表中提取文章 id、用户名和标签 3 个字段的数据。在数据清洗方面，首先对用户使用的标签进行词干提取操作，把使用连接符号连接的几个单词拆分成几个单独的单词。另外，对无实验意义的标签，如 no-tag、介词和纯数字标签等进行删除。最后，为简化后续计算和保证实验的准确率，对只被少于 10 个用户使用的标签进行清除。处理过后，标签词为 18512 个，用户数为 13086 个，文章为 137306 个。通过 LDA 主题提取程序，最终得到 100 个主题，每个主题包含若干个标签和对应的概率，见表 7-2。

表 7-2　部分主题对应标签的数据

主题 1	概率 p_1	主题 2	概率 p_2	主题 3	概率 p_3
paper	0.0869874	healthcare	0.0514422	attention	0.0245588
lanlsec	0.0159081	privacy	0.0332143	disorder	0.0194616
holopedia	0.0144484	security	0.0276437	auditory	0.0160443

续表

主题 1	概率 p_1	主题 2	概率 p_2	主题 3	概率 p_3
access	0.00988849	mhealth	0.0222972	deficit	0.0156371
open	0.00894257	rechtslinguistik	0.0216415	adhd	0.015277

2) DBLP-A 数据集

DBLP-A 数据集来自提供关于计算机科学的期刊和会议的 DBLP 数据库部分。为与 Lin 等文章[46]的算法进行对比，实验采取同样的过程处理数据。为适应本算法，研究中对数据进行了一些处理，构建标签网络，以作者合著的文章作为标签网络的资源，而标签的选择比较重要，为保证主题的相关性，以文章标题中的单词作为标签，使用标准文本处理，如截词、去除停用词等。其余的处理与 CiteULike 相似。处理后的数据见表 7-3。

表 7-3　实验所用的数据集

数据集	用户数	标签数	资源数	主题数
CiteULike	13086	18512	137306	100
DBLP-A	5417	3393	5455	6

2. 主题阈值α的选择

由以上的分析可知，基于主题距离的模块度 Q_{td} 值越大，聚类结果越好且主题阈值α的选择会影响初始社区的形成，进而影响结果的有效性。因此，在课题组中，α由模块度 Q_{td} 确定，选择使得初始社区 Q_{td} 值最大的α值，作为课题组算法的社区半径。α的取值范围为[0，1]，以 0.01 为步长，生成相应α值的初始社区，并计算相应的模块度值 Q_{td}，如图 7-2 所示。

从图 7-2 可以看出，两个数据集的模块度 Q_{td} 值都经过上升，到达顶峰后下降，最终平稳的过程，这主要是因为阈值越小，社区数目越多，社区成员分布越分散，而随着阈值的增大，社区数目减小，社区成员较集中，到达一定值后，社区数目不再变化，模块度值也不再变化。但模块度值最高时对应的社区半径α分别为 0.55 和 0.32，该值就作为实验的主题阈值α的取值。

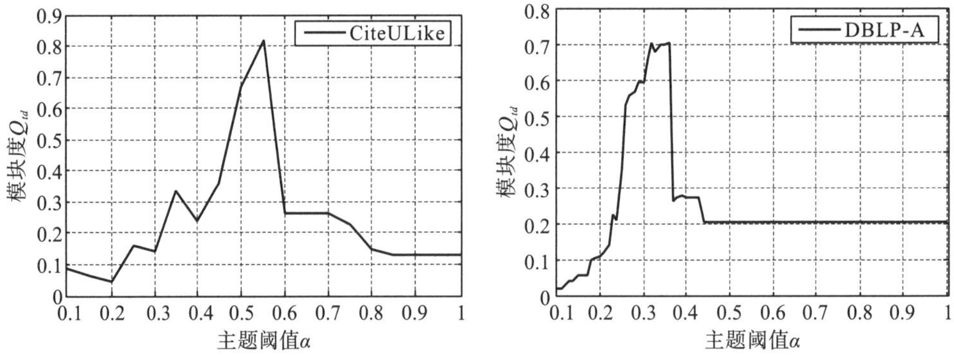

(a) CiteULike　　(b) DBLP-A

图 7-2　主题阈值α的选择

3. 评价标准

为验证算法的有效性，并与文献进行对比，课题组采用同样的评价标准，即纯度(purity)，评价由不同方法生成的社区的质量。纯度的定义如下：每一个聚类首先被分配给聚类中最经常出现的类别，然后通过计算所有聚类中每个实例分配给同样标注的数目来测量纯度，如式(7.7)所示。

$$\text{Purity}=\frac{1}{n}\sum_{i=1}^{k}\max_{j}|C_i \cap l_j| \tag{7.7}$$

其中，$\boldsymbol{C}_1$，$\boldsymbol{C}_2$，…，$\boldsymbol{C}_k$ 是聚类的集合；l_j 是第 j 个类型的标注。

纯度的取值范围为[0，1]。由不同的比较方法生成的社区结构由每个结点的真实标注进行评价，纯度越高表明方法的准备性越高。课题组研究的标注网络 CiteULike 中每个用户都有多个兴趣，DBLP-A 中每个作者都有多个研究领域作为自身的类型标注，也就是说，每个用户节点都可重叠地属于多个社区，计算中课题组对单一标注采用分别计算聚类结果的纯度，然后求平均值的方法取得展示结果。

4. 实验结果及分析

为验证所提算法的可用性和有效性，课题组的研究采用 CiteULike 标注网络公开数据集进行真实数据实验，同时为与 Lin 等提出的 DSHRINK 算法[46]进行对比，研究使用同等规模的数据集 DBLP-A 进行对比实验分析。

1)社区发现结果的可视化展示和分析

作为分析复杂网络常用的可视化工具，Pajek 可以有效地分析和展示复杂网络的结构特性。Pajek 展示社区划分的效果，如图 7-3 所示。

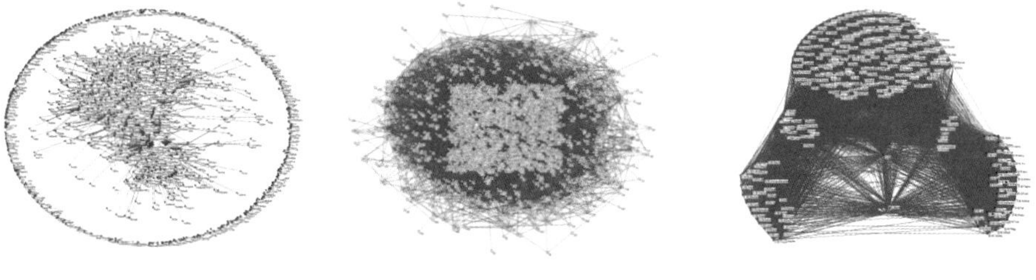

(a) 原始网络拓扑图　　(b) 初始社区分布图　　(c) 最终结果部分展示图

图 7-3　DBLP-A 数据集从原始网络到最终结果的过程展示图

图 7-3(a)是课题组研究构建的 DBLP-A 网络，其中每个节点代表一个作者，蓝色的线表示作者之间的主题距离。可以看出，网络中的节点大致分为两部分，圆圈里面的节点连接比较紧密，而圆圈上的节点并没有边相连，表明这些点是孤立节点，与表 7-4 中的划分结果相对应。图 7-3(b)是课题组算法产生的初始社区的结果展示图，其中每一个节点表示一个初始社区，共有 1634 个初始社区，可以发现这些初始社区的联系较为紧密，但社区的结构不是很明显，再进一步地进行划分，可得到最终的社区划分结果。课题组的研究

选取了 3 个有代表性的社区做展示，分别是标号为 23、129 和 614 的社区，如图 7.3(c)所示。图中每个节点即为用户节点，每一个密集的簇表示一个社区，社区之间相连的点即为重叠社区节点，即同时属于多个社区。

表 7-4　社区发现结果

参数	CiteULike	DBLP-A
节点数	13086	5417
平均聚类系数	0.35187	0.75708
初始社区个数	4825	1634
最终社区个数	2922	1033
孤立节点个数	118	1003
平均社区大小	94	16
最大社区节点个数	1570	289

由表 7-4 的统计结果可以看出，本算法可有效地划分两类网络，社区个数、平均社区大小较为合理。其中，孤立节点个数即为不参与社区划分的一些节点，表明在这两类网络中有一些用户并没有参与到主题的标注中，或者说使用的标签不在主题之中，一部分人对某个主题感兴趣，另一部分不感兴趣，这是合理存在的。聚类系数是复杂网络中一个衡量网络社区效应的参数，其取值范围为[0，1]，实际网络中聚类系数远小于 1，但却远大于 $O(1/n)$，由此，在表 7-4 中，CiteULike 的平均聚类系数为 0.35187，比较符合实际网络，而 DBLP-A 的平均聚类系数为 0.75708，表明 DBLP-A 的网络聚类效应较高，节点之间连接较紧密。

可以很明显地看出，在 CiteULike 数据集下，孤立节点较少，而在 DBLP-A 数据集下，孤立节点较多，这主要是因为课题组算法的应用背景本身就是使用标签的标注网络，而 DBLP-A 是合著网络，不存在作者的标签信息，因此，结果产生较多的孤立节点，但剩余的参与到社区发现的节点的聚类效应较高。

课题组的研究分别统计了两个网络中社区大小相近的社区个数，分布图如图 7-4 所示。CiteULike 和 DBLP-A 两个数据集的社区分布大部分集中在较小数量的节点附近，区间

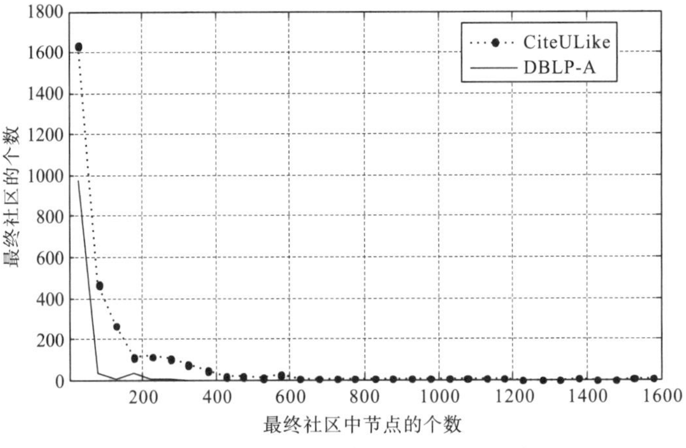

图 7-4　两个数据集的最终社区分布图

[0，200]内的社区数目最多，网络的聚类性较强，社区划分的结果较令人满意。其中，在 CiteULike 数据集下社区分布较全面，节点数目在[1000，1600]上的大社区、节点数目在[200，1000]上的中社区、节点数目在[0，200]上的小社区均被划分出来，表明用户的兴趣较为广泛，对多个主题存在兴趣。

2) 算法有效性及对比分析

因为 TDSHRINK 算法与文献中算法的应用背景不同，课题组统计了不同主题阈值α下两个数据集 CiteULike 和 DBLP-A 的 TDSHRINK 聚类结果的 Purity 值，结果如图 7-5 所示。

由图 7-5(a)可以看出，在 CiteULike 数据集下，主题阈值α的变化对 Purity 值影响不大，均处于[0.8，0.9]范围内，表明课题组 TDSHRINK 算法在标注网络中是有效的，且整体的准确率较高。由图 7-5(b)可以看出，在 DBLP-A 数据集下，主题阈值α的变化会引起 Purity 的剧烈变化，α较小(0.1)时，Purity 值仅为 0.323，而当α增大到 0.2 后，Purity 值增大到 0.759，而课题组选取的主题阈值为 0.32，此时对应的 Purity 值为 0.772，在同等数据集 DBLP-A 下与 Lin 等文章[46]中的整体 Purity 值相当，表明课题组算法是有效的，且在主题阈值α合适的情况下，准确率方面较 Lin 等[46]的算法有所提高。另外，由图 7-5(a)和图 7-5(b)可以明显地发现，TDSHRINK 算法在 CiteULike 数据集下的 Purity 值高于在 DBLP-A 数据集下的 Purity 值，这主要是因为本算法的应用背景是社会标注网络。

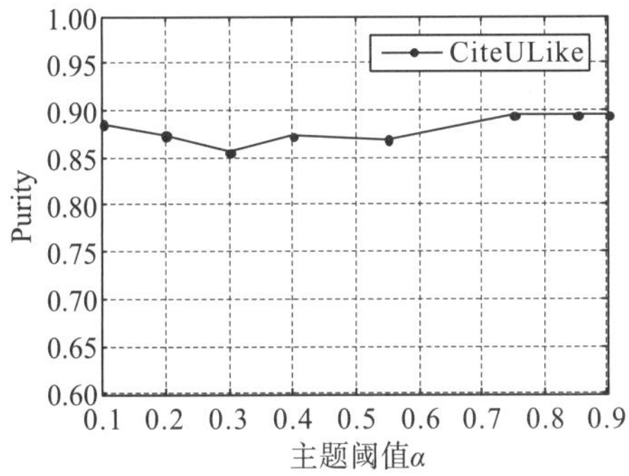

(a) CiteULike

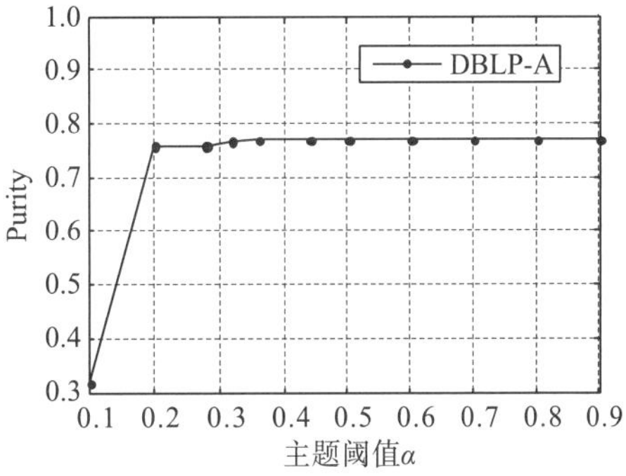

(b) DBLP-A

图 7-5　不同主题阈值α下的算法准确率

不同主题阈值α下两个数据集 CiteULike 和 DBLP-A 的最终社区数目，如图 7-6 所示。

如图 7-6 所示，两个数据集的最终聚类结果差别较大，CiteULike 的社区个数集中在区间[2000，3000]，而 DBLP-A 的社区个数在[950，2500]范围内，这主要是因为 CiteULike 的数据集节点个数是 DBLP-A 的 3 倍左右，且 CiteULike 中用户之间的联系较为紧密，因此社区个数较为集中。由图 7-6 还可以看出，在同样的主题阈值下，两个数据集的社区个数相差较大，表明数据集的网络结构对社区发现的结果有影响，也从侧面验证了本算法的适用性较广泛。结合图 7-5 和图 7-6 可以看出，最终社区个数少的并不对应更高的 Purity 值，这也间接证明了主题阈值的选择并不是越大越好，一个合适的主题阈值才能对应一个好的社区发现结果。

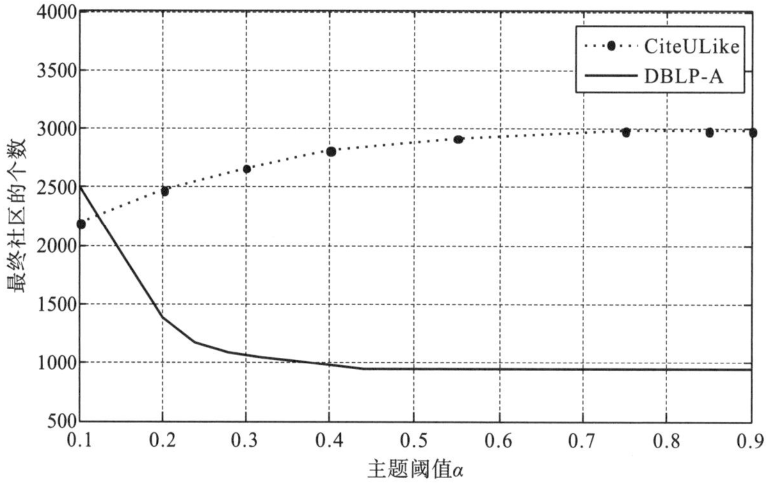

图 7-6　不同主题阈值α下两个数据集的社区数目分布图

3) 算法效率分析

本算法的计算时间主要分为两部分：一部分是主题距离的计算；另一部分是算法的执行时间。主题距离的计算可以提前处理，因此，课题组算法的时间复杂度主要体现在算法的执行部分，从算法 7.1 的执行过程可以得到，课题组 TDSHRINK 算法的时间复杂度为 $O(m^2\log m)$，其中 m 是网络的初始社区的个数。但从 Lin 等[46]对 DSHRINK 算法的描述可知，其时间复杂度为 $O(kn^2)$，k 是模块度优化次数，n 是网络中用户的个数。显然，初始社区的个数肯定会小于网络中全部节点的个数，相比而言，本算法的时间复杂度较低，且本算法的效率与初始社区的个数有较大关系，而初始社区的个数与主题阈值α的选择有关，当取得一个合适的主题阈值时，算法的运行时间会稍小于 Lin 等[46]的算法的运行时间，如图 7-7 所示。因此，本算法在效率方面稍优于 Lin 等[46]的算法。

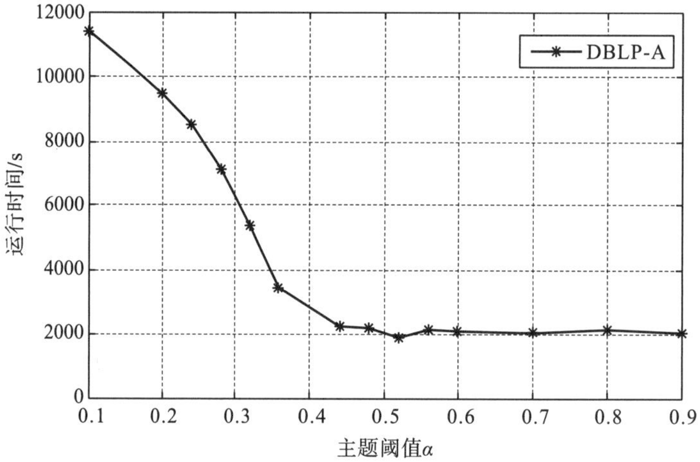

图 7-7　不同主题阈值下 TDSHRINK 算法的运行时间

7.2　有向加权网络的社区发现

现有的社区发现方法大多针对无向网络，从经典的图分割方法到应用较多的优化聚类方法，而现实世界中复杂网络大部分都是有方向的，如万维网、引用网络、电话网络和 E-mail 网络等，如图 7-8 所示。在有向网络中，连接的方向性包含着重要的信息，如不对称的影响或信息流的指向。忽略连接的方向性可能会丢失这些重要信息，并且难以理解有向网络的动态性和功能性。因此，对有向网络连接方向性的研究不仅对社区发现研究至关重要，而且也是有向网络研究中的一项基础性工作。有向网络中节点之间的边是有方向的，不同的背景中，有向边的意义也不尽相同。而如果同方向的边有多边，即多次引用或多次回复，则给该有向边加上权值，由此网络转化为有向加权网络，如图 7-9 所示。

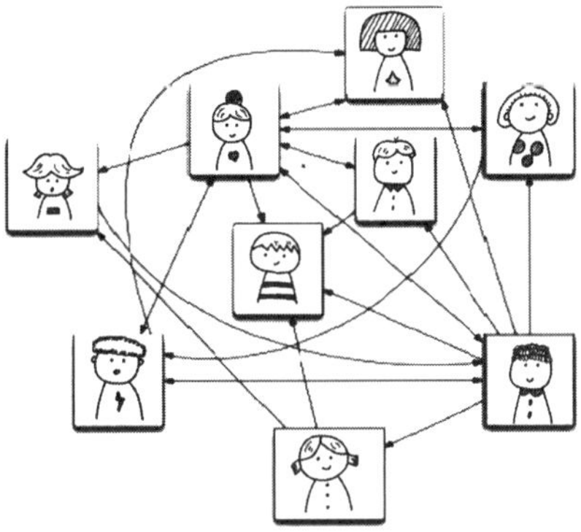

图 7-8　Twitter 的有向图

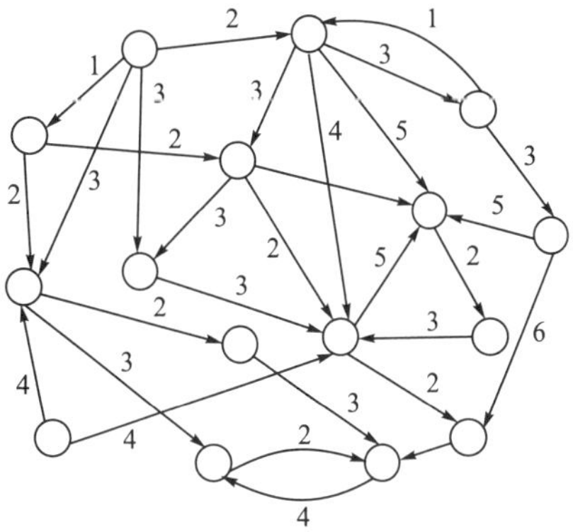

图 7-9　有向加权网络示意图

考虑大多数现实网络的连接是有方向的，而且网络中用户之间的交互并不是一次完成的，两个用户可以有多次交互，交互的次数可以附加到边的权值计算中，因此，课题组在分析有向加权网络特性的基础上，加入节点之间边的方向性和权重值，提出一种基于有向边紧密度的社区(图 7-10)发现算法，以网络论坛 BBS 真实数据集进行实验，验证所提算法的有效性和准确性。

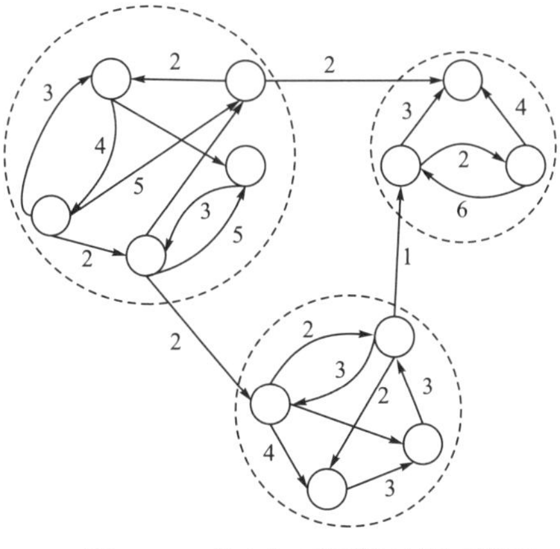

图 7-10　有向加权网络的社区发现

7.2.1　基于有向边紧密度的社区发现改进算法

图是形象化地表示社会网络的一个重要工具，课题组将具有方向和权重特征的有向加权网络映射成一个有向加权图。

1. 改进算法的相关概念

定义 7.7　有向加权图　$\boldsymbol{G}=(\boldsymbol{V},\boldsymbol{E})$，集合 $\boldsymbol{V}(\boldsymbol{G})=\{v_1, v_2, \cdots, v_n\}$表示网络中存在的 n 个节点，集合 $\boldsymbol{E}(\boldsymbol{G})=\{e_1, e_2, \cdots, e_m\}$表示网络中节点之间的 m 条边。v_i 表示用户节点 $i(1\leqslant i\leqslant n)$，$e_{ij}$ 表示节点 i 指向节点 j 的有向边$\langle v_i, v_j\rangle$。定义 $\boldsymbol{G}$ 的邻接矩阵为 $\boldsymbol{W}(\boldsymbol{G})=[w_{ij}]_{n\times n}$，其中 $w_{ii}=0$，w_{ij} 为节点 i 指向节点 j 的边数(无边时取 0)，也称作权重。

课题组以复杂网络中表示节点聚集情况的聚类系数出发，结合节点之间边的方向性和相应的权重值，定义针对有向加权边的有向边紧密度。

定义 7.8　有向边紧密度　给定有向加权图 $\boldsymbol{G}=(\boldsymbol{V},\boldsymbol{E})$，$w_{ij}$ 表示节点 i 与节点 j 之间有向边 e_{ij} 的权重，则有向边 e_{ij} 的紧密度 $\operatorname{dec}(i, j)$的计算公式如下：

$$\operatorname{dec}(i, j)=\left(\frac{\sum\limits_{l\in \boldsymbol{A}_i,\ m\in \boldsymbol{A}_j} w_{lm}}{\sum\limits_{l,\ u\in \boldsymbol{A}_i,\ l\neq u} w_{lu}+\sum\limits_{m,\ v\in \boldsymbol{A}_j,\ m\neq v} w_{mv}+\sum\limits_{l\in \boldsymbol{A}_i,\ m\in \boldsymbol{A}_j} w_{lm}}\right) \tag{7.8}$$

其中，i、j、l、m、u、v 分别表示网络中节点的编号；$\boldsymbol{A}_i$ 表示网络中节点 i 的邻接节点的集合；k_i 为节点 i 的邻接节点的数目；$\boldsymbol{A}_j$ 表示网络中节点 j 的邻接节点的集合；k_j 为节点 j 的邻接节点的数目。

有向边紧密度示意图如图 7-11 所示。

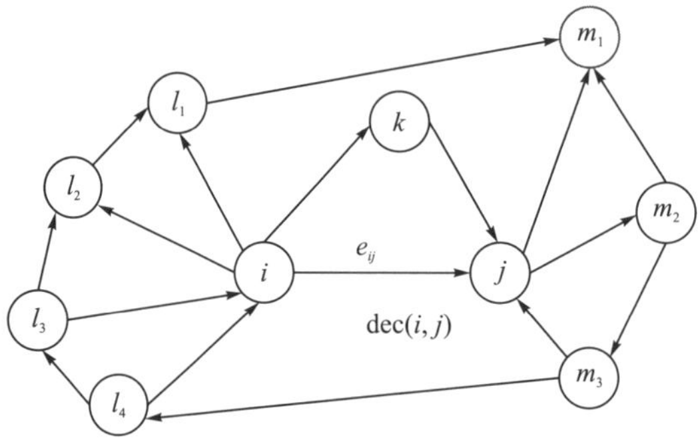

图 7-11　有向边紧密度示意图

由此，$\operatorname{dec}(i, j)$的物理意义为节点 i 的邻接点到节点 j 的邻接点之间有向边的权重和与节点 i 和节点 j 的全部邻接点之间有向边的权重合的比值，显然，$\operatorname{dec}(i, j)$的取值范围为[0, 1]。$\operatorname{dec}(i, j)$也表示有向边 e_{ij} 在 k_{ij} 个节点中的重要性或节点 i 和节点 j 的紧密性，且 $\operatorname{dec}(i, j)$值越大，边 e_{ij} 越重要，节点 i 和节点 j 的紧密性越高，同时越难被分开；反之，表明节点 i 和节点 j 越松散，越容易被分开。但要注意一点，边 e_{ij} 是有方向的，因此，$\operatorname{dec}(i, j)$

不一定等于 dec(*j*, *i*)。如果节点 *i* 和节点 *j* 同时与节点 *k* 相邻接，如图 7-11 中节点 *k* 所示，此时 $l=m$，则考虑有向边 e_{ik} 的方向，若〈*i*，*k*〉有边，则在 dec(*i*，*j*)的计算中需要加入 e_{ik} 的权重 w_{ik}，同理，计算 dec(*j*，*i*)时需要考虑有向边 e_{jk} 的方向。

由此，我们定义了有向加权网络中的有向边紧密度，可以有效地度量有向加权网络中节点与节点之间的紧密程度。

定义 7.9　删边集　给定有向加权图 $\boldsymbol{G}=(\boldsymbol{V},\boldsymbol{E})$和紧密度阈值$\varepsilon(0\leqslant\varepsilon\leqslant 1)$，则删边集 $\boldsymbol{E}_d$ 表示图中待删除边的集合，定义如下：

$$\boldsymbol{E}_d=\{e_{ij}|\ \forall i,\ j\in\boldsymbol{V}(\boldsymbol{G}),\ i\neq j,\ \exists e_{ij}\in\boldsymbol{E}(\boldsymbol{G}),\ \mathrm{dec}(i,\ j)\leqslant\varepsilon\} \tag{7.9}$$

删边与割边的定义类似，如果在连通图 $\boldsymbol{G}$ 中删除边 *e* 后会导致 $\boldsymbol{G}$-*e* 不连通，则边 *e* 是图 $\boldsymbol{G}$ 的一条割边。而删边集中存储需要删除的有向边，即将紧密度 dec(*i*，*j*)小于紧密度阈值ε的有向边放入删边集 $\boldsymbol{E}_d$ 中，且同时满足保证删除集合中的此边后，图中不会出现叶子节点。删边示意图如图 7-12 所示。其中，图 7-12(a)中有向边 *e* 可放入删边集 $\boldsymbol{E}_d$ 中，而图 7-12(b)中有向边 *e* 不能放入 $\boldsymbol{E}_d$ 中。

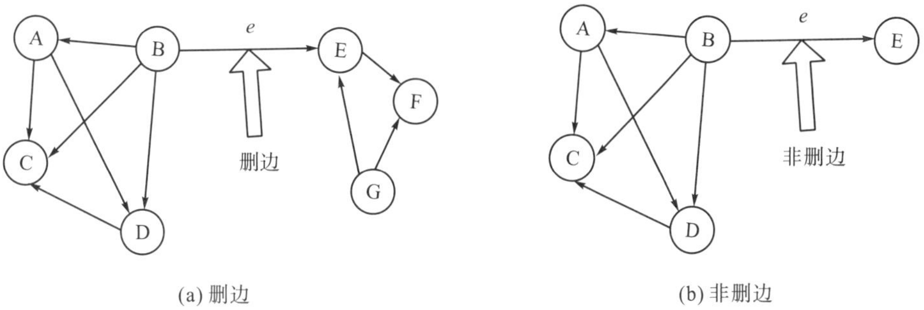

图 7-12　删边示意图

2. 算法描述

考虑基于删除边思想的图分裂方法，即将需要删除的有向边放入待删除边集合中，不断删除有向边以得到合适的社区结构，这与 GN 算法的思想基本一致，最后提出基于有向边紧密度的社区发现算法。首先构建有向加权图 $\boldsymbol{G}$，把网络中的用户视作图中的节点，把用户之间的关系视作图中的有向边，而用户之间的交互次数视作该有向边的权重。由公式(7.8)依次计算图 $\boldsymbol{G}$ 中每一条有向边的紧密度 dec(*i*，*j*)值，与用户设定的紧密度阈值$\varepsilon(0\leqslant\varepsilon\leqslant 1)$进行比较，将需要删除的有向边放入删边集 $\boldsymbol{E}_d$ 中。同时，为避免叶子节点被分到一个独立的社区，本章算法在将有向边放入 $\boldsymbol{E}_d$ 之前，先判定该边是否存在叶子节点，若存在，则不管其紧密度值大小一概不放入 $\boldsymbol{E}_d$ 中。当所有的有向边都计算并判定完毕后，删除 $\boldsymbol{E}_d$ 中的所有边，最终可发现有向加权网络中社区结构，具体描述如算法 7.2 所示。

算法 7.2　基于有向边紧密度的社区发现算法

名称：基于有向边紧密度的社区发现算法

输入：$\boldsymbol{G}$，$\boldsymbol{E}_d$

输出：C_1，C_2，…，C_i，…，C_n

方法：执行以下步骤。

步骤 1　初始化有向加权图 $\boldsymbol{G}$，将 $\boldsymbol{E}_d$ 置空。

步骤 2　根据公式(7.8)依次计算图 $\boldsymbol{G}$ 中每一条有向边 e_{ij} 的 dec(i, j)值。

步骤 3　如果 dec(i, j)小于 ε，则执行步骤 4，否则执行步骤 5。

步骤 4　节点 i 或节点 j 是否为叶子节点，否则将 e_{ij} 放入 $\boldsymbol{E}_d$ 中。

步骤 5　所有的边是否遍历完成，否则执行步骤 2。

步骤 6　删除 $\boldsymbol{E}_d$ 中所有的边。

步骤 7　输出 C_1，C_2，…，C_i，…，C_n;

步骤 8　结束。

算法中阈值 ε 可由用户对社区发现结果的需求自行设定输入值，以得到不同粒度的社区，如果想得到更细的社区发现结果，可把阈值设小，反之亦然。本算法增加了与用户的交互性，分为两层循环，步骤 1 为初始化有向加权图，步骤 2～5 为外层循环，时间复杂度为 $O(n^2)$，步骤 3～5 为内层循环，时间复杂度为 $O(1)$，为常数时间复杂度，因此，整个算法的时间复杂度为 $O(n^2)$。

7.2.2　实验结果和分析

1. 实验数据

为验证以上所提出的算法的可用性和有效性，使用天涯论坛中抓取的真实数据作为实验数据集，以论坛中的用户作为社区发现的对象，由回复者指向有向边，以回复次数作为有向边的权值，以发帖者和回复者的回复关系构建关于网络论坛的有向加权网络。数据格式示例见表 7-5。

表 7-5　实验数据集示例

发帖者	回复者	回复次数
liao_ao	慵懒了	186
金世遗 12	周丕东	70
诸暨脊梁	垃圾成灾	60
周丕东	姚文嚼字	15
垃圾成灾	连水都要我给你	26

首先对数据进行提取，因为网络论坛中用户繁杂且众多，且只回复几次的用户较多，因此，特选择 BBS 中 2012 年 1 月到 2012 年 12 月全年较活跃的用户，即回复次数大于等于 5 次的用户，共有 3269 个，提取其中的回复关系，即有向边共有 6081 条。由此，构建了 3269 个节点和 6081 条有向边的有向加权网络。

2. 评价标准

阿雷纳斯(Arenas)等(2007)在传统模块度函数 Q 的基础上，提出有向加权网络的模块度[48]，定义如下：

$$Q^d = \frac{1}{M}\sum_{i,\ j}\left[w_{ij} - \frac{w_i^{\text{out}} w_j^{\text{in}}}{M}\right]\delta(C_i,\ C_j) \tag{7.10}$$

其中，w_{ij} 表示从节点 i 指向节点 j 的有向边的权重值；$w_i^{\text{out}} = \sum_j w_{ij}$，表示节点 i 指向的有向边的权值之和；$w_j^{\text{in}} = \sum_i w_{ij}$，表示指向节点 j 的有向边的权值之和；$M = \sum_i w_i^{\text{out}} = \sum_j w_j^{\text{in}} = \sum_{i,j} w_{ij}$，表示网络中的有向边权值的总和；$C_i$ 和 C_j 分别表示节点 i 和节点 j 所属社区结构，如果节点 i 和节点 j 都在同一个社区，则 $\delta(C_i,\ C_j)=1$，否则，其值为 0。同样地，有向加权模块度 Q^d 的取值范围仍为[0，1]，越大的 Q^d 值表示网络存在越清晰的社区结构。

3. 实验结果和分析

1) 实验结果分析

为证明本算法的可用性，实验以不同的紧密度阈值 ε 的取值遍历运行本社区发现算法，得到对应的社区结构。紧密度阈值 ε 的取值范围为[0，1]，步长为 0.05，将不同紧密度阈值对应生成的社区个数绘制在一张图中，以 MATLAB 进行结果展示，如图 7-13 所示。

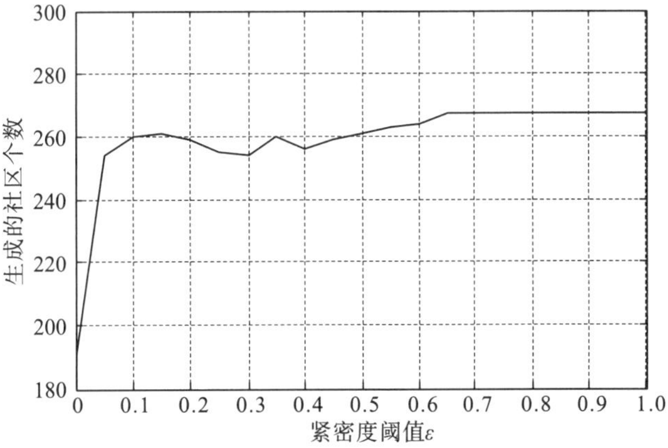

图 7-13　不同的紧密度阈值 ε 和对应生成的社区个数

由图 7-13 可以看出，随着紧密度阈值的增大，社区个数增加，这主要是因为紧密度用于度量用户之间的紧密度，紧密度越大表明用户越难以分开。课题组是将小于紧密度阈值的有向边放入删边集中，然后删除这些有向边以得到社区结构，因此，阈值设置越大，放入删边集的有向边越多，删除这些边得到的社区结构也越多。由此表明，本章的算法是可用的。

为了进一步直观地展示网络论坛中用户之间的社区关系，以 Pajek 软件(一种大型复杂网络分析工具)展示用户节点间的结构。由于 Pajek 软件难以将 500 个以上节点的结构清晰地描绘出来，这里只绘制了原始数据中回复权重大于等于 15 的用户，共有 236 个用户节点和 909 条有向边。为了便于 Pajek 软件绘图，特对这 236 个节点进行了重新编号，初始结构和社区发现的结果分别如图 7-14 和图 7-15 所示。

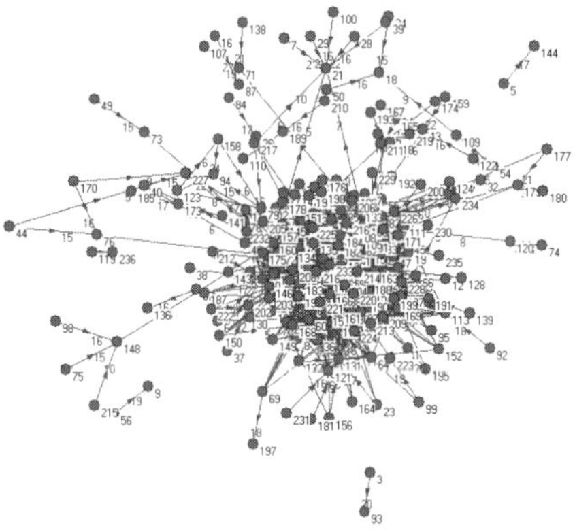

图 7-14　原始网络结构关系图

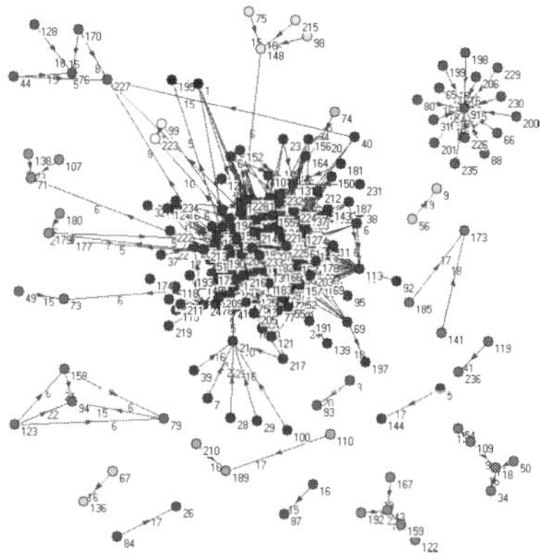

图 7-15　紧密度阈值为 0.02 时的社区发现结果展示

由图 7-14 可以看出，网络论坛中用户之间的关系可以构成一个有向加权网络，有向边较多表明用户之间联系较为紧密，但网络中的社区结构并不清晰，不能明显地看出网络的社区结构。图 7-15 是由课题组提出的基于有向边紧密度的社区发现算法，当紧密度阈值为 0.02 时对原始网络进行社区发现后的结果。以 Pajek 软件绘图，图中不同的颜色代表不同的社区结构，同一颜色的节点表明属于同一个社区，由图 7-15 可以看出，本算法可以得到较明显的社区结构，能有效地发现有向加权网络中的社区结构。

2）指标计算

下面以评价指标有向加权网络的模块度对本算法进行验证，以不同紧密度阈值ε取值运行本章算法，以得到对应的社区结构，并以公式(7.10)计算本算法所得的社区结构得到有向加权网络的模块度 Q^d 值，如图 7-16 所示。

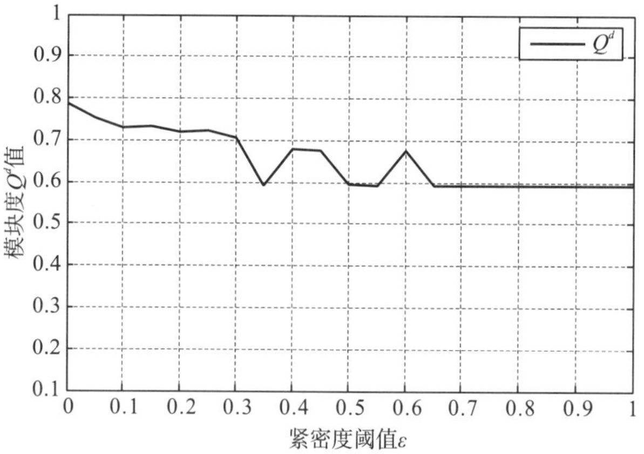

图 7-16　不同的紧密度阈值ε和对应的网络模块度 Q^d 值

由图 7-16 可知，基于有向边紧密度的社区发现算法在不同的紧密度阈值时可发现不同的网络社区结构，同时可计算相应的有向加权网络模块度值。图 7-16 中总体模块度 Q^d 值保持在 0.55～0.8 范围之内，模块度值较大表明生成的社区结构较清晰，同时表明本算法可有效地发现有向加权网络中的社区结构，具有一定的实用价值。

7.3　基于 LDA 的话题提取模型

首先，课题组对从网上抓取的数据进行原始语料的预处理，主要是使用了中科院计算技术研究所的汉语词法分析系统 ICTCLAS(Institute of Computing Technology，Chinese Lexical Analysis System)进行分词，该系统主要采用了层叠隐马尔可夫模型(hierarchical hidden Markov model)，分析内容包括中文分词、词性标注、新词识别等，该系统分词后可通过停用词表进行人工过滤，并根据标注的词性过滤一些没有实际意义却经常出现的词，如连词、介词、代词、标点符号等。

其次，为采取 LDA 模型对原始语料进行话题提取，需要确定最优话题数 K 值，话题数的大小会直接影响提取话题的质量：K 值过大会产生很多不能够代表文本信息的话题，K 值过小则使得某一个话题所表达的信息不明确。课题组采用由 Blei 提出的语言模型的评判标准困惑度(perplexity)来评价不同 K 值所得到的模型性能。困惑度越低，模型推广性越好，由此得到最优话题数。

最后，对模型参数进行估计。目前直接计算模型的参数无法实现，间接推理参数值的方法很多，包括 Gibbs 抽样、Expectation-Propagation 和 EM 算法等。课题组采用 EM 算法进行模型参数的估计。

7.3.1　选择最优话题数和参数估计

1. 选择最优话题数

采用 LDA 模型对原始语料进行话题提取时，话题数 K 对 LDA 模型拟合原始语料的性能很大，因此，需要预先设定话题数。困惑度由 LDA 模型的作者提出，是用来衡量模型优劣的评价指标。困惑度越小则测试模型的泛化能力越好，困惑度是概率主题模型中标准的评判标准，特别是在 LDA 模型中被广泛使用。课题组通过不同话题数下的困惑度值来确定最优话题数 K，该方法一方面能提高话题提取模型的性能，另一方面可以根据困惑度得到最优话题数 K，可为后面 K-means 聚类算法提供聚类数。对于一个具有 M 个文档的数据测试集 $\boldsymbol{D}_{\text{test}}$，其计算困惑度的公式为

$$\text{perplexity}\left(\boldsymbol{D}_{\text{test}}\right)=\exp\left(-\frac{\sum_{m=1}^{M}p\left(d_m\right)}{\sum_{m=1}^{M}N_m}\right)\tag{7.11}$$

其中，N_m 为第 i 篇文档的长度；$p\left(d_m\right)$ 是 LDA 模型产生第 m 篇文档 d_m 的概率，计算公式为

$$p\left(d_m\right)=\prod_{i=1}^{n}\prod_{j=1}^{k}p\left(w_i\mid z_i=j\right)p\left(z_i=j\mid r_m\right) \tag{7.12}$$

2. 参数估计

课题组采用 EM 算法计算α和β两个参数。

设定目标函数

$$l(\alpha,\ \beta)=\sum_{i=1}^{M}\log p\left(d_i\mid\alpha,\ \beta\right) \tag{7.13}$$

参数训练的目标就是要求得到使目标函数取得最大值的参数α^*、β^*。把文档d的生成概率公式展开得

$$p\left(d\mid\alpha,\ \beta\right)=\frac{\Gamma\left(\sum_i\alpha_i\right)}{\prod_i\Gamma\left(\alpha_i\right)}\int\left(\prod_{i=1}^{k}\theta_i^{\alpha_i-1}\right)\left[\sum_{n=1}^{N}\sum_{i=1}^{k}\prod_{j=1}^{V}\left(\theta_i\beta_{ij}\right)^{w_n^j}\right]\mathrm{d}\theta \tag{7.14}$$

α和β的耦合使得目标函数的极大似然估计难以计算，于是使用变分 EM 算法来计算最优参数α、β。

1) E 步骤的计算方法

E 步骤主要是根据参数的初始值或上一次迭代的模型参数来计算隐形变量的后验概率。此处用的是变分推理(variational inference)方法，文档的似然函数公式为

$$\log p\left(d\mid\alpha,\ \beta\right)=\log\int\sum_z p\left(\theta,\ z,\ w\mid\beta\right)\mathrm{d}\theta \tag{7.15}$$

$$\log\int\sum_z p\left(\theta,\ z,\ w\mid\beta\right)\mathrm{d}\theta=\log\int\sum_z q\left(\theta,\ z\right)\frac{p\left(\theta,\ z,\ w\mid\alpha,\ \beta\right)}{q\left(\theta,\ z\right)}\mathrm{d}\theta \tag{7.16}$$

$$\log\int\sum_z q\left(\theta,\ z\right)\frac{p\left(\theta,\ z,\ w\mid\alpha,\ \beta\right)}{q\left(\theta,\ z\right)}\mathrm{d}\theta=\log E_q\left[\frac{p\left(\theta,\ z,\ w\mid\alpha,\ \beta\right)}{q\left(\theta,\ z\right)}\right] \tag{7.17}$$

然而，

$$\log E_q\left[\frac{p\left(\theta,\ z,\ w\mid\alpha,\ \beta\right)}{q\left(\theta,\ z\right)}\right]\geqslant E_q\left[\log\frac{p\left(\theta,\ z,\ w\mid\alpha,\ \beta\right)}{q\left(\theta,\ z\right)}\right] \tag{7.18}$$

$$E_q\left[\log\frac{p\left(\theta,\ z,\ w\mid\alpha,\ \beta\right)}{q\left(\theta,\ z\right)}\right]=E_q\left[\log p\left(\theta,\ z,\ w\mid\alpha,\ \beta\right)-\log q\left(\theta,\ z\right)\right] \tag{7.19}$$

$$\begin{aligned}&E_q\left[\log p\left(\theta,\ z,\ w\mid\alpha,\ \beta\right)-\log q\left(\theta,\ z\right)\right]\\&=E_q\left[\log p\left(\theta,\ z,\ w\mid\alpha,\ \beta\right)\right]-E_q\left[\log q\left(\theta,\ z\right)\right]\end{aligned} \tag{7.20}$$

将公式(7.20)的右边记为$L(\gamma,\ \phi;\ \alpha,\ \beta)$，当$\dfrac{p(\theta,\ z,\ w\mid\alpha,\ \beta)}{q(\theta,\ z)}$为常数时，公式(7.18)可取等号，即$q$取$p(\theta,\ z\mid w,\ \alpha,\ \beta)$时。$L(\gamma,\ \phi;\ \alpha,\ \beta)$中的分布$q$取$q(\theta,\ z\mid\gamma,\ \phi)$，并用分布$q(\theta,\ z\mid\gamma,\ \phi)$来近似分布$p(\theta,\ z\mid w,\ \alpha,\ \beta)$，由此可得

$$\log p\left(d\mid\alpha,\ \beta\right)=L\left(\gamma,\ \phi;\ \alpha,\ \beta\right)+D\left[q\left(\theta,\ z\mid\gamma,\ \phi\right)\|p\left(\theta,\ z\mid w,\ \alpha,\ \beta\right)\right] \tag{7.21}$$

将$L(\gamma, \phi; \alpha, \beta)$中的$p$和$q$进行分解，得到

$$L(\gamma, \phi; \alpha, \beta)=E_q\left[\log p(\theta|\alpha)\right]+E_q\left[\log p(z|\theta)\right]+E_q\left[\log p(w|z, \beta)\right] \\ -E_q\left[\log q(\theta)\right]E_q\left[\log q(z)\right] \tag{7.22}$$

把参数(α, β)和(γ, ϕ)代入公式(7.22)，再利用公式$E_q[\log(\theta_i)|\ \gamma]=\Psi(\gamma_i)-\Psi\left(\sum_{j=1}^{k}\gamma_j\right)$（其中$\Psi$是$\log\Gamma$的一阶导数，可以通过泰勒公式近似计算），最后利用拉格朗日乘子法来计算得到收敛参数γ^*、ϕ^*，这两个参数是在固定的文档下产生的，因此，在原始文档语料库D中求得变分参数$\{\gamma_d^*, \phi_d^*|\ d\in D\}$。

2)M 步骤的计算方法

M步骤是将似然函数最大化以得到新的参数值，具体操作如下：将$\{\gamma_d^*, \phi_d^*|\ d\in D\}$代入$\sum_d L(\gamma, \phi; \alpha, \beta)$得$\pounds=\sum_d L(\gamma, \phi; \alpha, \beta)$，利用拉格朗日乘子法求$\beta$，其拉格朗日函数为

$$l=L+\sum_{i=1}^{k}\lambda_i\left(\sum_{i=1}^{v}\beta_{ij}-1\right) \tag{7.23}$$

利用公式(7.23)对α_i求偏导得到最优α值。不断重复E和M步骤直至收敛，得到最优参数α^*和β^*。

7.3.2　实验过程

1. 实验数据

课题组所使用的数据来自中国计算机学会网上下载的科研数据——腾讯2013年2～7月37000条新闻数据，其中大部分为国内新闻，存在少量国际新闻和军事新闻等，数据内容包括新闻标题、url地址、发布时间，见表7-6、表7-7。

表7-6　原始数据信息

数据来源	数据条数	数据内容	发布时间区间
腾讯新闻	37000	新闻标题、url地址、发布时间	2013.02～2013.07

表7-7　原始数据格式

新闻标题	新闻类型	url地址	发布时间
连霍高速义昌大桥坍塌	国内	http://news.qq.com/a/20130201/001754.htm	2013-02-01 23：47
中国海军第9艘056型护卫舰顺利下水	军事	http://news.qq.com/a/20130201/000316.htm	2013-02-01 7：06
陈晓华：我国进口粮食仅为国内产量2%	国内	http://news.qq.com/a/20130311/001651.htm	2013-03-11 15：30

由于原始数据量较大，而且后续的演化分析会根本不用时间片段的聚类效果来进行，为了方便实验，截取了 2013 年 2 月到 2013 年 3 月的全部数据作为本实验的数据集。

2. 数据预处理

为展示新闻文档的聚类演化效果，将原始语料按一定的时间段分为 5 个新闻文档，每个新闻文档包含一天内发布的所有新闻。在输入将原始新闻文档导入 LDA 模型之前需要对文档进行中文分词、词性标注、过滤停用词等处理，过程及方法如下。

1) 分词和词性标注

课题组使用中科院计算技术研究所的汉语词法分析系统 ICTCLAS 进行分词，ICTCLAS 包括以下功能：中文分词、词性标注、新词识别。该系统分词正确率高达 97.58%，并且开放源代码，提供 C++、Java 版本供研究人员使用。

2) 去掉文档数据中的标点符号

在课题组的研究中，需要提取话题词来代替文档，虽标点符号对于结果的影响不大，但会影响话题的产生，因此，课题组将所有标点都视为停用词进行过滤。

3) 过滤停用词

停用词是指文档中出现次数很高但无实际意义的词，主要包括副词、语气词、虚词等，并且分词系统的准确率也没有达到百分之百，会因为分词错误而产生的停用词。课题组使用哈尔滨工业大学社会计算与信息检索研究中心提供的《哈工大停用词表》，人工将错误的分词添加到该停用词表并对分词后的文档进行停用词过滤。

为方便后续实验的处理，可将预处理后的 5 个新闻文档的所有词汇总为一个词袋，各个文档分别用词袋中词所在的行数来表示。

3. 评估指标

研究采用语言模型中标准的评判标准，即困惑度来评价话题提取模型的性能。针对原始语料不同的话题数训练得到最优 LDA 模型，通过计算不同话题数的文档集合困惑度可评价不同话题数下产生文档的能力。困惑度越低，模型泛化能力越好。对于一个具有 M 个文档的数据测试集 $\boldsymbol{D}_{\text{test}}$，其计算困惑度的公式为式(7.11)，其中 N_m 为第 i 篇文档的长度，$p(d_m)$ 是 LDA 模型产生第 m 篇文档 d_m 的概率。

4. 实验与结果分析

经过上述处理，原始新闻语料划分为相同时间间隔的 5 个新闻文档，并对其进行分词、过滤停用词等一系列预处理，采用 LDA 模型对 5 个新闻文档进行主题建模，其中先验超参数 α 和 β 取经验值为 $\alpha = 50/K$，$\beta = 0.01$，K 值对于不同的新闻文档而言取值不同，课题组设定 K 值范围为 1～100，根据实验计算不同 K 值的困惑度来确定最佳 K 值，设定 LDA 模型的平滑参数为 0.0001。

对 5 个新闻文档分别进行不同 K 值的训练，并计算其困惑度的值，由此来得到最佳 K

值，实验结果如图 7-17 和表 7-8 所示。图 7-17 为 5 个新闻文档不同 K 值得到的困惑度值，表 7-8 为 5 个新闻文档的困惑度最小值和其对应的 K 值。

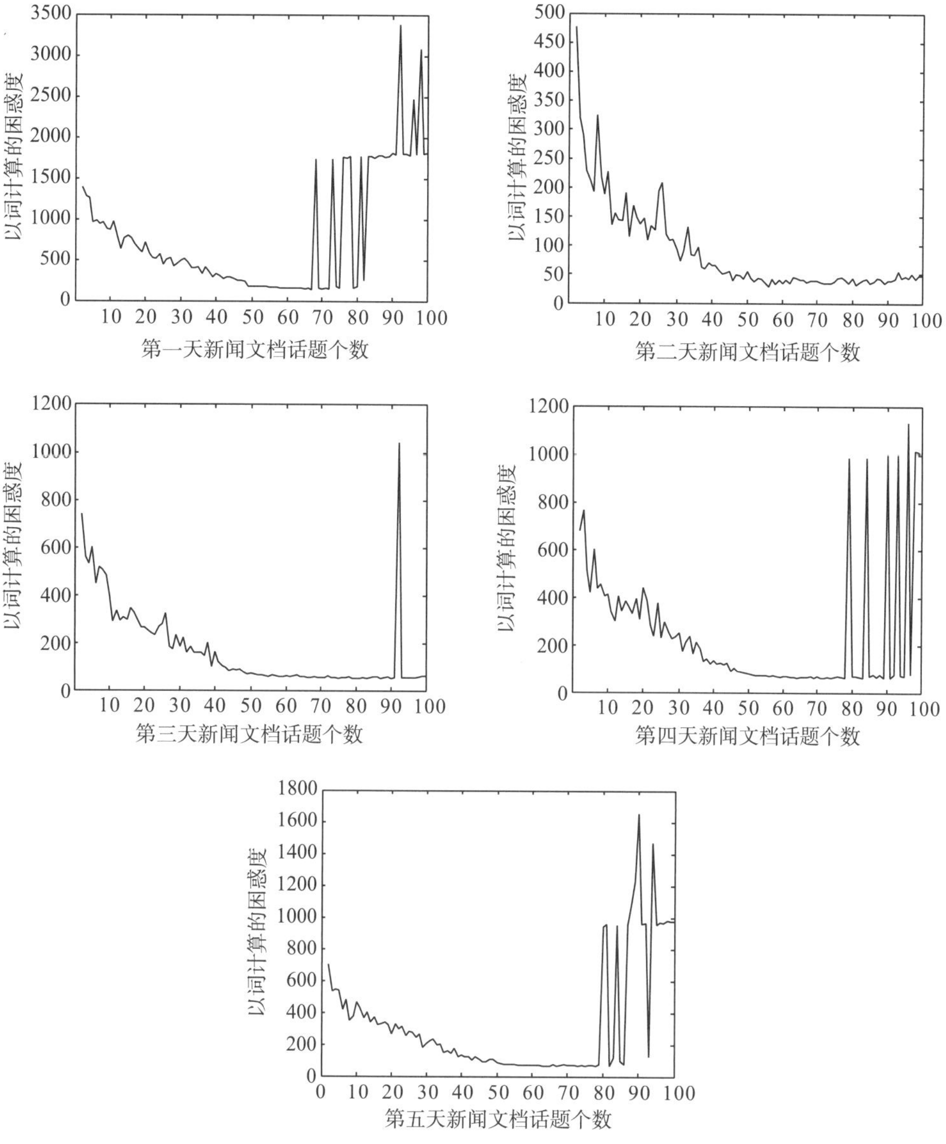

图 7-17　不同话题个数所对应的困惑度值

表 7-8　困惑度最小值及其对应的 K 值

新闻文档	困惑度(perplexity)	对应的 K 值
第一天	157.57	67
第二天	32.37	56
第三天	50.29	83
第四天	60.02	72
第五天	65.22	67

通过 LDA 模型的 EM 算法参数估计得到以下输出结果。

- M：固定时间段内的所有话题的个数。
- N：固定时间段内的新闻文档的篇数。
- BestT：最佳话题类簇的个数。
- Perplexity：困惑度最小值。
- X：所有主题词在每个新闻文档中的出现次数，每一行表示一个新闻文档，每一列表示一个主题词，数值表示话题词在对应文档中出现的词数，0.001 表示话题词出现次数为 0。
- Alpha：表示每个话题的生成概率，每一行表示一个话题类簇，列中数值表示对应话题的生成概率。
- Beta：表示每个话题下话题词的生成概率，每一行表示一个话题类簇，每一列表示一个话题词。
- Phi：表示每个话题下每个新闻文本的生成概率，每一行表示一个话题类簇，每一列表示一个新闻文档。
- Gamma：表示每一个新闻文档下每个话题的生成概率，每一行表示一个话题类簇，每一列表示一个新闻文档。

这些输出数据中，Beta、Phi 对于后续的数据分析有着很重要的作用，图 7-18 所示为 5 个新闻文档集相对应的 Beta 和 Phi 数值。

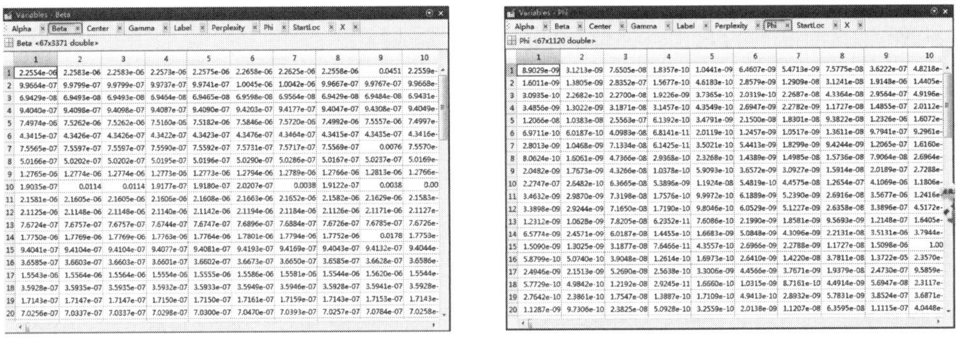

(a) 第一个新闻文档集的Beta和Phi数值

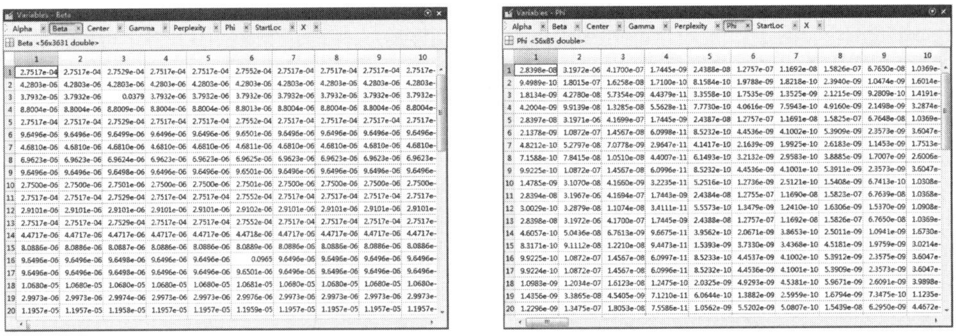

(b) 第二个新闻文档集的Beta和Phi数值

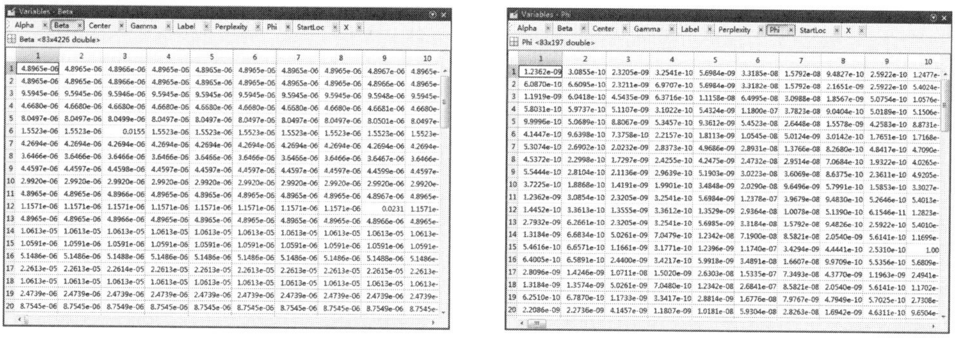

(c) 第三个新闻文档集的Beta和Phi数值

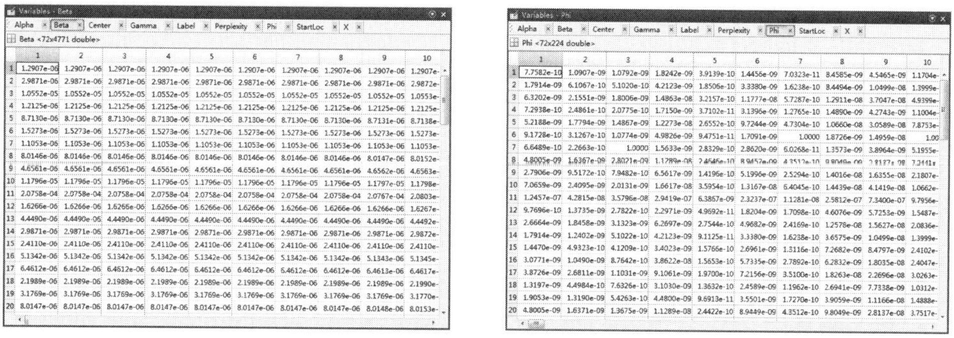

(d) 第四个新闻文档集的Beta和Phi数值

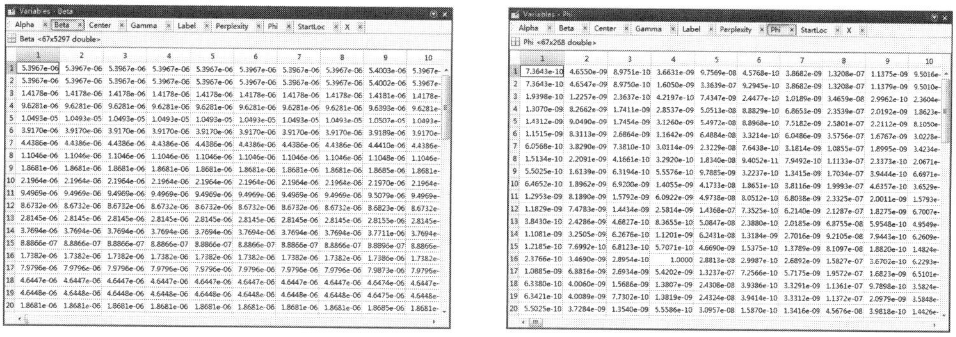

(e) 第五个新闻文档集的Beta和Phi数值

图 7-18　5 个新闻文档集相对应的 Beta 和 Phi 数值

由图 7-18 可以看出，Phi 数值中出现了很多的 1，另外的都是很小的数值，说明取最佳话题数时很多新闻文档能够确定地被分到各个话题中，此时困惑度取得最小值，因此，其话题提取效果较好。

7.4　小　　结

课题组分别提出了 3 种社区发现模型，以进行话题提取。

课题组提出了一种新的考虑了主题信息的标注网络聚类算法。与传统的基于网络拓扑结构的社区发现方法不同，研究从对同一个主题感兴趣的用户属于同一个社区的观点出发，在社区发现中加入主题信息，利用 LDA 模型提取标签中隐藏的主题信息，并考虑一个用户可能对多个主题感兴趣，发现重叠社区。因此，该算法定义了一个主题距离，以用户间的主题距离进行聚类，并在 Lin 等[46]研究的基础上进一步提出基于主题距离的模块度函数，以此为基础，最终提出 TDSHRINK 算法。CiteULike 的真实数据集的实验表明，该算法可有效地发现标注网络的社区结构，而与 Lin 等[46]采用同样的数据集 DBLP-A 进行对比实验表明，该算法的准确率和效率在一定程度上均有所提高。

考虑网络中用户之间有方向信息和权重信息，定义有向边紧密度，并在此基础上提出基于有向边紧密度的社区发现算法。该算法首先以网络论坛为应用背景，用户之间的发帖和回复关系建立有向边，以用户之间的交互次数，即回复次数等作为有向边的权值，从而构建有向加权网络。然后，定义有向边紧密度以度量用户之间的紧密程度，用户越紧密则越难被分开。最后，以 GN 算法的图分裂思想，由用户自行输入紧密度阈值，将需要删除的有向边放入待删除集合中，删除集合的所有边，以得到有向加权网络的社区结构。BBS 真实数据的实验表明，该算法可以发现有向加权网络中的社区结构，是可用且有效的。

在采用 LDA 模型提取话题时，课题组对新闻文档数据进行了预处理，包括中文分词、词性标注、过滤停用词和特殊词性过滤，并将预处理后的数据格式转换为 LDA 模型所需的格式，最后将数据导入 LDA 模型，利用 EM 算法和困惑度进行参数估计和最佳话题类簇个数的选择。通过该话题提取模型，可以获得话题生成概率和话题词生成概率等输出数据。

第8章 观点分岔及平稳检测模型研究

当事件话题提取后，需要划分时间段研究对应时间段内网民的观点演变过程，以确定其观点分岔和趋势，并判断在某个时间段内网民观点趋于平稳。课题组首先采用话题聚类模型找出每个静态时间段内的网民观点，然后采用社区演化模型将静态时间段按照时间顺序进行动态分析，确定其观点分岔和平稳的检测。

8.1 网络舆情的聚类演化分析

8.1.1 话题聚类算法

利用改进的 LDA 模型可以实现对文档信息的话题提取。但代表每个文档信息的不止一个话题词，如何才能判断这么多话题词哪些是当前新闻的热点或新闻的主要内容呢？目前较为有效的话题聚类算法主要有 single-pass 算法、基于划分的聚类算法、基于层次的聚类算法、基于密度的聚类算法、基于网格的聚类算法和基于模型的聚类算法。

single-pass **算法**是最常见的聚类算法，同时也是 TDT 话题检测的基础算法之一。该算法实质上是增量式聚类算法，需要对原始语料进行分词和向量化表示，处理后以增量的方式进行动态聚类。其具体步骤如下：将所有文档中第一篇作为聚类依据，其余文档按次序与第一篇文档进行相似度比较，若相似度达到预先设定的要求，则将其归为同一类，并重新计算类的中心，若相似度未达到要求，则将该文档作为新的聚类依据，其他文档均依次按该依据进行聚类。但该算法过于依赖文档的次序，且容易出现类簇分布不均的现象。

基于划分的聚类算法又称动态聚类算法，实质上是一种穷举法，典型的有 K-means 算法和 K-modoid 算法。基本思想是：先对一个层面上的样本点进行粗略地划分，然后按照某种优化准则进行修正，通过上述步骤的迭代执行来得到一个较为合理的聚类分布。划分聚类算法运算量小，可用于处理高数量级别的样本数据，也为数据的实时分析提供了可能性。

基于层次的聚类算法是将所有样本数据自底向上合并生成树或者自顶向下分裂生成树的过程，即凝聚和分类，典型算法有 CURE（clustering using representative，利用代表点聚类）、AGENES（Agglomerative Nesting，层次凝聚算法）和 DIANA（Divisive Analysis，分裂分析）等。凝聚层次算法初始阶段将所有样本数据点划为同一类簇，然后对这些原始类簇进行合并，直至类簇数目达到预期或其他终止条件；分裂层次算法初始阶段将所有样本数据点划在同一类簇，然后分裂这个原始类簇直至类簇数目达到预期或者其他终止条件。

基于密度的聚类算法认为类簇是按相同密度向任意方向扩张的连通区域，聚类过程中不断增长类簇直至其数据对象的密度（样本数据的数目）超过某一个给定的阈值，即一个固定范围的区域中必须至少含有指定数目的样本数据。基于密度的算法可用来过滤噪声数据，以发现任意形状的类簇，典型算法有基于高密度连接区域的 DBSCAN 聚类算法和通过对象排序识别聚类结构的 OPTICS (ordering points to identify the clustering structure，对象排列识别聚类结构) 聚类算法等。但该算法要求用户设定初值，而不同的初值会影响聚类的效果，且不能处理较高维度的数据。

基于网格的聚类算法实际上是通过空间的划分对数据进行聚类的方法，算法通过划分数据空间以形成有限个单元的网格结构，然后对每个单元进行处理，其优势在于处理速度快，与目标类簇的数目无关，而只与数据空间的单元相关，对聚类有着很好的伸缩性。代表算法有网格单元中收集统计信息的 STING (Statistical information Grid，统计信息网格) 算法、高维数据的聚类效果很好的 CLIQUE (clustering in QUEST，QUEST 集群) 算法和基于小波变换的 WAVE-CLUSTER (clustering with wavelets，小波聚类) 算法。

基于模型的聚类算法通过建立聚类模型来发现数据的聚类特征，常用的方法有 CLASSIT 算法和 COBWEB 算法等。

以上六种算法的比较见表 8-1。

表 8-1　各类话题聚类算法的比较

算法	处理噪声的能力	处理高维数据的能力	发现任意形状的簇	参数的领域独立性	数据顺序的敏感性	可伸缩性
single-pass	高	强	一般	好	敏感	强
基于划分	低	强	一般	固定簇数	不敏感	较弱
基于层次	中等	较强	好	好	不敏感	弱
基于密度	高	较弱	好	参数复杂	不敏感	较强
基于网格	高	一般	一般	一般	不敏感	强
基于模型	高	强	一般	一般	不敏感	较强

8.1.2　K-means 聚类改进算法

就聚类算法而言，K-means 聚类算法是目前使用最广泛且意识形态相对简单的聚类算法，对于处理大数据集，该算法是相对可伸缩的和高效的，而且计算的复杂度和迭代次数都要远小于数据的数量；就处理文档数据而言，一些聚类算法采用密度变化判别的方法来决定类的归并，从而得到类的数目，但密度变化判别方法需要提供密度阈值，不利于自动检测话题的数量，而 K-means 聚类算法不需要引入阈值。因此，课题组利用改进的 K-means 聚类算法对提取的话题词进行聚类，其中的距离使用 KL 距离来衡量不同话题词之间的语义相似度，得到一个该时间段内所有话题词的聚类分布表，展示每一个话题词属于哪一类话题；一类话题的中心点是哪一个话题词；一类话题中又有多少话题词；某一话题词与类中心的话题词的语义距离等。通过该聚类分布表对提取的话题进行内容和强度上的演化分析。

K-means 聚类算法是典型的基于划分的方法，由麦奎因 (MacQueen) 提出，它是目前应用最为广泛的聚类算法之一。K-means 聚类算法的主要思想如下：首先，随机挑选 k 个数据点作为初始的类簇中心，然后计算其余的数据点到每个初始类簇中心的距离，将这些数据点划分给距离它们最近的初始类簇中心所在的类簇。当所有数据点都被划分之后，每个聚类的类簇根据当前类簇中所有的数据点重新计算该类簇的中心点，然后分配其他数据点，这样的操作不断循环往复直至满足算法的终止条件。K-means 聚类算法的终止条件有 3 个，只要满足任意一个算法即终止：每个类簇中的数据点没有发生变化；每个类簇的中心点没有发生变化；误差平方和(sum of squares for error，SSE)局部最小。但是现有的 K-means 聚类算法存在不足之处：类簇的数目在聚类之前由研究人员给出，而不同的值对聚类效果有着不同的效果；K-means 聚类算法随机选取初始聚类中心点，算法效果不稳定；当 K-means 聚类算法运用于多维的大数据时，在反复迭代上会浪费很多的时间。

在 7.3 节中，由困惑度计算得到了最优话题数，即类簇的数目，直接将最优话题数 K 代入 K-means 聚类算法，就弥补了算法的第一个缺陷。针对第二个缺陷，本模式改进了初始聚类中心选取算法。

1. 选取初始聚类中心

实验延续 7.3 节。提取的话题以矩阵的形式展现，矩阵的行为对应每个时间段内的每个新闻，矩阵中列为新闻提取的话题词，即所有新闻文档的话题词均可用该矩阵来表示。于是可将同一时间段内文档矩阵的横纵坐标作为选取初始聚类中心过程中的横纵坐标，话题之间距离使用 KL 距离公式计算。在确定该算法的两个坐标轴后，根据选定的坐标轴将同一时间段内所有数据点的平均值作为中心点，公式如下：

$$m=[\overline{x}_{\mathrm{I}},\ \overline{x}_{\mathrm{II}}] \tag{8.1}$$

其中，$\overline{x}_{\mathrm{I}}$ 表示横坐标轴的所有变量的均值；$\overline{x}_{\mathrm{II}}$ 表示纵坐标的所有变量的均值。

欧氏距离为

$$d_{im}=\left[\left(x_{i\mathrm{I}}-\overline{x}_{\mathrm{I}}\right)^2+\left(x_{i\mathrm{II}}-\overline{x}_{\mathrm{II}}\right)^2\right]^{\frac{1}{2}},\ i=1,2,\cdots,\ n \tag{8.2}$$

表示其中任一数据点与中心点之间的距离，我们取该距离中最大的数据点作为第一个初始聚类中心 c_1，然后计算欧氏距离：

$$d_{ic_1}=\left[\left(x_{i\mathrm{I}}-\overline{x}_{c_1\mathrm{I}}\right)^2+\left(x_{i\mathrm{II}}-\overline{x}_{c_2\mathrm{II}}\right)^2\right]^{\frac{1}{2}},\ i=1,2,\cdots,\ n \tag{8.3}$$

即为任一数据点与第一个初始聚类中心之间的距离，取距离中最大数据点作为第二个初始聚类中心 c_2。为了确定剩下的初始聚类中心 $c_k(k\geqslant3)$，需要计算剩下的数据点和已确定的初始聚类中心 c_{k-1} 之间的距离。距离 $d_{ik}(k\geqslant3)$ 表示任一数据点与已确定的初始聚类中心之间的距离之和，其计算公式为

$$d_{i3}=d_{ic_1}+d_{ic_2},\ i=1,2,\cdots,\ n \tag{8.4}$$

这样确定初始聚类中心的方法可以防止很近的两个数据点被选为不同类的初始聚类中心，确保了下一个初始聚类中心尽可能地远离之前的初始聚类中心。该过程一直重复直到初始聚类中心达到给定的 K 值。

2. 聚类的评判指标

课题组采用 Rand Index（兰德系数）来判断聚类效果的优劣。Rand Index 在数据聚类领域，可用于衡量两组类簇之间的相似性，Rand Index 值越高表示聚类效果越好。

假设一个集合含 n 个文档，则该集合可分为 $\frac{n(n-1)}{2}$ 个集合对，给定集合 $S=\{o_1, o_2, \cdots, o_n\}$ 及组成它的两个集合对 $X=\{X_1, X_2, \cdots, X_k\}$ 和 $Y=\{Y_1, Y_2, \cdots, Y_k\}$，两个集合对均包含 k 个子集，然后做如下定义。

A：同一类文章被分到同一簇的数目。

B：不同类文章被分到不同簇的数目。

C：不同类文章被分到同一簇的数目。

D：同一类文章被分到不同簇的数目。

则 Rand Index 可定义为

$$R=\frac{A+B}{A+B+C+D} \tag{8.5}$$

Rand Index 的取值范围为 0～1，其中值为 0 表示这两个集合对完全没有交集，完全不同；而值为 1 表示两个集合对完全相同。

3. 实验结果和对比分析

1）实验数据集

实验使用 UCI Machine Learning Repository（机器学习数据集）真实数据集中的 6 个最常用的数据集，这 6 个数据集在数据个数、数据维数、类簇个数等方面都具有代表性，并且很多验证聚类效果的实验中都会用到这些数据集，表 8-2 为数据集的信息。

表 8-2　数据集的信息

数据集名称	数据个数	属性个数	类簇个数
Iris	150	4	3
Wine	178	13	3
Glass	214	10	7
WPBC	198	30	2
Ionosphere	351	34	2
Housing	506	13	2

2）聚类效果图

本 K-means 聚类算法使用 MATLAB 软件上现有的函数，将改进后的初始聚类中心和最佳 K 值代入 Kmeans 函数，对上述的 6 个数据集进行聚类，得到如图 8-1 所示的聚类效果图。

3）聚类效果比较

改进的 K-means 聚类算法的聚类效果通过评价指标 Rand Index 与另外 4 个聚类算法进行比较，这 4 个聚类算法为 K-means 算法、FCM（Fuzzy c-means）算法、FKPC（Fuzzy k-plane clustering，模糊 k 平面聚类）算法和 MPCK-means 算法。K-means 聚类算法是一种无监督聚类算法，适合低维的数据集；FCM 算法允许数据集中的一部分数据同时属于两个或者更多的类簇；FKPC 算法考虑了样本数据点属于每一个类簇的概率；MPCK-means 算法考虑了度量学习和二元约束满足的问题。

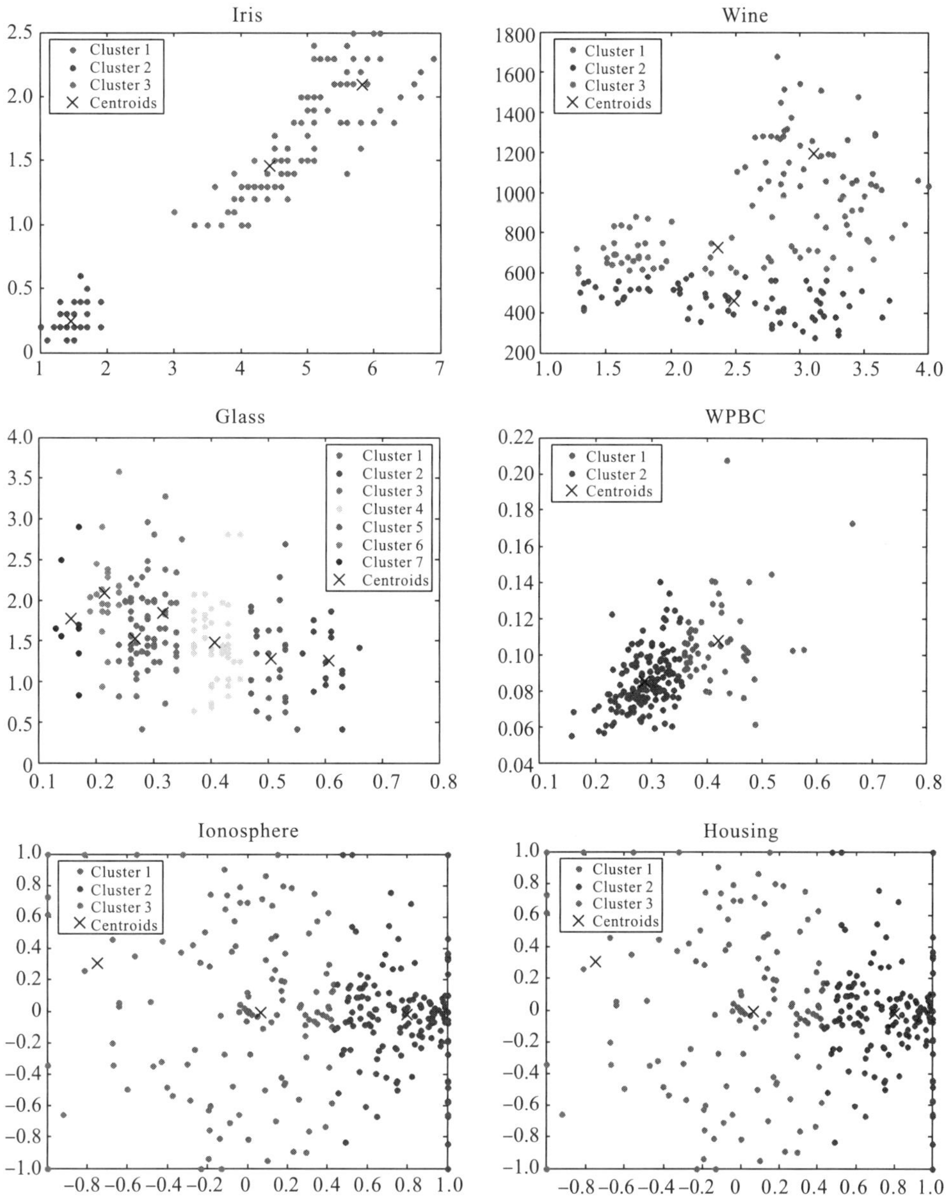

图 8-1　改进的 K-means 聚类算法的聚类效果图

表 8-3 展示了不同聚类算法的 Rand Index 值。可以看出，改进的 K-means 聚类算法的 Rand Index 值比其他的聚类算法都要高，说明聚类效果较好。

表 8-3　对比聚类算法的 Rand Index 值

Dataset	K-means	FCM	FKPC	MPCK-means	改进的 K-means
Iris	0.8418	0.8426	0.8797	0.8831	0.9826
Wine	0.8945	0.6877	0.5954	0.9059	0.9912
Glass	0.6693	0.7177	0.5897	0.5443	0.9887
WPBC	0.5167	0.8254	0.8345	0.5121	0.9987
Ionosphere	0.5691	0.5937	0.5842	0.5753	0.9843
Housing	0.5217	0.5466	0.5013	0.8679	0.9958

8.1.3　实验评价方法和演化趋势分析

实验分为 3 个步骤，首先是对已经预处理的新闻文档数据进行话题提取，然后对提取的话题进行聚类，最后分析其演化情况。整个实验过程有具体的评价方法，分别是话题提取模型、K-means 聚类算法和聚类演化分析，其中话题提取模型课题组使用了 LDA 模型，LDA 模型的评价方法利用作者提出的困惑度来判断其效果；改进的 K-means 聚类算法使用 Rand Index 指标来判断聚类效果。最后的演化分析部分将对不同时间段内已聚类的话题进行演化趋势分析。

利用 LDA 模型对预处理后的新闻文档进行话题提取后，可进一步对一个时间段内的话题进行聚类，并通过比对不同时间段的聚类效果和话题分布来实现整个时间轴上文档的趋势分析。其主要步骤如下：首先，利用 LDA 模型对一定时间内的新闻文档进行话题提取；然后，按照预设的话题强度和趋势的计算方法进行话题强度和趋势的计算，获取其强度和趋势的数据；最后，将原始新闻文档按一定时间粒度离散到相应的时间片段内，通过话题词的聚类效果来预测话题的强度趋势和内容趋势。

1. 话题强度演化趋势分析

网络舆情往往会随着时间的改变进行演化，于是对新闻文档进行演化分析时就需要考虑时间因素。因此，可在 LDA 模型中引入时间参数，通过检测不同时间段内话题权重的分布情况来反映其演化的趋势，同时用文档支持率来衡量不同话题的权重。文档支持率是用来衡量不同话题在一个时间段内权重的标准，其数值可反映新闻文档对话题的支持程度或贡献度，即话题强度，其计算公式为

$$S(z,\ t)=\frac{|D_z^t|}{|D^t|} \tag{8.6}$$

其中，$|D_z^t|$ 为 t 时间内属于话题 z 的新闻文档数量；$|D^t|$ 为 t 时间内所有新闻文档的数量。

该公式表示固定时间 t 内所属话题的新闻文档比重越大，该话题的强度越大，越容易形成热门话题或高影响力话题。

利用文档支持率来对话题强度演化趋势进行分析的具体步骤如下：将原始新闻文档按

不同时间段划分为若干子集，利用文档支持率的公式求得不同时间段的子集中不同话题的话题强度，将这些数值在时间轴上依次标出，即可得到某一话题的话题强度演化趋势图，该图可反映一定时间范围内话题强度的演化。

2. 话题内容演化趋势分析

话题内容主要是用话题词本身来反映的，代表新闻文档的话题词的聚类情况则间接反映了话题内容的分布。因此，可以通过查看某一时间段内所有话题词的聚类情况，即该时间段内形成最大类簇的类簇中心，将不同时间段的最大类簇的类簇中心放入时间轴内来反映其话题内容的演化趋势。

目前网络舆情有向着短文档发展的趋势，短文档在内容的表达上面更加简洁、精准，而短文档中几乎所有话题词对于舆情内容的表达都有影响，因此，使用 LDA 模型对新闻文档话题词进行提取的过程不需要根据话题词的概率分布进行过滤。聚类演化的对象是所有的话题词，每个类簇的中心即为最能代表这个类簇的新闻文档的话题词。对话题内容的演化趋势进行分析的步骤如下：首先，查看改进的 K-means 聚类算法得到的聚类结果标签，即该时间段内所有新闻文档聚类后都属于哪个类簇，从而可得到该时间段内最大的类簇，由于改进的 K-means 聚类算法中各话题词之间的距离是使用 KL 距离来定义的，因此，语义相关的话题词才会聚为一类，而最大的类簇则为该时间段内的热点新闻文档；其次，通过改进的 K-means 聚类算法可得到每个类簇的中心点，中心点的话题词即可表示该类簇的文档内容；最后，通过测度一定时间范围内不同时间段的最大类簇中心的话题词分布情况，将其按照时序映射来得到话题的内容演化趋势。

8.1.4　实验与结果分析

为实现课题组的舆情聚类演化分析，即对不同时间段的新闻文档进行聚类，并将其放在时间轴上对内容和强度的演化进行比对，课题组在 MATLAB R2012b 环境下进行了实验分析，通过话题词聚类，得到不同时间段新闻文档的聚类结果及其概率分布，进一步分析时间轴上新闻文档的内容演化和强度演化趋势。

1. 话题聚类

本实验使用改进的 K-means 聚类算法，在算法前导入最佳话题数作为初始 K 值，同时选取相对距离最远的新闻文档作为初始聚类中心，即初始聚类中心为某一条新闻文档所包含的所有话题词，实验使用的 5 个新闻文档集所对应的初始聚类中心及其对应的新闻文档，如图 8-2 所示。其中，左图为构成初始聚类中心的话题词，一行表示一个话题，一列表示一个话题词，矩阵的数值表示话题词在对应的话题初始聚类中心出现的次数；右图为构成初始聚类中心的是哪些新闻文档，从上往下数，第几个数值表示为第几个话题，数值表示的是哪一条新闻文档。

选取好类簇数和初始聚类中心后，用 KL 距离来衡量不同新闻文档之间的语义相似度，由此对新闻文档进行聚类，聚类后得到每个类簇的中心点和各个新闻文档的类簇标签，如图 8-3 所示。

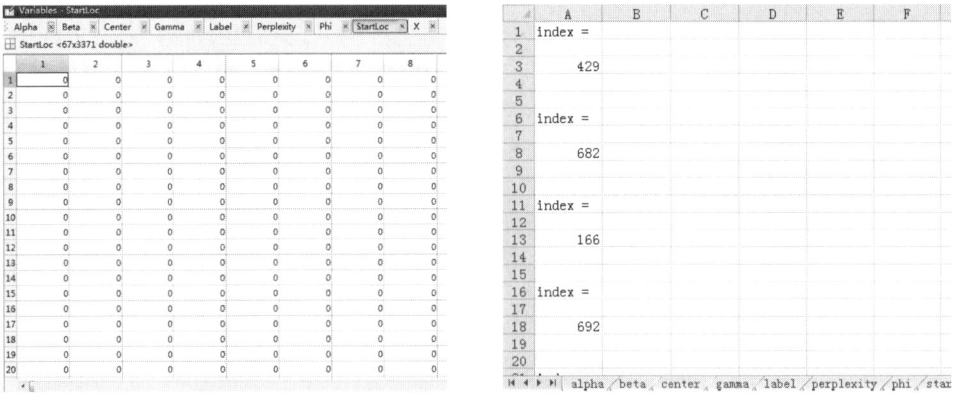

(a) 第一个新闻文档的初始聚类中心

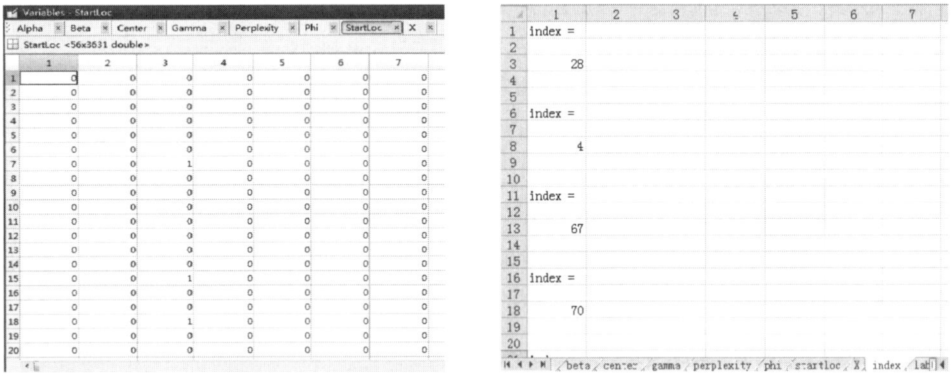

(b) 第二个新闻文档的初始聚类中心

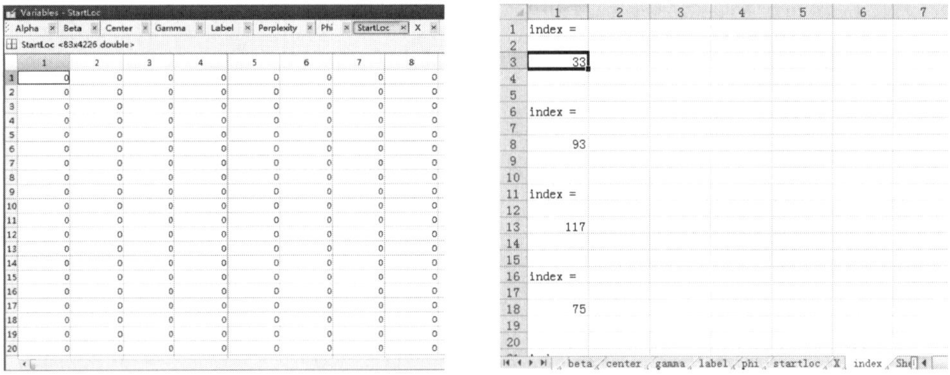

(c) 第三个新闻文档的初始聚类中心

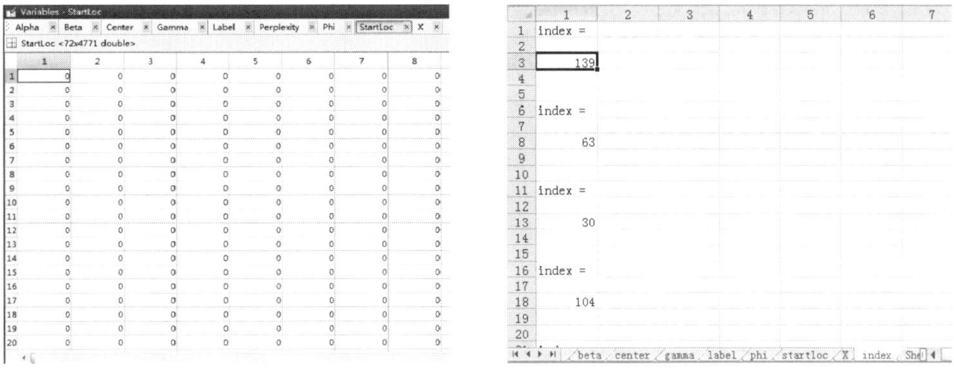

(d) 第四个新闻文档的初始聚类中心

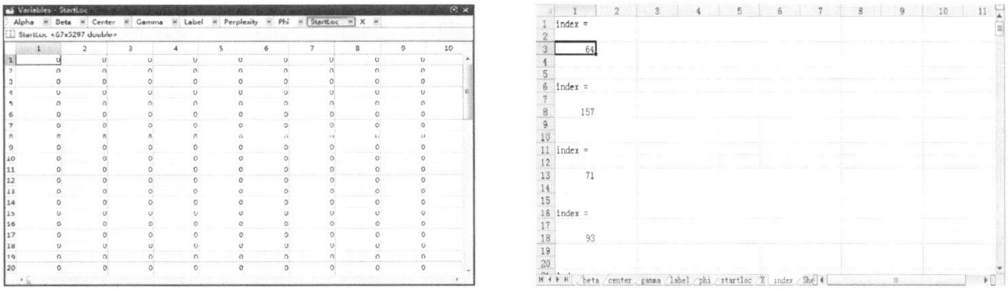

(e) 第五个新闻文档的初始聚类中心

图 8-2　5 个新闻文档的初始聚类中心

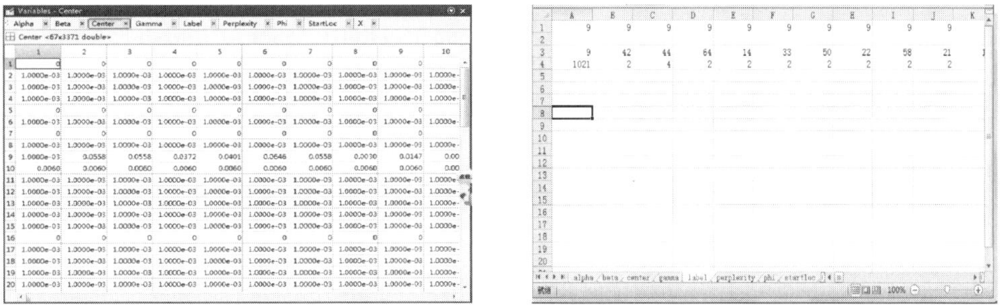

(a) 第一个新闻文档的类中心和类标签

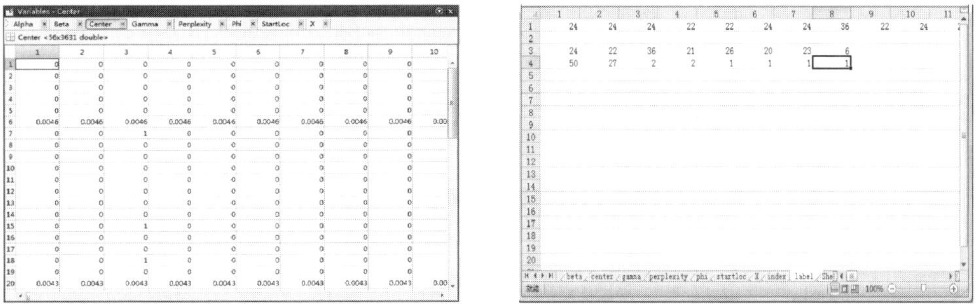

(b) 第二个新闻文档的类中心和类标签

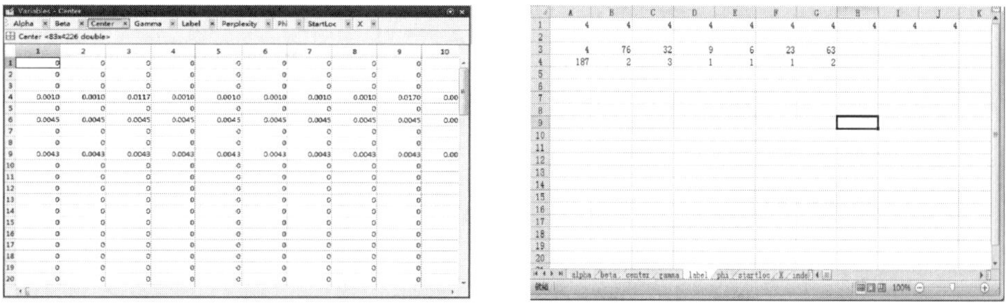

(c) 第三个新闻文档的类中心和类标签

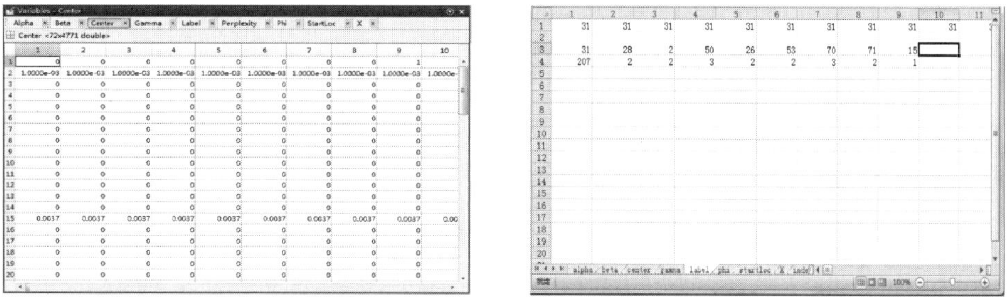

(d) 第四个新闻文档的类中心和类标签

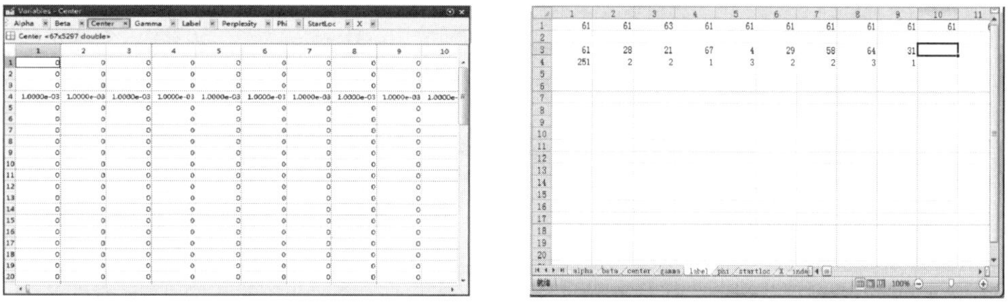

(e) 第五个新闻文档的类中心和类标签

图 8-3　5 个新闻文档的类中心和类标签

2. 话题内容的演化趋势

话题内容的演化主要是通过时间轴上的话题词来反映的，话题词在不同时间段上的聚类情况和聚类中心的概率分布则间接反映了话题的内容演化，而通过上述的话题聚类得到的最大类簇最能涵盖该时间段的话题，最大类簇的中心则为出现概率最高的、最能反映该类簇的新闻文档。由此，我们可以通过测度不同时间段的最大类簇中心的话题分布情况，得到时间轴上话题内容的演化趋势。表 8-4 反映了实验所使用的 5 个时间段的新闻文档的内容演化趋势。

表8-4显示的分别是各个时间段最大类簇中心新闻文档出现概率最高的几个话题词及其对应的概率值，选取最高概率的话题词来代表该时间段的新闻文档，对比时间轴上的话题词内容来反映话题内容的演化趋势。根据课题组实验使用的数据，得到最能反映 5 个时间段内容的话题词分别是养生、春节、调查、儿童和改革，由此看出 5 个时间段的新闻文档集的热点话题词不存在内容上的演化趋势。

表 8-4　话题内容演化趋势

Day 1	概率	Day 2	概率	Day 3	概率	Day 4	概率	Day 5	概率
养生	**0.0815**	中国	0.1209	中国	0.1185	**儿童**	**0.0444**	机构	0.0846
美容	0.0031	**春节**	**0.1009**	北京	0.0598	死亡	0.0203	政协	0.0846
防癌	0.0039	欢乐	0.0209	山西	0.0384	民政厅	0.0107	委员	0.0647
健康	0.0392	民俗	0.0209	机关	0.0117	调查	0.0348	**改革**	**0.1124**
饮食	0.0296	文化	0.0209	事故	0.0437	处罚	0.0016	方案	0.0049
忌讳	0.0019	庆贺	0.0014	**调查**	**0.0598**	死刑	0.0348	回应	0.0209

3. 话题强度的演化趋势

原始新闻语料不存在内容上的演化，此处的内容演化是指热点话题的内容演化，即聚类后最大类簇的内容演化。但是某一时间段的热点话题存在内容的延续性，只不过不是后面时间段的热点话题，通过话题强度来反映演化趋势。图 8-4 显示了这 5 个话题词在时间轴上的话题强度的演化趋势，坐标横轴表示不同的时间段，纵轴表示话题强度，即话题的概率，从图 8-4 中可看出热点话题只在自己的时间段内有着较高的话题强度，即该时间段该话题为热点话题，随时间推移话题强度不断衰减，热点话题也随之改变。

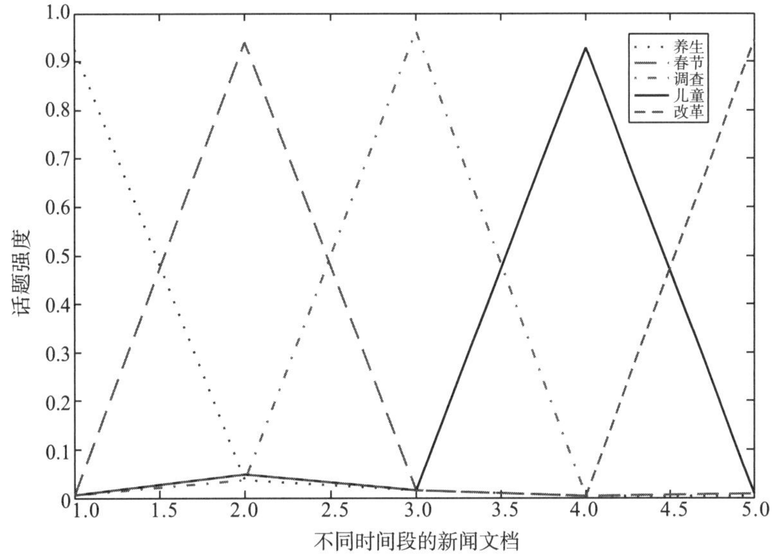

图 8-4　热点话题强度的演化趋势

8.2　观点分岔和平稳检测的动态模型

课题中，观点被抽象化为静态划分的社区，而社区动态的变化则表现为观点的分岔过程。计算相邻时间片社群划分的距离，可进行观点分岔演变和平稳检测。

8.2.1　基本概念和检测参数

1. continuing 延续

当相邻两个时间窗口的两个话题完全一样，或者只有几个节点不同，但是大小一样时，就认为 T_i+1 的话题是 T_i 时间窗口话题的延续。

2. shrinking 缩小

当一些节点离开了话题时，使其大小比之前时间窗口的小。

3. growing 增长

当有新的节点加入主题时，使其大小比之前时间窗口的大。

4. splitting 分裂

T_i 时间窗口的话题 A 在下一时间窗口 T_{i+1} 分裂成了两个或多个话题，分为两种形式：①等量分裂，分裂的新话题几乎一样；②非等量分裂，分裂的新话题中某一个话题比其他话题大得多。

5. merging 融合

时间窗口 T_{i+1} 的一个话题由两个或者多个 T_i 时间窗口的两个或多个话题组合而成。分为两种形式：①等量融合，组成新话题的各个子话题对新话题的贡献量几乎一样；②非等量融合，其中某个子话题对新融合的话题的贡献比其他话题大得多。

6. dissolving 消融

话题在下一个时间点不再出现，其成员要么消失，要么停止与其他节点交互，并分散在其余话题中。

7. forming 形成

当一个话题在 T_i 时间窗口不存在，而在 T_{i+1} 时间窗口出现时，就是新话题的形成。

8.2.2　GED

课题组采用 GED 评估了一个聚类在另一个聚类中的包含度。

$$I(G_1,\ G_2)=\frac{\overbrace{|G_1\cap G_2|}^{\text{群体数量}}}{|G_1|}\frac{\sum_{x\in(G_1\cap G_2)}\mathrm{SP}_{G_1}(x)}{\underbrace{\sum_{x\in(G_1)}\mathrm{SP}_{G_1}(x)}_{\text{群体数量}}} \tag{8.7}$$

代表在聚类中的包含度。GED 的评估过程如下。

输入：在每一个时间窗口 T_i 中，提取网络快照，对每一个话题计算用户重要度。

(1) 每一个话题对〈G_1，G_2〉，G_1 为 T_i 时间窗口，G_2 为 T_{i+1} 时间窗口。计算 G_1 在 G_2

中的包含度，以及 G_2 在 G_1 中的包含度。

(2) 基于两个聚类的大小。

continuing（延续）：

$$I(G_1, G_2) \geqslant \alpha, \ I(G_2, G_1) \geqslant \beta \text{ 且 } |G_1| = |G_2| \tag{8.8}$$

shrinking（缩小）：

$$I(G_1, G_2) \geqslant \alpha, \ I(G_2, G_1) \geqslant \beta \text{ 且 } |G_1| > |G_2| \tag{8.9}$$

或

$$I(G_1, G_2) < \alpha, \ I(G_2, G_1) \geqslant \beta \text{且} |G_1| > |G_2| \tag{8. 10}$$

G_2 在 T_i 中只能有一种匹配。

growing（增长）：

$$I(G_1, G_2) \geqslant \alpha, \ I(G_2, G_1) \geqslant \beta \text{且} |G_1| < |G_2| \tag{8. 11}$$

或

$$I(G_1, G_2) \geqslant \alpha, \ I(G_2, G_1) < \beta \text{且} |G_1| \leqslant |G_2| \tag{8. 12}$$

G_1 在 T_{i+1} 中只能有一种匹配。

splitting（分裂）：

$$I(G_1, G_2) < \alpha, \ I(G_2, G_1) \geqslant \beta \text{且} |G_1| \geqslant |G_2| \tag{8. 13}$$

G_2 在 T_i 中能有多种匹配。

merging（融合）：

$$I(G_1, G_2) \geqslant \alpha, \ I(G_2, G_1) < \beta \text{且} |G_1| \leqslant |G_2| \tag{8. 14}$$

G_1 在 T_{i+1} 中能有多种匹配。

dissolving（消融）：

$$I(G_1, G_2) < 10\% \text{且} I(G_2, G_1) < 10\% \tag{8. 15}$$

G_1 属于 T_i，G_2 属于 T_{i+1}。

forming（形成）：

$$I(G_1, G_2) < 10\% \text{且} I(G_2, G_1) < 10\% \tag{8.16}$$

G_1 属于 T_{i+1}，G_2 属于 T_i。

8.3　小　　结

首先，课题通过改进 K-means 聚类算法，提高了 K-means 聚类算法的聚类效果，并在有真实标签的数据集上使用相关的评价指标来衡量改进算法的聚类效果，确定了改进算法的优越性。其次，以 LDA 模型提取的话题词作为源数据，对其进行聚类，其中话题间的距离是使用 KL 距离来计算得到的语义相似度。再次，根据 5 个时间段的新闻文档的聚类结果，对其进行话题内容和话题强度的演化趋势分析，最终确定热点话题和话题演化情况。最后，课题组研究了基于时间动态变化的社区距离参数，当社区距离大于一定的阈值时，说明话题仍在进行不断分岔，否则表明观点趋于平稳。

第9章 系 统 实 现

通过上述的研究，课题组奠定了系统实现中采用的模型算法。课题组共实现了两个系统的设计与实现，分别是网络舆情演化分析平台的设计与实现和复杂网络社区发现研究平台的设计与实现。

9.1 网络舆情演化分析平台的设计与实现

9.1.1 系统需求分析

1. 开发环境需求

系统开发环境需求见表 9-1。

表 9-1 系统开发环境

硬件环境	软件环境
CPU：AMD Athlon II X2 245	系统类型：32 位操作系统
内存储器：DDR II 800 2G *1	操作系统：Microsoft Windows 7
显卡：256 显存以上	开发软件：Microsoft Visual Studio 2010 Eclipse 7.0
硬盘：20GB 以上	

2. 功能需求

系统的具体功能需求如下。

(1) 系统对原始新闻语料进行预处理，预处理的内容包括中文分词、词性标注、过滤停用词和特殊词性过滤 4 个部分。

(2) 系统对预处理后的新闻文档进行转换，转换为 LDA 模型可读取的数据格式，然后通过 LDA 模型对文档进行话题提取。

(3) 系统能够对 LDA 模型进行参数估计，能选取最优话题类簇数以达到优越的模型泛化能力。

(4) 系统能够展示最优话题类簇数的选择依据，即不同话题类簇数所对应的不同困惑度值。

(5) 系统能够根据得到的话题词，使用改进的 K-means 聚类算法对其进行聚类，并根据 LDA 模型的概率分布和聚类结果对新闻文档进行演化分析。

9.1.2　系统总体设计

系统总体设计思路如下。

1. 数据预处理

对抓取的数据进行分词，得到分词后的文档。对分词后的文档进行词频统计，取有效的词作为关键词，并构建关键词矩阵及词频。

2. 话题提取

利用 LDA 模型对处理后的数据进行话题提取，并用 EM 算法对模型的参数进行估计和使用困惑度来选取最优话题数。

3. 改进的聚类算法和演化分析

针对现有文档聚类算法和 K-means 聚类算法的优缺点，课题组使用改进的 K-means 聚类算法对提取的话题词进行聚类，最后利用聚类结果和 LDA 模型的概率分布对话题进行演化分析。

综上所述，系统主要包括 3 个功能模块：预处理模块、话题提取模块和聚类演化模块，如图 9-1 所示。其中，预处理模块又分为 3 个子模块：中文分词模块、过滤停用词模块和过滤特殊词性模块；话题提取模块分为格式转换模块、参数估计模块和获取最优话题数模块 3 个子模块；聚类演化模块也分为 3 个子模块：改进的 K-means 聚类算法模块、内容演化趋势分析模块和话题强度演化趋势分析模块。

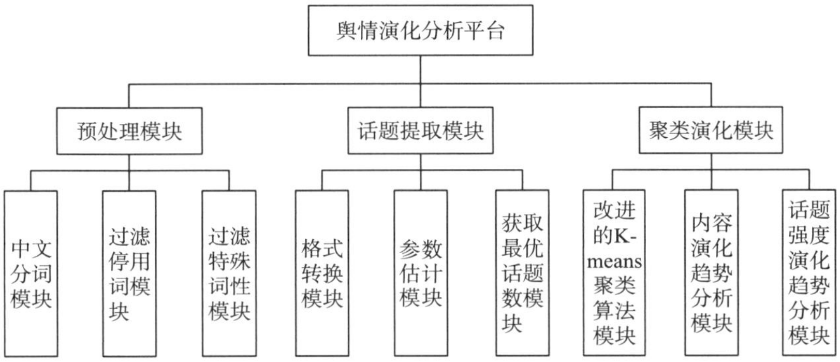

图 9-1　系统功能模块图

9.1.3　系统功能模块详细设计

课题组在 Windows 7 平台环境下，使用 Visual Studio 2010 和 MATLAB R2012b 进行模块和界面的开发，系统中主要功能模块的详细设计如下。

1. 数据预处理模块

由于需要对文档进行话题提取，因此，需要对原始语料进行分词处理，课题组采用正向最大匹配的中文分词算法对数据进行分词预处理。同时，分词后的文档中存在很多与文档语义无关的词，这里使用停用词表和特殊词性表对其进行过滤，为后续的实验提供数据基础。正向最大匹配算法即从左到右将待分词文档中的几个连续字符与词表匹配，如果匹配，则切分出一个词。课题组数据预处理算法流程如图 9-2 和图 9-3 所示。

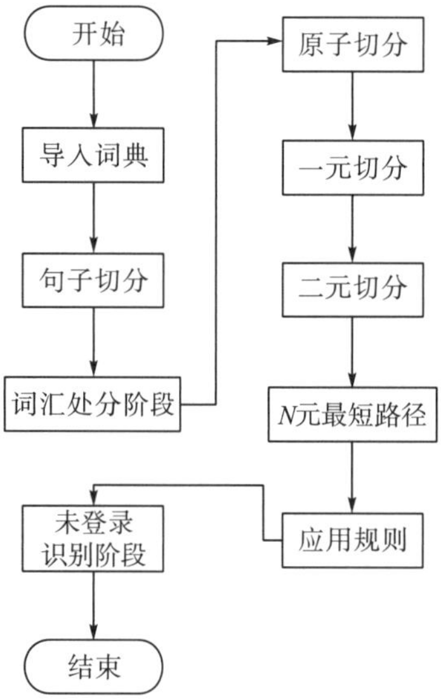

图 9-2　ICTCLAS 运行流程图

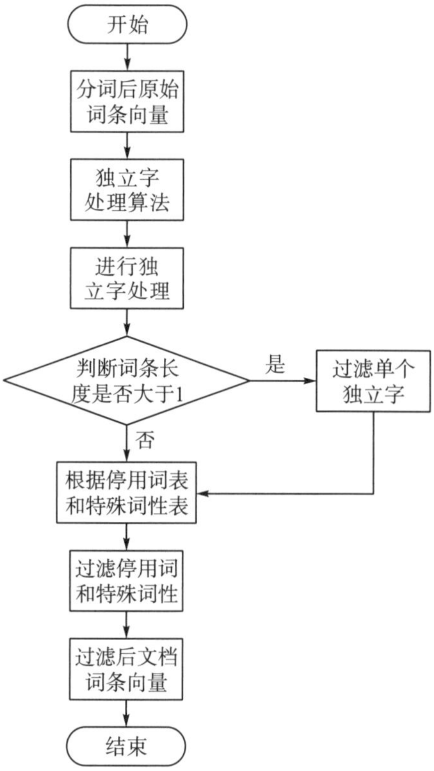

图 9-3　过滤停用词和特殊词性模块流程图

需要注意的是，要做到最大匹配，并不是第一次匹配到就可以进行切分。例如，待分词文本：content[]={“中”，“华”，“民”，“族”，“从”，“此”，“站”，“起”，“来”，“了”，“。”}

词表：dict[]={“中华”，“中华民族”，“从此”，“站起来”}

(1) 从 content[1]开始，当扫描到 content[2]时，发现“中华”已经在词表 dict[]中了。但还不能切分出来，因为我们不知道后面的词语能不能组成更长的词(最大匹配)。

(2) 扫描 content[3]，发现“中华民”并不是 dict[]中的词。但是我们还不能确定是否前面找到的“中华”已经是最大的词了。因为“中华民”是 dict[2]的前缀。

(3) 扫描 content[4]，发现“中华民族”是 dict[]中的词，则继续扫描下去。

(4) 当扫描 content[5]时，发现“中华民族从”并不是词表中的词，也不是词的前缀。因此，可以切分出前面最大的词——“中华民族”。

因此，最大匹配出的词必须保证下一个扫描不是词表中的词或词的前缀才可以结束。

2. 话题提取模块

该模块的主要功能就是为后续的聚类演化分析提供所需要的文档数据和概率分布。通过 LDA 模型对经过预处理的新闻文档进行话题提取，获取话题和话题词的概率分布，但预处理后的数据格式不能直接导入 LDA 模型，需要对其进行格式转换，格式转换模块流程图如图 9-4 所示。格式转换后文档以数据矩阵的形式表示，一行表示一条新闻文档，一列表示一个词，其属性见表 9-2，参数估计模型流程图如图 9-5 所示。

表 9-2　转换后的数据属性

时间段	行数	词数	数据格式
Day 1	1120	3371	Int
Day 2	85	3631	Int
Day 3	197	4226	Int
Day 4	224	4771	Int
Day 5	268	5297	Int

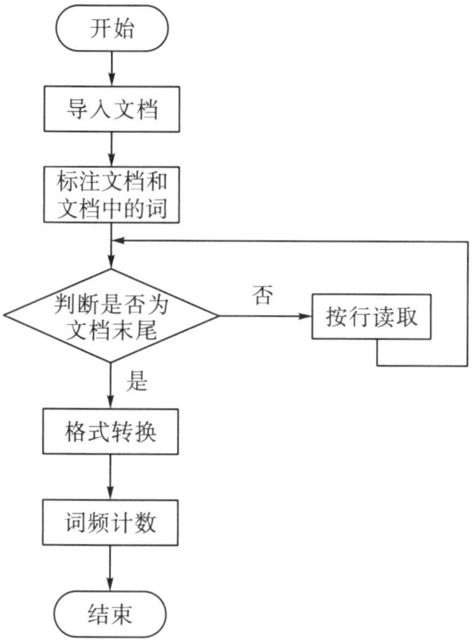

图 9-4　格式转换模块流程图

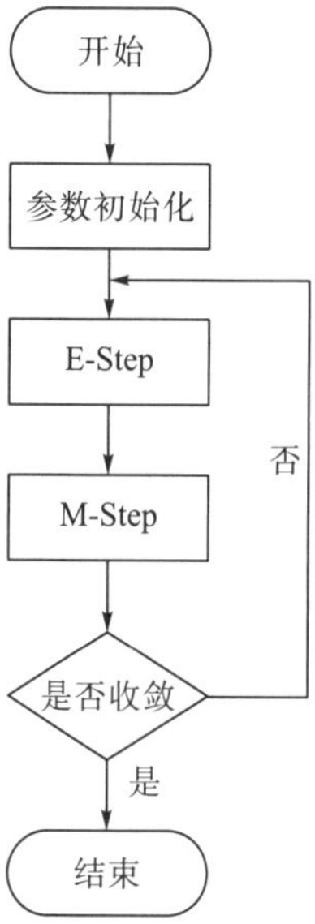

图 9-5　参数估计模型流程图

3. 聚类演化趋势模块

聚类演化趋势模块分为改进的 K-means 聚类算法、话题内容演化和话题强度演化。聚类演化趋势模块所需数据是真实的网络舆情数据，但是网络舆情文档不能直接被聚类演化算法所使用。所以使用前两个模块对原始舆情文档进行处理和计算，便于聚类演化趋势分析的实现。改进的 K-means 聚类算法的流程图如图 9-6 所示。

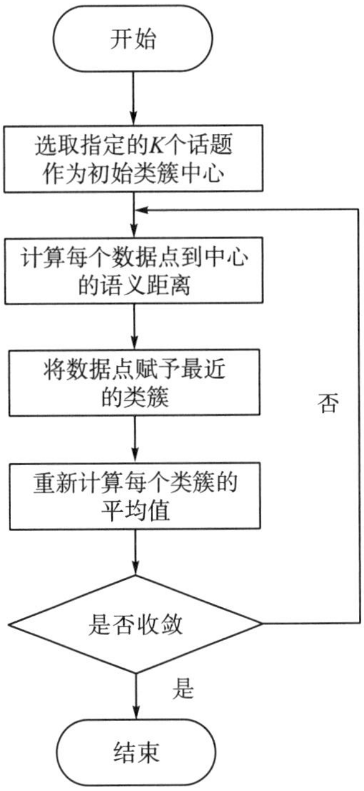

图 9-6　改进的 K-means 聚类算法流程图

9.1.4　系统实现和测试

1. 系统主界面

系统主界面主要由数据预处理、选取最佳话题数、LDA 模型输出、话题词聚类、演化趋势分析等功能模块组成，如图 9-7 所示。每个模块分别实现了各自的功能，并为后续的实验提供了数据支持，主界面上部的各个按钮可单击，单击之后进入相应的模块。

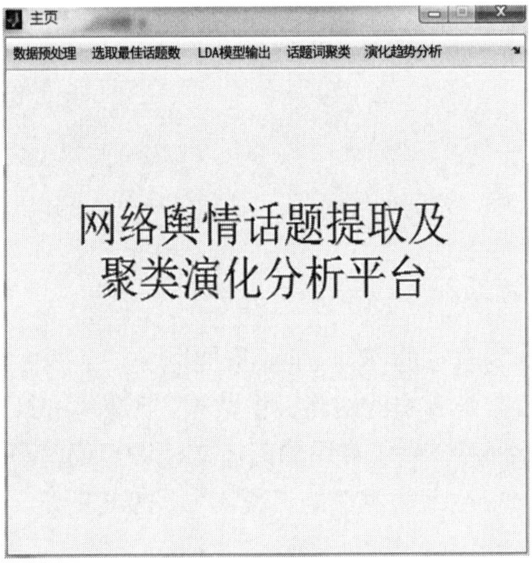

图 9-7　系统主界面图

2. 系统主要功能测试

1) 数据预处理模块

该模块主要实现原始数据的预处理功能，主要包括中文分词、词性标注、过滤停用词和特殊词性过滤 4 个部分的预处理，如图 9-8 所示。

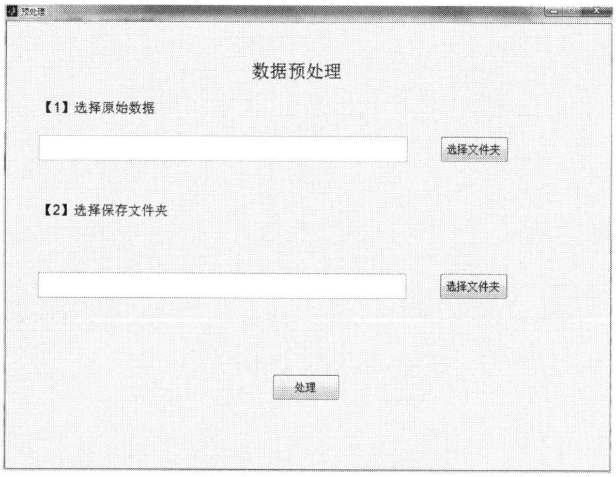

图 9-8　数据预处理界面

经测试，数据预处理模块能够正常运行，能够完成对原始数据的选取和数据处理，并将其保存在指定的文件夹下面。

2) 话题提取模块

该模块主要完成不同话题数的困惑度计算，得到最小困惑度相对应的话题数 K，为后续的话题词聚类做准备，如图 9-9 所示。接下来利用 LDA 模型对话题词进行提取，LDA 模型的对应概率分布如图 9-10 所示。

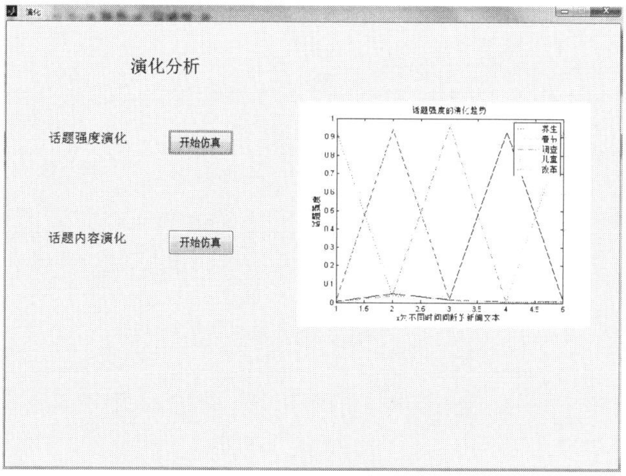

图 9-9　选取最佳话题数

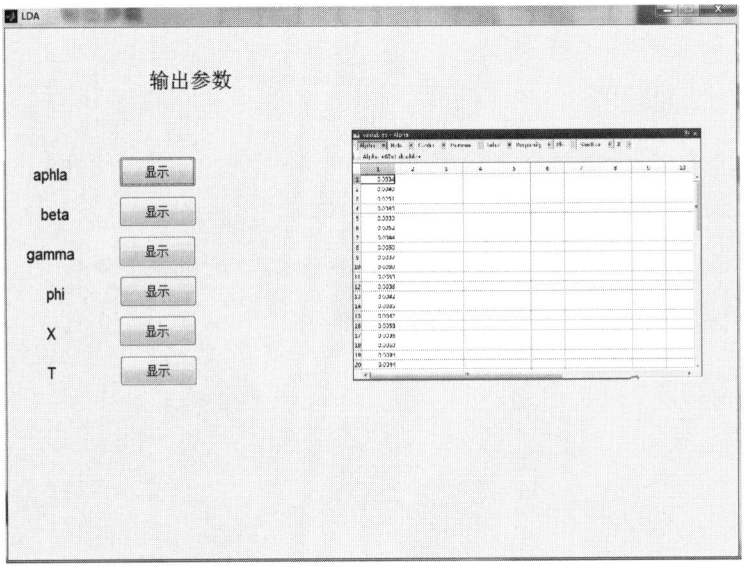

图 9-10　LDA 模型的输出参数

3）聚类演化模块

该模块包括改进的 K-means 聚类算法和话题演化分析，其运行结果如图 9-11 和图 9-12 所示。

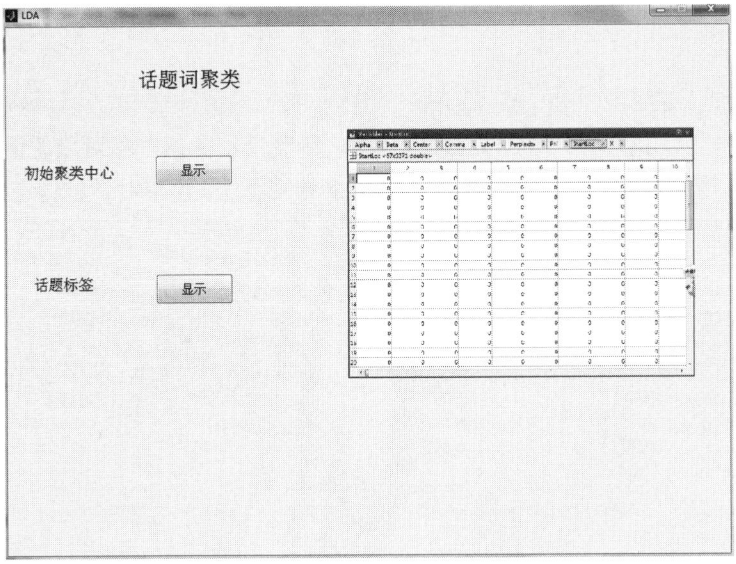

图 9-11　改进的 K-means 算法结果展示

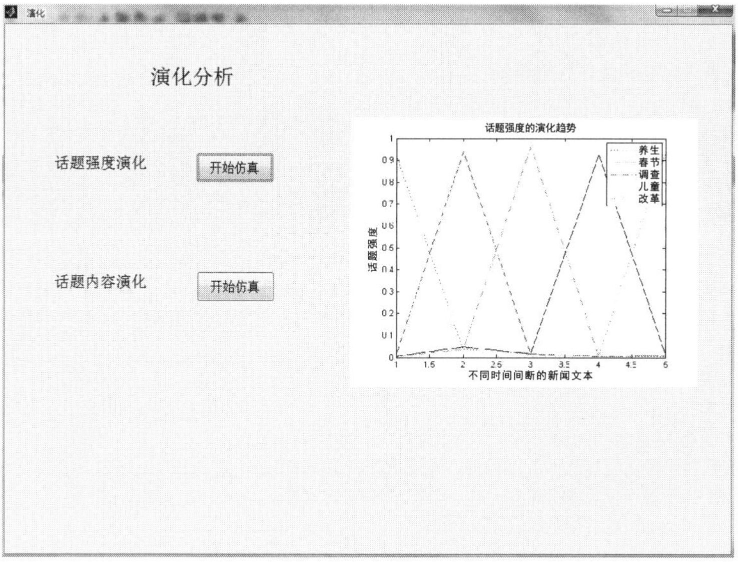

图 9-12 话题的演化趋势分析

9.2 复杂网络社区发现研究平台的设计与实现

9.2.1 系统需求分析

1. 软硬件要求

平台设计软硬件环境见表 9-3。

表 9-3 平台所需软硬件环境

软件需求	硬件需求
操作系统：Windows 7 系统	CPU：1.5GHz 以上
开发软件：MATLAB 2014b、Gephi	显卡：256 显存以上
编程语言：Java	内存：1GB 以上
数据库支持：Microsoft SQL Server 2008	硬盘容量：10GB 以上

2. 功能需求

针对复杂网络的特点和社区发现方法，原型系统应具备的功能主要分为以下四点。

(1) 系统能实现对社会标注网络数据的处理功能。复杂网络中数据类型较多，由于主题社区发现方法需要特定格式的输入数据，因此，系统应实现对具有标注信息的网络数据进行处理，以适应主题社区发现方法。

(2) 系统能够实现主题社区发现方法。该功能基于 Louvain 算法的社区发现方法的实现，得到社区发现的结果，以分析标注网络潜在的社区结构特性。

(3) 系统允许用户手动输入 Louvain 社区发现方法的紧密度阈值，以增加系统与用户之间的交互性。

(4) 系统实现社区发现结果的展示。该功能是以图的形式对社区发现结果进行展示，有助于更直观地观察网络的结构特性。

9.2.2　系统总体设计

1. 系统架构设计

在软件体系架构设计中，分层式结构是最常见也最重要的一种结构。系统采用分层式体系结构，每一层都为高一层提供服务，同时每一层都建立在低一层的基础上。系统架构图如图 9-13 所示。系统自顶向下依次分为界面管理、功能模块、工具软件、基础平台 4 个部分。

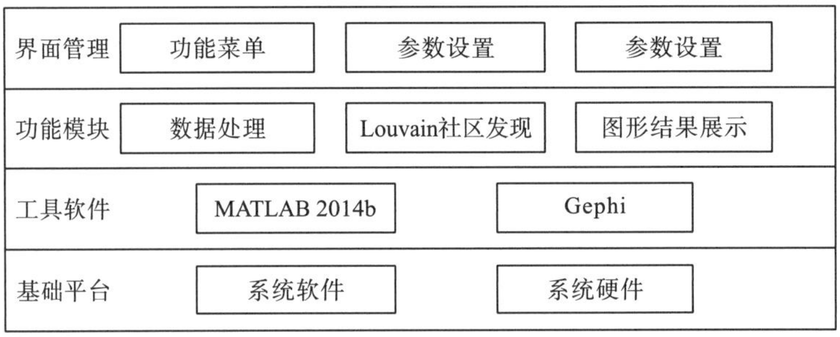

图 9-13　系统架构图

系统主要在 Windows 7 操作系统下，以 MATLAB 2014b 进行数据处理，使用 Gephi 进行社区发现结果的可视化。在 Visual Studio 2010 中使用 Visual C#编程语言对系统中各功能模块和界面进行开发。课题组研究的基于模块度的社区发现方法在功能模块中实现，界面管理负责功能菜单的选择、紧密度阈值的设置、社区发现结果的展示。

2. 系统总体流程设计

结合需求分析和对系统架构的设计，原型系统的系统流程图如图 9-14 所示。

系统的主要流程说明如下。

(1) 初始化：初始化各参数值。

(2) 读取网络数据：将需要进行社区发现的网络数据读入系统。

(3) 标注网络数据处理：对输入的标注网络进行处理，以得到主题社区发现模块所需要的数据格式，存入数据库。

(4) 构建主题标注网络：以 LDA 模型提取标签中的主题，构建具有用户、主题、标签的主题标注网络，为下一步的社区发现做准备。

(5) 主题社区发现：以基于主题距离的社区发现方法对标注网络进行社区发现，得到标注网络的社区结构。

(6) 结果展示：展示社区发现结果。

(7) 网络数据处理：对读入的网络数据进行处理，以得到图分裂社区发现模块所需要的数据格式，存入数据库。

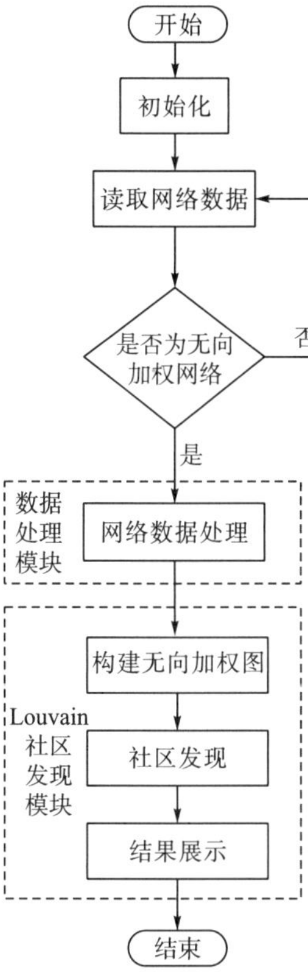

图 9-14　系统流程图

3. 系统功能模块设计

依据系统的架构和流程图，将系统功能模块划分为数据处理、主题社区发现和图分裂社区发现 3 个模块。图 9-15 展示了模块之间的调用关系，以及子功能模块。

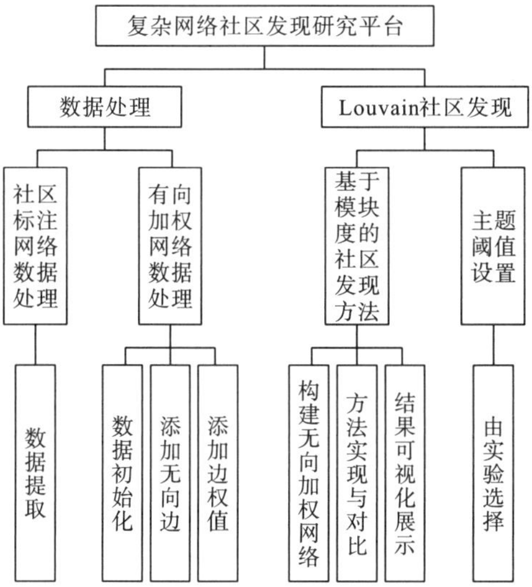

图 9-15　系统功能模块图

9.2.3　系统详细设计

详细设计阶段的根本目标是确定应该怎样具体地实现所要求的系统，因此，需要进一步对系统各功能模块进行细化，确定如何具体地实现所要求的系统。

1. 数据处理模块

数据处理模块主要完成对网络公开数据集和网络获取数据的处理，装配成主题社区发现模块能够读取的数据形式。主要针对两类数据进行处理：标注网络数据、无向加权网络数据。处理哪类数据是由用户的输入数据所决定的，标注网络数据处理的结果是描述资源、用户、标签三者关系的标注网络，无向加权网络数据处理的结果是描述发帖和回复关系的无向加权图。

2. 主题社区发现模块

主题社区发现模块是对基于模块度的社区发现方法 Louvain 算法进行实现，展示社会标注网络社区发现的结果。本模块包括 Louvain 算法描述，Louvain 算法的流程图如图 9-16 所示。

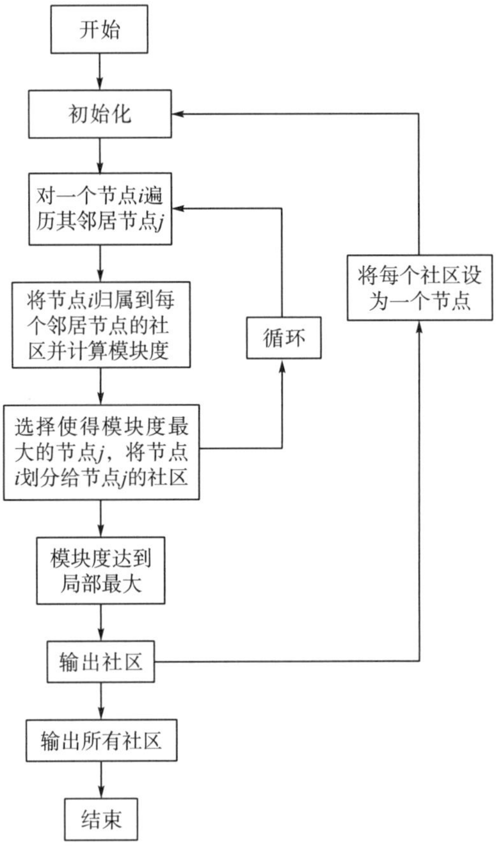

图 9-16　Louvain 算法的流程图

9.2.4　系统测试

对系统的功能模块进行全面测试的系统主界面和主要功能模块如图 9-17 所示。现进行以下详细测试。

系统主界面比较简洁，主要分为 3 个功能模块：数据处理、主题社区发现和图分裂社区发现。其中，数据处理功能包括两个功能菜单项，分别是社会标注网络数据处理和有向加权网络数据处理。主要是针对复杂网络中不同的网络数据，对数据进行处理，以适应课题组提出的两种算法。主题社区发现功能包括两个功能菜单项，分别是前期数值计算和 Louvain 算法，主要用于实现文中第 7 章提出的基于主题距离的社区发现方法，并对社区发现的结果进行可视化展示。图分裂社区发现功能主要包括两个功能菜单项，即紧密度阈值设置和基于有向边紧密度的社区发现方法，主要用于实现文中第 7 章提出的基于有向边紧密度的社区发现方法，并对社区发现的结果进行展示。

图 9-17　系统主界面图

1. 数据处理功能

数据处理功能模块主要分两个功能菜单项，即社会标注网络数据处理和无向加权网络数据处理，如图 9-18 所示。这主要是针对 Louvain 社区发现方法所具体应用的特定网络类型，即无向社会加权网络。

2. 主题社区发现功能

主题社区发现功能包括两个功能菜单项，即前期数值计算和 Louvain 算法。前期数值计算功能菜单项首先读取上个功能模块处理过的数据库中相关表数据，单击“前期数值计算”菜单项，将标注网络数据处理成 Louvain 算法能识别的数据，计算结果如图 9-19 所示。

(a) 社会标注网络数据功能菜单项　　(b) 社会标注网络数据处理结果展示图

图 9-18　社会标注网络数据处理功能测试

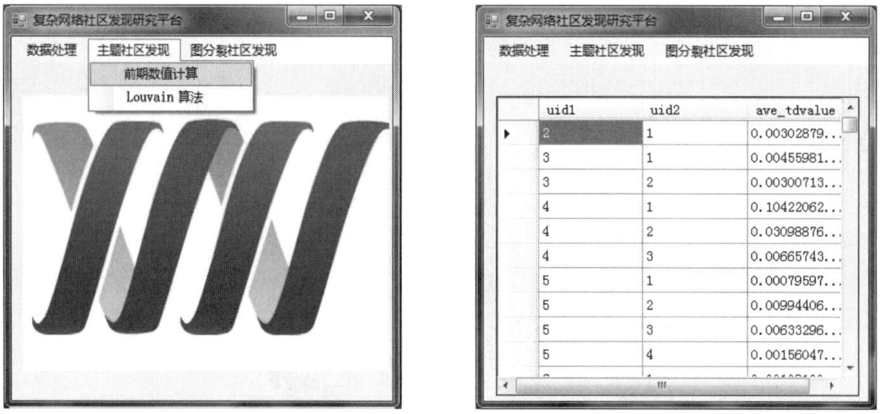

(a) 前期数值计算功能菜单项　　(b) 前期数值计算结果展示图

图 9-19　前期数值计算功能测试

Louvain 算法功能菜单项是对基于主题距离的社区发现方法的实现，将前期数值计算功能菜单项处理的数据作为算法的数值基础，用于标注网络的社区发现，社区发现结果展示如图 9-20 所示。由图可见，本功能模块可以实现在社会标注网络进行社区发现的功能，并且能够有效地发现标注网络中隐藏的社区结构。

本模块主要实现基于有向边紧密度的社区发现算法，首先准备已经处理过的 BBS 真实数据，手动输入紧密度阈值，为测试本模块的可用性，紧密度阈值分别输入 0.02 和 0.2，单击“主题社区发现”按钮，即可得到紧密度阈值分别为 0.02 和 0.2 时的基于有向边紧密度的社区发现结果。由图可知，不同的紧密度阈值产生的社区发现结果不同，每个社区的成员也有所不同，由此表明，本功能模块可用，且能有效地展示基于有向边紧密度的社区发现结果。

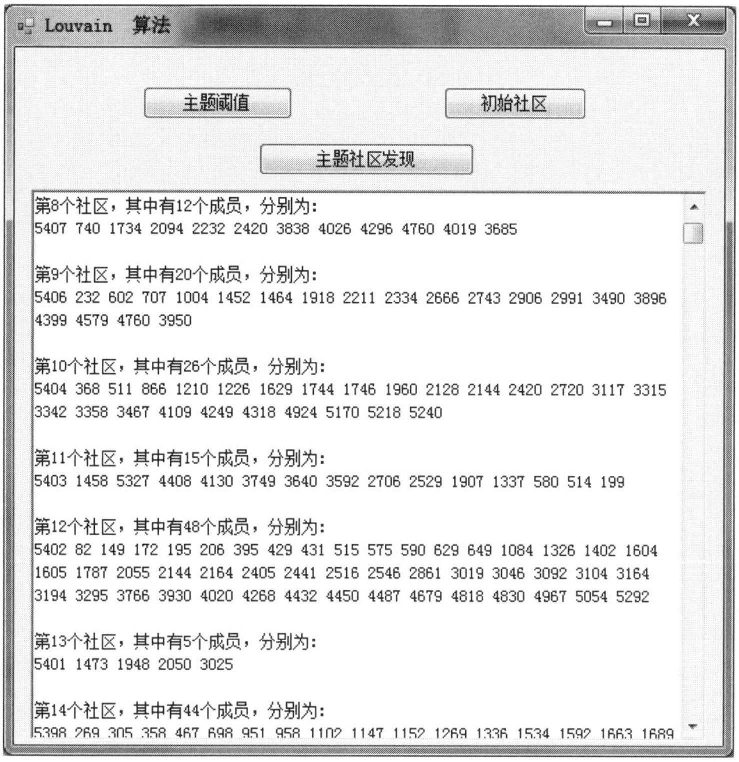

图 9-20　Louvain 算法社区发现结果展示图

9.3　小　　结

本章设计开发了舆情演化分析平台和网络社区发现平台系统。

首先，课题组设计开发了舆情演化分析平台，该平台主要包括 3 个功能模块：预处理模块、话题提取模块和聚类演化模块，其中预处理模块由中文分词模块、过滤停用词模块和过滤特殊词性模块 3 个子模块组成，话题提取模块由格式转换模块、参数估计模块和获取最优话题数模块 3 个子模块组成；聚类演化模块由改进的 K-means 聚类算法模块、内容演化趋势分析模块和话题强度演化趋势分析模块 3 个子模块组成。

其次，课题组设计开发了复杂网络社区发现平台，该平台能够实现对社会标注网络数据的处理、基于 Louvain 算法的社区发现方法实现主题社区的发现功能，并能够提供用户手动输入 Louvain 社区发现方法的紧密度阈值的入口，以增加系统与用户之间的交互性。

这两个系统平台的实现为政务微博引导下的网络舆情演化规律研究奠定了重要的基础。

参考文献

[1] Bass F M. Comments on "A New Product Growth for Model Consumer Durables" [J]. Management Science, 2004, 50(12):1833-1840.

[2] Rogers E M. Diffusion of innovations[M]. Simon and Schuster, 2010.

[3] Buzna L, Peters K, Helbing D. Modelling the dynamics of disaster spreading in networks[J]. Physica A: Statistical Mechanics and its Applications, 2006, 363(1): 132-140.

[4] 朱恒民, 李青. 面向话题衍生性的微博网络舆情传播模型研究[J]. 现代图书情报技术, 2012, 5: 60-64.

[5] Barabasi A L, Albert R. Emergence of scaling in random networks[J]. Science, 1999,286(5439): 509-512.

[6] Newman M E J. The structure and function of complex networks[J]. SIAM review, 2003, 45(2): 167-256.

[7] Radicchi F, Castellano C, Cecconi F, et al. Defining and identifying communities in networks[J]. Proceedings of the National Academy of Sciences of the United States of America, 2004, 101(9): 2658-2663.

[8] 张婷娜. 复杂网络模块度的研究[D]. 西安：西安理工大学, 2010.

[9] Sachan M, Contractor D, Faruquie T A, et al. Using content and interactions for discovering communities in social networks [C].Proceedings of the 21st international conference on World Wide Web. 2012: 331-340.

[10] Girvan M, Newman M E J. Community structure in social and biological networks[J]. Proceedings of the National Academy of Sciences, 2002, 99(12): 7821-7826.

[11] Tian Y, Hankins R A, Patel J M. Efficient aggregation for graph summarization[C]. Proceedings of the 2008 ACM SIGMOD international conference on Management of dat a. ACM, 2008: 567-580.

[12] Tsai C Y, Chiu C C. Developing a feature weight self-adjustment mechanism for a k-means clustering algorithm[J]. Computational statistics & data analysis, 2008, 52(10): 4658-4672.

[13] 刘晋霞, 曾建潮, 薛耀文. 复杂网络强社团结构探测[J]. 小型微型计算机系统, 2011,32(4):5.

[14] Flake G, Lawrence S, Lee G C, et al. Self-organization and identification of Web communities[J]. IEEE Computer, 2002, 35(3):66-70.

[15] Pathak N, Delong C, Banerjee A, et al. Social topic models for community extraction[J]. Proceedings of Sna Kdd Workshop, 2008.

[16] Sachan M, Contractor D, Faruquie T A, et al. Using content and interactions for discovering communities in social networks[C].International Conference on World Wide Web. ACM, 2012:331.

[17] Ríos S A, Muoz R. Dark web portal overlapping community detection based on topic models[C]. Proceedings of the ACM SIGKDD Workshop on Intelligence and Security Informatics. ACM, 2012: 2.

[18] 严姣. 基于主题模型的社区发现研究[D]. 重庆：西南大学, 2012.

[19] Ruan Y, Fuhry D, Parthasarathy S. Efficient Community Detection in Large Networks using Content and Links[J]. ACM, 2012.

[20] 王卫平, 范田. 一种基于主题相似性和网络拓扑的微博社区发现方法[J]. 计算机系统应用, 2013,22(06):108-113.

[21] 吴良. 社交网络中社区与用户兴趣分析——模型设计与实现[D]. 北京:北京大学, 2014.

[22] Palla G, Derényi I, Farkas I, et al. Uncovering the overlapping community structure of complex networks in nature and society[J]. Nature, 2005, 435(7043): 814-818.

[23] Farkas I, ábel, Dániel, Palla G, et al. Weighted network modules[J]. New Journal of Physics, 2007, 9(6):180.

[24] Lancichinetti A, Fortunato S, Kertész J. Detecting the overlapping and hierarchical community structure in complex networks[J]. New Journal of Physics, 2009, 11(3): 033015.

[25] Shen H, Cheng X, Cai K, and Hu M B. Detect overlapping and hierarchical community structure in networks[J]. Physics A Statistical Mechanics and its Applications, 2009, 338(8):1706-1712.

[26] Huang J, Sun H, Han J, et al. SHRINK: a structural clustering algorithm for detecting hierarchical communities in networks[C]. Proceedings of the 19th ACM international conference on Information and knowledge management. ACM, 2010: 219-228.

[27] Adamcsek B, Palla G, Farkas I J, Derenyi I, and Icsek T V. Cfinder: locating cliques and overlapping modules in biological networks[J]. Bioinformatics, 2006, 22:1021-1023.

[28] Farkas I, ábel, Dániel, Palla G, et al. Weighted network modules[J]. New Journal of Physics, 2007, 9(6):180.

[29] Bron C, Kerbosch J. Finding all cliques of an undirected graph[J]. ACM, 1973,16(9):575-577.

[30] Lee C, Reid F, McDaid A, and Hurley N. Detecting highly overlapping community structure by greedy clique expansion[C].Teah.Rep.arXiv:1002, Feb 2010,1827.

[31] Steve G. An Algorithm to Find Overlapping Communities in Networks[C]. Proceedings of the 11th European conference on Principles and Practice of Knowledge Discovery in Databases,2007:91-102.

[32] Steve G. A Fast Algorithm to Find Overlapping Community in Networks[C]. Machine Learning and Knowledge Discovery in Databases2008, 2008:408-423.

[33] Raghavan U N, Albert R, Kumara S. Near Linear Time Algorithm to Detect Community Structures in Large-Scale Networks[J]. Physical Review E, 2007, 76(3 Pt 2):036106.

[34] Leung I X Y, Hui P, Liò P, Crowcroft J. Towards real-time community detection in large networks[J]. American Physical Society,2009,79(6).

[35] Subelj L, Bajec M. Unfolding communities in large complex networks: Combining defensive and offensive label propagation for core extraction[J]. Physical Review E, 2011, 83(3 pt 2):036103.

[36] 王莉. 基于动态虚拟语义社区的知识通信[D]. 太原: 太原理工大学, 2010.

[37] Newman M, Girvan M. Finding and Evaluating Community Structure in Networks[J]. Physical Review E, 2004, 69(2 Pt 2):026113.

[38] Nicosia V, Mangioni G, Carchiolo V, et al. Extending the definition of modularity to directed graphs with overlapping communities[J]. Journal of Statistical Mechanics Theory & Experiment, 2009, 2009(03):3166 - 3168.

[39] Gliwa B, Zygmunt A. GEVi: context-based graphical analysis of social group dynamics[J]. Social Network Analysis and Mining, 2014,4:196.

[40] Gliwa B, Zygmunt A. Analysis of content of posts and comments in evolution social groups[J]. Advances in ICT for business, industry and public sector, 2015,579:35-55.

[41] Takaffoli M, Rabbany R, Zaiane O R. Community evolution prediction in dynamic social networks[C]. IEEE/ACM International Conference on Advances in Social Networks Analysis and Mining. Piscataway, New Jersey,USA:IEEE, 2014:9-16.

[42] Backstrom L, Huttenlocher D, Kleinberg J, et al. Group formation in large social networks: membership, growth and evolution[C].Proceedings of the 12th ACM SIGKDD international conference on Knowledge discovery and data mining. NY,USA: ACM, 2006:44-54.

[43] Xu K S, Kliger M, Hero III A O. Tracking communities in dynamic social networks[C]. Social Computing, Behavioral-Cultural Modeling and Prediction-4th International Conference. College Park, MD, USA: SBP, 2011:219-226.

[44] Kairam S R, Wang D J, Leskovec J. The Life and Death of Online Groups: Predicting Group Growth and Longevity[C]. Acm International Conference on Web Search & Data Mining. ACM, 2012.

[45] Saganowski S, Gliwa B, Bródka P, et al. Predicting Community Evolution in Social Networks[J].Entrop,2015,17:3053-3096.

[46] Lin W Q, Kong X, Yu P S, et al. Community detection in incomplete information networks[C]. Proceedings of the 21st international conference on World Wide Web. ACM, 2012: 341-350.

[47] Newman M E J. Fast algorithm for detecting community structure in networks [J]. Physical review E, 2004, 69(6): 066133.

[48] Arenas A, Duch J, Fernández A, et al. Size reduction of complex networks preserving modularity [J]. New Journal of Physics, 2007, 9(6): 176.

第三篇

移动互联网隐私安全现状分析及对策研究

第 10 章　移动互联网隐私安全概述

移动互联网是指移动通信和互联网的融合体，以及架构于之上的技术、平台、商业模式的总称[1,2]。移动互联网是互联网与电信产业融合的产物，其飞速发展源于连接到互联网和移动通信网的移动智能终端的出现和技术演进，可以为移动终端提供无处不在的互联网服务和通信服务，它以数字化和智能化为根本特点，已经成为信息产业发展中的一项重大变革[3,4]。

传统的基于桌面计算机的互联网时代已经过去，用户更享受智能手机、平板电脑连接互联网移动带来的便捷生活，人们越来越依赖移动智能终端和移动网络进行商务办公、生活、娱乐等活动[5]。分析师本杰迪克特·埃文斯(Benedict Evans)在 2014 年就曾预言："移动正在啃噬这个世界(Mobile is Eating the World)。"事实上，全球范围内移动设备的数量在几年前就已经超过了全世界人口的数量。据全球领先的研究型数据统计公司 Statista 于 2016 年的统计数据：2016 年全球智能手机的销售量约为 15 亿台，预计全球手机用户总数在 2018 年将达到 25.3 亿人次，而这其中有 1/4 的用户都将来自中国。利用移动智能终端，人们可以使用无处不在的搜索、电子邮件、社交网络、在线影音、在线文档、web 等多种服务，人们在获取信息时也会将自己的各种信息加入移动互联网中，必然导致个人信息的隐私性降低，隐私安全的风险也随之加大[6]。因为随着爆发式增长的大量用户在移动智能终端开展各种个人活动和商务活动，从另一个角度看同时也增大了信息安全的攻击面——给攻击者提供了更多的突破口以对个人和团体组织实施入侵。近年来，广为人知的信息过度收集、数据买卖、黑客入侵、恶意程序攻击等安全事件使大量移动互联网用户遭受了隐私泄漏、数据丢失、财物损失等严重后果，安全问题正在成为困扰移动互联网发展的重要问题之一[7]。

移动互联网安全问题尤其是隐私问题成为近年来国内外学者和业界人士关注的热点之一[8-13]。由于移动互联网中的很多应用将个人社会关系直接映射到信息网络中，而这些应用所运行的移动终端平台拥有很多个人数据，相比于传统互联网络而言，移动互联网的个人隐私保护尤为重要，移动互联网隐私安全成为移动互联网产业发展亟须解决的问题之一。信息安全是一项重要的国家战略，是构建和谐社会、维护国家安全的重要保障。关于《中共中央关于全面深化改革若干重大问题的决定》的说明①中指出："网络和信息安全牵涉到国家安全和社会稳定，是我们面临的新的综合性挑战"。2013 年 7 月 12 日，李克强总理在国务院常务会议上要求："依法加强个人信息保护，规范信息消费市场秩序，提高网络信息安全保障能力"②。2016 年 4 月 19 日，习近平总书记在网络安全和信息化工作

① 中国共产党新闻网. 关于《中共中央关于全面深化改革若干重大问题的决定》的说明[EB/OL]. http://cpc.people.com.cn/xuexi/n/2015/0720/c397563-27331312-3.html.

② 中国共产党新闻网. 关于《中共中央关于全面深化改革若干重大问题的决定》的说明[EB/OL]. [2015-7-20]. http://cpc.people.com.cn/xuexi/n/2015/0720/c397563-27331312-3.html.

座谈会上的重要讲话中指出："安全是发展的前提，发展是安全的保障，安全和发展要同步推进"①。2017 年 6 月 1 日，《中华人民共和国网络安全法》生效施行，其更是从法律层面为保障网络安全，维护网络空间主权和国家安全、社会公共利益，保护公民、法人和其他组织的合法权益，促进经济社会信息化健康发展提供了依据和准绳。移动互联网安全是信息安全的重要组成部分，隐私安全问题是移动互联网安全的关键问题，研究移动互联网隐私保护对策及相关技术具有重要的理论意义和现实意义。

10.1　我国移动互联网现状

10.1.1　移动互联网行业发展现状

随着宽带无线接入技术和移动智能终端技术的发展，人们希望能更便捷地使用互联网进行信息交换和服务获取，移动互联网应运而生并迅猛发展。近年来，我国的移动互联网产业呈现迅猛发展的态势，一跃成为世界头号移动互联网大国。根据中国互联网协会、国家互联网应急中心联合发布的《中国移动互联网发展状况及其安全报告(2017)》，2016 年中国境内活跃的手机上网码号数量达 12.47 亿，较 2015 年增长 59.9%。2016 年，我国境内活跃的智能手机达 23.3 亿部，与 2015 年相比增长 106%。境内移动互联网用户所用移动终端设备的操作系统主要为安卓(Android)、苹果(iOS)、塞班(Symbian)和微软(WindowsPhone)4 个操作系统。其中，使用安卓系统的智能终端数量达 19.3 亿部，占总数的 83.02%；苹果系统终端数量达 3.1 亿部，占总数的 13.20%；塞班系统和微软系统终端分别占 3.64%和 0.13%。调查结果表明，绝大多数移动互联网用户使用安卓或苹果操作系统的移动终端联网，占比超过 95%。2016 年，境内移动互联网用户使用频率居前十的应用程序，如图 10-1 所示。其中，居前三位的移动应用程序分别是微信、QQ 和百度地图，拥有的用户数分别为 10.03 亿、9.78 亿和 6.56 亿[14]。

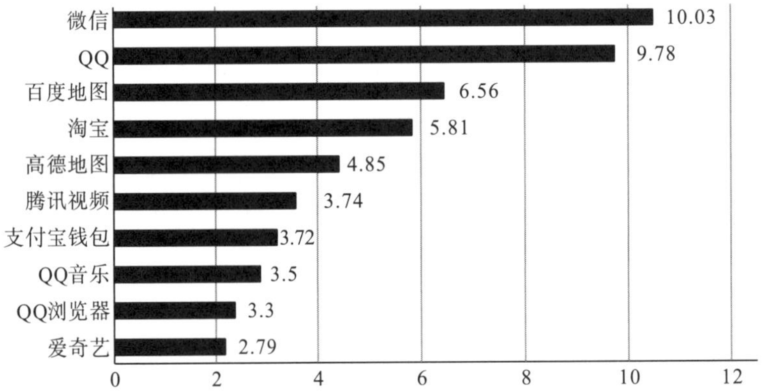

图 10-1　2016 年我国境内用户数量最多的 10 个 App

注：来源于国家互联网应急中心。

① 中华人民共和国中央人民政府. 李克强主持召开国务院常务会议 研究部署加快发展节能环保产业 促进信息消费 拉动国内有效需求 推动经济转型升级[EB/OL].[2013-7-12]. http://www.gov.cn/ldhd/2013-07/12/content_2446301.htm.

关于我国移动互联网的总体安全状态，2016 年 CNCERT/CC 所获得的移动互联网恶意程序样本总数为2053501个，其中有2053450个恶意程序针对安卓平台，占比超过99.9%，其余 51 个恶意程序针对塞班平台，占比为 0.1%。2016 年，针对苹果平台和 J2ME 平台的恶意程序未收到报告。由此可见，由于安卓平台的开放性，该平台及其应用程序成为最主要的攻击目标。2016 年，具有流氓行为特征的恶意程序数量为 1255301(占 61.13%)，具有恶意扣费行为的恶意程序有 373212 个(占 18.17%)、恶意消耗资费的恶意程序有 278481 个(占 13.56%)。由于通信行业在 2016 年进行了 12 次恶意程序专项整治行动，诱骗欺诈类和恶意传播类恶意程序占比分别由 2015 年的 7.21%和 7.03%下降至 2016 年的 0.43%和 0.12%[14]。

总体而言，我国移动互联网产业规模庞大，随着国家“互联网+”等战略的推进，市场发展前景广阔。但从统计数据显示，安全形势不容乐观。

10.1.2　移动互联网隐私安全现状

移动互联网用户使用移动互联网服务主要的媒介就是移动应用程序，因此，移动应用程序的安全水平直接决定了用户隐私的安全水平。事实上，近年来应用程序安全状态不容乐观，有很大比例的用户都曾经遭受过因应用程序不安全导致的个人隐私数据或财物损失，如 Email、用户名、姓名、地理位置、密码、IMEI(international mobile equipment identity，国际移动设备识别码)、手机号、设备 MAC(media access control，媒体访问控制)地址等。究其根源，既有应用程序提供者有意为之，也有应用程序开发者水平不足导致的安全漏洞，还有用户安全意识不够等多种因素。事实上，用户和开发者都必须重视移动应用程序敏感或隐私数据泄露，或许在普通用户认知水平下会误认为少量数据的泄露不足为过，表面上看起来利用这些数据无法直接获得经济利益，但对于攻击者而言积累一定量类似数据仍然存在较大价值，如在社工中将多个信息片段组合起来就可以证明某个逻辑推断，攻击者将获得的用户名与地理位置信息进行组合，就可以推断该用户的其他敏感信息，从而可以发起更有针对性的社工攻击行为。

1. 移动互联网隐私泄露的形式

移动终端用户隐私信息泄露途径多种多样，从数据泄露时用户的知情状态来看，大致可以分为主动泄露和被动泄露两类。如果隐私数据是在移动终端用户可以完全控制信息并知情的状态下泄露的，则称为主动泄露；反之，如果数据信息泄露时用户并不知情，则称为被动泄露。一般情况下，主动泄露限于用户隐私保护认知水平不够，而被动泄露则由于产品技术原因导致。

1)主动泄露的常见形式

(1)社交媒体。网购、微博、在线娱乐、QQ 群、微信群、朋友圈等已经成为当前移动互联网用户最流行的几种网络生活方式，其特点是用户可以实时发布自己的各种信息，在这个过程中信息发布者有可能会无意间通过多种移动应用程序主动在网络上发布部分个人隐私敏感信息，如在朋友圈透露体重、地理位置，在测心理年龄应用中透露自己的实际年龄，甚至留下联系方式、家庭住址等信息。

(2) 在线问卷。移动互联网用户在移动应用使用中经常会收到各种在线问卷、购物抽奖、评选投票、免费产品试用申请、会员卡申请等信息，这些信息通常通过用户朋友圈、微信群、QQ 群、微信公众号、系统自动推送等方式进行传播，该类活动发起者会有意或者无意地搜集被调查者的多种隐私信息(如姓名、手机号、住址等)，而被调查者也会因为自己安全意识不足而被动泄露个人信息。

2) 被动泄露的常见形式

(1) 常规漏洞。移动应用程序开发人员的水平参差不齐，可能导致移动应用程序存在各种安全缺陷，如程序代码缓冲区溢出漏洞、应用配置不当或使用默认配置等，而这些带有安全缺陷的应用程序一旦发布并被恶意攻击者分析利用后，就成了广为人知的安全漏洞。攻击者利用应用程序安全漏洞进行攻击的常见方式有 API(application program interface，应用程序界面)提取 SQL(structured query language，结构化查询语言)注入、XSS(cross site scripting，跨站脚本攻击)、暴力破解等，利用这些安全漏洞，攻击者就有可能绕过系统安全限制，非法获得用户数据。

(2) 木马/病毒/恶意软件。移动互联网用户在移动智能终端主动或被动安装恶意应用程序，访问恶意网站、接收恶意文件时，导致移动智能终端被植入木马或者下载到恶意软件，这些恶意软件或程序通常以获取隐私数据，甚至获得虚拟资产、攻击银行账户等为目标，必然导致数据的严重泄露。

(3) 用户弱口令。弱口令是指用户在设置系统口令时，没有按照更安全的设置方法，而是选择便于自己记忆的字符作为口令，如生日、手机号、房间号等数字，而且长度普遍偏短。弱口令问题看似没有技术难度，但这个本属于密钥管理的问题给移动互联网用户的隐私安全留下了安全隐患，攻击人员只需要利用社工获得一些外围知识，无须直接破解系统的安全建设即可轻松获得数据。

(4) 网络钓鱼。网络钓鱼是移动互联网中用户频繁遇到的一种被动攻击手段，通过社工的方式引诱用户提供各类个人隐私信息，通过网站伪造、恶意链接等方式实现，如在群里发布用户感兴趣的照片引诱用户下载恶意链接，利用虚假系统通知更改用户密码等，利用虚假通知兑换积分、里程等，其根本目的就是欺骗用户，从而搜集各类用户的真实隐私信息。

(5) 不合规搜集。移动互联网运营企业出于某种商业目的，往往会在应用中附加数据采集功能，即使用户对数据采集行为知情，但事实上在采集数据时使用霸王条款，即只要安装该应用程序就默认获取多种个人信息，而用户要么选择不安装该程序，要么就只能被迫接受条款而安装使用该程序，而且安装提示缺乏透明性，通常对数据用途和隐私信息保护措施含糊其辞。据 DCCI 互联网数据中心发布的《2013 移动隐私安全评测报告》显示，在其调查选取的下载数量居前 1400 位的应用中，有 67%的应用程序在获取用户隐私数据，33%的移动应用程序越权获取对实现其功能不必要的数据。此外，该调查还显示位置信息是大多数应用获取的主要信息，通信、短信记录等敏感信息被普遍读取。

2. 移动互联网隐私数据泄露的动因

移动互联网个人隐私数据被频繁泄露收集，本质原因在于隐私数据背后的利益驱动，个人隐私数据往往被用于非法的地下黑色产业，非法获取的数据被用于相互交换获利。主要有两种交易形式：一是企业或个体之间互换各自所获得的隐私数据；二是直接出售其获得的个人隐私数据。企业在使用这些隐私数据时，往往会结合其自身业务对其进行数据的二次开发和利用，或者泄露给广告业务机构进行广告精准投放；更有甚者，一些从事地下黑产的机构自身或通过转卖给他人用户隐私数据实施非法诈骗。据 DCCI(Data center of china Internet，互联网数据中心)在 6 个最具代表性的安卓应用商城中选取的 330 个应用调查显示，65%的安卓应用程序会将隐私数据泄露给开发者，38%的安卓应用程序会将隐私数据泄露给广告机构，12%的安卓应用程序会将隐私数据泄露给未知第三方。

10.1.3　移动互联网用户安全意识现状

用户的安全意识对于移动互联网的隐私安全现状起着非常重要的作用，为了较为客观地对移动互联网用户关于移动应用安全的认识及安全行为、保护态度等有全面的把握，本书对移动互联网用户的典型人群——高校在校学生，采用问卷星系统在线发放问卷的方式进行调查。调查对象为重庆地区的高校在校学生，共发放问卷 300 份，有效回收 276 份。被调查对象中男性占 53%，女性占 47%；按学历结构统计为本科 68%，硕士 30%，博士 2%；按专业统计为人文社科类占 48%，理工科类占 52%。从调查对象的各类属性统计来看，具有一定的代表性。

1. 总体分析

在关于移动互联网用户的移动应用程序下载类型调查中，按使用频率由高到低排列分别是即时通信与社交类、游戏类、音视频类、学习工作类、新闻阅读类。其中，有关地理位置类应用程序使用比例达 52%，体现了移动互联网逐渐生活化的趋势。随着移动电子商务的便捷化和社会整体生活水平的提高，通过移动终端进行购物已经越来越普遍，在此次调查的学生群体中有 35%表示使用网购类应用程序。

在关于是否遭遇过手机安全威胁的调查中，93%的被调查对象表示曾收到骚扰电话和垃圾短信，67%的被调查对象曾遭遇诈骗电话或短信。此外，有 16%的被调查对象曾丢失手机，从而引发隐私数据泄露。随着移动智能终端技术和移动互联网行业的发展，移动智能终端特别是手机已成为人们的“数据处理中心”和“伴侣”，移动终端承载了非常重要的功能和隐私数据，一旦丢失将会成为不法分子的武器。

在关于用户是否觉得所用的移动应用程序安全的调查中，49%的被调查对象认为自己正在使用的移动应用程序安全，有 15%的被调查对象认为自己使用的移动应用程序存在安全问题或安全漏洞；剩下 36%的被调查对象则表示无法判断。从该项调查来看，移动互联网用户的安全意识不算很高，这可能与被调查对象的专业、使用的移动终端品牌、使用的移动应用程序类型和频率都有较大关系。

在关于如果已知某款移动应用程序存在安全问题将如何处理的问卷中，28%的被调查对象表示如果明确存在安全风险，则会考虑卸载该应用程序，并用其他同类应用进行替换；有2.5%的被调查对象表示不在乎安全问题，有69.5%的被调查对象表示视情况而定。由此可见，如果移动互联网用户对某些应用程序高度依赖或对该应用的周边系统存在依赖，则可能会以牺牲安全为代价被迫保留。

2. 安全行为分析

移动互联网用户的网络行为也会直接或间接导致隐私数据泄露，本问卷对用户隐私安全保护行为，以及可能导致安全风险的行为进行了调查。调查结果显示，本次被调查的对象在使用移动互联网时，具有一定的安全意识，并且较多被调查对象使用了一些安全措施，如安装移动终端杀毒软件、防火墙软件等。90%的被调查对象会对移动互联网应用程序进行隐私设置，如设置新浪微博“密友圈”“动态隐私”，微信“好友权限”“黑名单”“朋友圈权限”，以及QQ空间访问权限等。

关于潜在隐私安全风险行为的调查中，42%的被调查对象表示曾连接过来源不明的WiFi；为了方便快速地使用各类网络服务，57%的被调查对象表示设置了类似一键登录或绑定登录等功能。从技术上来说，如果用户连接到以获取身份、口令、卡号等隐私信息为目标的WiFi并进行网购、登陆应用系统等操作，那么攻击者只需数分钟即可获取账号和密码等隐私信息；同时，用户在用该WiFi时产生的浏览历史、聊天记录、邮件内容等都可能被攻击者截获。而用户一旦使用了一键登录或绑定登录设置，则口令等敏感信息泄露将产生连锁效应，即关联的系统和应用的数据会被轻松获取。

公开分享个人地理位置信息是移动互联网时代的典型应用。在此次问卷调查中，91%的被调查对象表示分享过个人的地理位置信息，主要目的是“刷存在感”，另有9%的被调查对象表示从来不分享位置信息；在关于类似签到、公开地理位置信息等行为的频次上，仅有6%的被调查对象频繁使用，49%的被调查对象偶尔使用，45%的被调查对象基本不使用。由此可见，多数被调查对象对分享地理位置数据持比较谨慎的态度。

10.2 国内外研究现状

移动互联网用户交互中最重要的环节就是认证，相互认证中的隐私保护研究是网络安全领域的一个重要问题。例如，Wang等(2016)[15]提出的隐私保护方案使用成员有效性代替了证书吊销列表，使用批量认证提升了效率，实现了不可否认性、匿名性、可追踪性、前向安全和后向安全。Wang开发了一个使用短群签名和秘密共享的物联网终端隐私保护问责认证方案。Shen等(2018)[16]提出了一个针对无线体域网络带会话密钥生成的多层认证协议，用于一对多群组认证环境。Lee和Lai[17]提出了批量认证的分组测试方案，不幸的是，因为恶意用户能够代表其他车辆生成虚假签名，所以这个方案不能抵抗假冒攻击。基于这个缺陷，Bayat等(2015)[18]提出另一个安全认证方法对其进行了改进。Wang和Yao(2017)[19]提出了一个LIAP方案，在方案中，车辆和RSU(road side unit，路侧单元)均被CA(certificate authority，证书中心)分配一个长期的证书，一旦车辆被妥协，CA能够轻松吊销车辆的长期证书来终止它在网络中的活动。Jiang等(2016)[20]提出了一个有效的匿名批量认证方案，将整个区域分成若干个域，通过计算消息认证码来取代证书吊销列表的检查过程。然而，每一个车辆都存有足够多的假名，如果它们之中的任何一个被吊销，则剩下的假名都浪费掉了。Azees 等(2017)[21]提出了另一个匿名方案来避免恶意节点在车联网中进行活动，提供了有条件的追踪机制、低消耗证书和签名认证。安全方案通过各种方式实现认证，但是，大多数都采用了双线性对来实现安全特性。事实上，计算消耗较大的双线性对于资源限制的车联网设备来说并不高效。鉴于此，过去几年无双线性对的方案被提出。例如，Jie 等(2017)[22]提出了一个隐私保护方案，使用布谷鸟(Cuckoo)过滤器和二分查找方法替代了映射到点的 Hash(哈希)函数和双线性对，以实现高效性。Xie 等(2017)[23]提出了一个基于 ECC(error control coding，差错控制编码)的认证方案来实现消息的可靠性和完整性。Lo 和 Tsai(2015)[24]提出了车辆传感网络下的无双线性对的有效认证方案来提高性能，实现了消息的完整性、可追踪性和不可连接性。He 等(2015)[25]提出了一个新的基于身份和椭圆曲线的认证方案，能抵抗不同类型的攻击和获得更好的性能。

公钥密码技术是移动互联网隐私保护的基石，而基于公钥密码的隐私保护方案中的私钥安全一直是密钥管理的难题，其安全性直接决定了系统的安全性。在开放的移动互联网环境中，私钥更易泄露。为了解决密钥泄露问题，Dodis 提出了密钥隔离思想并提出了第一个密钥隔离公钥密码体系[26]和第一个强密钥隔离签名方案[27]。跟随这些探索性工作，大量的工作已经被投入密钥隔离签名(KIS 即 key information set，密钥信息集)方案之中。Gonzlez-Deleito 等(2004)[28]提出的方案使用了大量有力操作，采用多重私钥和主密钥来实现安全性。Le 等(2004)[29]使用多重证书机构来缩短认证路径和降低损害。Hanaoka 等(2006)[30]使用两个辅助者来更新密钥和增强系统安全。之后，大量基于身份和属性的密钥隔离方案被提出，这些方案均基于双线性对，支持随机密钥更新。此外，密钥隔离还被应用于其他各种领域。Zhou 等(2017)[31]提出了一个云环境下无证书无双线性对的密钥隔离广义签密方案，并证明其在可计算性迪菲赫尔曼(Difle Hellman)假设和椭圆曲线离散对数假设下是安全的。Hong 等(2017)[32]提出了一个无线通信下无双线性对的基于属性的密钥隔离签名方案，意在最小化潜在威胁和减轻计算负担。Huang 等(2014)[33]和 Shi 等(2016)[34]分别将密钥隔离方法与对等网络(peer to peer，P2P)和电子商务环境融合。Kumar 和 Kumar(2015)[35]将密钥隔离引入移动网络中。Park 等(2009)[36]提出了 EA2P 方案，首先将密钥隔离应用到车联网中。虽然 EA2P 方案提供了匿名性、身份提取和可追踪性，但它仅仅分离了公钥证书但也不是密钥，并没有实现真正意义上的密钥隔离。

云存储在全球范围内受到个人和组织的欢迎，因为它们可以将数据存储外包给云，而不必关心这些数据在哪里和如何管理这些数据。云计算作为移动互联网的支撑技术，被广泛用于各类移动互联网应用系统。但是，云端存储服务提供商一旦上传数据到云端服务器，数据就完全受到控制，由于云服务器并不总是可信赖的，因此无法保证数据的机密性。为了保护数据的隐私，一个解决方案是使所有者在将数据外包到云服务器之前加密数据。但是，如果想用一些关键字搜索加密的数据是不切实际的。传统的下载加密数据并解密的方法是不切实际的，因为加密的数据量可能很大，会浪费带宽。为了解决这个问题，丹·波恩(Dan Boneh)等(2004)引入了带关键字搜索的公钥加密(public key encryption with keyword search，PEKS)[37]。在 PEKS 中，首先对数据关键字进行加密，然后将加密后的数据和对应的加密关键字一起上传到云服务器。当数据接收者需要检索加密数据时，可以根据指定的关键字任意生成陷门。云服务器收到数据接收方的陷门后，可以根据加密的数据测试陷门，检查是否与某个加密的数据相匹配。如果是，则云服务器将该加密数据返回给接收方；否则，不会返回加密的数据。PEK 的特点使其适合于云存储，因为它可以同时实现机密性和可用性。

丹·波恩(Dan Boneh)等(2004)[37]提出了 PEKS 的概念，他们在一个加密的电子邮件系统中也展示了一个实际的应用，其基本思想如下。鲍勃发送一个密文 $C^* = (C_{\mathrm{PKE}} \| C_{\mathrm{PEKS}}) = (\mathrm{PKE}(pk_A,\ m) \| \mathrm{PEKS}\ (pk_A,\ w))$ 到艾丽斯，其中 pk_A 是艾丽斯的公钥，C_{PKE} 是鲍勃使用 pk_A 的消息进行加密的结果，w 是由鲍勃分配的关键字——标记了电子邮件。艾丽斯可以生成一个特定的陷门 T_w（以艾丽斯分配的关键字 w 作为输入）并通过一个安全通道发送给服务器，然后服务器能够测试与 C_{PKE} 关联的加密关键字是否与艾丽斯选择的关键字 w 相同。使用 $\mathrm{PEKS}(pk_A,\ w')$ 和 T_w，服务器可以测试 w 是否等于 w'。如果 w 不等于 w'，则服务器无法获知有关 w' 的任何信息。通过这种方式，PEKS 使艾丽斯能够使用陷门检索包含特定关键字的匹配电子邮件，而该过程将不会泄露电子邮件到除艾丽斯以外的其他方。后来，Waters 等(2004)[38]提出了基于双线性配对的 PEKS 方案，并将其应用于构建加密和可搜索的审计日志。随后对 PEKS 的一些研究[39-42]着重于安全性。为了克服每个查询只能搜索一个关键字的问题，一些研究人员通过关联搜索来研究 PEKS 方案[43-48]。但是，这些方案的计算成本较大。2014 年，Cao 等[49]提出了一个更便宜的基于内部产品相似性的 PEKS 方案，但他们的方案不能防止内部的离线猜测攻击[50]。

最近，为了应对云存储服务中外部和内部的关键字猜测攻击。文献[51]提出了基于混沌映射的扩展关键字搜索方案，其中数据发送方和授权数据接收方可以基于切比雪夫(Chebyshev)多项式的特征半群性[51-54]，通过不安全的公共网络轻松共享会话密钥。然而，文献[51]中的方案仅仅支持每次关联一个陷门的一次关键字搜索，这意味着如果数据接收者想要通过加密的数据搜索多个关键字，则他必须针对不同的关键字发出多个查询，这将导致系统的通信和计算成本很高。此外，如果数据拥有者需要将多个关键字附加到一个文件中，则将不得不生成与该文件相关联的多个关键字密文，这导致更高的存储成本。受到时间敏感网络以太网(time sensitive-network ethernet，TSE)[55]的启发，本章提出了一种基于扩展混沌映射的有效的时间感知多关键字加密方案，该方案同时支持定时搜索和连接搜索。TSE 使加密器能够指定一个特殊的时间间隔，这样密文只能在这个时间间隔内解密。通过结合 TSE 和内部相似度，该方案使得数据接收器能够在一个查询中生成单个多关键字陷门，然后云服务器可以检索匹配的加密数据，并以陷门和时间信息作为输入。需要注意的是，只有数据拥有者指定的时间与当前时间匹配的加密数据才能被云服务器检索并返回。

10.3　主 要 内 容

本篇致力于介绍移动互联网的隐私保护技术和方案，在分析移动互联网隐私安全现状的基础上，重点考虑了移动互联网中数据存储、移动互联网数据共享、移动互联网用户接入等多种场合的隐私保护问题。本篇的主要内容包括以下三个方面。

(1) 移动互联网用户接入的隐私保护。移动互联网系统中的用户可能因为地理位置发生变化而超出了服务提供商的服务区域，此时如果需要继续获取相关服务就必须要经过其所在地服务商的认证，而用户并未在所在地服务商进行过注册，所以无法直接对其进行认证，针对该问题介绍了一个漫游认证和密钥协商方案，该方案基于混沌映射构造了移动用户、属地服务商、所在地服务商的三方认证协议，认证过程中任意外部攻击者即使截获全部通信消息，也无法推算出该移动用户的真实身份，较好地保护了用户的隐私；针对移动社交网络应用中用户在控制其他外部用户访问其内容时双方身份的保护问题，介绍了基于随机游走的社交网络用户隐私保护方案。

(2) 移动互联网数据共享的隐私保护。采用可支持搜索的多关键字加密方法，将用户检索的敏感关键词进行隐藏，防止攻击者获得搜索内容和存储数据等相关信息。考虑到移动互联网环境下很多用户将敏感数据存放于不可信的云端，为了实现数据持有者对数据访问权限的控制和数据消费者在进行数据检索时的隐私保护，介绍了可指定检索服务方的多关键字可搜索加密方案；在此基础上，为进一步提升隐私保护力度，引入时间敏感因子，介绍了时间敏感的多关键字可搜索加密方案。此外，为了支持移动互联网环境下的多用户并发访问，介绍了支持多用户动态私有查询的可搜索加密方案，以适应多层次的隐私数据保护需求。

(3) 移动互联网数据存储的隐私保护。移动互联网云端数据存储服务由于存储了大量用户的个人隐私数据而成为攻击者的重要目标之一。首先，介绍了一种提供完整性证明的分布式存储方案，该方案基于同态计算设计的随机采样策略使得计算代价和通信成本大幅降低，并支持高效的数据动态更新；其次，针对隐私数据存储加密密钥的管理，介绍了多策略门限密钥管理方案，该方案基于 RSA 安全假设构造了门限阈值与策略自动匹配机制，以支持多安全等级隐私数据加密。此外，还介绍了一种支持用户隐私保护的访问控制机制，该机制结合属性密码特性构造了一种细粒度的个性化用户权限控制，在用户隐私和系统效率上实现了较为理想的平衡。

第 11 章　移动互联网用户接入的隐私保护

移动互联网中的用户会因外出参加商务活动等而频繁地变更地理位置，这就会导致其移动终端从本地的网络服务商的服务范围迁入非本地的网络服务商，也就是漫游。为了能够持续获得服务，非本地服务商必然会对其进行认证。但在开放式的环境下，如何保护用户身份的安全不被非法跟踪，是漫游时需要考虑的问题，本章针对该问题设计了可保护身份隐私的漫游认证方案。此外，本章针对社交网络中用户进入其他用户的虚拟空间时的身份保护问题，介绍了相应的访问控制方案。

11.1　基于混沌映射的双向强匿名认证方案

为便于理解，首先介绍在双向强匿名认证方案中所用到的主要符号及其含义，见表 11-1。

表 11-1　双向强匿名认证方案所使用的主要符号及其含义

符号	含义
ID_i	用户的身份
N_i	用户的匿名通信身份
$T_n(x)$	n 维切比雪夫多项式
T_s	可信服务器 Tread 的公钥
x	混沌映射初始值(公开)
s	可信服务器 Tread 的私钥
P	大素数
x_i，r_i	用户所选择的两个随机数
K_{T_A}，K_{T_B}	用户与 Tread 之间的临时会话密钥
$E(\cdot)/D(\cdot)$	对称加/解密算法
T_A，T_B	时间戳
ΔT	有效的时间间隔
$H(\cdot)$	一个安全的单向散列函数
$\oplus$	异或运算
PW_i	用户的登录口令

11.1.1　具体方案构造

在本章双向强匿名认证方案中有 3 个实体：需要进行相互认证的用户 A 和用户 B 以及可信认证服务器 Tread。在认证过程中，Tread 对 A、B 提交的认证信息进行鉴别，如果用户已被撤销，则停止认证过程。认证方案主要包含两个阶段：注册阶段和双向强匿名认证及密钥协商阶段，具体过程如下。

1. 用户注册阶段

当用户进行注册时，首先选择登录口令，然后将其登录口令、真实身份信息以及其他与注册相关的信息提交给认证中心 Tread。当 Tread 收到用户注册申请后对其进行审核，如果审核通过即认定该用户为合法用户，然后注册该用户将相关注册信息进行安全保存，具体过程如下。

(1)在注册之前，用户 u 首先获取可信认证服务器 Tread 的公共参数$(x，T_s，P)$。其中，x和s是 Tread 随机选择的两个整数，P是 Tread 随机选择的一个大素数，T_s是由 Tread 根据其私钥s计算的，计算公式为$T_s = T_s(x) \bmod P$。

(2)当用户 u 向 Tread 进行注册时，首先选择其真实身份$\mathrm{ID_u}$，登录口令$\mathrm{PW_u}$，然后将$\mathrm{ID_u}$、$\mathrm{PW_u}$以及其他与注册有关的信息通过安全信道发送给 Tread。

(3)当收到用户 u 的注册请求信息后，Tread 首先验证用户 u 的真实身份信息$\mathrm{ID_u}$是否真实有效，若有效则计算$H(\mathrm{PW_u})$，并存储$\{\mathrm{ID_u}，H(\mathrm{PW_u})\}$，否则终止用户注册操作。

2. 双向强匿名认证和密钥协商阶段

在双向强匿名认证和密钥协商阶段，由需要进行认证的用户 A 或用户 B 任一方发起认证请求，然后通过一系列交互过程，完成双方身份认证、会话密钥和临时身份协商。具体如图 11-1 所示。

1) $\mathrm{A} \to \mathrm{B}: M_1 = \{C_1，N_\mathrm{A}，t_\mathrm{A}，T_\mathrm{A}\}$

用户 A 首先选择两个随机整数x_A和r_A，并计算$T_\mathrm{A} = T_{r_\mathrm{A}}(x) \bmod P$，$N_\mathrm{A} = x_\mathrm{A} \oplus H(\mathrm{PW_A})$和$K_{T_\mathrm{A}} = T_{r_\mathrm{A}}(T_s) \bmod P$，其中$N_\mathrm{A}$代表用户 A 的临时会话身份，$K_{T_\mathrm{A}}$代表用户 A 与 Tread 之间对称加密的临时会话密钥，然后用K_{T_A}加密$\mathrm{ID_A}$和$H(N_\mathrm{A} \| t_\mathrm{A} \| T_\mathrm{A})$得$C_1 = E_{K_{T_\mathrm{A}}}(\mathrm{ID_A} \| x_\mathrm{A} \| H(N_\mathrm{A} \| t_\mathrm{A} \| T_\mathrm{A}))$，其中$t_\mathrm{A}$代表用户 A 当前的时间戳。最后用户 A 将$M_1 = \{C_1，N_\mathrm{A}，t_\mathrm{A}，T_\mathrm{A})$发送给用户 B。

2) $\mathrm{B} \to \mathrm{Tread}: M_2 = \{C_2，N_\mathrm{B}，t_\mathrm{B}，T_\mathrm{B}\}$

当用户 B 收到用户 A 发送的消息后，用户 B 首先检查$|t_\mathrm{B} - t_\mathrm{A}| < \Delta T$是否成立，其中$t_\mathrm{B}$是用户 B 当前的时间戳。若成立，则先保存用户 A 的匿名身份N_A以便后面验证N_A的真实性。然后用户 B 按照与用户 A 相同的方式选择两个随机整数x_B、r_B，并计算$T_\mathrm{B} = T_{r_\mathrm{B}}(x)$，$N_\mathrm{B} = x_\mathrm{B} \oplus H(\mathrm{PW_B})$和$K_{T_\mathrm{B}} = T_{r_\mathrm{B}}(T_s) \bmod P$，其中$N_\mathrm{B}$代表用户 B 的临时会话身份，$K_{T_\mathrm{B}}$代

表用户 B 与 Tread 之间对称加密的临时会话密钥，然后用 K_{T_B} 加密 ID_B、x_B 以及 $H(N_B \| t_B \| T_B)$ 得 $C_2 = E_{K_{T_B}}(ID_B \| x_B \| H(N_B \| t_B \| T_B))$，其中 t_B 表示 B 用户当前的时间戳。最后用户 B 将 M_1、$M_2 = \{C_2, N_B, t_B, T_B\}$ 发送给 Tread。

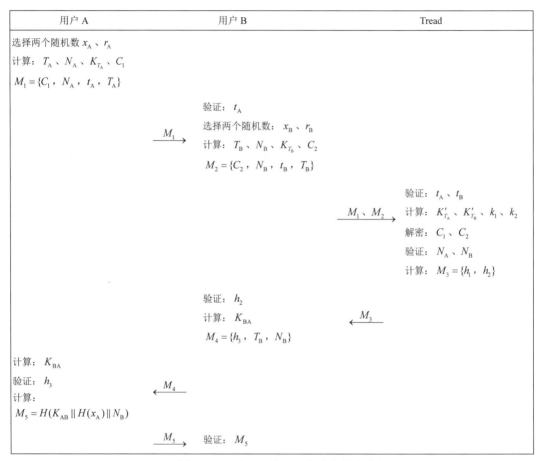

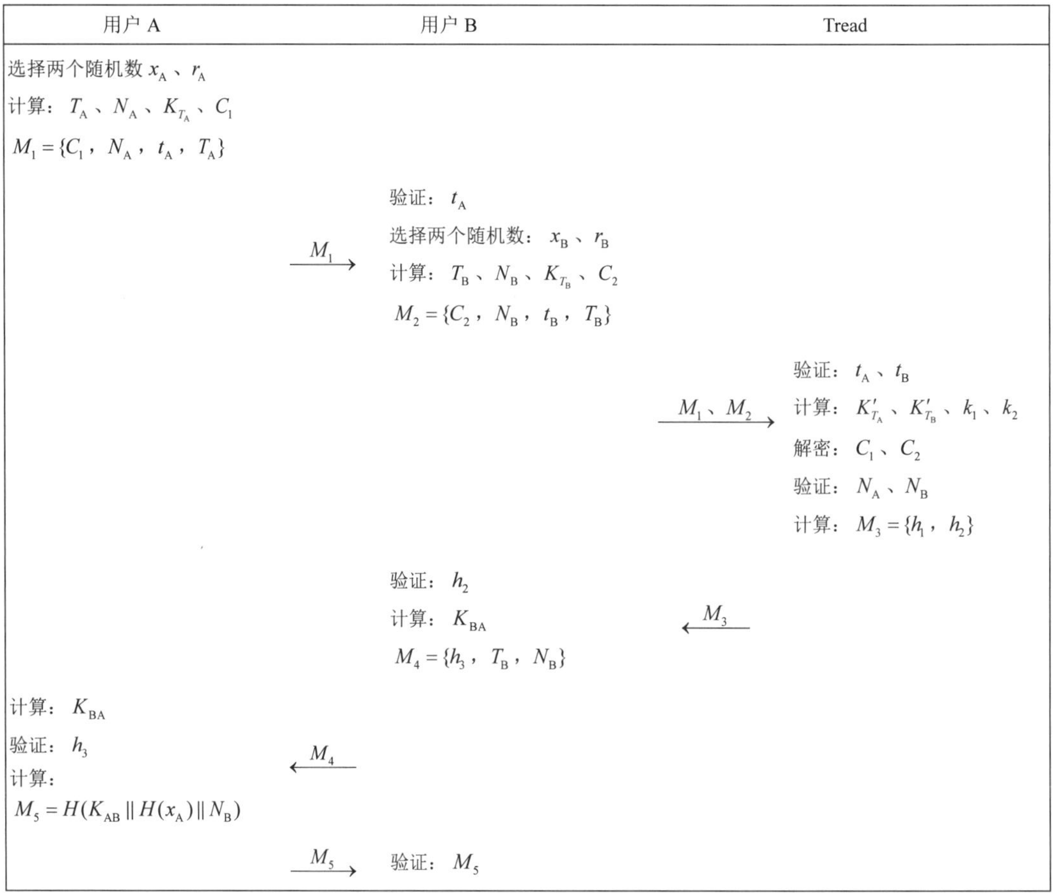

图 11-1　双向强匿名认证与密钥协商流程

3) $\text{Tread} \to B: M_3 = \{h_1, h_2\}$

当 Tread 收到用户 B 发来的消息后，首先根据自己当前的时间戳 T 检查 t_A 和 t_B 是否均满足 $|T - t_A| < \Delta T$，$|T - t_B| < \Delta T$。若均满足，则计算 $K'_{T_A} = T_s(T_A) \bmod P$，$K'_{T_B} = T_s(T_B) \bmod P$，以及 $k_1 = H(N_A \| t_A \| T_A)$ 和 $k_2 = H(N_B \| t_B \| T_B)$，然后用 K'_{T_A} 和 K'_{T_B} 去解密 $E_{K_{T_A}}(ID_A \| x_A \| H(N_A \| t_A \| T_A))$ 和 $E_{K_{T_B}}(ID_B \| x_B \| H(N_B \| t_B \| T_B))$，并验证密文中的 $H(N_A \| t_A \| T_A)$ 与 k_1、$H(N_B \| t_B \| T_B)$ 与 k_2 是否均相等。若均相等，则验证匿名身份 N_A 和 N_B 的合法性。具体过程如下。

(1) 根据密文中的 ID_A 和 ID_B 进行查询，获得 $H(PW_A)$ 和 $H(PW_B)$。

(2) 计算 $N_A \oplus H(PW_A)$ 和 $N_B \oplus H(PW_B)$，并验证 $N_A \oplus H(PW_A)$ 与 C_1 中解密得到的 x_A、$N_B \oplus H(PW_B)$ 与 C_2 中解密得到的 x_B 是否均相等。

(3) 若均相等，则为合法用户，否则终止认证过程。

(4) Tread 计算 $h_1 = H(x_A)$，$h_2 = H(H(x_A) \| H(x_B))$，最后将消息 $M_3 = \{h_1, h_2\}$ 发送给用户 B。

4) $B \to A: M_4 = \{h_3, T_B, N_B\}$

当用户 B 收到用户 A 发送的消息后，首先计算 $h_2' = H(H(x_A) \| H(x_B))$，并验证 h_2' 与消息中的 $H(H(x_A) \| H(x_B))$ 是否相等。若相等，则确认用户 A 的临时会话身份 N_A 是合法的，用户 B 计算与用户 A 的会话密钥 $K_{BA} = T_B(T_A) \bmod P$，$h_3 = H(K_{BA} \| H(x_A) \| N_B)$，以及消息 $M_4 = \{h_3, T_B, N_B\}$，并将 M_4 发送给用户 A。

5) $A \to B: M_5 = H(K_{AB} \| H(x_A) \| N_B)$

当用户 A 收到消息 M_4 后，首先计算用户 A 与用户 B 的会话密钥 $K_{AB} = T_A(T_B) \bmod P$，$h_3' = H(K_{AB} \| H(x_A) \| N_B)$，并验证 h_3' 与 M_4 中的 $H(K_{AB} \| H(x_A) \| N_B)$ 是否相等。若相等，则认证用户 B 的临时会话身份 N_B，以及用户 A 与用户 B 之间的会话密钥 K_{AB}。最后计算 $M_5 = H(K_{AB} \| H(x_A) \| N_B)$，并将其发送给用户 B。

用户 B 收到 M_5 后，首先计算 $M_5' = H(K_{BA} \| N_B)$，然后验证 M_5' 与 M_5 是否相等，若相等，则用户 B 与用户 A 之间的会话密钥为 K_{BA}。

3. 基于混沌映射的双向强匿名认证安全模型

本小节给出基于混沌映射的双向强匿名认证方案的攻击模型的定义，方案中敌手 $\mathcal{A}$ 的攻击能力由一系列可以使用的预言查询和安全假设所定义。具体如下。

敌手 $\mathcal{A}$ 通过与协议中任何参与方实例 Π_U^i（包括认证端和可信服务器端）执行一系列预言查询，完成一次交互试验。在交互过程中，敌手 $\mathcal{A}$ 被赋予一定攻击协议认证过程的能力。

通信信道完全由敌手 $\mathcal{A}$ 控制，即敌手 $\mathcal{A}$ 可以截获、阻断、注入、删除、修改任何经由公共信道传输的信息，相当于认证过程中所有消息都必须由敌手 $\mathcal{A}$ 传输。

敌手 $\mathcal{A}$ 与协议参与方 Π_U^i 交互过程由多项式时间次数的一系列随机预言查询构成，在随机预言查询过程中，赋予敌手模拟真实攻击协议的能力，包括被动攻击和主动攻击。敌手 $\mathcal{A}$ 可以适应性地发起下列查询。

$\text{Excute}(\Pi_U^i)$：本查询赋予敌手 $\mathcal{A}$ 被动攻击能力。执行本查询将输出所有诚实的协议参与方按照协议 P 交换的全部信息。

$\text{Send}(\Pi_U^i, M)$：本查询预言模拟敌手 $\mathcal{A}$ 完全控制整个通信信息的主动攻击能力。敌手 $\mathcal{A}$ 可以向协议参与方 Π_U^i 发送关于消息 M 的 Send 请求，协议参与方 Π_U^i 在收到消息后将按照协议 P 的规定进行计算，然后将计算结果返回给敌手 $\mathcal{A}$。

$\text{Reveal}(\Pi_U^i)$：本查询模拟已知密钥攻击，即如果为有效会话，则会返回与协议参与方 Π_U^i 对端已计算过的会话密钥；否则，返回空值 null。

$\text{Corrupt}(\Pi_U^i)$：本预言查询模拟敌手 $\mathcal{A}$ 腐蚀协议参与方 Π_U^i。利用该查询，敌手 $\mathcal{A}$ 可以获得协议参与方 Π_U^i 的永久口令和真实身份。

SymEnc($\{E, D\}$, k, $\{M, C\}$)：本预言查询赋予敌手$\mathcal{A}$访问加密预言机的能力。为了能够正确回应敌手$\mathcal{A}$的预言请求，需要维护一个存储表L_e。当接收到SymEnc(E, K, M)请求时，首先检查L_e中是否有关于$\{K, M, C\}$的项存在，若存在，则返回该项中的C；否则，生成并返回随机值C'，同时将$\{K, M, C'\}$加入L_e中。对应地，对于解密请求SymEnc(D, k, C)，首先检查L_e中是否有关于$\{K, M, C\}$的项存在，若存在，则将相应的明文M返回给敌手$\mathcal{A}$，否则随机生成并返回消息M'，并将$\{K, M, C\}$添加到L_e中。

Hash(M)：该预言模拟敌手$\mathcal{A}$关于消息的Hash请求。为了能够正确回应敌手$\mathcal{A}$的Hash预言请求，需要维护一个存储表L_h。在接收到关于消息m的Hash预言请求时，先检查L_h中是否有对应的$\{m, h\}$存在，若存在，则将h返回给敌手$\mathcal{A}$；否则随机生成并返回h'，同时将$\{m, h'\}$添加到L_h中。

Test$\left(\Pi_{\mathrm{U}}^{i}\right)$：该预言请求用于度量会话密钥$K_s$的语义安全性。如果该会话密钥参与者U已经与对端计算过会话密钥K_s，则返回K_s作为预言回应给敌手$\mathcal{A}$；否则返回空值null。敌手$\mathcal{A}$可以只向协议参与者Π_{U}^{i}发起单个Test请求，协议参与者Π_{U}^{i}在接到请求后，通过无偏抛币得到值$b \in (0, 1)$，若$b=1$，则返回会话密钥K_s；否则，返回随机值。

11.1.2　安全性分析

本节首先给出会话密钥安全性分析，由于其证明过程由多个交互试验组成，在进行概率计算时用到了差分定理，在此做简要回顾。

定理 1　差分定理： 令E_a、E_b、E_c分别为服从某种概率分布的事件，若$E_a \wedge \neg E_c \Leftrightarrow E_b \wedge \neg E_c$，则有如下等式成立：

$$|\Pr[E_a]-\Pr[E_b]| \leqslant \Pr[E_c] \tag{11.1}$$

1) 会话密钥安全性

本方案的会话密钥安全性通过定理2给出。

定理 2　令$Adv_{\Gamma}^{\mathrm{OT}}$表示一个OT敌手在$t_1$时间内攻破对称密码系统时的优势，$Adv_{G}^{\mathrm{DDH}}$表示一个DDH敌手在时间$t_2$攻破DDH的优势，则敌手$\mathcal{A}$破解ASK安全双向强匿名认证方案的优势为

$$Adv_{\mathrm{MSAA}}^{\mathrm{ASK}}(t', q_0, q_1, q_2, q_3) \leqslant \frac{\sum_{i=1}^{3} q_i^2}{2^{\lambda-1}} + \frac{2q_1+2q_2}{l} + 2Adv_{\Gamma}^{\mathrm{OT}}(t_1, q_0, q_1, q_2, q_3) + 2Adv_{G}^{\mathrm{DDH}}(t_2, q_0, q_1, q_2, q_3) \tag{11.2}$$

其中，$t' \leqslant t_1+t_2+(q_1+q_2)\tau_1+q_3(\tau_2+\tau_3)$；$q_0$表示Send请求的次数；$q_1$、$q_2$分别表示交互试验中A与T以及B与T请求SymEnc的次数；q_3表示散列函数(Hash function)请求的次数；l表示真实身份$\mathrm{ID_u}$空间的大小；λ为安全参数；τ_1、τ_2、τ_3分别表示执行单次对称密码运算、混沌映射和Hash运算的时间。

证明：为了证明本定理，将用到6个试验$G_i(0 \leqslant i \leqslant 5)$，每次试验$G_i$中敌手$\mathcal{A}$可以发起11.1.1第3节中定义的所有预言查询，每一个试验G_i结束后可以得到事件E_i={敌手$\mathcal{A}$

赢得 G_i }所发生的概率。

试验 G_0：本试验为真实世界中敌手 $\mathcal{A}$ 对 MSAA 协议的攻击，根据定义有

$$Adv_{\mathrm{MSAA}}^{\mathrm{OT}}(\mathcal{A})=|2\Pr[E_0]-1| \tag{11.3}$$

试验 G_1：本次试验将模拟所有的预言请求，唯一不同的是还将模拟敌手针对身份的猜测攻击。既然 $\mathrm{ID_A}$、$\mathrm{ID_B}$ 均用 OT 安全的概率性对称密码算法加密，那每一次 $E_{K_{T_\mathrm{A}}}(\mathrm{ID_A}\|x_\mathrm{A}\|H(N_\mathrm{A}\|T_\mathrm{A}\|T_{r_\mathrm{A}}(x)))$、$E_{K_{T_\mathrm{B}}}(\mathrm{ID_B}\|x_\mathrm{B}\|H(N_\mathrm{B}\|T_\mathrm{B}\|T_{r_\mathrm{B}}(x)))$ 的值应该各不相同。因此，敌手 $\mathcal{A}$ 无法利用其他信息来验证其关于身份的猜测。由此可知，其猜测成功的概率为 $(q_1+q_2)/N$。根据差分定理有

$$|\Pr[E_0]-\Pr[E_1]|\leqslant\frac{q_1+q_2}{N} \tag{11.4}$$

试验 G_2：本试验除模拟前面试验中的所有预言请求外，还将利用 SymEnc 预言模拟破解对称密码系统。由差分定理可得

$$|\Pr[E_1]-\Pr[E_2]|\leqslant\frac{q_1+q_2}{2^\lambda}+Adv_{\Gamma}^{\mathrm{OT}}(\mathcal{A}) \tag{11.5}$$

试验 G_3：本试验除模拟前面试验中的所有预言请求外，还将模拟 Hash 碰撞攻击。本试验与 G_2 除 L_H 存在可能的 Hash 冲突外是不可区分的。根据生日悖论和差分定理有

$$|\Pr[E_2]-\Pr[E_3]|\leqslant\frac{q_3^2}{2^\lambda} \tag{11.6}$$

试验 G_4：本试验模拟前面试验中所有的预言请求，不同之处在Send请求时，对包含 $T_a(x)\bmod P$、$T_b(x)\bmod P$ 的消息响应时做了部分修改。设 $(X，Y，Z)=(T_a(x)，T_b(x)，T_{ab}(x))$ 是一个随机的扩展混沌 CDH 三元组。模拟器 S 为所有使用 $\{X，Y，Z\}$ 的诚实参与者交互的认证会话提供预言服务。S 首先为 A、B 设定口令，然后 S 依据认证协议按照如下的方式进行预言响应：在处理预言请求时，S 计算 $\{(a_0，T_{a_0}(x))，(b_0，T_{b_0}(x))，T_{a_0}(x)，T_{b_0}(x)，z_0=T_{a_0b_0}(x)\}$ 并将其存储到列表中，其中 a_0、b_0 为随机数。在处理Test请求时，则将计算好的 z_0 作为响应结果进行返回。根据认证协议过程不难看出，S 关于 Test 请求的响应是有效的。同时，试验 G_3 中的随机变量集合在 G_4 中将被另一个具有相同的分布的随机变量集合所代替。因此，敌手赢得 G_3 的概率与赢得 G_4 的概率是相同的，于是可得

$$\Pr[E_3]=\Pr[E_4] \tag{11.7}$$

试验 G_5：本试验模拟敌手破解 DDH 难题。将使用前面试验的所有预言请求，不同的地方在于预言响应中使用的 $(X，Y，Z)$ 不是 CDH 三元组，而是服从随机分布的三元组 $(T_u(x)，T_v(x)，T_w(x))$。

假定 $\mathcal{A}_{\mathrm{DDH}}$ 是一个试图攻破群 G 中 DDH 的不可区分性的挑战者，而 $\mathcal{A}_{\mathrm{ASK}}$ 是一个可以攻破会话密钥安全性的敌手。$\mathcal{A}_{\mathrm{DDH}}$ 通过执行无偏抛币 $c\in(0，1)$ 来进行响应：若 $c=1$，则将真实会话密钥返回给 $\mathcal{A}_{\mathrm{ASK}}$；否则将一个随机数返回给 $\mathcal{A}_{\mathrm{ASK}}$。$\mathcal{A}_{\mathrm{ASK}}$ 则输出其猜测 c'，如果 $c=c'$，则 $\mathcal{A}_{\mathrm{ASK}}$ 赢得该试验。$\mathcal{A}_{\mathrm{DDH}}$ 通过发起 Excute、Corrupt、SymEnc、Test 预言请求后，除以 $(X，Y，Z)$ 作为输入时的响应不同外，其余的预言响应处理与前面的试验相同。若 $\mathcal{A}_{\mathrm{ASK}}$ 输出 c，则 $\mathcal{A}_{\mathrm{DDH}}$ 输出 1；否则输出 0。若 $(X，Y，Z)$ 恰好为一个真实的 CDH 三元

组，则 $\mathcal{A}_{\mathrm{DDH}}$ 在 G_4 中调用 $\mathcal{A}_{\mathrm{ASK}}$，即 $\Pr[\mathcal{A}_{\mathrm{DDH}}$ 输出 $1]=\Pr[E_4]$。若 (X, Y, Z) 为一个随机三元组，则 $\mathcal{A}_{\mathrm{DDH}}$ 在 G_5 中调用 $\mathcal{A}_{\mathrm{ASK}}$，即 $\Pr[\mathcal{A}_{\mathrm{DDH}}$ 输出 $0]=\Pr[E_5]$。当然有

$$|\Pr[E_4]-\Pr[E_5]|\leqslant Adv_G^{\mathrm{DDH}}(\mathcal{A}_{\mathrm{DDH}}) \tag{11.8}$$

由于会话密钥 Z_0 为随机独立的变量，那么关于 c 的信息没有泄漏，因此有

$$\Pr[E_5]=\frac{1}{2} \tag{11.9}$$

根据公式(11.9)有

$$\begin{aligned}Adv_{\mathrm{MSAA}}^{\mathrm{ASK}}(\mathcal{A}_{\mathrm{ASK}})\leqslant \frac{\sum_{i=1}^{3}q_i^2}{2^{\lambda-1}}+\frac{2q_1+2q_2}{l}+2Adv_{\Gamma}^{\mathrm{OT}}(t_1, q_0, q_1, q_2, q_3)\\ +2Adv_G^{\mathrm{DDH}}(t_2, q_0, q_1, q_2, q_3)\end{aligned} \tag{11.10}$$

至此，定理证毕。

2)客户端身份强匿名性

在待认证的客户端间传输消息时，使用匿名身份能够更有效地保证用户的隐私。在本书的方案中，攻击者欲获取客户端的真实身份，截获客户端直接交换的所有消息 C_i 后，首先需要获得对称密钥对 C_i 中的消息解密，在获取密钥的过程中虽然攻击者可以获得 $T_{r_{\mathrm{A}}}(x)$、$T_{r_{\mathrm{B}}}(x)$、T_s，但其试图计算 $T_{\mathrm{A}T}$ 或 $T_{\mathrm{B}T}$ 时将面临扩展混沌映射 DLP 的难题，所以攻击者无法解密 C_i 中的加密信息，从而也就无法获知客户端的真实身份信息，即客户端的身份匿名性得到保证。对于参与认证的客户端而言，只能得到对方的临时身份，该临时身份由随机数组成，因此，认证双方无法获知彼此的真实身份，即使客户端在认证结束时保留对方本次的临时身份 N_i，但下次双方进行认证时得到的是新的临时身份 N_i^*，由于 N_i、N_i^* 由随机数组成，在概率多项式时间内是不可区分的，因此，客户端无法区分当前与其进行认证通信的客户端和以前与其进行认证通信的客户端是否为同一个。因此，本书的方案具有客户端身份强匿名的特性。

3)抗中间人攻击

假定认证信道上存在一个具有主动攻击能力的攻击者，其截获并企图篡改客户端与可信第三方服务器间的所有通信消息以实现中间人攻击，如果攻击者试图篡改或伪造 C_1、C_2，则其将面临扩展混沌映射 DLP 的难题；如果攻击者试图篡改或伪造 C_3、C_4、C_5，则根据本书的定义，方案中使用的均为安全的 Hash 函数，攻击者将面临 Hash 函数的单向性挑战。因此，攻击者在计算上进行中间人攻击是不可行的。

4)抵抗重放攻击

在本书的方案中，由于认证客户端 A、B 和可信服务器 Tread 之间的会话消息均使用了时间戳(T_{A}、T_{B})，以保证会话的新鲜性，且在每次会话时客户端均独立选取了随机数 x_{A}、r_{A} 和 x_{B}、r_{B} 用于认证过程有效性验证，进一步防范了重放攻击，故本书提出的方案是抗重放攻击的。

5)前向安全性

完全前向安全是指即使某个客户端的登录口令PW被攻击者窃取，也能够保证攻击者不能根据该PW推导出之前的会话密钥。在本书的方案中，A和B的会话密钥K_{AB}（或K_{BA}）的建立是依赖于A和B选择的随机数x_A和x_B，由于x_A和x_B的不可重复性，攻击者即使得到客户端密钥PW_A和PW_B，也无法计算K_{AB}（或K_{BA}）。由此，密钥的前向安全性得到保证。

6)后向安全性

后向安全性是指当某个客户端的登录口令PW被攻击者窃取后，攻击者在不知道用户真实身份的情况下，无法利用该身份和登录口令与其他客户端建立新的会话并协商出会话密钥。在本书的方案中，由于认证过程中客户端与Tread间的会话消息均以匿名方式传输，即使攻击者获取到用户的登录口令PW，因其不知道用户的真实身份而无法生成有效的认证消息和协商会话密钥。因此，本书的方案具有后向安全性。

11.2 基于混沌映射的移动用户漫游认证方案

本章介绍的基于混沌映射的漫游认证(a privacy-preserving roaming authentication scheme for ubiquitous networks，PPRAS)方案，该方案利用智能卡和混沌映射来提高方案的安全性和简化密码的分配与管理。在认证和密钥协商过程中，漫游手机用户以匿名的方式与外地代理商进行认证，使得外地代理商无法获取任何有关其真实身份的信息，从而保护了用户的隐私，如图11-2所示。

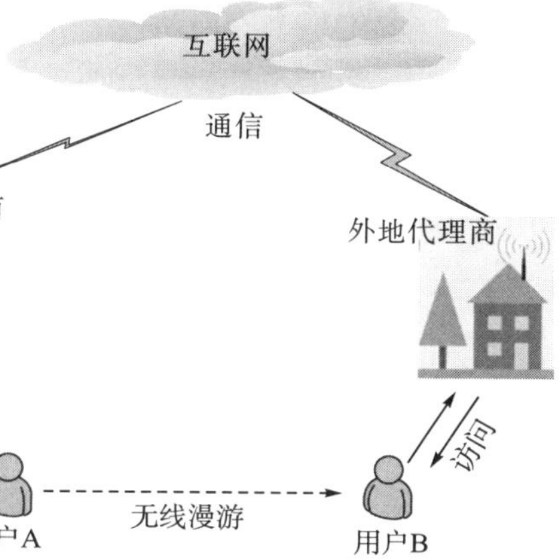

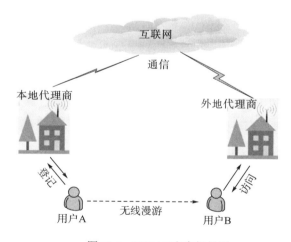

图 11-2 PPRAS 方案场景图

11.2.1 方案具体构造

在PPRAS方案中一共有3个实体：漫游手机用户(mobile user，MU)、本地代理商(home agent，HA)和外地代理商(foreign agent，FA)。PPRAS方案主要包括用户注册、匿名认证及密钥协商、会话密钥更新和用户登录口令更新 4 个阶段。

为了便于理解，首先介绍 PPRAS 方案中所用到的主要符号及其含义，见表 11-2。

表 11-2　漫游认证方案所使用的主要符号及其含义表

符号	含义
ID_i	通信实体 i 的真实身份
SID	漫游手机用户的匿名通信身份
$T_n(x)$	n 维切比雪夫多项式
T_s	$T_s(x)$
T_{MU}，T_{FA}	$T_{\mathrm{MU}}(x)$，$T_{\mathrm{FA}}(x)$
x	混沌映射初始值（公开）
S	本地代理商的私钥
P	大素数
x_i，r_i	漫游手机用户所选择的两个随机数
K_{MU}	会话密钥
K_{HF}	FA 和 HA 之间的共享密钥
$E(\cdot)/D(\cdot)$	对称加密/解密
t_{MU}，t_{FA}	时间戳
ΔT	有效的时间间隔
$H(\cdot)$	一个安全的单向散列函数
$\oplus$	异或运算
$\mathrm{PW}_{\mathrm{MU}}$	手机用户的口令

1. 用户注册阶段

在 PPRAS 方案中，本地代理商（HA）主要对漫游手机用户（MU）的真实身份信息和外地代理商（FA）的身份信息进行认证，然后将认证结果分别发送给 MU 和 FA 。因此，一个手机用户处于漫游状态前必须在其本地代理商处进行注册，其主要步骤如下。

(1) MU 首先获取 HA 的公共参数（x，T_S，P），其中 x 是 HA 选择的随机数，P 是 HA 随机选择的大素数，S 是 HA 的私钥，$T_S = T_S(x) \bmod P$ 。

(2) MU 选择一个随机数 λ 和登录口令 $\mathrm{PW}_{\mathrm{MU}}$，然后计算 $H = h(\mathrm{PW}_{\mathrm{MU}}, \lambda)$，并通过安全频道将 $\{\mathrm{ID}_{\mathrm{MU}}, H, \lambda\}$ 以及其他相关的注册消息发送给 HA 。

(3) 当 HA 收到 MU 的注册请求后，首先验证 MU 的真实身份信息 $\mathrm{ID}_{\mathrm{MU}}$，若认证通过，

则计算 $\mathrm{IM}=h(\mathrm{ID}_{\mathrm{MU}}\|S\|t_{\mathrm{reg}})$，其中 IM 代表用户的身份，$t_{\mathrm{reg}}$ 是当前的时间戳；然后将 $\{\mathrm{ID}_{\mathrm{MU}}, H, \lambda, \mathrm{IM}, x, T_S, \mathrm{ID}_{\mathrm{HA}}, H(\cdot), E(\cdot), T_n(\cdot), P\}$ 存储到智能卡中，并将智能卡分配给 MU。若失败，则停止注册。

2. 匿名认证和密钥协商阶段

当手机用户 MU 处于漫游状态时，MU 与外地代理商 FA 以及本地代理商 HA 之间的认证流程如图 11-3 所示。具体过程如下。

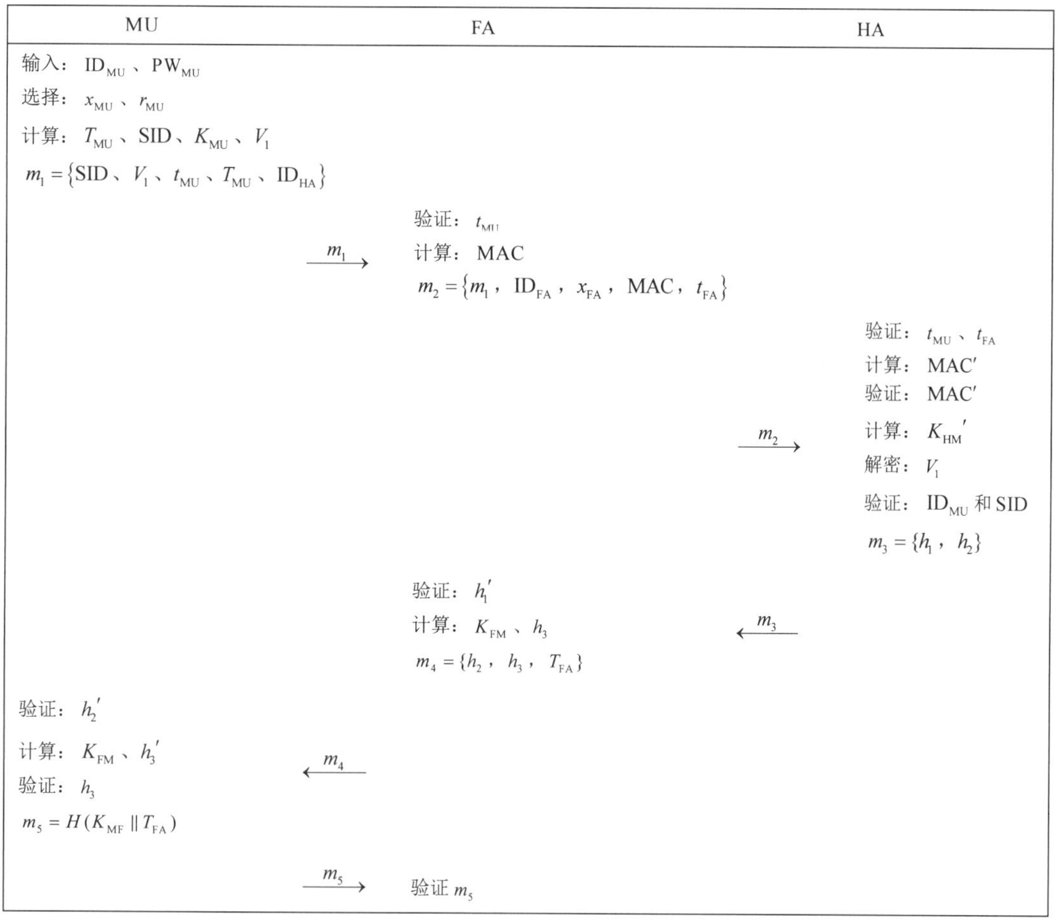

图 11-3　漫游认证和密钥协商流程图

1) $\mathrm{MU}\to\mathrm{FA}: m_1=\{\mathrm{SID}, V_1, t_{\mathrm{MU}}, T_{\mathrm{MU}}, \mathrm{ID}_{\mathrm{HA}}\}$

手机用户 MU 首先向智能卡(the smart card，SC)中输入其真实身份信息 $\mathrm{ID}_{\mathrm{MU}}$ 和口令 $\mathrm{PW}_{\mathrm{MU}}$，然后由智能卡计算 $H'=h(\mathrm{PW}_{\mathrm{MU}}, \lambda)$ 并验证 H' 是否等于 H，若相等，则 MU 的真实身份 $\mathrm{ID}_{\mathrm{MU}}$ 是有效的，SC 允许用户登录，否则 SC 拒绝用户登录。当登录成功后，SC 首先选择两个随机数：x_{MU}、r_{MU}，然后计算 $T_{\mathrm{MU}}=T_{r_{\mathrm{MU}}}(x)\bmod P$，$K_{\mathrm{MU}}=T_{r_{\mathrm{MU}}}(T_s)\bmod P$ 以及 $\mathrm{SID}=\mathrm{ID}_{\mathrm{MU}}\oplus H(x_{\mathrm{MU}})$，其中 SID 是 MU 的匿名身份信息，$K_{\mathrm{MU}}$ 是 MU 和 MU 之间的会话

密钥。最后 SC 使用 K_{MH} 加密 ID_{MU}、ID_{HA}、IM、x_{MU} 以及当前的时间戳 t_{MU}，$V_1 = E_{K_{MH}}(ID_{MU} \| ID_{HA} \| IM \| x_{MU} \| t_{MU})$。然后 MU 将 $m_1 = \{SID, V_1, t_{MU}, T_{MU}, ID_{HA}\}$ 发送给 FA。

2) $FA \rightarrow HA: m_2 = \{m_1, ID_{FA}, x_{FA}, MAC, t_{FA}\}$

当 FA 收到 MU 的信息 m_1 后，FA 首先验证 $|t_{FA} - t_{MU}| < \Delta T$ 是否成立，其中 t_{FA} 代表 FA 当前的时间戳，ΔT 为有效的时间间隔，若成立，则 FA 首先保存 SID，并根据 ID_{HA} 检索本地存储的与 HA 之间的共享密钥 k_{HF}，然后计算消息认证码 MAC：$MAC = h(ID_{FA} \| V_1 \| x_{FA} \| t_{FA} \| k_{HF})$，其中 x_{FA} 是 FA 选择的随机数。最后 FA 将消息 $m_2 = \{m_1, ID_{FA}, x_{FA}, MAC, t_{FA}\}$ 发送给 HA。

3) $HA \rightarrow FA: m_3 = \{h_1, h_2\}$

当 HA 收到来自 FA 的消息 m_2 后，HA 首先验证 $|T - t_{FA}| < \Delta T$、$|T - t_{MU}| < \Delta T$ 是否均成立，其中 T 代表 HA 当前的时间戳。若均成立，则 HA 根据以下几个步骤认证 ID_{FA} 和 SID 的合法性。

(1) HA 根据 ID_{FA} 检索本地存储的与 FA 之间的共享密钥 k_{HF}，然后计算消息验证码：$MAC' = h(ID_{FA} \| V_1 \| x_{FA} \| t_{FA} \| k_{HF})$，并验证 $MAC' = MAC$ 是否成立。

(2) 如果成立，则 FA 的身份信息 ID_{FA} 是有效的，接着 HA 计算 $K_{HM} = T_s(T_{MU}) \bmod P$ 去解密 V_1，然后验证解密出来的 t_{MU} 和 ID_{HA} 与以明文形式传输过来的 t_{MU} 和 ID_{HA} 是否相等。若相等，则根据解密出来的 ID_{MU} 检索手机用户 MU 注册时保存的信息，并验证 $t_{MU} > t_{reg}$ 是否成立。若成立，则计算 $IM' = h(ID_{MU} \| S \| t_{reg})$ 和 $SID' = ID_{MU} \oplus H(x_{MU})$，然后验证 $IM = IM'$ 和 $SID = SID'$ 是否均成立。如果均成立，则 MU 的匿名身份信息 SID 是合法的。

(3) HA 计算并发送消息 $m_3 = \{h_1 = h(SID \| x_{FA} \| k_{HF} \| h_2)、h_2 = h(IM \| x_{MU} \| k_{HM})\}$ 给 FA。

4) $FA \rightarrow MU: m_4 = \{h_2, h_3, T_{FA}\}$

当 FA 收到消息 m_3 后，FA 首先计算 $h_1' = h(SID \| x_{FA} \| k_{HF} \| h_2)$，并验证 $h_1' = h_1$ 是否成立，若成立，则漫游手机用户 MU 的匿名身份信息 SID 是合法的。然后 FA 选择一个随机数 r_{FA}，并计算 $T_{FA} = T_{r_{FA}}(x) \bmod P$、$K_{FM} = T_{FA}(T_{MU}) \bmod P$ 和 $h_3 = h(SID \| k_{FM} \| h_2 \| T_{FA})$，其中 k_{FM} 是 FA 与 MU 之间的会话密钥。最后 FA 将消息 $m_4 = \{h_2, h_3, T_{FA}\}$ 发送给 MU。

5) $MU \rightarrow FA: m_5 = H(K_{MF} \| T_{FA})$

当收到从 FA 发来的消息 m_4 后，MU 首先计算 $h_2' = h(IM \| x_{MU} \| K_{HM})$，并验证 h_2 是否等于 h_2'，若相等，则外地代理商 FA 是合法的。然后 MU 计算 $K_{MF} = T_{MU}(T_{FA}(x)) \bmod P$ 和 $h_3' = h(SID \| K_{MF} \| h_2' \| T_{FA})$，其中 K_{MF} 是 MU 与 FA 之间的会话密钥，并验证 $h_3 = h_3'$ 是否成立，若成立，则 MU 与 FA 之间的会话密钥为 K_{MF}。最后 MU 计算消息 $m_5 = H(K_{MF} \| T_{FA})$ 并发送给 FA。

当 FA 收到来自 MU 的消息后，FA 首先计算 $m_5' = h(K_{MF} \| T_{FA})$，然后验证 $m_5' = m_5$ 是否成立，如果成立，则 FA 与 MU 之间的会话密钥建立成功。

3. 会话密钥更新阶段

对于一个安全的方案来说，会话密钥的更新是不可缺少的。在本章所提方案中，当漫游手机用户 MU 想更新其与外地代理商 FA 之前建立的会话密钥时，他只需执行下列步骤进行会话密钥的更新操作。

(1) MU 首先随机选择一个随机数 t_i，并计算 $T_{vMU}=T_{t_i}(x)\bmod P$ 和 $m_i=\{E_{K_{MF_i}}(\mathrm{SID}, T_{vMU}, t_{vMU}, Ch), \mathrm{SID}, t_{vMU}\}$，然后将消息 m_i 发送给外地代理商 FA，其中 SID 是 MU 与外地代理商 FA 先前建立会话密钥 k_{FM_i} 时所使用的匿名身份信息，t_{vMU} 是当前的时间戳，Ch 是一个代表用户进行更新操作的表示。

(2) 当外地代理商 FA 收到来自漫游手机用户 MU 的消息 m_i 时，FA 执行：

①验证 $|T_i-t_{vMU}|<\Delta T$ 是否成立，其中 T_i 为 FA 当前的时间戳。

②若成立，则 FA 使用 MU 的匿名身份信息 SID 获取会话密钥 k_{FM_i}，其中 k_{FM_i} 是 FA 在第 i 次与 MU 建立的会话密钥。

③用 k_{FM_i} 解密消息 m_i，然后检查 m_i 中的 SID 是否与明文传输的 SID 相等。

④若相等，则计算 $T_{FA_{i+1}}=T_{r_{i+1}}(x)\bmod P$ 和 $k_{FM_{i+1}}=T_{FA_{i+1}}(T_{vMU}(x))\bmod P$，其中 $k_{FM_{i+1}}$ 为新的会话密钥。

⑤ FA 计算并发送消息 $m_{i+1}=\{E_{K_{FM_i}}(h(K_{FM_{i+1}}\|K_{FM_i}), T_{FA_{i+1}}, \mathrm{ID}_{FA}), \mathrm{ID}_{FA}\}$ 给 MU。

(3) 当漫游手机用户 MU 收到消息 m_{i+1} 后，MU 首先使用当前的会话密钥 k_{FM_i} 去解密 m_{i+1}，然后计算新的会话密钥 $k_{MF_{i+1}}=T_{vMU}(T_{FA_{i+1}}(x))\bmod P$ 和 $h'(K_{FM_{i+1}}\|K_{FM_i})$，并验证 $h'(K_{FM_{i+1}}\|K_{FM_i})=h(K_{FM_{i+1}}\|K_{FM_i})$ 是否成立，若成立，则完成会话密钥更新。

4. 用户登录口令更新阶段

为了避免某些别有用心的人根据用户的行为习惯推测出用户的登录口令，本章所提的 PPRAS 方案也提供更新用户登录口令的操作。漫游手机用户可以根据以下三个步骤完成其登录口令的更新。

(1) 漫游手机用户 MU 首先插入智能卡，然后输入 ID_{MU} 和 PW_{MU}，由智能卡计算 $H'=h(\mathrm{PW}_{MU}, \lambda)$，并比较 $H'=H$ 是否成立，其中 λ 和 H 是已经存储在智能卡中的参数。如果成立，则用户登录成功。

(2) 用户通过某种已设定的功能发送更新登录口令的操作请求。

(3) 当智能卡收到更新登录口令操作后，用户根据智能卡提示输入新的登录口令 PW'_{MU} 和一个新的随机数 t'，然后由智能卡计算 $H'=h(\mathrm{PW}'_{MU}, t')$，并将 H 更新为 H''。至此，用户登录口令更新成功。

11.2.2　方案正确性分析

近年来，Burrows - Abadi - Needham (伯罗-阿巴迪-尼达姆)逻辑(即 BAN 逻辑)①已成

① BAN 逻辑是用于身份验证的逻辑。

为形式化分析认证方案中是否存在安全漏洞的有力工具，因此，本节将使用BAN逻辑来分析PPRAS方案的正确性。

1. BAN逻辑相关公式

在本章中主要使用的BAN逻辑相关概念如下。

(1) A、B：通信实体。

(2) X、Y：一般意义上的语句。

(3) $A|\equiv X$：A相信或者信任X。

(4) $A \triangleleft X$：A看见过或者拥有X。

(5) $A|\sim X$：A曾说过X，或者A曾发送过包含X的信息。

(6) $A|\Rightarrow X$：A完全掌控X。

(7) $\frac{\text{Rule1}}{\text{Rule2}}$：Rule2来自Rule1。

(8) $A \xleftrightarrow{x} B$：x是A与B之间的会话密钥或者某个秘密。

(9) $\{X\}_K$：X被加密，K是加密密钥。

2. 协议理想化

根据BAN逻辑的规则，首先对PPRAS方案的协议认证阶段进行理想化，具体如下。

(1) $\text{MU} \to \text{FA}$：$m_1 = \{\text{SID}, (\text{ID}_{\text{MU}} \| \text{ID}_{\text{HA}} \| \text{IM} \| x_{\text{MU}} \| t_{\text{MU}})_{\text{MU} \xleftrightarrow{K_{\text{MH}}} \text{HA}}, T_{\text{MU}}, t_{\text{MU}}\}$。

(2) $\text{FA} \to \text{HA}$：$m_2 = \{m_1, h(\text{ID}_{\text{FA}} \| V_1 \| x_{\text{FA}} \| t_{\text{FA}} \| \text{FA} \xleftrightarrow{K_{\text{FH}}} \text{HA}), t_{\text{FA}}\}$。

(3) $\text{HA} \to \text{FA}$：$m_3 = \{h_1 = h(\text{SID} \| x_{\text{FA}} \| \text{HA} \xleftrightarrow{K_{\text{HF}}} \text{FA} \| h_2), h_2 = h(\text{IM} \| x_{\text{MU}} \| \text{HA} \xleftrightarrow{K_{\text{HM}}} \text{MU})\}$。

(4) $\text{FA} \to \text{MU}$：$m_4 = \{h_2, h_3 = h(\text{SID} \| \text{FA} \xleftrightarrow{K_{\text{FM}}} \text{MU} \| h_2 \| T_{\text{FA}}), T_{\text{FA}}\}$。

(5) $\text{MU} \to \text{FA}$：$m_5 = h(\text{MU} \xleftrightarrow{K_{\text{MF}}} \text{FA} \| T_{\text{FA}})$。

3. 初始化假设

在PPRAS方案中有3个实体：漫游手机用户(MU)、本地代理商(HA)和外地代理商(FA)。在PPRAS方案中所有认证信息均由这3部分生成，因此，对PPRAS方案的初始化假设的详细介绍如下。

(1) 对于漫游手机用户MU。

A1：$\text{MU} \equiv \text{ID}_{\text{MU}}$

A2：$\text{MU}|\equiv \text{SID}$

A3：$\text{MU}|\equiv \text{ID}_{\text{HA}}$

A4：$\text{MU}|\equiv r_{\text{MU}}$

A5：$\text{MU}|\equiv \text{MU} \xleftrightarrow{K_{\text{MH}}} \text{HA}$

A1～A5的具体含义如下。

A1：MU 信任他自己的真实身份信息。

A2：MU 信任他自己的匿名身份信息。

A3：由于 MU 在进行匿名认证前需在其 HA 处进行注册，故 MU 信任 HA 的身份信息 ID_{HA}。

A4：MU 信任他自己选择的随机数 x_{MU}。

A5：MU 信任其与 HA 的会话密钥 K_{MH}，这是因为 K_{MH} 是根据 HA 的公共参数 T_{HA} 和自己计算的参数 T_{MU} 两部分通过切比雪夫混沌映射半群性质计算出来的。

(2) 对于本地代理商(HA)。

A6：$HA \equiv ID_{HA}$。

A7：$HA \equiv \#(t_{MU})$。

A8：$HA \equiv \#(t_{FA})$。

A9：$HA| \Rightarrow S$。

A10：$HA \equiv HA \xleftrightarrow{K_{HF}} FA$。

A6～A10 的具体含义如下。

A6：HA 拥有其自身真实身份信息 ID_{HA}。

A7：HA 相信 t_{MU} 是新的，即在此之前从未接收过 t_{MU}，主要用于后面认证 MU 的身份。

A8：HA 相信 t_{FA} 是新的，即在此之前从未接收过 t_{FA}，主要用于后面认证 FA 的身份。

A9：HA 完全掌控 S，这是因为 S 是 HA 的私钥。

A10：HA 信任密钥 K_{HF}，这是因为 K_{HF} 是在进行认证前，HA 与 FA 所共享的密钥。

(3) 对于外地代理商 FA。

A11：$FA| \equiv ID_{FA}$。

A12：$FA \lhd ID_{HA}$。

A13：$FA || \#(t_{MU})$。

A14：$FA| \equiv FA \xleftrightarrow{K_{HF}} HA$。

A15：$FA \equiv r_{FA}$。

A11～A15 的具体含义如下。

A11：FA 拥有其自身真实身份信息 ID_{FA}。

A12：FA 拥有 HA 的真实身份信息 ID_{HA}，这是因为 FA 是在 HA 的帮助下对漫游手机用户 MU 进行身份认证的。

A13：FA 相信 t_{MU} 是新的，以便进行后续认证，即会话密钥协商操作。

A14：FA 相信其与 HA 之间的会话密钥 K_{FH}，这是因为 K_{FH} 是根据 HA 的公共参数 T_{HA} 和 T_{FA} 两部分通过切比雪夫混沌映射半群性质计算出来的。

A15：FA 信任 r_{FA}，这是因为 r_{FA} 是 FA 选择的一个随机数。

4. 目标

在 PPRAS 方案中，漫游手机用户(MU)和外地代理商(FA)所进行的身份认证(即密钥协商)主要是在本地代理商(HA)的协助下完成的，因此，PPRAS 方案所期望获得的目标如下。

G1：$HA|\equiv SID$。

G2：$HA|\equiv ID_{FA}$。

G3：$FA|\equiv HA|\equiv SID$。

G4：$MU|\equiv HA|\equiv ID_{FA}$。

G5：$MU\equiv MU\xleftrightarrow{K_{MF}}FA$。

G6：$FA|\equiv FA\xleftrightarrow{K_{FM}}MU$。

G1～G6 的具体含义如下。

G1：HA 信任 MU 的匿名身份信息。

G2：HA 信任 FA 的匿名身份信息。

G3：HA 相信 HA 已经认证过 MU 的匿名身份信息。

G4：MU 相信 HA 认为 FA 是一个合法的代理商。

G5：MU 信任其与 FA 之间的会话密钥 K_{FM}，即 MU 已经成功和 FA 建立会话密钥。

G6：FA 信任其与 MU 之间的会话密钥 K_{FM}，即 FA 已经成功和 MU 建立会话密钥。

在 PPRAS 方案中，由于漫游手机用户(MU)想在不暴露任何有关其真实身份信息的情况下与外地代理商(FA)进行身份认证和密钥协商，而方案中身份认证是在 MU 的本地代理商(HA)的协助下完成的，因此，MU 的匿名身份信息必须能够被 HA 认证，并且 FA 的真实身份也必须能够被 HA 认证。

5. PPRAS 方案正确性证明

下面主要使用 BAN 逻辑对 PPRAS 方案进行正确性分析，其主要步骤如下。

定理 1　本地代理商(HA)信任漫游手机用户(MU)的真实身份和外地代理商(FA)。

证明：

$$\text{V1:}\quad \cfrac{\cfrac{\cfrac{HA\lhd m_2}{HA\lhd h(ID_{FA}\|V_1\|x_{FA}\|t_{FA}\|k),\ HA|\equiv HA\xleftrightarrow{K_{HF}}FA}}{HA|\equiv FA|\sim ID_{FA},\ HA|\equiv\#(h(ID_{FA}\|V_1\|x_{FA}\|t_{FA}\|k_{HF}))}}{HA|\equiv FA|\equiv ID_{FA}}$$

$$\text{V2:}\quad \cfrac{\cfrac{\cfrac{\cfrac{HA\lhd k_{HM}}{HA\lhd(ID_{MU},\ IM,\ x_{MU})}}{HA\lhd IM,\ HA|\Rightarrow s}}{HA|\equiv ID_{MU},\ HA\lhd SID}}{HA|\equiv SID}$$

由假设 A7 和 A8 可知，HA 相信消息 m_1 和消息 m_2 是新鲜的，并且先前未收到过，根据 BAN 逻辑的消息接收规则 $\dfrac{A\lhd(x,\ y)}{A\lhd x}$ 可得：HA 收到消息 $h(ID_{FA}\|V_1\|x_{FA}\|t_{FA}\|k_{HF})$，同时根据假设 A10 和 BAN 逻辑的消息接收规则 $\dfrac{P|\equiv P\xleftrightarrow{K}Q,\ P\lhd\{x\}_k}{P|\equiv Q|\sim x}$ 可得：HA 相信外地代理商(FA)曾发送过其身份信息(ID_{FA})，然后应用 BAN 逻辑的消息新鲜性规则

$\frac{A|\equiv\#(x, y)}{A|\equiv\#x}$ 可知：HA 相信消息 $h(ID_{FA}\|V_1\|x_{FA}\|t_{FA}\|k_{HF})$ 是新鲜的，然后应用 BAN 逻辑的临时值校验规则 $\frac{P|\equiv\#(x), P|\equiv Q|\sim x}{P|\equiv Q|\equiv x}$ 可得：HA 相信 FA 信任其真实身份信息 ID_{FA}，因此，HA 信任 FA 的真实身份信息 ID_{FA}。

当消息验证码 MAC 被验证是正确的时，HA 将信任其与外地代理商（FA）之间的会话密钥 K_{HF}，因此 HA 信任 FA 的身份，并且相信消息 m_1 是真实有效的。然后 HA 计算其与漫游手机用户（MU）之间的会话密钥 K_{HM}，并用 K_{HM} 去解密消息 m_1 中的 V_1，然后应用 BAN 逻辑的消息接收规则 $\frac{A\lhd(x, y)}{A\lhd x}$ 可得：HA 收到漫游手机用户 MU 的真实身份信息 ID_{MU}，验证 MU 身份的消息 IM 和由 MU 随机选择的整数 x_{MU}，然后根据假设 A9 可知：HA 信任 MU 的真实身份信息（ID_{MU}），然后 HA 可以验证消息 m_1 中 MU 的匿名身份信息 SID 的合法性。

根据上述证明可知，本地代理商（HA）信任漫游手机用户（MU）的匿名身份信息（SID）和外地代理商（FA）的真实身份信息（ID_{FA}）。

定理 2　外地代理商（FA）相信本地代理商（HA）已经验证过漫游手机用户（MU）的匿名身份信息 SID。

证明：

$$\text{V3: }\frac{\text{FA}\lhd m_3}{\dfrac{\text{FA}\lhd h_1,\ \text{FA}|\equiv\text{FA}\xleftrightarrow{K_{FH}}\text{HA}}{\text{FA}|\equiv\text{HA}|\equiv\text{SID}}}$$

当 FA 收到来自 HA 的消息 m_3 后，根据 BAN 逻辑的消息接收规则 $\frac{A\lhd(x, y)}{A\lhd x}$ 可知：FA 收到消息 m_3 中的信息 h_1。根据假设 A14 可以得出：HA 已经认证过 MU 的匿名身份信息 SID，因此，FA 相信 HA 信任 MU 的匿名身份信息 SID。

综上所述，FA 相信 HA 已经验证过漫游手机用户 MU 的匿名身份信息 SID。

定理 3　漫游手机用户 MU 相信本地代理商 HA 信任外地代理商 FA 是合法的。

证明：

$$\text{V4: }\frac{\text{MU}\lhd m_4}{\dfrac{\text{MU}\lhd h_2,\ \text{MU}|\equiv\text{MU}\xleftrightarrow{K_{HM}}\text{HA}}{\dfrac{\text{MU}|\equiv h_2,\ \text{MU}|\equiv r_{MU}}{\text{MU}|\equiv\text{HA}|\equiv ID_{FA}}}}$$

当 MU 收到来自 FA 的消息 m_4 后，根据 BAN 逻辑的消息接收规则 $\frac{A\lhd(x, y)}{A\lhd x}$ 可知：MU 收到消息 m_4 中的信息 h_2。根据假设 A5，可以推出 MU 信任信息 h_2，然后根据假设 A4，当 h_2 被验证是正确时，MU 相信本地代理商 HA 和信任外地代理商 FA 的真实身份，因此，MU 相信 HA、信任 FA 是一个合法的代理商。

定理 4　漫游手机用户 MU 相信其与外地代理商 FA 之间的会话密钥 $K_{MF}(K_{FM})$。

证明：

$$\text{V5:}\quad \cfrac{\cfrac{\cfrac{\text{MU} \triangleleft m_4}{\text{MU} \triangleleft h_3，\text{MU}| \equiv (\text{SID}，h_2)}}{\text{MU}| \equiv h_3，\text{MU} \triangleleft K_{\text{MF}}}}{\text{MU}| \equiv \text{MU} \xleftrightarrow{k_{\text{MF}}} \text{FA}}$$

当 MU 收到来自 FA 的消息 m_4 后，根据 BAN 逻辑的消息接收规则 $\dfrac{A \triangleleft (x，y)}{A \triangleleft x}$ 可知：MU 收到消息 m_4 中的信息 h_3。根据假设 A2 和定理 3 可知，MU 信任信息 h_3。

当 MU 认证过信息 h_2 后，MU 计算其与外地代理商 FA 之间的会话密钥 K_{MF}，因此 MU 持有会话密钥 K_{MF}，根据上述证明可知 MU 信任信息 h_3，并且 MU 可以根据 h_3 去认证会话密钥 K_{MF} 是正确的，也就是说 MU 信任其与 FA 之间的会话密钥。

定理 5　外地代理商 FA 信任其与漫游手机用户 MU 之间的会话密钥 $K_{\text{FM}}(K_{\text{MF}})$，即 FA 已经与 MU 成功建立会话密钥。

证明：

$$\text{V6:}\quad \cfrac{\cfrac{\text{FA}| \equiv r_{\text{FA}}}{\text{FA}| \equiv T_{\text{FA}}，\text{FA} \triangleleft m_5}}{\text{FA}| \equiv \text{FA} \xleftrightarrow{K_{\text{FM}}} \text{MU}}$$

当 FA 收到来自 MU 的消息 m_5 后，根据 BAN 逻辑的信念规则 $\dfrac{A| \equiv x，A| \equiv y}{A| \equiv (x，y)}$ 可知：由于 T_{FA} 是由 FA 根据切比雪夫多项式半群性质计算的，所以 FA 信任 T_{FA}，又因为 FA 接收到消息 m_5，根据单向 Hash 函数的困难问题可以得出 FA 信任其与漫游手机用户 MU 之间的会话密钥 $K_{\text{FM}}(K_{\text{MF}})$，即 FA 已经与 MU 成功建立会话密钥。

11.2.3　方案安全分析

下面将对 PPRAS 方案的安全性做详细的分析。

1. 匿名性

在一个三方密钥交换协议（3PAKE）协议中，参与认证的通信实体必须向可信的第三方提供其真实身份信息以便于可信第三方对其身份的合法性进行认证。当通信实体通过非安全信道传递其明文身份信息时，容易被攻击者截取与分析，并获得其真实身份信息，从而暴露通信实体的隐私。在 PPRAS 方案中，漫游手机用户的真实身份信息是使用由混沌映射计算出来的密钥进行加密后传输的，即使攻击者截取到包含漫游手机用户真实身份密文的消息，他在进行解密操作时也将面临混沌映射的 DLP 难题而无法成功解密。此外，漫游手机用户的匿名身份信息是由其真实身份信息和一个随机数进行异或操作计算出来的，当用户进行不同密钥协商时，所选择的随机数的不同保证了匿名信息的不同。因此，外地代理商无法根据任何一条认证的消息获取任何有关漫游手机用户真实身份的信息，故 PPRAS 方案有效地保证了用户的匿名性。

2. 抵抗中间人攻击

在 PPRAS 方案中，假设在通信信道中存在一个攻击者，并且该攻击者想通过截获和篡改通信消息实现中间人攻击。如果该攻击者想篡改消息 m_1，那么他必须先篡改消息 m_1 中的信息 V_1，而 V_1 是对称加密算法加密后的密文，且加密的密钥是根据扩展的切比雪夫混沌映射计算出来的，由于扩展的切比雪夫混沌映射的 DLP 难题使得攻击者无法计算出解密密钥，故不能成功篡改消息 m_1。而消息 m_2、m_3、m_4、m_5 中均包含由单向 Hash 函数生成的信息，当该攻击者想对消息 m_2、m_3、m_4、m_5 中任何一个消息执行篡改操作时，他将因为面临单向 Hash 函数的抗碰撞性而失败，因此，PPRAS 方案能够成功地抵抗中间人攻击。

3. 前向安全性

在 PPRAS 方案中，前向安全性是指即使一个攻击者通过某种途径获取到漫游手机用户 MU 当前与外地代理商 FA 之间的会话密钥，他也不能计算出先前 MU 与 FA 之间的会话密钥。这是因为漫游手机用户 MU 与外地代理商 FA 之间的会话密钥 $K_{MF}(K_{FM})$ 是基于 MU 的智能卡所选择的随机数 x_{MU} 和 FA 选择的随机数 x_{FA} 计算出来的，由于 x_{MU} 是智能卡所选择的，MU 并不知道其具体值，因此攻击者不能获取任何有关会话密钥 $K_{MF}(K_{FM})$ 的信息，故本书所提方案能够保证前向安全性。

4. 后向安全性

PPRAS 方案的后向安全性是指攻击者不能根据漫游手机用户 MU 与外地代理商 FA 先前所使用的会话密钥和当前的会话密钥完成新的身份认证及密钥协商。这是因为，在身份认证(即密钥协商)过程中，所有的通信消息都是由智能卡和外地代理商 FA 产生的，即使攻击者已经获取到 MU 的登录口令 PW_{MU}，由于他没有获取漫游手机用户 MU 所持有的智能卡，因此，也无法计算出有效的通信信息。故 PPRAS 方案能够保证后向安全性。

5. 抵抗密钥猜测攻击

密钥猜测攻击是指攻击者可以通过截获通信信道中的消息，然后对其分析并获得通信实体的口令 PW_i 的攻击。在 PPRAS 方案中，漫游手机用户 MU 的登录口令 PW_{MU} 只用于智能卡的登录操作，在通信信道中传输的任何消息均不包含此口令，因此，攻击者无法从通信信道所传输的消息中获取任何有关 MU 登录口令 PW_{MU} 的信息。故 PPRAS 方案能够抵抗密钥猜测攻击。

6. 抵抗重放攻击

在 PPRAS 方案中，由漫游手机用户 MU 和外地代理商 FA 所发送身份认证的消息中均包含时间戳，当外地代理商 FA 和本地代理商 HA 执行认证时，首先验证消息中时间戳的有效性，然后进行后续操作，故攻击者无法根据以前发送的合法认证信息进行重放攻击，而且随机数 x_{MU}、r_{MU} 和 x_{FA}、r_{FA} 保证了认证过程每次所产生的信息是不同的，因此，PPRAS 方案能够抵抗重放攻击。

11.3 小　　结

本章介绍了一个基于混沌映射的漫游认证方案，该方案使用智能卡保存本地代理商的公共参数、进行用户登录判断、用户登录口令更新以及计算身份认证和密钥协商过程中的通信信息，使用扩展的切比雪夫混沌映射计算身份认证过程中的加密、解密密钥以及密钥协商过程中的会话密钥，进一步提高了 PPRAS 方案的安全性，简化了方案密钥的分配与管理。另外，分析了在线社交网络用户社交属性的隐私安全问题。

第 12 章　移动互联网数据共享的隐私保护

在第 11 章中重点介绍了移动互联网中移动终端的隐私保护问题，事实上，随着云计算、大数据等技术的发展，移动互联网服务提供商都采用了基于云计算的技术架构，即所有的用户业务处理和数据存储均交给计算能力强大的云平台处理，用户的移动终端上只需要进行少量的存储和处理，这样既保证业务的便利性、实时性和稳定性，用户体验又得到明显改善。同时，在很多情况下，用户也需要与其他用户进行共享，但这种共享并非是普遍开放的，而是用户指定的人才能访问其保存的隐私数据。然而，这样的处理方式都必须基于云平台的安全可信，事实上在实际应用中云平台的安全性和可信性很难得到保证。如何保证用户的隐私数据不会因为存储到云端而导致机密性受损是移动互联网安全必须考虑的。为了实现数据持有者对数据访问权限的控制和数据消费者在进行数据检索时的隐私保护，本章设计了可指定检索服务方的多关键字可搜索加密方案。在此基础上，为进一步提升隐私保护力度，引入时间敏感因子，设计了时间敏感的多关键字可搜索加密方案。

12.1　指定服务器检索的多密钥可搜索加密方案

考虑以下场景：在面向移动互联网隐私数据的可搜索加密系统中，若用户要查询某个关键字的所有加密文件，由于每个文件都是使用不同的密钥进行加密的，用户在进行查询时，就要针对每个不同的加密文件产生相应的关键字陷门信息。因此，陷门的个数会随文件个数呈线性增长，这会给用户带来极大的计算开销。另外，如果加密的文件可以被不信任的服务器进行检索，则将会给用户的数据安全带来威胁，并存在用户查询模式泄漏的风险。综上考虑，本书介绍了一个具有指定服务器检索功能的，使用多密钥进行加密的可搜索加密方案(multi-key searchable encryption with designated server，MK-dPEKS)。在该方案中用户仅需发送一个关键字的陷门信息，服务器即可返回所有的包含该关键字的加密文件，极大地降低了用户的计算量，为用户带来方便。

MK-dPEKS 的场景如图 12-1 所示。用户使用密钥 k_1、k_2、k_3 分别对文件 F_1、F_2、F_3 进行加密，并分别指定服务器 S_1、S_2、S_3 为 3 个文件的指定服务器。用户将加密后的文件和关键字加密索引上传到服务器端。当用户想要查找包含关键字 w_1 的文件时，则计算关键字 w_1 的陷门信息 T_{w_1} 和 Δ_{u,k_1} 、Δ_{u,k_2} 、Δ_{u,k_3} (F_1、F_2、F_3 均包含关键字 w_1)。当服务器接收到用户发送来的 T_{w_1} 和 Δ_{u,k_1} 、Δ_{u,k_2} 、Δ_{u,k_3} 时，首先使用 T_{w_1} 和 Δ_{u,k_1} 、Δ_{u,k_2} 、Δ_{u,k_3} 分别计算生成 T'_{w_1,k_1} 、T'_{w_1,k_2} 、T'_{w_1,k_3} ，然后与关键字索引进行匹配查找。但是 S_1 不能执行与文件 F_3 相关的查找，因为文件 F_3 的指定查找服务器是 S_2 。类似地，S_2 同样不能执行文件 F_1 、F_2 的相关查找。采用这种方式，用户就可以只用一个关键字陷门 T_w 就能匹配到所有包含该关键

字的文件。虽然该方案要计算相关的 Δ_{u,k_i} 信息作为查找的辅助信息，但是这个计算量要比计算多个陷门小得多。

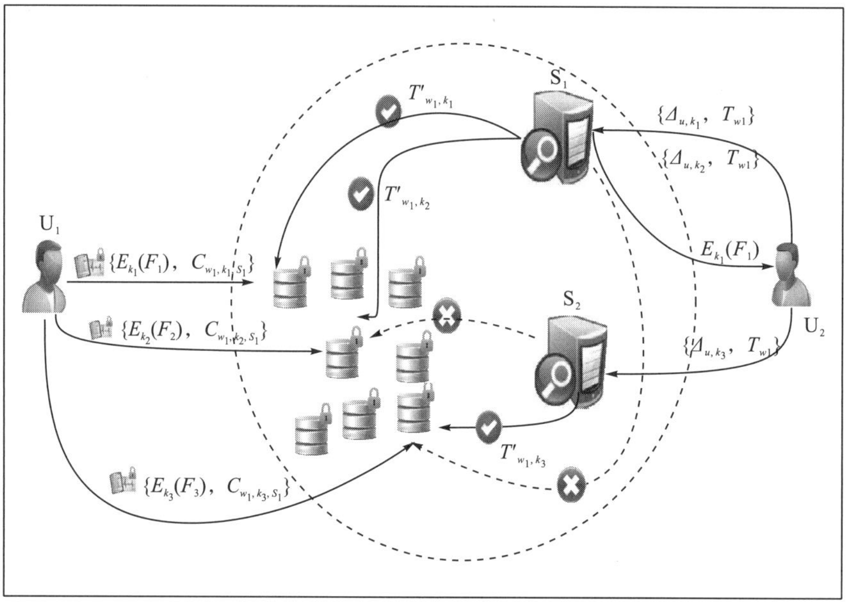

图 12-1　MK-dPEKS 场景图

12.1.1　相关基础

定义 12.1　MK-dPEKS 方案由以下九个算法构成，其中 params 代表系统公共参数，κ 代表系统的安全参数。用 MK_dPEKS_Setup()、MK_dPEKS_KeyGenServer()、MK_dPEKS_KeyGendocument()、MK_dPEKS_KeyGenuser()、MK_dPEKS_Enc()、MK_dPEKS_Trapdoor()、MK_dPEKS_Delta()、MK_dPEKS_Adjust()、MK_dPEKS_Macth()分别代表公共参数初始化算法、服务器密钥生成算法、文件密钥生成算法、用户密钥生成算法、关键字加密算法、陷门生成算法、Delta 信息生成算法、Adjust 算法和匹配算法。

(1) MK_dPEKS_Setup(1^{κ})：输入安全参数，输出系统的公共参数 params。

(2) MK_dPEKS_KeyGenServer(params)：输入公共参数 params，输出服务器 S 的公钥和私钥对(pk_S，sk_S)。

(3) MK_dPEKS_KeyGendocument(params)：输入公共参数 params，输出文件 j 的加密密钥 k_j。

(4) MK_dPEKS_KeyGenuser(params)：输入公共参数 params，输出用户的公钥和私钥对(pk_U，sk_U)。

(5) MK_dPEKS_Enc(pk_S，w，k_j)：输入指定服务器的公钥 pk_S、关键字 w 和对应文件的加密密钥 k_j，输出关键字密文 C=MK_dPEKS_Enc(pk_S，w，k_j)。

(6) MK_dPEKS_Trapdoor(sh_U，w)：输入用户的私钥 sh_U、关键字 w，输出关键字陷门信息 T_w = MK_dPEKS_Trapdoor(sh_U，w)。

(7) MK_dPEKS_Delta(pk_U, k_j)：输入用户的公钥 pk_U、文件的加密密钥 k_j，输出 Δ。

(8) MK_dPEKS_Adjust(T_w, Δ)：输入陷门信息 T_w 和 Δ，输出 T'_w。

(9) MK_dPEKS_Macth(T'_w, C', sk_S)：输入 T'_w、密文 C'、服务器私钥 sk_S，如果 $w = w'$，则输出 yes，否则输出 no。其中 C'=MK_dPEKS_Enc(params，pk_U，pk_S，w'，k_j)。

1. 密文不可区分性

密文不可区分性是指攻击者不能区分两个不同明文关键字的密文。在下面游戏的定义中，文件从 0 开始编号，用户从 1 开始编号。其中，文件 0 是用在挑战阶段的特殊文件。在密文不可区分性游戏中认为所有用户均对文件 0 具有访问权限。这样设定的原因是：敌手获得任何关于对文件 0 不具有访问权限的用户信息，对于挑战都没有任何帮助。因此，为了方便证明，在游戏过程中，规定敌手仅需创建对文件 0 具有访问权限的用户。

定义 12.2　密文不可区分性游戏　密文不可区分性游戏发生在挑战者 *Ch* 和敌手 *Adv* 之间，且基于安全参数 *K* 和公共参数 params。

1) 开始阶段

Ch 计算生成公共参数 params，并将其提供给 *Adv*。

(1) *Adv* 提供一个访问图表 *G* 给 *Ch*，该访问图表包括编号从 1 开始的用户和从 0 开始编号的文件之间的访问关系，并将相关文件的加密密钥 k_j 一起发送，其中 $j>0$。

(2) *Ch* 计算生成文件 0 的加密密钥 k_0，并且计算生成服务器和用户的公钥和私钥。

2) H_1 查询

Adv 可以向随机预言机 H_1 查询 $H_1(w_i)$ 的值。*Ch* 返回值 $H_1(w_i)$。其中，*w* 可以为任意的关键字。

3) $e(pk_{s,1}, H_1(w)^r)^{k_0}$ 查询

Adv 向 *Ch* 查询有关文件 0 的 $e(pk_{s,1}, H_1(w)^r)^{k_0}$ 值。*Ch* 返回值 $e(pk_{s,1}, H_1(w)^r)^{k_0}$。其中，*w* 可以为任意的关键字。

4) H_2 查询

Adv 可以向随机预言机 H_2 查询 $H_2(e(pk_{s,1}, H_1(w)^r)^{k_0})$ 的值。其中，*w* 可以为任意的关键字。

5) 陷门查询

Adv 自适应地向 *Ch* 做以下查询：查询用户 *i* 的关键字 *w* 的陷门信息。*Ch* 返回值 MK_dPEKS_Trapdoor(sk_U，*w*)。

6) 挑战阶段

Adv 选择两个关键字 w_0 和 w_1，并将它们提供给 *Ch*。*Ch* 随机选择 *b* 的值，并将值 MK_dPEKS_Enc(pk_S，w_b，k_0) 发送给 *Adv*，其中 $b \in \{0, 1\}$。

7) 陷门查询

Adv 再次进行自适应步骤，其中约束条件为 Adv 不能进行 T_{w_0} 和 T_{w_1} 的查询。

8) 输出

Adv 输出对 b 的猜测 b'。如果 $b'=b$，则 Adv 胜利。

定义 12.3　Adv 破坏密文不可区分性的优势定义如下：

$$\text{Advantage}_{\text{Adv}}^{\text{DataHiding}}(\kappa)=\Pr\left|[b=b']-\frac{1}{2}\right| \tag{12.1}$$

如果任何多项式时间的攻击者 Adv 破坏密文不可区分性的优势都是可忽略的，则称该方案满足密文不可区分性。

2. 陷门不可区分性

陷门不可区分性要求满足：攻击者不能区分两个不同关键字明文的陷门信息。在随后的定义中，文件从 1 开始编号，用户从 0 开始编号。其中，用户 0 是挑战阶段的一个特殊用户。必须说明的是，在整个游戏的定义中，所有的用户对文件都具有访问权限。

定义 12.4　陷门不可区分性游戏　陷门不可区分性游戏发生在挑战者 Ch 和敌手 Adv 之间，基于安全参数 κ 和公共参数 params。

1) 开始阶段

(1) Ch 计算 params，然后提供给 Adv。

(2) Adv 提供访问图表给 Ch，其中访问图表中的文件编号从 1 开始，用户编号从 0 开始。

(3) Ch 为每个用户 i 计算密钥的密钥和文件的加密密钥 k_j，其中 $i>0$。

2) 陷门查询

Adv 自适应地向 Ch 进行以下查询：用户 i 的关键字 w_l 的陷门信息 T_{w_l}。Ch 将值 MK_dPEKS_Trapdoor(sk_{U}，w_l) 返回给 Adv。

3) 挑战阶段

Adv 选择两个关键字 w_0 和 w_1，并将它们提供给 Ch。Ch 随机选择 b 的值，并将 MK_dPEKS_ Trapdoor(sk_{U_0}，w_b) 发送给 Adv，其中 $b\in\{0,1\}$。

4) 自适应查询

Adv 再次重复自适应步骤。

5) 输出

Adv 输出 b' 作为它对 b 的猜测。如果 $b'=b$，则 Adv 胜利。

游戏中的约束条件是：在任意的自适应过程中，w 的选择必须满足 $w\notin\{w_0, w_1\}$。

定义 12.5　Adv 破坏陷门不可区分性的优势定义如下：

$$\text{Advantage}_{\text{Adv}}^{\text{TrapdoorHiding}}(\kappa)=\Pr\left|[b=b']-\frac{1}{2}\right| \tag{12.2}$$

如果任何多项式时间的攻击者 Adv 破坏陷门不可区分性的优势都是可忽略的，则称该方案满足陷门不可区分性。

12.1.2　具体方案构造

该方案主要包含 3 种角色：用户、服务器、文件。加密后的文件和关键字密文存储在服务器端，并且只有被指定的服务器才能进行相关的检索工作。一个用户可以拥有多个不用的文件，并且该用户可以通过把自己文件的加密密钥共享给别的用户，从而实现用户文件的共享。

如果某个用户没有获得某个文件的访问权限，则该用户无法读取文件的内容，即便他可以与服务器串通。用户和服务器的公钥和私钥由密钥生成中心(key generation center，KGC)按照下面描述的相关算法分发。

该方案的目标是：允许用户在多个包含相同关键字的加密文件上进行检索，并且这些加密文件使用不同的密钥进行加密。同时，在检索过程中，用户不需要针对每一个文件生成单独的关键字陷门信息。与此同时，相关的检索工作必须由用户指定的服务器执行。

G 和 G_T 是阶为素数 p 的循环群，e：$G\times G\to G_T$ 为双线性映射，H_1：$\{0，1\}^*\to G$，H_2：$G_T\to\{0，1\}^\lambda$ 是方案中需要的两个 Hash 函数。方案的具体描述如下。

(1) MK_dPEKS_Setup(1^κ)：输入安全参数 κ，该算法返回全局参数 params=$(G，G_T，e，H_1(\cdot)，H_2(\cdot)，g，m，n)$。其中 g、m、$n\in G$ 是随机选择的。

(2) MK_dPEKS_KeyGenServer(params)：随机选择 $\alpha\in Z_p$，令 $sk_S=\alpha$，并计算 $pk_S=(pk_{S,1}，pk_{S,2})=(g^\alpha，m^{1/\alpha})$。该算法返回服务器的公钥和私钥对 $(pk_S，sk_S)$。

(3) MK_dPEKS_KeyGenuser(params)：随机选择 $\beta\in Z_p$，令 $sk_U=\beta$，并计算 $pk_U=(pk_{U,1}，pk_{U,2})=(g^\beta，n^\beta)$。该算法返回用户的公钥和私钥对 $(pk_U，sk_U)$。

(4) MK_dPEKS_KeyGendocument(params)：该算法返回文件的加密密钥 $k_j\leftarrow Z_p$。

(5) MK_dPEKS_Enc($pk_S，w，k_j$)：该算法输入指定服务器的公钥 pk_S、关键字 w、文件的加密密钥 k_j。随机选择 $r\in Z_p$，计算 $B=H_2(e(pk_{S_1}，H_1(w)^r)^{k_j})$，该算法输出关键字密文 $C=[C_1，C_2]=[r，B]$。

(6) MK_dPEKS_Trapdoor($sk_U，w$)：输入用户 i 的私钥 sk_U、关键字 w，该算法返回关键字 w 的陷门 $T_w=H_1(w)^{1/sk_U}$。

(7) MK_dPEKS_Delta($pk_U，k_j$)：输入用户 i 的公钥 pk_{U_i}、文件的加密密钥 k_j，算法输出 $\varDelta=pk_{U_1}^{k_j}$。

(8) MK_dPEKS_Adjust($\varDelta，T_w$)：输入 $\varDelta$、T_w，该算法计算并输出关键字陷门信息的转换值 $T_w'=e(\varDelta，T_w)$。

(9) MK_dPEKS_Macth($T_w'，C，sk_S$)：输入 T_w'、服务器私钥 sk_S、密文 C，服务器判

断等式 $B = H_2((T'_w)^{sk_S \cdot C_1})$ 是否成立。如果等式成立，则表示匹配成功；否则，匹配不成功。

12.1.3 安全性及性能分析

该方案的安全性依赖于 1-bilinear diffie-hellman inversion（1-BDHI）难题和 decisional diffie-hellman（DDH）假设的困难性。下面给出该方案安全性证明的详细过程。

1. 密文不可区分性证明

命题 12.1 如果 1-BDHI 难题不能被解决，则该方案满足密文不可区分性，且可以抵抗选择性明文攻击。

证明：采用反证法证明，即证明：如果存在一个攻击者以不可忽略的优势破坏该方案的密文不可区分性，则一定存在一个算法能以不可忽略的优势解决 1-BDHI 难题。

要完成上述命题的证明，首先假设存在一个攻击者 A_1，它破坏该方案密文不可区分性的优势为 ε。假设在整个过程中，A_1 最多可以进行 q_{H_2} 次 H_2 查询，最多进行 q_T 次陷门查询，则可以构造出一个 PPT 攻击者 B_1 能以 $\varepsilon' = \varepsilon / \mathrm{e} q_T q_{H_2}$ 的优势解决 1-BDHI 难题，其中 e 是自然对数的底数。

首先分析 B_1 解决 1-BDHI 难题的主要过程。B_1 已知的值为 g，$g^x \in G$，其中 B_1 的目标是计算出 $e(g，g)^{1/x} \in G_T$。令 $v = g^x$，随机选择 s、$s' \in Z_p^*$，并令 $m = g^s$，$n = g^s$。B_1 伪装成挑战者与 A_1 做以下交互。

1）开始阶段

根据方案的定义可知，服务器的公钥 $pk_S = (pk_{S_1}，pk_{S_2})$ 必须满足等式 $e(pk_{S_1}，pk_{S_2}) = e(g，m)$。因此，$B_1$ 构造服务器的公钥和私钥的值分别为 $pk_{S_1} = g^{\alpha}$，$pk_{S_2} = g^{s/\alpha}$。

（1）A_1 将访问图表 G 提供给 B_1，其中访问图表是围绕文件 0 产生的，并且访问图表中所有用户对文件 0 均有访问权限。

（2）同样地，根据方案中用户密钥的生成算法，用户的公钥必须满足等式 $e(pk_{U_1}，n) = e(pk_{U_2}，g)$。因此，为了保证伪造数据的有效性，$B_1$ 以如下方式伪造用户的密钥：令 $sk_U = \beta$，随机选择 $x' \in Z_p^*$ 并令 $pk_U = (v^{x'}，v^{x's'})$，其中 s' 是上文构造 n 时随机选择的值。最后 B_1 将用户的公钥信息发送给 A_1。

2）H_1 查询

针对 A_1 的每次针对关键字 w 的 H_1 查询，B_1 都按如下方式进行回应。B_1 为了响应 H_1 查询，需在本地维护一个列表，该列表由四元组 $\langle w_j，h_j，e_j，c_j \rangle$ 构成，称该列表为 H_1-list。H_1-list 初始化为空，H_1 查询的响应过程如下。

（1）如果查询的关键字 w_i 已经出现在 H_1-list 中的 $\langle w_i，h_i，e_i，c_i \rangle$ 元组中，B_1 将 $H_1(w_i) = h_i \in G$ 返回给 A_1。

（2）相反，如果关键字 w_i 是首次被查询，则 B_1 选择 c_i 的值，其中 c_i 的取值满足 $c_i \in \{0，1\}$。由 c_i 的取值范围可知 $\mathrm{pr}[c_i = 0] = 1/(q_T + 1)$。如果选出 c_i 的值为 0，则 B_1 随机

选择一个值 $e_i \in Z_p^*$，并令 $h_i = g^{e_i} \in G$ 。相反，如果 $c_i = 1$，则令 $h_i = (v)^{e_i} = g^{xe_i} \in G$ 。最后 B_1 将该元组添加到 H_1-list，并将 $H_1(w_i) = h_i$ 返回给 A_1。

3) $e(pk_{S_1}, H_1(w)^r)^{k_0}$ 查询

对于 A_1 的每次关于值 $t = e(pk_{S_1}, H_1(w)^r)^{k_0}$ 的查询，B_1 做如下响应。

随机选择值 $k' = Z_p^*$，并令 $r = k' / \alpha x$，最后将值 $t = e(pk_{S_1}, H_1(w)^r)^{k_0}$ 返回给 A_1。需要说明的是：在每次伪造的过程中，B_1 使用的 r 值都是相同的，$r = k' / \alpha x$ 。

4) H_2 查询

类似地，A_1 可以针对 $t \in G_T$ 进行 H_2 查询。针对每一次查询，B_1 以如下方式进行响应。

(1) 如果要查询的 $t \in G_T$ 已经存在于 H_2-list 中的元组 (t, f) 中，则 B_1 直接将值 $H_2(t) = f$ 返回给 A_1。

(2) 相反，B_1 随机选择 $f \in \{0, 1\}^{\lambda}$，并令 $H_2(t) = f$ 。然后将元组 (t, f) 添加到 H_2-list 中。

5) 陷门查询

当 A_1 进行关键字 w 的陷门信息 T_w 查询时，B_1 做如下响应。$\langle w_j, h_j, e_j, c_j \rangle$ 为 H_1-list 中的一个元组。假设此时要查询的关键字 $w = w_j$ 。此时 B_1 可以通过查找本地的 H_1-list 获得相对应的 h_j 值，即 $H_1(w) = H_1(w_j) = h_j \in G$ 。

(1) 如果 $c_j = 0$，则停机。

(2) 否则，因为 $h_j = (v)^{e_j} = g^{xe_j} \in G$，并且 $pk_{U_1} = v^{x'} = g^{xx'} = g^{\beta}$，所以 B_1 可以设定 T_w 的值为 $T_w = H_1(w)^{1/\beta} = (g^{xe_j})^{1/xx'}$ 。由定义可知，T_w 是一个有效的伪造值。B_1 将 T_w 发送给 A_1。

6) 挑战阶段

A_1 将它希望挑战的两个关键字 w_b 提供给 B_1，其中 $b \in \{0, 1\}$ 。B_1 通过查找 H_1-list 获得 $h_0 = H_1(w_0)$，$h_1 = H_1(w_1)$，$(w_b, h_b, e_b, c_b) \in H_2$-list 为 w_b 在 H_2-list 中对应的元组，其中 $b = 0, 1$ 。如果 $c_0 = c_1 = 1$，则 B_1 停机。否则，由于 c_0 和 c_1 至少有一个值是为 0 的，因此选择 $b \in \{0, 1\}$，且其相对应的 $c_b = 0$，并响应挑战过程。同时，B_1 用如下方式伪造密文 $C = [r, B]$：随机选择 $r' \in Z_p^*$，并将 $C = [r', H_2(e(g^{\alpha}, H_1(w)^{r'})^{k_0})]$ 发送给 A_1。根据定义可知 C 是一个有效的密文。

7) 陷门查询

A_1 再次进行陷门查询，其约束条件为 $w \neq w_0, w_1$ 。

8) 输出

A_1 输出它的答案。最后 A_1 输出它对 b 的猜测，即它对密文 C 是 MK-dPEKS-Enc(w_0) 或 MK-dPEKS-Enc(w_1) 的猜测。与此同时，B_1 从 H_2-list 中随机选择一个元组 (t, f)，并将 $t^{1/k'e_b k_0}$ 作为它对 $e(g, g)^{1/x}$ 的猜测输出，其中 k' 是在上文的过程中选取的。这样做的原因如下：A_1 一定会进行 $H_2(e(pk_{S_1}, H_1(w_0)^r)^{k_0})$ 或 $H_2(e(pk_{s_1}, H_1(w_1)^r)^{k_0})$ 的查询，因此，

在 H_2 - list 中，存在一个元组 $t = e(pk_{S_1}, H_1(w_b)^r)^{k_0} = e(g^{\alpha}, g^{e_b})^{k'k_0/\alpha x} = e(g, g)^{e_b k' k_0 / x}$ 的概率为 0.5。又因为 $r = k'/\alpha x$，$H_1(w_b) = g^{e_b}$（当 $c_i = 0$ 时），如果 B₁ 恰好选到了这样的元组 (t, f)，则 $t^{1/k'e_b k_0} = e(g, g)^{1/x}$ 正是期待的结果。

接下来需要证明 B₁ 解决 1-BDHI 难题的优势是不可忽略的。假设 B₁ 能输出正确的 $e(g, g)^{1/x}$ 的值的概率至少为 ε'，即需要说明 ε' 的大小是不可忽略的。为了完成该命题的证明，首先定义两个事件来说明 B₁ 在伪造阶段不会停机的概率。

ε_1：B₁ 在 A₁ 的任何陷门查询过程中都不会停机。

ε_2：B₁ 在挑战阶段不会停机。

首先证明事件 ε_1 和 ε_2 都会以足够高的概率发生。

命题 12.2　B₁ 在 A₁ 的任何陷门查询过程中均不会停机的概率至少为 $1/\mathrm{e}$，即 $\Pr[\varepsilon_1] \geqslant 1/\mathrm{e}$。

证明：为了不失一般性，假设 A₁ 不会对同一个关键字进行两次陷门信息的查询。在这个过程中 B₁ 停机的概率为 $1/(q_T+1)$。原因如下：令 w_i 为 A₁ 的第 i 次查询的关键字，其中 $\langle w_i, h_i, e_i, c_i \rangle$ 为其对应的 H_1 - list 中的元组。由上文可知，c_i 的值是独立于 A₁ 的观点的，$H_1(w_i)$ 是唯一取决于 A₁ 观点的值，并且依赖于 c_i。而无论 c_i 的值是为 0 还是 1，$H_1(w_i)$ 的取值分布都是一样的。因此，由查询导致 B₁ 停机的概率最多为 $1/(q_T+1)$。又因为 A₁ 最多进行 q_T 次陷门查询，因此，B₁ 在 A₁ 的任何陷门查询过程中均不会停机的概率为 $(1-1/(q_T+1))^{q_T} \geqslant 1/\mathrm{e}$。

命题 12.3　B₁ 在挑战阶段不会停机的概率至少为 $1/q_T$，即 $\Pr[\varepsilon_2] \geqslant 1/q_T$。

证明：B₁ 在挑战阶段停机的条件是：A₁ 挑选用于挑战阶段的 w_0、w_1 对应 H_1 - list 元组中 $c_0 = c_1 = 1$。由于 A₁ 不能在陷门查询阶段进行关键字 w_0、w_1 的陷门信息的查询，因此，c_0 和 c_1 的值是独立于 A₁ 的观点，所以有 $\Pr[c_i = 0] = 1/(q_T+1)$，其中 $i = 0$ 或 1。又因为这两个值之间是互相独立的，所以有 $\Pr[c_0 = c_1 = 1] = (1-1/(q_T+1))^2 \leqslant 1-1/q_T$。因此，B₁ 在挑战阶段不会停机的概率至少为 $1/q_T$。

由定义可知，因为 A₁ 不会在陷门查询阶段进行关键字 w_0、w_1 的陷门信息的查询，所以事件 ε_1 和 ε_2 是相互独立的，因此两个事件同时发生的概率为 $\Pr[\varepsilon_1 \wedge \varepsilon_2] > 1/\mathrm{e}q_T$。

由上文的分析可知，B₁ 能否解决 1-BDHI 难题还依赖于 A₁ 是否进行 $e(pk_{S_1}, H_1(w_b)^r)^{k_0}$ 查询。为完成证明，还需说明 A₁ 进行 $e(pk_{S_1}, H_1(w_b)^r)^{k_0}$ 查询的概率。因此，接下来证明 A₁ 进行 $e(pk_{S_1}, H_1(w_b)^r)^{k_0}$ 查询的概率至少为 ε。

命题 12.4　在实际的攻击过程中，A₁ 进行 $e(pk_{S_1}, H_1(w_0)^r)^{k_0}$ 或 $e(pk_{S_1}, H_1(w_1)^r)^{k_0}$ 查询的概率至少为 2ε。

证明：首先定义一个事件 ε_3。

ε_3：在实际的攻击过程中，既不进行 $e(pk_{S_1}, H_1(w_0)^r)^{k_0}$ 查询，也不进行 $e(pk_{S_1}, H_1(w_1)^r)^{k_0}$ 查询。

如果事件 ε_3 发生，由于代表 C 是 w_0 或者 w_1 密文的 $b \in \{0, 1\}$ 值独立于 A₁ 的观点。因

此，A_1 输出正确的 b 值的概率至少为 $\frac{1}{2}$。由定义可知，在实际的攻击中，A_1 破坏密文不可区分性的优势满足公式 $\left|\Pr[b=b']-\frac{1}{2}\right| \geqslant \varepsilon$。因此，可以知道：

$$\begin{aligned}
\Pr[b=b'] &= \Pr[b=b' \mid \varepsilon_3]\Pr[\varepsilon_3]+\Pr[b=b' \mid \neg\varepsilon_3]\Pr[\neg\varepsilon_3] \\
&\leqslant \Pr[b=b' \mid \varepsilon_3]\Pr[\varepsilon_3]+\Pr[\neg\varepsilon_3] \\
&= \frac{1}{2}\Pr[\varepsilon_3]+\Pr[\neg\varepsilon_3] \\
&= \frac{1}{2}+\frac{1}{2}\Pr[\neg\varepsilon_3] \\
\Pr[b=b'] &\geqslant \Pr[b=b' \mid \varepsilon_3]\Pr[\varepsilon_3] \\
&= \frac{1}{2}\Pr[\varepsilon_3] \\
&= \frac{1}{2}-\frac{1}{2}\Pr[\neg\varepsilon_3]
\end{aligned}$$

因此有 $\varepsilon \leqslant \Pr[b=b']-\frac{1}{2}| \leqslant \frac{1}{2}\Pr[\neg\varepsilon_3]$，所以 $\Pr[\neg\varepsilon_3] \geqslant 2\varepsilon$。

假设 B_1 没有停机，B_1 的伪造过程是否完美取决于 A_1 是否进行 $e(pk_{S_1}，H_1(w_0)^r)^{k_0}$ 或 $e(pk_{S_1}，H_1(w_1)^r)^{k_0}$ 的查询。由命题 12.3 可知，A_1 进行 $e(pk_{S_1}，H_1(w_0)^r)^{k_0}$ 或 $e(pk_{S_1}，H_1(w_1)^r)^{k_0}$ 的查询的概率至少为 2ε。因此，A_1 进行 $e(pk_{S_1}，H_1(w_b)^r)^{k_0}$ 查询的概率至少为 ε，其中 $b \in \{0，1\}$。同样地，$e(pk_{S_1}，H_1(w_b)^r)^{k_0}$ 出现在 H_2-list 元组中的概率也是相同的。容易看出的是：B_1 选出正确元组的概率至少为 $1/q_{H_2}$。如果 B_1 在伪造过程中没有停机，则输出正确答案的概率至少为 ε/q_{H_2}。又因为 B_1 在伪造过程中不停机的概率至少为 $1/eq_T$，因此，B_1 能够解决 1-BDHI 难题的概率至少为 $\varepsilon'=\varepsilon/eq_Tq_{H_2}$，且 ε' 的大小是不可忽略的。

综上所述，由反证法可知该方案满足密文不可区分性。

2. 陷门不可区分性证明

为了证明陷门不可区分性，首先构造一个新的游戏 Game 1。Game 1 的具体构造如下。

1) 开始阶段

*Ch*1 计算出 params，并将其提供给 *Adv*1。

(1) *Adv*1 将访问图表提供给 *Ch*1，其中用户从 0 开始编号，文件从 1 开始编号。

(2) *Ch*1 为每个用户计算用户的公钥和私钥(除了用户 0)，以及文件的加密密钥 k_j。

2) 陷门查询

*Adv*1 向 *Ch*1 自适应地进行如下查询：查询用户 i 的关键字 w_l 的陷门信息，*Ch*1 将 $H_1(w_l)^{1/sk_{U_i}}$ 返回给 *Adv*1，其中 sk_{U_i} 是用户 i 的私钥。

3) 挑战阶段

$Adv1$ 将关键字 w_0 和 w_1 提供给 $Ch1$，随机选择一个值 $R \in G$ 并将其返回给 $Adv1$。

4) 陷门查询

$Adv1$ 再次进行陷门查询。约束条件如下：在所有的查询中 $w \notin \{w_0, w_1\}$。

由 Game1 的定义可知，在整个交互过程中，$Adv1$ 无法得到任何与 b 有关的信息。因此，$Adv1$ 能猜出 b 的概率为 0.5，由此可知，$Adv1$ 在 Game1 中破坏陷门不可区分性的优势几乎接近为 0，因此，该方案在 Game1 下是安全的，具有陷门不可区分性。如果 Game1 与陷门不可区分性游戏具有计算不可区分性，则攻击者在陷门不可区分性游戏下，破坏陷门不可区分性的优势也为 0，即该方案在陷门不可区分性游戏下也是安全的。接下来，需要证明 Game1 与陷门不可区分性游戏是计算不可区分的。

命题 12.5　如果 DDH 难题无法解决，则 Game1 与陷门不可区分性游戏具有计算不可区分性。

证明：同样地，使用反证法进行证明，首先假设存在一个多项式时间的敌手 D 可以区分这两个游戏。接下来，首先构造一个多项式时间的敌手 B 可以解决 DDH 难题。

p 是敌手 D 运行的多项式时间，B 需要在挑战阶段嵌入一些特殊的数值。具体过程是在挑战阶段 D 进行密文查询时，B 将 g^b 嵌入返回给 D 的值中，其中 $b \in \{0, 1\}$。实际攻击过程中，在挑战阶段发生之前，D 首先会进行 w_b 的 H_1 查询，因此，B 必须要猜测出哪些查询是针对 w_b 进行的。如果在挑战阶段发现猜测是错误的，则 B 输出一个随机值然后停机。否则，B 按照如下步骤进行。

B 接收 $\langle g^a, g^b, T\rangle$ 作为输入，B 的目标则是区分出 $T = g^{ab}$ 或者 T 是一个随机值。

(1) H_1 伪造：B 随机选择 $e \in \{0, 1\}$，然后：

①如果 $e = 0$，B 则认为 D 不会进行 w_b 的 H_1 查询。

②相反地，B 则认为 D 会进行 w_b 的 H_1 查询，然后从 $I \in \{0, 1, \cdots, p(k)\}$ 中选择一个值作为 D 进行 w_b 的 H_1 查询的序号(即在 D 进行的 H_1 查询中哪次是针对 w_b 的查询)。针对 D 进行的 H_1 查询，B 做以下响应：如果这是第 I 次查询，则返回 g^b（$H_1(w) = g^b$）；否则，随机选择一个值 $q \in Z_p$，然后存储 $\text{oracle}[w] = q$，并将值 g^q（$H_1(w) = g^q$）返回。

(2) 初始化：B 启动多项式时间敌手 D，并接收访问列表 G。然后 B 计算用户的密钥和文件的加密密钥。对于每个用户 i，若 $i \geqslant 1$，则随机选择值 $\Delta_i \in Z_p$。若 $i = 1$，则令 $\Delta_i = 1$。

(3) 自适应阶段：对于用户 0，B 输出 $g^{a.\text{oracle}[w]}$。相反，对于每个用户 $i>0$，B 返回 $g^{d.\text{oracle}[w]\Delta_i}$，其中 $w \neq w_b$。

(4) 挑战阶段：B 接收到 w_0、w_1，然后确认它的猜测是否正确。如果不正确，则 B 将 T 发送给 D。

(5) 自适应阶段：B 再次执行自适应阶段的步骤。

(6) 输出：B 输出 D 的猜测。

接下来，讨论在 B 不停机的前提下伪造的正确性。由于随机预言机的所有输入都是均匀随机分布的，并且值 a 与 q 相等的概率是非常小的。因此，做如下设定：$a = sk_{U_0}$，$g^b = H_1(w_b)$，$d = sk_{U_1}$，$\Delta_i = sk_{U_i} / sk_{U_1}$。

在伪造的过程中，D 接收的数据如下。

自适应阶段：$g^{a.\text{oracle}[w]} = H_1(w)^{sk_{U_0}}$，$g^{d.\text{oracle}[w]\Delta_i} = H_1(w)^{sk_{U_i}}$，可以看出这些与预期是一致的。

在挑战阶段：如果 T 是一个随机的数值，则这种情况与 Game1 中的挑战阶段相同。若 $T = g^{ab} = H_1(w_b)^{sk_{U_0}}$，则与陷门不可区分性游戏中的挑战阶段相同。

在不停机的前提下，B 的伪造数据在数值上是很接近真实数据的。由于 D 可以区分 Game1 与陷门不可区分性游戏，并且概率是不可忽略的，所以如果 B 不停机，则 B 解决 DDH 难题的概率也是不可忽略的。由于不停机的概率至少为 $\frac{1}{2p}$，因此，总体的概率也是不可忽略的。由反证法可知，Game1 与陷门不可区分性游戏具有计算不可区分性。又因为在 Game1 下，该方案满足陷门不可区分性，因此，在陷门不可区分性游戏下，该方案同时满足陷门不可区分性。

对于可搜索加密方案来说，对方案性能的评估主要从安全性和效率两个角度出发。在这部分首先将该方案与现有的相似方案在安全性、功能、传输代价和计算代价等方面进行理论分析与对比，最后通过仿真实验对该方案的效率进行补充说明。

12.2　时间感知的可搜索多关键字加密方案

12.2.1　相关基础

基于混沌映射的密钥协商是本章介绍的方案的基础，因此，首先给出了 Diffie-Hellman 密钥协议的定义，然后回顾了切比雪夫混沌映射的基本知识。

1. Diffie-Hellman 密钥协议

Diffie-Hellman 密钥协议由 Whitfield Diffie 和 Martin Hellman 提出。它可以通过一个不安全的渠道建立一个共享的秘密。其安全性取决于解决离散对数问题(DLP)的难度。假设用户 A 和 B 需要建立一个共享会话密钥来保护他们之间的通信，然后他们遵循以下步骤。

(1) A 随机选取一个大数 a，计算 $K_A = g^a \bmod p$，并将其发送给 B，其中 g 是生成元，p 是公开给 A 和 B 的大素数。

(2) B 随机选择一个大数 b，并将 $K_B = g^b \bmod p$ 发送给 A。

(3) 在接收到 K_A 和 K_B 后，A 和 B 可分别计算会话密钥 $\text{SK} = K_B^a \bmod p = K_A^b$。$\bmod p = g^{ab} \bmod p$ 在不知道 a 和 b 的情况下，任何第三方都不能计算 SK，因为存在 DLP 和 Diffie-Hellman (DHP) 难题。

2. 切比雪夫混沌映射

切比雪夫多项式 $T_n(x)$ 是一个 n 次多项式，其中 $n \in Z$ 和 $x \in [-1, 1]$。切比雪夫多项式被定义为 $T_n(x) = (\cos(n\arccos(x)))$，切比雪夫多项式递归关系的定义 $T_n(x) = 2xT_{n-1}(x) - T_{n-2}(x)$，其中 $n \geqslant 2$，$T_0(x) = 1$，$T_1(x) = x$，$\cos(x)$ 和 $\arccos(x)$ 是三角函数。三角函数被定义为 $\cos: R->[-1, 1]$ 和 $\arccos: [-1, 1]->[0, \pi]$，而切比雪夫多项式的范式可以用下面的方程来描述：

$$
\begin{aligned}
&T_0(x) \equiv 1 \\
&T_1(x) \equiv x \\
&T_2(x) \equiv 2x^2 - 1 \\
&T_3(x) \equiv 4x^3 - 3x \\
&T_4(x) \equiv 8x^4 - 8x^2 + 1 \\
&T_5(x) \equiv 16x^5 - 20x^3 + 5x \\
&T_6(x) \equiv 32x^6 - 48x^4 - 1
\end{aligned}
$$

切比雪夫多项式有两个重要特征，称为半群特征和混沌特征。

(1) 半群特征：$T_r(T_s(x)) \equiv \cos(r\cos(s\cos^{-1}(x))) \equiv \cos(rs\cos^{-1}(x)) \equiv T_{sr}(x) \equiv T_s(T_r(x))$，其中 r 和 s 是两个正整数，$x \in [-1, 1]$。

(2) 混沌特征：切比雪夫多项式映射 $T_n(x)$：$[-1, 1]->[-1, 1]$ 是混沌映射，其密度函数为 $f^*(x) = 1/\left(\pi\sqrt{1-x^2}\right)$，当 $n>1$ 时，指数 $\lambda = \ln n > 0$。

半群特征适用于切比雪夫多项式的区间 $(-\alpha, \alpha)$，可以描述如下：

$$T_n(x) = 2xT_{n-1}(x) - xT_{n-2}(x) \bmod p \tag{12.3}$$

其中，$n \geqslant 2$；$x \in (-\alpha, \alpha)$；p 是一个大素数。

很容易找到 $T_r(T_s(x)) \equiv T_{sr}(x) \equiv T_s(T_r(x)) \bmod p$。半群特征也可以保持，扩展的切比雪夫多项式在组合下仍然是可交换的。与 DHP 和 DLP 难题类似，基于切比雪夫多项式的问题也是困难的。

(1) DHP：给定 x、$T_r(x)$ 和 $T_s(x)$，在多项式时间内很难计算 $T_{rs}(x)$。

(2) DLP：给定 x 和 y，在多项式时间内很难找到满足 $T_r(x) = y$ 的整数 r。

3. 形式化模型和安全定义

本节的方案目标是构建带有指定服务器的加密数据(简称 TM-dPEKS)的时间感知多关键字搜索，方案中数据发送者在生成关键字的密文时，将时间信息作为参数；同时要求云服务器在测试带有关键字密文的陷门时输入系统时间。接下来，我们给出 TM-dPEKS 方案的系统模型和安全性要求。

1) 形式化模型

TM-dPEKS 方案由以下算法组成。

(1) Setup(λ)：公共参数生成算法。采取安全参数 λ 作为输入，该算法输出一组参数 params。

(2) KeyGen (params)：所有参与者的密钥生成算法。以公开参数 params 作为输入，该算法为参与者 U 输出私钥和公钥对 (SK_U，PK_U)。

(3) TM-dPEKS (SK_D，PK_S，PK_R，D，t，params)：没有安全通道的关键字加密算法。输入公开参数 params、发送者的私钥 SK_D、服务器的公钥 PK_S、接收者的公钥 PK_R、系统时间信息 t 和关键字索引向量 $\boldsymbol{D}$ 作为输入，该算法输出 TM 用于 $\boldsymbol{D}$ 的 TM - dPEKS 密文 C_W。

(4) Trapdoo (SK_R，$\boldsymbol{Q}$，params)：数据接收器的陷门生成算法。采用通用参数 params，接收者私钥 SK_R 和查询关键字索引向量 $\boldsymbol{Q}$ 作为输入，该算法为 $\boldsymbol{Q}$ 输出陷门 T_W。

(5) Test (T_W，SK_S，C_W，t，params)：云服务器的测试算法。如果在 C_W 和 FALSE 中出现至少一个与 T_W 有关的关键字，则输入关键字索引向量 $\boldsymbol{Q}$ 的通用参数 params、陷门 T_W、服务器的私钥 SK_S 和 TM-dPEKS 密文 C_W 作为输入，否则输出 TRUE。

2) 安全定义

对于关键字加密方案，攻击者可能来自外部，也可能来自系统内部。TM-dPEKS 方案应符合以下安全要求。

(1) 一致性。一致性是基本的安全性。对 TM-dPEKS 方案的要求意味着只有被授权的接收者才能生成具有特定关键字的合法陷门，只有指定的云服务器才能执行具有关联陷门的测试算法。任何未经授权的云服务器都无法使用陷门定位加密的关键字索引。

(2) 离线密文猜测攻击。一个安全的 TM-dPEKS 应该能够抵抗离线密文猜测攻击，这意味着它可以保护数据发送者产生的相关密文的关键字的机密性。任何离线猜测攻击者都不能透露与密文相关的关键字。攻击者可能是局外人，如云服务器以外的任何第三方，或者内部人员，如云服务器。

(3) 离线关键字猜测攻击。这个安全要求确保了由授权数据接收器生成的陷门中的关联关键字的机密性。它需要一个安全的 TM-dPEKS 方案以抵御来自任何多项式时间攻击者的离线猜测攻击。对于外部对手来说，可能是授权云服务器以外的第三方实体。换句话说，任何对手都不能从陷门的离线分析中获得任何有关关键字的信息。

12.2.2 方案具体构造

针对云存储环境下机密性和可用性的要求，介绍了一种新的加密数据的多关键字搜索方案。该方案不仅能够抵抗关键字猜测攻击，同时也支持定时搜索。现有关键字搜索方案无法同时支持多关键字搜索，时间感知和指定服务器。在本节中，将按照 12.2.1 节中定义的模型详细说明过程。

1. Setup (λ)

假设关键字词典的空间为 $W=(w_1, w_2, \cdots, w_m)_{m\in Z}$，文件空间为 F，加密文件空间为 C。构造一个 m 位数的 $\boldsymbol{D}$，将其视为一个 m 维关键字索引二进制向量 $\boldsymbol{D}$ 对文件 F 进行加密并存储在云服务器上。第 i 个元素的值 $\boldsymbol{D}[i](1\leqslant i\leqslant m)$，表示 w_i 是否出现在 F 中。$\boldsymbol{D}[i]=1$ 表示 w_i 出现在 F 中，$\boldsymbol{D}[i]=0$ 表示 w_i 不出现在 F 中。使用安全参数 λ，选择两个安全的单

向散列函数 H'：$\{0,1\}^* \to Z_p^*$，选择一个大数 p，随机选择 $x^* \in Z^p$ 作为混沌映射 $T_n(x)$ 的初始值。选择两个 $(m+1)\times(m+1)$ 的可逆矩阵 $\boldsymbol{M}_1$、$\boldsymbol{M}_2$ 用于数据发送器和数据接收器。数据发送者和数据接收者只知道 $\boldsymbol{M}_1$ 和 $\boldsymbol{M}_2$。公共参数由参数 $\text{params}=\{x^*，p，H，H'，m\}$ 给出。

2. KeyGen（params）

通过式(12.3)，参与者可以获得他们的公钥对和私钥对。

(1) 数据发送方随机选择 d，计算公钥 $\text{PK}_\text{D}=T_d(x^*)$，以 $\text{SK}_\text{D}=d$ 为私钥。

(2) 云服务器随机选择 s，计算公钥 $\text{PK}_\text{S}=T_\text{S}(x^*)$，并以 $\text{SK}_\text{S}=s$ 为私钥。

(3) 数据接收方随机选择 r，计算公钥 $PK_\text{R}=T_r(x^*)$，并以 $SK_\text{R}=r$ 为私钥。

3. TM-dPEKS（SK_D，PK_S，PK_R，D，t，params）

数据发送者按如下方式加密关键字索引 $\boldsymbol{D}$。

(1) 计算 $\theta=H'(T_d(\text{PK}_\text{S}Pt))$，使用预定时间信息 t 和云服务器 PK_S 的公钥，随机选择 $\gamma\in Z_p$ 扩展 $\boldsymbol{D}$ 到 $m+1$ 维向量 $\boldsymbol{D}^*=(\gamma\boldsymbol{D}，\theta)$，并评估 $\delta=H(T_d(\text{PK}_\text{R}))$ 作为分裂 $\boldsymbol{D}$ 的指标。

(2) 使用 $\boldsymbol{D}$ 构造两个 $m+1$ 维向量 $\{\boldsymbol{D}'，\boldsymbol{D}''\}$。$\boldsymbol{D}^*$ 如下：

$$\boldsymbol{D}'_{\{1\leqslant i\leqslant m+1\}}=\begin{cases}\boldsymbol{D}^*[i] & \text{if} \quad \delta[i]=0\\ \varepsilon_i' & \text{else} \quad \delta[i]=1\end{cases} \tag{12.4}$$

$$\boldsymbol{D}''_{\{1\leqslant i\leqslant m+1\}}=\begin{cases}\boldsymbol{D}^*[i] & \text{if} \quad \delta[i]=0\\ \varepsilon_i'' & \text{else} \quad \delta[i]=1\end{cases} \tag{12.5}$$

其中，ε_i' 是由发件人随机选择的，$\varepsilon_i'=\boldsymbol{D}^*[i]-\varepsilon_i'$。

(3) 计算 $\boldsymbol{C}_{w1}=M_1^T\boldsymbol{D}'$，$\boldsymbol{C}_{w_2}=M_2^T\boldsymbol{D}''$，将 $C_W=\{\boldsymbol{C}_{w_1}，\boldsymbol{C}_{w_2}\}$ 作为 F 的加密关键字索引。

4. Trapdor(SK_R，Q，params)

数据接收器产生一个 m 位数的 Q，其中 $Q[i]=1$ 表示 w_i 包含在查询 Q 中，否则将其视为 m 维向量 $\boldsymbol{Q}$，然后对 $\boldsymbol{Q}$ 进行加密。

(1) 随机选择 μ，并将 $\boldsymbol{Q}$ 扩展到 $m+1$ 维向量，作为 $\boldsymbol{Q}^*=(\mu\boldsymbol{Q}，1)$。

(2) 用私钥 r 计算 $H(T_r(PK_\text{D}))$，并将 δ' 作为 $m+1$ 维二进制向量。δ' 将被用作分裂 $\boldsymbol{Q}^*$ 的指标。很明显，$\delta'=\delta$。

(3) 用 $\boldsymbol{Q}^*$ 构造两个 $m+1$ 维向量 $\{\boldsymbol{Q}'，\boldsymbol{Q}''\}$。

$$\boldsymbol{Q}'_{\{1\leqslant i\leqslant m+1\}}=\begin{cases}\varepsilon_i' & \text{if} \quad \delta[i]'=0\\ \boldsymbol{Q}^*[i] & \text{if} \quad \delta[i]'=1\end{cases} \tag{12.6}$$

$$\boldsymbol{Q}''_{\{1\leqslant i\leqslant m+1\}}=\begin{cases}\varepsilon_i'' & \text{if} \quad \delta[i]'=0\\ \boldsymbol{Q}^*[i] & \text{if} \quad \delta[i]'=1\end{cases} \tag{12.7}$$

其中，ε_i' 是由发件人随机选择的，$\varepsilon_i''=\boldsymbol{Q}^*[i]-\varepsilon_i'$。

(4) 计算 $\boldsymbol{T}_{w_1}=M_1^{-1}\boldsymbol{Q}'$，$\boldsymbol{T}_{w_2}=M_2^{-1}\boldsymbol{Q}''$，把 $\boldsymbol{T}_W=\{\boldsymbol{T}_{w_1}，\boldsymbol{T}_{w_2}\}$ 作为 $\boldsymbol{Q}$ 的陷门。

5. Test(T_W，$\mathrm{SK_S}$，C_W，t，params)

在接收到数据接收器的陷门T_W后，云服务器依次测试如下加密文件。

(1)将C_W、T_W分别解析为$\{\boldsymbol{C}_{w_1},\ \boldsymbol{C}_{w_2}\}$，$\{\boldsymbol{T}_{w_1},\ \boldsymbol{T}_{w_2}\}$。

(2)计算$\theta' = H'(T_{\mathrm{S}}(\mathrm{PK_D})Pt)$，使用私钥和时间信息$t$。

(3)评估内部产品。

$$\vartheta = \{\boldsymbol{C}_{w_1},\ \boldsymbol{C}_{w_2}\}\cdot\{\boldsymbol{T}_{w_1},\ \boldsymbol{T}_{w_2}\} - \theta' \tag{12.8}$$

如果$\vartheta>0$，则返回 yes；否则，返回 false。

12.2.3　安全性及性能分析

1. 正确性

定理 12.1　云服务器能够使用过程搜索，并返回匹配的加密文件到接收器。

证明：为了证明其正确性，我们首先根据式(12.4)～式(12.7)得到：

$$\begin{aligned}\boldsymbol{D}'\boldsymbol{Q}' + \boldsymbol{D}''\boldsymbol{Q}'' &= \sum_{i=1}^{m+1}\boldsymbol{D}'[i]\boldsymbol{Q}'[\boldsymbol{i}] + \sum_{i=1}^{m+1}\boldsymbol{D}''[i]\boldsymbol{Q}''[\boldsymbol{i}]\\ &= \sum_{i=1}^{m+1}\boldsymbol{D}'[i]\boldsymbol{Q}'[\boldsymbol{i}] + \boldsymbol{D}''[i]\boldsymbol{Q}''[\boldsymbol{i}]\end{aligned}$$

当$\boldsymbol{D}'[i]\boldsymbol{Q}'[i] + \boldsymbol{D}''[i]\boldsymbol{Q}''[i] = \begin{cases}\mathbf{D}*[i]\varepsilon' + \mathbf{D}*[i]\varepsilon'' = 0\\ \mathbf{Q}*[i]\varepsilon_i' + \mathbf{Q}*[i]\varepsilon_i'' = 0\end{cases} = \mathbf{D}^*[i]\boldsymbol{Q}^*[i]$时，有

$$\boldsymbol{D}'\boldsymbol{Q}' + \boldsymbol{D}''\boldsymbol{Q}'' = \sum_{i=1}^{m+1}\boldsymbol{D}^*[i]\boldsymbol{Q}^*[i] = \boldsymbol{D}^*\boldsymbol{Q}^*$$

接着，根据式(12.8)计算ϑ：

$$\begin{aligned}\vartheta &= \{\boldsymbol{C}_{w_1},\ \boldsymbol{C}_{w_2}\}\{\boldsymbol{T}_{w_1},\ \boldsymbol{T}_{w_2}\} - \theta'\\ &= \{M_1^T\boldsymbol{D}',\ M_2^T\boldsymbol{D}''\}\{M_1^{-1}\boldsymbol{Q}',\ M_2^{-1}\boldsymbol{Q}''\} - \theta'\\ &= \boldsymbol{D}'\boldsymbol{Q}' + \boldsymbol{D}''\boldsymbol{Q}'' - \theta'\\ &= \boldsymbol{D}^*\boldsymbol{Q}^* - \theta'\\ &= (\gamma\boldsymbol{D},\ \theta)(\mu\boldsymbol{Q},\ \theta) - \theta'\\ &= \gamma\mu\boldsymbol{DQ} + \theta - \theta'\\ &= \gamma\mu\boldsymbol{DQ} + H'(T_d(\mathrm{PK_S})Pt) - H'(T_{\mathrm{S}}(\mathrm{PK_D})Pt)\\ &= \gamma\mu\boldsymbol{DQ}\end{aligned}$$

可以很容易地发现$\boldsymbol{D}$、$\boldsymbol{Q}$的值表示F中出现的关于查询$\boldsymbol{Q}$的关键字的数量。$\boldsymbol{D}$、$\boldsymbol{Q}$的值不等于 **0**，除非在F中没有出现关键字。如果$\vartheta>0$，则表示F中至少出现一个关键字。

2. 安全性

1) 一致性

所介绍的方案的一致性意味着，当授权的数据接收方 R 提供正确的陷门时，R 可以取回预期的加密数据，并成功解密。如果 R 是一个授权的数据接收器，则它的公钥$T_r(x)$

应该已经被系统注册，并且 R 能够计算 $\theta' = H(T_r(\mathrm{PK_D})) = H(T_r(T_{d(x)})) = H(T_d(T_{r(x)})) = H(T_\mathrm{S}(\mathrm{PK_R})) = \delta$，正确地使用其私钥 r 和发送者的公钥 $PK_\mathrm{D} = T_{d(x)}$。然后 R 可以根据式(12.4)和式(12.5)拆分扩展查询向量 $\boldsymbol{Q}^*$，以 δ' 为指标。否则，$\boldsymbol{D}'\boldsymbol{Q}' + \boldsymbol{D}''\boldsymbol{Q}'' \neq \boldsymbol{Q}^*\boldsymbol{D}^*$。之后，如果由指定的云服务器 S 输入的时间信息 t 与发送者预定的时间信息相匹配，则 S 可以正确计算 $\theta' = H'(T_\mathrm{S}(\mathrm{PK_D})Pt) = H'(T_\mathrm{S}(T_{d(x)})Pt) = H'(T_d(T_{\mathrm{S}(x)})) = H'(T_d(\mathrm{PK_S})) = \theta$。作为定理 12.1 给出的证明，R 可以从服务器接收匹配的加密文件。

2) 离线密文猜测攻击

(1) 外部离线密文猜测攻击。

定理 12.2 攻击者 A 以外的任何概率多项式时间(PPT)都不能揭示来自 C_W 的 $\boldsymbol{D}$。

证明：考虑一个 PPT 攻击者 A 想破坏方案密文不可区分性。A 的目标是揭示关于关键字索引 $\boldsymbol{D}$ 的一些信息。通过截取 C_W，A 首先必须计算 $\boldsymbol{D}'$、$\boldsymbol{D}''$ 来得到 $\boldsymbol{D}$，因为 $\boldsymbol{D}^* = (\gamma\boldsymbol{D},\ \theta)$，$\boldsymbol{D}^* = \boldsymbol{D}' + \boldsymbol{D}''$。然而，根据 12.2.2 节中 C_{w_1}、C_{w_2} 的定义，如果没有 M_1、M_2、A 不能得到来自 C_{w_1}、C_{w_2} 的 $\boldsymbol{D}'$、$\boldsymbol{D}''$。如果 A 直接猜测 $\boldsymbol{D}$，则猜测成功的概率为 $P_{r_\mathrm{A}}^{\text{Direc-Guess}} = \left(\dfrac{1}{p}\right)^m$，假定 $\boldsymbol{D}$ 的每个条目在 Z_p 上遵循相同的分布。显然，这是不可能的，因为 p 是一个大素数。

(2) 内部离线密文猜测攻击。

定理 12.3 对手 A 内的任何 PPT 都不能揭示 C_W 的 $\boldsymbol{D}$。

证明：内部攻击者 A 通过收集由数据发送者上传的足够的 C_W 来尝试进行离线攻击。为了达到这个目的，A 试图首先找出关于 C_W 的 $\boldsymbol{D}$；然而，A 是不能这样实现的。首先，由于 $\boldsymbol{C}_{w_1} = M_1^T\boldsymbol{D}'$，$\boldsymbol{C}_{w_2} = M_2^T\boldsymbol{D}''$，云服务器无法获知关于 $\boldsymbol{D}'$、$\boldsymbol{D}''$ 的任何信息，即使 A 通过某种方式获得了 M_1、M_2，如破坏了某个数据拥有者并成功导出 $\boldsymbol{D}'$、$\boldsymbol{D}''$，A 将面临寻找正确随机数 γ 的挑战，其成功的概率 $\dfrac{1}{p}$ 可以忽略不计，因为 p 是一个大素数。A 从测试结果中得出关于 $\boldsymbol{D}$ 的一些信息的另一可能的方式是 A 企图从测试结果推导关于 D 的信息；然而根据 12.2.4 节的分析，云服务器只知道 C_W 是否与提交的 T_W 匹配，并注意到没有关于 M_1、M_2 的 $\boldsymbol{D}$。

3) 离线陷门猜测攻击

(1) 外部离线陷门猜测攻击。

定理 12.4 对手 A 以外的任何 PPT 都不能揭示 T_W 的 $\boldsymbol{Q}$。

证明：对于离线的关键字猜测，攻击者 A 可以收集足够的陷门 T_W。如果 A 想透露 $\boldsymbol{Q}$ 的一些信息，根据前面的定义，他必须首先计算 $\{\boldsymbol{Q}',\ \boldsymbol{Q}''\}$，因为 $\boldsymbol{Q}^* = (\mu\boldsymbol{Q},1) = \boldsymbol{Q}' + \boldsymbol{Q}''$。然而，A 不能获得 $\{\boldsymbol{Q}',\ \boldsymbol{Q}''\}$，因为 $\boldsymbol{T}_{w_1} = M_1^{-1}\boldsymbol{Q}'$，$\vec{T}_{w_2} = M_2^{-1}Q''$。如果 A 试图直接猜测 $\boldsymbol{Q}$，则其成功的概率是 $\dfrac{1}{p^m}$，可以忽略不计。

(2) 内部离线陷门猜测攻击。

定理 12.5　攻击者 A 内部的任何 PPT 都不能透露任何关于 T_W 的 $\boldsymbol{Q}$ 。

证明：对于内部攻击者 A，如云服务器，他可以从数据接收者处截取陷门 T_W，并试图揭示一些信息：与 T_W 有关的 $\boldsymbol{D}$ 。如果 A 想从 T_W 中得出 $\boldsymbol{D}$ ，首先要计算 $\boldsymbol{Q}'$ 、$\boldsymbol{Q}''$，因为 $\boldsymbol{Q}$ 是从 $\boldsymbol{Q}^*$ 扩展得到的，而 $\boldsymbol{Q}^*$ 可以分裂为 $\boldsymbol{Q}'$ 、$\boldsymbol{Q}''$ 。但是如果不知道 M_1 、M_2 ，则他是无法实现的。如果 A 试图直接猜测 $\boldsymbol{Q}$ ，则成功的概率是 $\frac{1}{p^m}$ ，可以忽略不计。获得关于 $\boldsymbol{D}$ 的信息的另一种可能的方式是从测试结果中导出 $\boldsymbol{D}$ 。然而，A 所知的唯一信息是某个 C_W 是否与提交的 T_W 相匹配，因此，不能显示关于 $\boldsymbol{D}$ 的进一步信息。

12.3　小　　结

本章首先介绍了一种面向移动互联网数据隐私保护的多关键字可搜索加密方案，用户的每个文件都使用不同的密钥进行加密，而不是采用单一的密钥进行加密，降低了用户遭受恶意攻击的风险，从一定程度上提高了用户数据文件的安全性。在用户文件关键字密文加密的过程中嵌入了文件的加密密钥，从而实现了多用户环境下的数据共享。在此基础上，介绍了一种具有指定服务器时间感知的多关键字搜索方案，方案采用内积相似度来实现多关键字搜索，并且每次去除单关键字搜索的约束条件。同时定时释放加密技术将集成到所介绍的方案中，使得当云服务器能够搜索加密数据时，数据发送方能够指定可搜索的时间。安全性和性能分析表明，本章介绍的多关键字可搜索加密方案可以有效地保护移动互联网数据共享的隐私安全。

第 13 章 移动互联网数据存储的隐私保护

在第 12 章我们考虑了移动互联网数据共享时的隐私保护问题，并介绍了相应的技术方案。事实上，由于大量移动互联网用户数据被集中到云端进行存储，这种做法也将安全风险集中化了，攻击者只需要将云平台攻破，即可以拿到更多可能包含用户隐私的数据，所以云平台成为攻击者的重要目标之一。此外，无法预料的软硬件故障或人为恶意破坏也可能使移动互联网的数据安全性遭到破坏。本章重点考虑隐私数据的安全存储和访问控制方式，对加密隐私数据的密钥管理介绍了相应的解决方案。

13.1 具有完整性证明的分布式隐私数据存储方案

面向移动互联网应用的云存储服务因为方便而被广泛采用，但有时可能存在可用性和保密问题。例如，云存储中的数据可能因为硬件故障或人为恶意破坏而遭到破坏，甚至暴露给未授权的用户，这给云平台中存储的用户数据造成了很大的风险。为了克服这些问题和挑战，本章介绍一种基于元胞自动机的具有完整性证明的安全分布式存储方案，称为 CAD-IP。CAD-IP 利用基于门限的存储服务来提供用户私有数据的健壮性和机密性。CAD-IP 方案中采用了同构 Hash，便于验证者检查服务器上数据的完整性。在 CAD-IP 的改进方案中大大降低了计算和通信成本的采样策略。分析表明，该方案不仅可以实现完美性、机密性和不可伪造性，而且可以使验证者有效地检测到共享文件的修改或删除。同时，CAD-IP 方案支持对存储的共享文件进行动态更新，而不需要下载和重新上传整个共享文件。

CAD-IP 方案具有如下理想的安全性特点。

(1) 安全性。CAD-IP 方案可以同时提供正确性、机密性和可靠性。虽然已经有学者提出了基于元胞自动机的秘密共享方案，但这些方案难以适用于分布式云存储，而且无法提供完整性证明。在本章方案中，文件的存储确保了机密性和健壮性，并且它容忍拜占庭式的故障。

(2) 性能。通过使用同态标记，CAD-IP 方案实现对随机采样块而不是所有数据块的动态操作以提供对完整性的验证，这意味着只有几个字节的 Hash 值将通过通信信道传送，并且客户端与之前的基于门限的存储方案相比，需要更少的存储来完成验证。此外，在本章方案中不提供任何附加的加密/解密或编码/解码操作来提供机密性。最重要的是，在 CAD-IP 方案中，计算和通信成本显著降低。

13.1.1　相关基础

1. 全局同态 Hash

定义 13.1　同态是保存选定结构的映射，即两个代数结构 x、y 之间存在一个映射 $\varphi: x \to y$，满足 $\varphi(x \cdot y) = \varphi(x) \circ \varphi(y)$，这里 · 和 o 分别是 x 和 y 的操作。

定义 13.2　全局同态散列是满足同态要求的散列函数，本书方案中使用的全局同态散列 h 定义如下：

$$h: x \to \prod_{i=1}^{m} g_i^{x_i} \pmod p$$

其中，$x = (x_1, x_2, \cdots, x_{m'})$，$g_i = g^r$，$r_i \in Z_q$，$g$ 是具有素数 q 的循环群 G 的生成元。

2. 元胞自动机

维元胞自动机(cellular automata，CA)[11]是一个离散的动态系统，它由 N 个相同的被称为单元的对象组成，每个单元有一个状态 $S \in Z_q$，可以通过本地过渡函数 f 同步更新。本地转换函数将包含单元本身的一组单元的先前状态作为输入，并将该单元集称为其邻域。为方便起见，将第 i 个单元表示为 $\langle i \rangle$，将具有半径 r 的对称邻域表示为 $N_i = (\langle i-r \rangle, \langle i-r+1 \rangle, \cdots, \langle i-1 \rangle, \langle i \rangle, \langle i+1 \rangle, \cdots, \langle i+r-1 \rangle, \langle i+r \rangle)$，并且在时间 T 的状态为 $a_i^{(T)}$。那么半径为 r 的元胞自动机的局部过渡函数可表示为

$$a_i^{(T+1)} = f\left(a_{i-r}^{(T)}, \cdots, a_i^{(T)}, \cdots, a_{i+r}^{(T)}\right), 1 \leqslant i \leqslant N-1$$

或者表示为

$$a_i^{(T+1)} = f(N_i^{(T)}), \quad 1 \leqslant i \leqslant N-1$$

其中，$N_i^{(T)} \subset Z_q^{(2r+1)}$，表示在时间 T 的第 i 个邻域的状态。

注意，如果 $i \equiv j \pmod N$，那么它意味着 $a_i^{(T)} = a_j^{(T)}$ 适合 CA 的明确动态。我们称向量 $\boldsymbol{C}^{(T)} = \left(a_0^{(T)}, a_1^{(T)}, \cdots, a_{N-1}^{(T)}\right)$ 为 CA 在时间 T 的配置。特别地，$C^{(0)}$ 被称为初始配置。此外，序列 $\{\boldsymbol{C}^{(T)}\}_{0 \leqslant T \leqslant k}$ 称为阶数为 k 的 CA 的演化。我们将 CA 的所有可能的配置集合表示为 $\mathbf{C}$。

CA 的全局函数是一个线性变换，$\Phi: \mathbf{C} \to \mathbf{C}$，用于确定 CA 进化过程中下一个时间的配置是 $\boldsymbol{C}^{(T+1)} = \Phi(\boldsymbol{C}^{(T)})$，如果对于每个具有双射 Φ 的 CA，存在另一个具有全局函数 Φ^{-1} 的元胞自动机，则称前 CA 是可逆的，后 CA 称为其逆。在这样的 CA 中，反向演化是可能的[1,11]。半径为 r 的线性元胞自动机(LCA)的局部过渡函数采取以下形式：

$$a_i^{(T+1)} = \sum_{j=-r}^{r} a_j a_{i+j}^{(T)} \pmod p, \ 0 \leqslant i \leqslant N-1$$

其中，$a_j \in Z_q$。

由于对于 $\langle i \rangle$ 有 $2r+1$ 个邻域，因此，存在 $2r+1$ 个 LCAs，并且它们中的每一个都可以由称为规则编号的整数 w 来指定，规则编号的定义如下：

$$w = \sum_{j=-r}^{r} a_j q^{r+j}$$

其中，$0 \leqslant w \leqslant q^{2r+1}-1$。

到目前，提到的CA是无记忆的，即只有在前一个时间步骤，小区的更新状态取决于其邻域配置。然而，人们可以考虑元胞自动机，其时间T的邻域的状态以及$T-1$，$T-2$，…，有助于确定时间$T+1$的状态。这种类型的CA称为内存元胞自动机(MCA)。如果一个特定类型的MCA称为第t阶线性MCA(LMCA)，则它的局部过渡函数采取以下形式：

$$a_i^{(T+1)} = f_1(N_i^{(T)}) + f_2(N_i^{(T-1)}) + \cdots + f_t(N_i^{(N-t+1)}) (\bmod q), 1 \leqslant i \leqslant N-1 \tag{13.1}$$

其中，f_i是半径为r的特定LCA的局部过渡函数，其中$1 \leqslant i \leqslant t$。

为了开始LMCA的演变，t的初始配置C^0，…，$C^{(t-1)}$是必需的。而且，为了使这个元胞自动机能够反向演化，需要以下的命题。

命题 13.1　如果$f_t(N_i^{(N-t+1)}) = a_i^{(N-t+1)}$，则方程(13.1)给出的LMCA是可逆的，而它的倒数是另一个LMCA，转换函数如下：

$$a_i^{(T+1)} = \sum_{m=0}^{t-2} f_{t-m-1}(N_i^{(T-m)}) + a_i^{(T-t+1)} (\bmod q), 0 \leqslant i \leqslant N-1$$

为了颠倒t阶的LMCA，需要精确的t配置，这个原则可以用下面的命题来形式化地说明。

命题 13.2　设M是一个t阶LMCA。那么，为了计算C^{j+1}，对于某些$j \geqslant t$，恰好有t个配置$C^{(j)}$，$C^{(j-1)}$，…，$C^{(j-t+1)}$是必要的。

3. 系统模型

本小节将介绍CAD-IP的系统模型和安全模型。CAD-IP方案由以下5个实体组成。

(1) KGC：生成系统参数和设置系统的实体。

(2) 所有者：拥有要存储在公共云服务器上的文件的实体，可以是个人或组织。

(3) 服务器：由云服务提供商运营的一个实体，具有高计算能力、高性能和足够的存储容量。在我们定义的模型中，云服务器不是必需的。

(4) 更新：该实体负责检查云服务器中存储的文件共享的可用性和完整性。通过与云服务器执行定义良好的交互式证明协议，验证者可以确定文件共享是否原封不动。

(5) 合并器：把云服务器收集的文件进行共享，并恢复原始文件的实体，可以是个人或组织。

定义 13.3(**完美**)　如果少于k个文件共享不提供关于原始文件的信息，则CAD-IP方案被称为完美，其中k是CAD-IP的门限。

定义 13.4(CAD-IP)　CAD-IP方案是由5个算法(Setup、ShareGen、TagGen、Proof、Recovery)组成的一个元组，如下所述。

(1) Setup(1^λ)：输入一个安全参数集合λ，它输出一个系统公开参数集合 **params**、LMCAs和一个秘密参数集合$\overline{\textbf{params}}$。

(2) ShareGen(F，**params**)：输入公共参数集合 **params** 和要存储的文件F，输出原始文件F的共享集合。

(3) TagGen($\{s_f$，$\overline{\textbf{params}}\}$)：输入一个共享块$\{s_f\}$，一个秘密参数集合$\overline{\textbf{params}}$，它为$s_f$输出标签$t_g$。

(4) Proof(SRV，$V\varepsilon R$)：是云服务器 SRV 和验证者 $V\varepsilon R$ 的交互过程。最后，$V\varepsilon R$ 输出 0、1 表示对 SRV 的验证是否为真。

(5) FileRecov($\{\mathbf{S}_f$，$\overline{\mathbf{params}}\}$)：输入文件共享集合 $\mathbf{S}_f$ 和一个秘密参数集合 $\overline{\mathbf{params}}$，它输出原始文件 F。

定义 13.5(**不可伪造性**)　如果对于任何(概率多项式)对手 A(恶意云服务器)而言，CAD-IP 方案是不可伪造的，那么 A 与挑战者 C 一起赢得 CAD-IP 游戏的概率是可以忽略的。A 和挑战者 C 之间的 CAD-IP 游戏可以描述如下。

(1) 设置：挑战者 C 执行 Setup(1^k) 得到 ($\mathbf{params}$，$\overline{\mathbf{params}}$)。它将公共参数集合 **params** 发送给 A，并保持 $\overline{\mathbf{params}}$ 保密。

(2) 第一阶段查询：攻击者 A 自适应地向 C 发出 TagGen 查询。对于存储在云服务器 S_i 中的共享块标签查询 S_{ij}，挑战者 C 计算标签 t_{ij}，并将其发回给 A。假设 $\langle f_{ij}，t_{ij}\rangle$ 是索引 $j \in J_1$ 的查询块标签对，其中 J_1 是一组索引，用于指示在该阶段已被查询的块标签。

(3) 挑战：挑战者 C 做挑战，chal 定义一个有序集合 $\mathbf{J}_2=\{j_1，j_2，\cdots，j_c\}$，其中 $J_2 \not\subset J_1$。

(4) 第二阶段查询：攻击者 A 可以自适应地将查询作为第一阶段，唯一的限制是 $\{j_1，j_2，\cdots，j_c\} \not\subset J_1 \cup J_2$。

(5) 伪造：对手 A 输出 V_c 作为挑战 chal。

如果响应 V_c 可以通过 C 的验证，我们说对手 A 赢得 CAD-IP 游戏。

定义 13.6((ρ，δ)-**安全**)　如果云服务器损坏整个块的 ρ 分，则 CAD-IP 方案被称为 (ρ，δ)-安全，检测到损坏块的概率最小为 δ。

13.1.2　具体方案构造

CAD-IP 方案构造包括系统设置、份额生成、标签生成、完整性证明和文件恢复 5 部分。假设要存储的机密文件是 F，并且存在 n 个用于存储 F 的云服务器。假设 F 被分成 m 个块，每个块的长度是 m'，即该块可以看作是由 m' 个元素组成的向量。其中，允许的恢复门限为 k，也就是说不少于 k 个云服务器可协同恢复原始文件 F。

1. 系统设置

在这个阶段，根据图 13-1 所示的伪随机置换算法，KGC 产生大质数，并为后续算法构造 LMCA。

2. 份额生成

CAD-IP 的设计旨在提供一个具有鲁棒性的安全分布式存储解决方案，因此，采用门限秘密共享来确保机密性和健壮性。由于元胞自动机具有非线性特性，易于在硬件上实现，因此，用它来实现共享文件的分配，并没有转向现有的基于公钥的秘密共享方案。从 CA 的构造开始，首先将原始文件 F 分割成如图 13-2 所示的 m 个块 $\{\boldsymbol{F}_j(1 \leqslant j \leqslant m)\}$，然后每个块可以用一个向量 $\boldsymbol{F}_j=(a_{j,1}，a_{j,2}，\cdots，a_{j,m'})(a_{j,i'} \in Z_q，1 \leqslant i' \leqslant m')$ 表示。由于原始文件 F 有 m 个块 $\boldsymbol{F}_j$，每个 $\boldsymbol{F}_j$ 将被用作种子以生成一个演化序列 $\{C_j^{(T)}\}$ 的初始配置，则这些 m

块将会产生 m 个演化序列 $\left\{C_j^{(T)}\right\}_{1\leqslant j\leqslant m}$。之后，每个演化序列 $\left\{C_j^{(q_j+i)}\right\}_{1\leqslant j\leqslant n}$ 的最后 n 个配置将被用作每个原始块 F_j 的份额。

Algorithm 1: setup (1^{λ})

Input: security parameters λ_p, λ_q, λ_k.
1: chooses $g\in Z_p$ with order q
2: selects two large primes p, q
3: chooses Pseudo-Random Permutation σ which maps $\{0,1\}^{\lambda_k}\times\{1,2,\cdots,n\}$ to $\{1,2,\cdots,n\}$
5: computes g^r
6: for $i\leftarrow 1$ to m'
7:　randomly selects r_i in Z_q
8:　$g_i := g^{r_i}$
9: selects r_{ca} in 1 to $\lfloor (m'-1)/2 \rfloor$
10: for $i\leftarrow 1$ to $k-1$
11:　chooses random numbers ω_i in 1 to $q^{2rac+1}-1$
12: constructs a reversible LMCA of order k
12.1: for $j\leftarrow 0$ to m'
12.2:　$a_j^{(T+1)}=0$
12.3: for $i\leftarrow 0$ to $k-1$
12.4:　$a_j^{(T+1)}=a_j^{(T+1)}+f_{\omega_i}(\mathcal{N}_j^{(T-i)})+a_j^{(T-k+1)}(\bmod q)$
12.5:　$a_j^{(T+1)}=a_j^{(T+1)}+a_j^{(T-k+1)}(\bmod q)$
/* where f_{ω_i} is the local transition function of LMCA of radius r with rule number ω_i */
End

图 13-1　伪随机置换算法

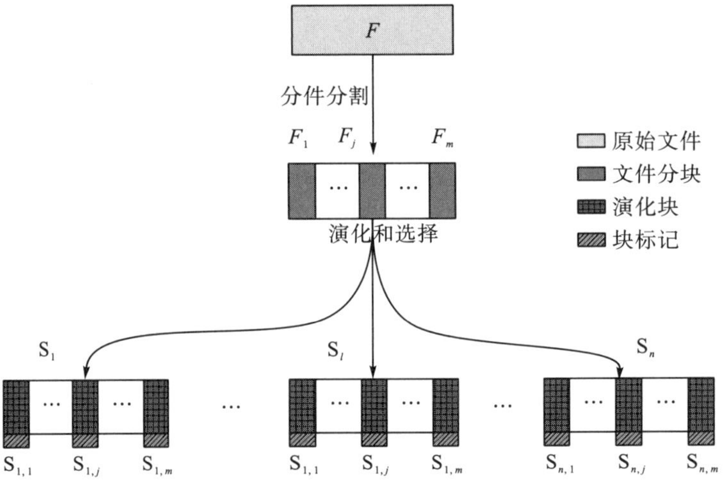

图 13-2　文件分区和分配

所有者通过图 13-3 所示算法生成云服务器的文件共享。然后，每个服务器 S_i 的原始文件块 $\{\boldsymbol{F}_j\}$ 的份额是 $\{s_{ij}\}$，所有者已经完成原始文件 F 的份额的准备。

Algorithm 2: ShareGen (F, params)

---

input : $\{F_j(1 \leqslant j \leqslant m)\}$, params

for $j \leftarrow 1$ to m

$C_j^{(0)} := F_j$

for $i \leftarrow 1$ to $k-1$

generates $C_j^{(i)}$ using pseudo - random number generator

/* takes $C_j^{(0)}$, $C_j^{(1)}$, ⋯ , $C_j^{(k-1)}$ as the initial configuration */

selects $q_j \geqslant k$ randomly

for $i \leftarrow 0$ to $(n+q_j)$

$C_j^{(k+i)} = \text{Evolve}(C_j^{(k+i)}, C_j^{(k+i-1)}, \cdots, C_j^{(k+i-k)})$ /* evolve the LMCA */

for $i \leftarrow 1$ to n

$s_{i,j} = C_j^{(q_j+i)}$.

End

图 13-3　文件共享生成算法

3. 标签生成

为了支持检查云服务器中整个共享块的完整性，每个共享块在被上传到服务器之前将被附加短标签。引入同态 Hash 来实现高效的交互证明。文件所有者通过执行图 13-4 所示的算法来计算所有份额的所有标签。

Algorithm 3: TagGen($\{s_f\}$, $\overline{\text{params}}$)

input : $\{s_{i,j}\}$, params

for $i \leftarrow 1$ to n

for $j \leftarrow 1$ to m

$t_{i,j} = h(s_{i,j}) \bmod p$

End

图 13-4　标签生成算法

之后，将 $\{s_{ij}, t_{ij}\}_{1\leqslant j\leqslant m}$ 上传到云服务器 S_i ，并分别秘密发送 $g^r = (g^{r_1}, g^{r_2}, \cdots, g^r m')$ 和 $q_j(1 \leqslant j \leqslant m)$ 给验证者和组合器。

4. 完整性证明

为了验证云服务器上共享的完整性，将在云服务器和验证者之间执行交互过程。验证者可以定期或任意启动这个过程。为了不失一般性，假设服务器 S_l 上的文件共享被检查。验证者和云服务器之间的交互证明由图 13-5 给出。

在证明过程中，云服务器只需要执行少量的加法和乘法运算，验证者只需要进行一次同态 Hash 运算。此外，采用基于抽样的方法来提供高效率，并且使用伪随机置换来确保随机性和新鲜度，这可以防止潜在的重放攻击。

Algorithm 4: Proof($\mathcal{SRV}$, $\mathcal{VER}$)

1: the verifier selects a secret e randomly and a challenge c
2: the verifier sends them to the cloud server S_l
3: the cloud server S_l computes V
3.1: $V=\vec{0}$
3.2: $T=0$
3.3: for $i \leftarrow 1$ to c
3.5: $V=V+s_{r_i} \bmod q$
3.6: $T=T+t_{l,r_i} \bmod p$ /* where $r_i=\sigma_e(i)$ */
3.7: sends(V, T)back to the verifier
4: the verifier checks $h(V)=$ T holds or not using g^r
4.1: if yes
4.2: believes that the shares are integral
4.3: else
4.4: believes that the integrity of the shares are damaged
End

图 13-5　交互证明

5. 文件恢复

原始文件 F 的恢复需要部分云服务器的配合。由于门限的属性，只有 k 个云服务器，并不是所有 n 个云服务器都需要协作来完成恢复。当从云服务器恢复文件 F 时，组合器首先随机选择 $l(1\leqslant l\leqslant n-k+1)$，然后选择 k 台服务器 S_l，$S_{l+1}, \cdots$，S_{l+k-1}，并下载相应的份额 $\tilde{S}_l$，$\tilde{S}_{l+1}, \cdots$，$\tilde{S}_{l+k-1}$，则文件 F 可以通过运行图 13-6 所示的算法来恢复。

Algorithm 5: FileRecov($\{s_{i,j}$, $q_j\}$)

Input: shares$\{s_{i,j}$, $q_j\}$
1: for $j \leftarrow 1$ to m
2: for $i \leftarrow 0$ to $k-1$
3: $\tilde{C}_j^{(i)}=s_{l+k-1-i,j}$
4: for $i \leftarrow 1$ to q_j+l-1
5: $\tilde{C}_j^{(k+i)}=$ ReverseEvolving($\tilde{C}_j^{(k+i-1)}$, $\tilde{C}_j^{(k+i-2)}, \cdots$, $\tilde{C}_j^{(k+i-k)}$)
6: $F_j=\tilde{C}_j^{(k+i)}$
End

图 13-6　恢复文件算法

现在，由于 $F=(F_1$，$F_2, \cdots$，$F_m)$，文件 F 已经被恢复。从上图 13-6 的步骤可以看出，只有 LMCA 的 q_j 进化是由验证者完成的。由于 LMCA 的发展可以很容易地使用硬件来实现，验证者可以快速完成验证。

13.1.3　安全及性能分析

1. 正确性

作为基本要求，必须满足 CAD-IP 方案的正确性。CAD-IP 方案的正确性的说明由定理 13.1 的证明给出。

定理 13.1　验证者可以按照 13.1.3 中的步骤成功检查每个云服务器中的文件共享的完整性。

证明：为了不失一般性，假设云服务器 S_l 中的文件共享将由验证者检查。我们知道存储在 S_l 中的文件共享是

$$\tilde{S}_l' = (s_{l,1},\ s_{l,2}, \cdots,\ s_{l,m})$$

根据 13.1.3 节的定义，其中 $S_{l+j} = C_j^{q_j+1} = (a_{j+1}^{q_j+l},\ a_{j+2}^{q_j+l}, \cdots,\ a_{j+m}^{q_j+l})$，即

$$\tilde{S}_l' = (C_1^{q_j+1},\ C_2^{q_j+1}, \cdots,\ C_m^{q_j+1}) = \begin{pmatrix} a_{1,1}^{q_j+l} & a_{2,1}^{q_j+l} & \cdots & a_{m,1}^{q_j+l} \\ a_{1,2}^{q_j+l} & a_{2,2}^{q_j+l} & \cdots & a_{m,2}^{q_j+l} \\ \vdots & \vdots & \ddots & \vdots \\ a_{1,m}^{q_j+l} & a_{2,m}^{q_j+l} & \cdots & a_{m,m}^{q_j+l} \end{pmatrix}$$

则有

$$C_{i'}^{q_j+l} + C_{j'}^{q_j+l} = a_{i',1}^{q_j+l} + a_{j',1}^{q_j+l} + a_{i',2}^{q_j+l} + a_{j',2}^{q_j+l}, \cdots,\ a_{i',m'}^{q_j+l} + a_{j',m'}^{q_j+l}$$

根据 13.1.1 节的定义，有

$$h\left(C_{i'}^{q_j+l}\right) = \prod_{t=1}^{m'} g_t^{a_{t,j'}^{q_j+l}}$$

所以下式成立：

$$h\left(C_{i'}^{q_j+l} + C_{j'}^{q_j+l}\right) = \prod_{t=1}^{m'} g_t^{a_{t,i'}^{q_j+l} + a_{t,j'}^{q_j+l}} = \prod_{t=1}^{m'} g_t^{a_{t,i'}^{q_j+l}} \prod_{t=1}^{m'} g_t^{a_{t,j'}^{q_j+l}}$$

即

$$h\left(C_{i'}^{q_j+l} + C_{j'}^{q_j+l}\right) = h\left(C_{i'}^{q_j+l}\right) h\left(C_{j'}^{q_j+l}\right)$$

换句话说，根据上面的推导得出方程 $h(V) = T$ 成立。

2. 安全性

潜在攻击者 A 对破坏 CAD-IP 的目标可以分为两种类型，即破坏服务器上的文件共享的机密性和完整性 $S_l(1 \leqslant l \leqslant n)$。对于前者，攻击者 A 试图从某个服务器上的份额中获取关于 F 的一些信息，或者通过与多个服务器连接而得到关于 F 的一些信息。对于后者，A 可以删除或修改某些服务器中的某些共享块，甚至可以用伪造的元组对 $(\bar{V},\ \bar{T})$ 来响应用户。在本小节中，将阐述 CAD-IP 方案的机密性、不可伪造性和 $(\rho,\ \delta)$-安全性。

1) 机密性

假设攻击者 A 试图从存储在服务器 S_l 中的单个块 $S_{l,j}$ 中获得关于文件 F 的一些信息，

其中 A 可以是外部攻击者，甚至服务器本身。然而，由于 $S_{l,j}=C_j^{q_j+l}$ 是从 C_j^0 演化而来的，因为 A 没有其他的 $k-1$ 个邻居配置，所以 A 不能演化元胞自动机，所以 A 不会得到 C_j^0 。如果 A 尝试随机选择 $k-1$ 个邻居配置，则对于 A 推导 C_j^0 成功的概率为 $p_j=((1/q)^{m'})^{k-1}$，恢复 F 成功的概率为 $(1/q)^{m'(k-1)m}$，这是可以忽略的。接下来，我们通过定理 13.2 正式地说明了 CAD-IP 的机密性。

定理 13.2　CAD-IP 协议是完美的。

证明：假设攻击者 A 损坏了多达 $k-1$ 个云服务器，以获得关于原始文件 F 的一些信息。设 M 是第 t 个阶段的 LMCA。为了计算某个 j 的 $\tilde{C}_t^{j+1}$，正好有 k 个配置 $\tilde{C}_t^{(j)}$，$\tilde{C}_t^{(j-1)}$，…，$\tilde{C}_t^{(j-k+1)}$ 是需要的。假设配置 $\tilde{C}_t^{j+1}$ 对于某些 $0\leqslant i\leqslant k-1$ 是未知的。令 $\tilde{\Phi}_p$ 为 $\tilde{M}$ 的全局函数。为了得到 $\tilde{C}_t^{(j+i)}$，其中

$$\tilde{C}_t^{(j+i)}=(a_{t,1}^{(j+1)},\ a_{t,2}^{(j+1)},\cdots,\ a_{t,m}^{(j+1)})$$

A 必须按照以下线性系统进行 M 的逆向演化：

$$\tilde{C}_t^{(j+i)}=\sum_{p=0,\ p\neq i}^{k-1}\tilde{\Phi}_p(\tilde{C}_t^{(j-p)})+\tilde{\Phi}_i(\tilde{C}_t^{(j-i)})(\bmod p)$$

在上式中，$\tilde{C}_t^{(j+i)}$ 和 $\tilde{C}_t^{(j-i)}$ 是未知的，$\tilde{C}_t^{(j-p)}(0\leqslant p\leqslant k-1,\ p\neq i)$ 是已知的，上式相当于一个由含有 $2m'$ 个未知数，m' 个方程的方程组。这意味着不能得到关于 $\tilde{C}_t^{(j+i)}$ 的信息。根据定义 13.3，CAD-IP 方案是完美的。

2) $(\rho,\ \delta)$-安全

为了准确地评估在 CAD-IP 方案中检测修改的能力，给出了 CAD-IP 方案的 (ρ,δ)-安全的证明。

定理 13.3　假设每台云服务器中存储了 m 对共享块标签，修改了 θ 块标签对，并且挑战了 C 块标签，则所提出的 CAD-IP 协议是 $(\theta/m,1-((m-\theta)/m)^c)$ 安全的。

证明：在 CAD-IP 方案中，云服务器只需要在每个挑战响应协议执行中的指定行上进行操作，即根据伪随机变异 σ 随机地对所选择的行进行采样，而不是对一些服务器的所有共享块进行采样。这样，云服务器的计算开销虽大大降低了，但检测到数据损坏的概率很高。接下来，我们评估验证者成功检测到共享块的修改或删除的概率。在不失一般性的情况下，假定服务器 S_l 删除服务器 $\tilde{\mathrm{S}}_l$ 中存储的 n 共享块中的 θ 块。设 c 是验证者在挑战中要求证明的不同块的数量。用 X 来表示一个离散的随机变量，它表示由验证者选择的块的数量与由 S_l 删除的块完全匹配。所有者选择的块中至少有一个与由 S_l 删除的块中的一个块匹配的概率被表示为 P_X，可以做如下评估。

$$\begin{aligned}P_X&=P\{X\geqslant 1\}\\&=1-P\{X=0\}\\&=1-\frac{(m-\theta)}{m}\frac{(m-1-\theta)}{m}\cdots\left(\frac{m-c+1-\theta}{m-c+1}\right)^c\end{aligned}$$

则有

$$1-\frac{(m-\theta)^c}{m}\leqslant P_X\leqslant 1-\left(\frac{m-c+1-\theta}{m-c+1}\right)^c$$

3) 不可伪造性

攻击的目标是伪造一个满足 $h(V)=T$ 的元组对 (V, T)。如果攻击者 A 能够发现 Hash 函数 h 的碰撞，则 A 成功。然而，由于概率多项式时间(PPT)的对手找不到碰撞，因此，A 不能实现此目标。接下来，我们详细地阐述它。假设离散对数问题在 (λ_p, λ_q) 参数化的群组上很难，则本节方案是安全的。

定义 13.7　如果对于任何多项式时间敌手 A 来说，在自适应选择消息攻击下，A 能够在时间 τ 内赢得定义 13.5 中定义的博弈，其中概率 $\varepsilon\in(\tau)$ 可以忽略，则 CAD-IP 协议被称为是不可伪造的。

定理 13.4　CAD-IP 协议方案是不可伪造的。

证明：如果存在一个 PPT 攻击者 A 可以在时间 τ 内发生碰撞，并且赢得定义 13.5 中定义的博弈，其概率 $\varepsilon\in(\tau)$，那么我们可以构造一个挑战者 C 来解决离散对数问题。为了开始此构造，C 给出了实例 p、g、x，其中 $(g, x)\in G$，其目标是输出满足 $g^{\delta}=x$ 的 δ，其中 δ 是未知的。C 模拟预言与敌手 A 交互，具体如下。

设置：挑战者 C 选择 $\beta_1, \beta_2, \cdots, \beta_{m'}\in\{0, 1\}$ 和 $u_1, u_2, \cdots, u_{m'}\in\{0, 1, 2, \cdots, q-1\}$。对于 $i=1, 2, \cdots, m'$，它设定 $g^r=(g_1, g_2, \cdots, g_{m'})$，具体如下。

$$g^i=\begin{cases}g^{u_i} & \text{if} \quad \beta_i=0\\ x^{u_i} & \text{else} \quad \beta_i=1\end{cases}$$

假设 $\langle f_{ij}, t_{ij}\rangle$ 是索引 $j\in J_1$ 的查询块标签对，其中 J_1 是一组索引，用于指示在这个阶段已经查询到这些块标签。

第一阶段查询：攻击者 A 可以自适应地向 C 发出 TagGen 查询。当从 A 接收到共享块 $\hat{S}=(\tilde{s}_1, \tilde{s}_2, \cdots, \tilde{s}_{m'})$ 的 TagGen 查询时，C 计算 $\hat{t}$ 使用 g^r，具体如下。

$$\hat{t}=h(\hat{S})=\prod_{i=1}^{m'}g_i^{\tilde{s}_i}$$

挑战：挑战者 C 执行挑战 chal 定义一个有序集合 $J_2=\{j_1, j_2, \cdots, j_c\}$，其中 $J_2\subset J_1$。

第二阶段查询：攻击者 A 可以自适应地将查询作为第一阶段，唯一的限制是 $\{j_1, j_2, \cdots, j_c\}\not\subset J_1\cup J_2$。

伪造：敌手 A 为挑战 chal 输出 V_c。

然而，如果 A 能够成功地输出 $V_c=(v_1, v_2, \cdots, v_{m'})$，他可以产生另一个有效的块 $V_c^*=(v_1^*, v_2^*, \cdots, v_{m'}^*)$ 产生碰撞 $H(V_c)=H(V_c^*)$，则 C 可以按如下步骤求解离散对数问题。

首先，设置 C：

$$a=\sum_{\beta_i}u_i(v_i-v_i^*)(\bmod q) \tag{13.2}$$

然后，使用 Euclid 算法计算 $a(\bmod q)$ 的倒数 b，即 $ab\equiv 1(\bmod q)$，计算

$$\delta = b\sum_{\beta_i=0} u_i(v_i^* - v_i)(\bmod q)$$

因为$H(V_c)=H(V_c^*)$，因此有

$$\sum_{i=1}^{m'} g_i^{v_i} = \sum_{i=1}^{m'} g_i^{v_i^*}$$

用相应的值代替g_i：

$$\sum_{\beta_i=0} g^{u_i,v_i} \sum_{\beta_i=1} x^{u_i,v_i} = \sum_{\beta_i=0} g^{u_i,v_i^*} \sum_{\beta_i=1} x^{u_i,v_i^*}$$

通过重新安排，得到

$$\sum_{\beta_i=0} g^{u_i(v_i-v_i^*)} = \sum_{\beta_i=1} x^{u_i(v_i-v_i^*)}$$

即

$$g\sum_{\beta_i=0}^{u_i(v_i-v_i^*)} = x\sum_{\beta_i=1}^{u_i(v_i-v_i^*)}$$

根据等式(13.2)，可得

$$g\sum_{\beta_i=0}^{u_i(v_i-v_i^*)} = x^a$$

接下来，把上面的等式的两边都提到权利b，有

$$\left(g\sum_{\beta_i=0}^{u_i(v_i-v_i^*)}\right)^b = \left(x^a\right)^b$$

即

$$g^{\delta} = x \bmod p$$

此时，这意味着C以$\varepsilon' > \varepsilon$的概率已经得到离散对数问题实例$(g, x)$的解$\delta$。这与假设相矛盾。根据定义13.7，CAD-IP方案是不可伪造的。

4)验证的可扩展性

作为一个实用的云存储系统，动态数据存储应该得到云服务提供商的支持。另外，这项服务应该是普遍的。接下来，我们将介绍CAD-IP的灵活性。CAD-IP的验证可以很容易地扩展到授权和面向群的情况。为了使验证者不在办公室或计算条件不可用时能够进行定期验证，应该配备通用验证。这可以将验证权分配给多个实体或将验证权委托给代理验证者来实现。至于验证的分配，秘密向量$\boldsymbol{g}^r$可以分为G_v利用(k, n)-门限方案，其中$|G_v|$表示群成员的数量，并且每个成员将被发送给验证群G_v的每个成员。何时验证文件共享的完整性，ks个成员(不是所有群成员所需的)可以通过恢复$\boldsymbol{g}^r$来协同完成验证。另外，验证者可以通过委托技术将验证权委托给另一个实体，代理验证者使用原验证者产生的保证来完成验证。

5)动态性

由于存储的变化很常见，本节方案是针对这一要求而设计的。CAD-IP方案支持文件F上的动态操作，如修改、追加、删除。当修改F时，假设要修改的F段为F_j，则文件所有

者生成新的共享$\{s'_{1,j}，t'_{1,j}\}\{s'_{2,j}，t'_{2,j}\},\cdots,\{s'_{n,j}，t'_{n,j}\}$，并将它们发送到$S_1$，$S_2$，…，$S_n$，那么服务器$S_l$用$\{s_{l,j}，t_{l,j}\}$替换它的块标签对$\{s'_{l,j}，t'_{l,j}\}$。对于追加新的$F_{m+1}$到$F$，所有者生成份额$\{S_{1,m+1}，t_{1,m+1}\}\{S_{2,m+1}，t_{2,m+1}\},\cdots,\{S_{n,m+1}，t_{n,m+1}\}$，并将它们上传到$S_1$，$S_2$，…，$S_n$，那么服务器$S_l$将$\{S_{1,m+1}，t_{1,m+1}\}$附加到文件共享标签对。如果$F$的一部分假设$F_j$被删除，则所有者需要通知服务器$S_l$删除$\{s_{l,j}，t_{l,j}\}(1\leqslant l\leqslant n)$。请注意，这些针对每个服务器的操作只是通过某个单独的共享块进行的，而不是整个共享块。这样，系统的性能将被优化，因为通信和计算的开销减少了。

13.2　面向云存储的可保护隐私的细粒度访问控制

在面向移动互联网的云存储系统中，用户可以通过网络实现数据共享。但是在存储一些隐私数据时，必须要对其进行加密。如果采用传统的对称加密方法可扩展性差，复杂的密钥管理会带来大量开销，难以适应移动互联网海量数据多用户的应用场景。因此，引入属性加密机制构造对应方案比较可行，其一对多加密特性和灵活的加密策略可以实现隐私数据存储中的细粒度访问控制。

13.2.1　相关基础

1. 判定双线性 Diffie-Hellman (decisional bilinear Diffie-Hellman，DBDH) 假设

q是一个素数，G是q的阶循环群，g是G的一个生成元，随机选取Z_q中的 4 个元素a、b、c、z，并给定两个四元组$A=g^a$，$B=g^b$，$C=g^c$，$Z=e(g，g)^{abc}$和$A=g^a$，$B=g^b$，$C=g^c$，$Z=e(g，g)^z$，如果不存在攻击者能够在多项式时间内以不可忽略的优势对上述两个四元组进行区分，则该假设成立。

2. 匿名密钥分发协议

如表 13-1 所示，用户拥有秘密信息$u\in Z_q$，AA 拥有秘密信息α，β，$\gamma\in Z_q$，选择阶为大素数q的群G，记l、h为G的两个元素，双方进行交互运算在不泄漏双方秘密信息的基础上输出$(h^{\alpha}l^{1/\beta+\mu})\gamma$给用户。在每一步中，PoK 代表在计算中所用到的秘密信息的知识证明。

表 13-1　匿名密钥分发协议

用户 u		属性权限
$\rho_1\in Z_q$	$\xleftrightarrow{2PC}$	$x:=(\beta+u)\rho_1$，$\tau\in Z_q$
$\rho_2\in Z_q$	$\xleftarrow{X_1，X_2\mathrm{PoK}\alpha\tau x}$	$X_1:=l^{\tau/x}$，$X_2=h^{\alpha\tau}$
$Y:=(X_1^{\rho_1}X_2)^{\rho_2}$	$\xrightarrow{Y，\mathrm{PoK}\rho_2}$	
$D:=Z^{1/p_2}$	$\xleftarrow{Z，\mathrm{PoK}(\tau\gamma)}$	$Z:=\mathrm{Y}^{r/\tau}$

3. 系统模型

云数据访问控制下的多授权中心属性加密系统包括 5 部分：一个可信的第三方机构(如 CA)、属性权威、数据持有者(data owner)、用户(User)和云服务器(cloud server)。CA 负责用户注册和身份管理，为每个用户分配全局唯一的身份标识 GID，并且 GID 是用户的私密信息。假定 CA 具有足够的计算能力，在密钥分发阶段，能够代替用户与每一个 AA 交互执行匿名密钥分发协议。

AA 之间相互独立，每个 AA 负责管理相应范围内的属性集。在系统初始化阶段，AA 生成自己的属性权威密钥、公钥和属性公钥，并联合共同生成一个系统公钥。属性权威密钥用于生成用户解密密钥。在属性撤销阶段，AA 生成并分发密文以便更新密钥和密钥更新密钥。数据持有者利用系统公钥和属性公钥生成密文，然后发送密文到云服务器。用户将 GID 作为自己的私钥，并委托 CA 通过匿名密钥分发协议与 AA 进行交互获得与 GID 相关的密钥组建，实现密钥分发时用户身份信息的保密和减轻用户的负担。用户定义自己的伪随机函数用于生成面向不同 AA 时对应的假名，此假名能够通过发送假名给对应的 AA 获取解密密钥。另外，用户负责数据的解密和密钥的更新。

云服务器负责存储和维护数据持有者的数据并处理用户的数据访问请求。在属性撤销阶段，云服务器负责密文的更新，以减轻数据持有者的负担。

该方案包括 5 个基本算法。

(1) 系统初始化。CA 初始化：$\text{CASetup}(\lambda) \to (\text{GID})$，输入安全参数 $\lambda \in N$，为系统中的每个用户生成 u=GID，该 u 作为用户的私钥。

AA 初始化：$\text{AASetup}() \to (d_k，APK_k，ASK_k，v_{i_k}，PK_{i_k}，Y)$，输入安全参数 $\lambda \in N$，每个 AA_k，$k \in \{1, \cdots, N\}$；输出门限值 $\{d_k\}$、公钥 APK_k 和私钥集合 $ASK_k = \{t_k，x_k，\varphi_k，\omega_k，t_{k,1}, \cdots, t_{k,n_k}\}$（$n_k$ 表示 AA_k 中属性的个数）、每个属性 i_k，$i \in \{1, \cdots, N_k\}$ 对应的版本号 v_{i_k} 和公钥 PK_{i_k}。另外，所有的 AA 利用他们的密钥联合生成系统公钥 Y。

(2) 密钥生成。生成用户密钥组件：$\text{USKeyGen}(u，ASK_k) \to D_u$，执行匿名密钥分发协议，CA 和 AA_k 分别输入 u 和 ASK_k 中的 t_k、x_k、φ_k、ω_k，输入用户密钥组件 D_u。

生成用户属性密钥：$\text{AKeyGen}(u，ASK_k) \to SK_{u,k}$，用户通过假名 $a_{u,k}$ 向 AA_k 请求相关属性密钥 $SK_{u,k}$。

(3) 数据加密：$\text{Enc}(\{A_k，k \in \{1, \cdots, N\}\}，m，PK_{i_k}) \to CT$，$A_k$ 表示消息中与 AA_k 相关的属性集合，数据持有者对消息 m 在密文属性集合 $\{A_k，k \in \{1, \cdots, N\}\}$ 及其对应的属性公钥 PK_{i_k} 下加密生成密文 CT。

(4) 数据解密：$\text{Dce}(CT，SK_{u,k}，D_u) \to m$，用户利用密钥 $SK_{u,k}$ 和 D_u 解密密文 CT，得到消息 m。

(5) 属性撤销。

①生成更新密钥：$\text{UPKeyGen}(ASK_k，\tilde{i}_k，v_{\tilde{i}_k}) \to (KUK_{u,\tilde{i}_k}，CUK_{\tilde{i}_k})$，更新密钥由被撤销的属性 $\tilde{i}_k$ 对应的 AA^k 生成。输入 ASK 中的 ϕ、ω，被撤销的属性 $\tilde{i}_k$ 和当前属性的版本号

$v_{\tilde{i}_k}$，输出用户的密钥更新密钥$KUK_{u,\tilde{i}_k}$给用户，密文更新密钥$CUK_{\tilde{i}_k}$给云服务器。

②密钥更新：SKUpdata(SK_u，$KUK_{u,\tilde{k}_j}$)$\rightarrow \widetilde{SK}_{u,k}$，密钥更新由未被撤销的用户自己完成，输入用户的$SK_u$和$KUK_{u,\tilde{i}_k}$，得到更新后的用户解密密钥$\widetilde{SK}_{u,k}$。

③密文更新：CTUpdata(CT，$CUK_{\tilde{i}_k}$)$\rightarrow \widetilde{CT}$，密文更新由云服务器完成，输入与撤销属性$\tilde{i}_k$相关的密文和$CUK_{\tilde{i}_k}$，输出新的密文$\widetilde{CT}$。

4. 安全模型

通过攻击者 A 和挑战者 B 之间的交互式游戏来定义本方案的安全模型。与基于身份加密[16]的选择性安全模型相似，允许攻击者询问足够多的不能够用来解密的属性私钥和更新密钥。游戏分为 5 个阶段。

(1) 初始化。A 发送以下信息给 B：挑战密文对应的属性列表$A_c = \{A_1^C,\cdots, A_N^C\}$，每个$AA_k$对应一组属性集合$A_k^C$，并给出一组腐败的$AA$集合(最多有$k-2$个)。然后，B 生成系统公钥，并且把所有公钥和腐败集合AA的私钥发送给 A。

(2) 密钥请求 1。A 可以进行足够多的满足以下条件的密钥请求：对于每一个被请求的 GID，至少有一个诚实的AA_k给出的密钥要少于阈值d_k；攻击者不可以针对同一个 GID 对某个 AA 进行重复密钥请求。

(3) 挑战。A 向 B 提供两个长度相等的消息M_0和M_1，以及密文所对应的属性集合A_k^c。B 随机选取其中的一个设为M_0，并生成挑战密文 C 发送给 A。

(4) 密钥请求 2。与密钥请求 1 相同。

(5) 猜测。A 给出对θ的猜测值θ'。如果$\theta=\theta'$，则攻击者成功。

定理 13.5　游戏中 A 的优势定义为$\Pr[\theta=\theta'] - \dfrac{1}{2}$。

定理 13.6　如果在以上游戏中，所有多项式时间的攻击者 A 最多具有可忽略的优势，则称本书的方案在选择属性攻击下是安全的。

定理 13.7　当单个用户不能解密数据时，如果没有多项式时间的攻击者 A 能够联合这些用户的密钥解密数据，则称本书的方案是抗用户合谋攻击的。

定理 13.8　如果所有的 AA 不能联合追踪用户得到完整的用户属性集合，则称本书的方案是抗 AA 合谋攻击的。

13.2.2　具体方案构造

1. 系统初始化

设G和G_T为素数阶q的循环群，$e: G\times G \rightarrow G_T$为双线性映射，$g$为$G$的生成元。

1) CA 初始化

当有新用户加入系统时，CA 首先对该用户进行认证，如果用户合法，则为该用户生成一个全局身份$u = GID \in Z_q$作为用户私钥。用户u定义伪随机函数$PRF_u(g)$，并生成面

向 AA_k 的假名 $a_{u,\ k}$，由 CA 认证后传递给 AA_k。

2) AA 初始化

设 $\mathbf{S}_{A_k}$ 表示 AA_k 管理的所有属性的集合，$\mathbf{S}_{A_k}$ 中属性个数为 n_k。AA_k 选取随机数 t_k，x_k，φ_k，ω_k，$t_{k,1}$，$\cdots$，$t_{k,n_k} \in Z_q$ 作为 AA_k 属性权威私钥 $ASK_k = (t_k$，x_k，φ_k，ω_k，$t_{k,1}$，$\cdots$，$t_{k,n_k})$，并生成属性权威公钥 $APK_k = (g^{w_k}$，$g^{x_k})$。对每个属性 $i_k \in S_{A_k}$，AA_k 选择随机数 v_{i_k} 作为属性 i_k 的版本号并生成属性公钥 $PK_{i_k} = (T_{k,i} = g^{t_{k,i}}$，$g^{t_{k,t}}$，$g^{t_{k,i}\omega_k V_{i_k}})$。$AA_k$ 将 $Y_k = e(g,\ g)^{t_k}$ 发送给其他 AA，各个 AA 独自计算得到系统公钥：

$$Y = \prod Y_k = e(g,\ g)\sum_k t_k$$

AA_k 和 AA_j 通过两方密钥交换协议，获取共享密钥 $s_{kj} = s_{jk} \in Z_q$，然后共同定义一个伪随机函数 $PRF_{kj}(h) = g^{x_k x_j/(s_{kj}+h)}$，设 $y_k = g^{x_k}$，则该式可以通过 $y_k^{x_j/s_{kj}+h}$ 或 $y_j^{x_k/s_{kj}+h}$ $y_j^{x_k/s_{kj}+h}$ 由 AA_j 或者 AA_k 分别计算得到。

2. 密钥分发

1) 生成用户密钥组件

为了减轻用户的负担，通过 CA 的用户管理权限，委托 CA 与各个 AA_k 分别执行匿名密钥分发协议，其中 $l = y_j^{x_k}$，$h = g$，$\alpha_k = \delta_{kj} R_{kj}$，$\beta_k = s_{kj}$，$\gamma_k = \delta_{kj}$，$R_{kj} \in Z_q$ 是由 AA_k 和 AA_j 共同选取的随机数，则得到 $D_{kj} = (h^{\alpha_k} l^{1/\beta_k + u})^{\gamma_k} = (g^{\delta_{kj} R_{kj}} y_j^{x_k/(s_{kj}+u)})^{\delta_{kj}} = g^{R_{kj}} (PRF_{kj}(u))^{\delta_{kj}}$。如果 $k>j$，$\delta_{kj} = 1$，则 CA 得到 $D_{kj} = g^{R_{kj}} / RPF_{kj}(u)$；否则 $\delta_{kj} = -1$，CA 得到 $D_{kj} = g^{R_{kj}} / PRF_{kj}(u)$。CA 再将用户 u 对应的所有 D_{kj} 相乘得到 $D_u = \prod_{(k,\ j)\in\{1,\cdots,\ N\}\times\{1,\cdots,\ N\}\backslash\{k\}} D_{kj} = g^{R_u}$ 并发送给用户 u，其中 $R_u = \prod_{(k,\ j)\in\{1,\cdots,\ N\}\times\{1,\cdots,\ N\}\backslash\{k\}} R_{kj}$。

2) 生成用户属性密钥

(1) 设 A_k^u 表示用户 u 所拥有的由 AA_k 管理的属性集合。用户 u 用假名 $a_{u,k}$ 向 AA_k 请求属性集合 A_k^u 中的每个属性 i_k 对应的密钥。

(2) AA_k 随机生成一个 $d_k - 1$ 阶多项式 $p_k(\cdot)$，满足 $p_k(0) = t_k - \sum_{j\in\{1,\cdots,\ N\}\backslash\{k\}} R_{kj}$，然后生成用户属性密钥 $SK_{u,k} = (L_{u,k} = g^{a_u, k\varphi_k + \omega_k}, K_{u,i_k} = g^{p_k(i_k)/t_k,\ i_k} g^{(a_{u,\ k\omega_k\varphi_k} + \omega_k^2) v_{ik}}, \forall i_k \in A_k^u)$，$k \in \{1,\cdots,N\}$。

3) 加密

设 A_k^c 表示密文中包含的由 AA_k 管理的属性集合。输入消息 m，系统公钥 Y，密文属性集 $S_c = \{i_k^c\}$，$k \in \{1,\cdots,\ N\}$，以及属性公钥 $PK_{i_k^c}(i_k^c \in S_c)$，然后选取随机数 $S \in Z_q$，计算密文 CT：

$$CT=(C_0=mY^s=me(g,\ g)^{s\sum_k t_k},\ C_1=g^s,\ C_2=g^{st_{k,i_k^c}},$$
$$C_3=g^{-st_{k,i_k^c}},\ i_k^c\in A_k^c,\ \forall k\in\{1,\cdots,\ N\})$$

4)解密

当 u 的属性集合满足每个 AA_k 的门限 d_k 时，才能正确解密密文。对于 AA_k，$k\in\{1,\cdots,\ N\}$，任何 d_k 个属性 $i_k\in A_k^c\cap A_k^u$，计算

$$e(C_2,\ K_{u,i})e(C_3,\ L_{u,k})=e(g^{st_{k,i_k}},\ g^{p_k(i_k)/t_{k,i_k}}g^{(a_{u,k}\omega_k\varphi_k+\omega_k^2)})e(g^{1st_{k,i_k}w_kv_{i_k}},\ g^{a_{u,k}\varphi_k+\omega_k})$$
$$=e(g,\ g)^{sp_k(i_k)}$$

再对所有的 $e(g,\ g)^{sp_k(i_k)}(i_k\in A_k^c\cap A_k^u)$ 进行多项式插值运算，得到 $e(g,\ g)^{sp_k(0)}=e(g,\ g)^{s\left(t_k-\sum_{j\neq k}R_j\right)}$。然后，所有 P_k，$k\in\{1,\cdots,\ N\}$ 相乘得到 $P=\prod_{k=1}^{N}P_k=e(g,\ g)^{s\left(\sum t_k-R_u\right)}$，最后解密得到 $m=\dfrac{C_0}{pe(D_u,\ C_1)}$。

5)用户属性撤销

当撤销用户 u 的属性 $\tilde{i}_k$ 时，需要更新其他未被撤销用户的属性密钥来防止被撤销的用户越权访问密文(前向安全)，还需要更新密文来保证新加入的用户只要拥有足够的属性仍然能够解密旧的密文(后向安全)。属性撤销分为 3 个阶段。

(1) AA_k 生成更新密钥。AA_k 为属性 $\tilde{i}_k$ 生成一个新的属性版本号 $v'_{\tilde{i}_k}$，然后计算出用户的密钥更新密钥 $KUK_{u,\tilde{i}_k}=g^{(v'_{\tilde{i}_k}-v_{\tilde{i}_k})(a_{u,k},\ \omega_k\varphi_k+\omega_k^2)}$ 和密文更新密钥 $CUK_{\tilde{i}_k}=(v^1_{\tilde{i}_k}-v_{\tilde{i}_k})\omega_k$。

(2) 未撤销用户更新密钥。AA_k 把 $KUK_{u,\tilde{i}_k}$ 发送给拥有撤销的属性 $\tilde{i}_k$ 的为撤销用户，然后用户使用 $KUK_{u,\tilde{i}_k}$ 对他的属性密钥进行更新。更新后的用户属性密钥变为

$$\widetilde{SK}_{u,k}=(L'_{u,k}=L_{u,k},\ K'_{u,\tilde{i}_k}=K_{u,\tilde{i}_k}\cdot KUK_{u,\tilde{i}_k},\ \forall i_k\in A_k^u,\ i_k\neq\tilde{i}_k,\ K'_{u,i_k}=K_{u,i_k}),\ k\in\{1,\cdots,\ N\}$$

(3) 云服务器更新密文。AA_k 把 $CUK_{\tilde{i}_k}$ 发送给云服务器，然后云服务器使用 $CUK_{\tilde{i}_i}$ 对密文进行更新。云服务器只对密文中与撤销的属性 $\tilde{i}_k$ 相关的密文组件进行更新，得到新的密文为 $\widetilde{CT}=(C'_0=C_0,\ C'_1=C_1,\ C'_2=C_2,\ \forall i_k^c\in A_k^c)$，如果 $i_k^c=\tilde{i}_k$，则 $C'_3=C_3(C_2)^{CUK_{\tilde{i}_k}}$；否则，$C'_3=C_3$，$k\in\{1,\cdots,\ N\}$。

13.3.3　安全性证明

定理 13.9　如果匿名密钥分发协议是安全的，并且 DBDH 假设成立，则本书介绍的隐私保护方案的选择属性是安全的。

证明：假设 CA 已经与所有的 AA 执行了匿名密钥分发协议。所有用户的假名 $a_{u,k}$ 都由 CA 认证后由 AA 存储。给出实例 $A=g^a$，$B=g^b$，$C=g^c$ 和 $Z=e(g,\ g)^{abc}$，其中 $Z\in Z_q$。根据匿名密钥分发协议的安全性要求，最多有 $N-2$ 个被腐蚀的 AA。允许敌手

A请求多个用户属性集合的私钥，并且至少有一个诚实的 $AA_{\hat{k}}$ 给出的属性密钥个数少于门限值，即 $A_{\hat{k}}^{u} \cap A_{\hat{k}}^{c} < d_{\hat{k}}$。隐式设定 $\sum t_k s = abc$，其中 $s = c$ 和 $\sum t_k = ab$。不失一般性，假定 $\hat{k} = 1$。选择 N 个随机数 r_1，r_2，…，r_N 满足 $r_1 = r_2 + \cdots + r_N$。隐式设定 $t_{\hat{k}} = ab - r_1$，则 $P_{\hat{k}}(0) = ab - r_1 - \sum_{j \neq \hat{k}} R_{\hat{k}j}$ 不可计算。对于其他诚实的 AA_k，设 $t_k = r_k$，则 $P_k(0) = r_k - \sum_{j \neq \hat{k}} R_{\hat{k}j}$ 可计算。

(1) 初始化。A 发送以下信息给 B：挑战密文对应的属性列表 $A_c = \{A_1^C, \cdots, A_N^C\}$，每个 AA_k 对应一组属性集 A_k^c，并给出一组腐败的 AA 集合(最多有 $k-2$ 个)。然后由B生成系统公钥 $Y = e(A, B) = e(g, g)^{ab}$，对于诚实的 AA_k，B选取随机数 $\beta_{k,i} \in Z_q$，生成属性公钥 $ASK_k = \left(t_k = \xi_k x_k, \varphi_k, \omega_k, t_{k,1}, \cdots, t_{k,n_k}\right)$。最后，B将以上生成的所有公钥和腐败AA的私钥发送给A。

(2) 密钥请求1。对诚实的 AA_k，A可以进行足够多的满足条件的密钥请求。

当 $k \neq \hat{k}$ 时，选取随机数 $z_{k,u} \in Z_q$，隐式设定 $p_k(0) = r_k - \sum_{j \neq k} R_{kj} = bz_{k,u}$，并选取一个 $d_k - 1$ 阶随机多项式 $\rho_k(i)$，满足 $\rho_k(0) = z_{k,u}$，并假定 $\rho_k(i) = b\rho_k(i)$。若 $i_k \in A_k^u \cap A_k^c$，则 $t_{k,i_k} = \beta_{k,i_k}$，$g^{p_k(i_k)/t_{k,i_k}} = g^{b\rho_k(i_k)/\beta_{k,i_k}} = g^{\rho_k(i_k)/\beta_{k,i_k}}$；若 $i_k \in A_k^u - A_k^c$，则 $t_{k,i_k} = b\beta_{k,i_k}$，$g^{p_k(i_k)/t_{k,i_k}} = g^{b\rho_k(i_k)/b\beta_{k,i_k}} = g^{\rho_k(i_k)/\beta_{k,i_k}}$。

当 $k = \hat{k}$ 时，不失一般性，假定有 $d_k - 1$ 个属性 $i_k \in A_k^u \cap A_k^c$。选取随机数 $w_{k,u} \in Z_q$，隐式设定 $p_k(0) = ab - r_1 - \sum_{j \neq k} R_{kj} = ab - w_{k,u} b$。再选取 $d_k - 1$ 个随机数 $\tau \in Z_q$，设 $p_k(i_k) = b\tau_i$，$i_k \in A_k^u \cap A_k^c$。若 $i_k \in A_k^u \cap A_k^c$，则 $t_{k,i_k} = \beta_{k,i_k}$，$g^{p_k(i_k)/t_{k,i_k}} = g^{b\tau_{i_k}/\beta_{k,i_k}}$；若 $i_k \in A_k^u - A_k^c$，则 $t_{k,i_k} = b\beta_{k,i_k}$，由于 $p_k(0) = ab - w_{k,u} b$，并且已知 $A_k^u \cap A_k^c$ 中的 $d_k - 1$ 个点 $p_k(i_k) = b\tau_{i_k}$，所以多项式 $p_k(\cdot)$ 可以根据拉格朗日插值公式完全确定，可以表示为 $p_k(i_k) = \varDelta_0(i_k)(ab - w_{k,u} b) + \sum \varDelta_{jk}(i_k) b\tau_{jk}$，则

$$
\begin{aligned}
g^{p_k(i_k)/t_{k,i_k}} &= g^{\frac{\varDelta_0(i_k)(ab - w_{k,u}b) + \sum \varDelta_{jk}(i_k) b\tau_{jk}}{b\beta_{k,i_k}}} \\
&= g^{\frac{a\varDelta_0(i_k)}{\beta_{k,i_k}}} g^{\frac{\sum \varDelta_{jk}(i_k)\tau_{jk} - w_{k,u}\varDelta_0(i_k)}{\beta_{k,i_k}}} \\
&= A^{\frac{\varDelta_0(i_k)}{\beta_{k,i_k}}} g^{\frac{\sum \varDelta_{jk}(i_k)\tau_{jk} - w_{k,u}\varDelta_0(i_k)}{\beta_{k,i_k}}}
\end{aligned}
$$

挑战者B利用 AA_k 的私钥得到属性私钥 $SK_{u,k} = \{L_{u,k}, K_{u,i_k}\}$，并发送给A。挑战A给B两个长度相等的消息 M_0 和 M_1。B随机选取 M_θ，$\theta \in \{0, 1\}$ 生成挑战密文 CT 发送给A。

$$
CT = (C_0 = M_\theta Z, C_1 = C, C_2 = g^{c\beta_{k,i_k^c}} = C^{\beta_{k,i_k^c}}, C_3 = C^{\beta_{k,i}\omega_k v_{i_k^c}}, i_k^c \in A_k^c, \forall k \in \{1, \cdots, N\})
$$

(3) 密钥请求2。与密钥请求1相同。

(4) 猜测。A给出对 θ 的猜测值 θ'。如果 $\theta = \theta'$，挑战者B输出 $Z = e(g, g)^{abc}$；否则输出 $Z = e(g, g)^{z}$。因此，如果在上述游戏中攻击者A具有不可忽略的优势，则意味着挑

战者 B 也可能以不可忽略的优势区分 DBDH 中的两个四元组($A=g^b$，$B=g^b$，$C=g^c$，$Z=e(g，g)^{abc}$)和($A=g^b$，$B=g^b$，$C=g^c$，$Z=e(g，g)^z$)，即 DBDH 不成立。

定理 13.10　本书的方案是抗用户合谋攻击的。

证明：在该方案中，每个用户都分配了一个全局身份 *GID=u*，每个 AA_k 为用户分发的密钥 $SK_{u,k}=(L_{u,k}，K_{u,i_k})$ 都与全局身份 u 相关，不同的用户即使拥有相同的属性，其所对应的属性密钥也是不一样的。因此，任何用户想要联合起来获取别人的密钥以进行揭秘是不可能的。

定理 13.11　在密钥分发阶段，CA 与 AA 间执行的匿名密钥分发协议，是用户的 *GID*，对 AA 是保密的。

证明：用户请求密钥时，通过伪随机函数 $PRF_u(\cdot)$ 生成面向各个 AA_k 的假名 $a_{u,k}$，利用 $a_{u,k}$ 向各个 AA_k 请求属性密钥 $SK_{u,k}=(L_{u,k}，K_{u,i})$。对不同的 AA_k，同一个用户 u 对 AA_k 都是保密的，所以 AA_k 难以联合追踪用户得到完整的用户属性集合。

定理 13.12　被撤销属性的用户不能与未被撤销属性的用户共谋以更新他的密钥。

证明：$KUK_{u,\tilde{i}_k}=g^{\left(v_{\tilde{i}_k'}-v_{\tilde{i}_k}\right)\left(a_{u,k}\omega_k\varphi_k+\omega_k^2\right)}$ 中的 $a_{u,k}$ 与用户身份标识 u 相关，所以被撤销属性的用户不能利用未被撤销属性的用户的 *KUK* 声称自己的密钥已更新。

13.3　小　　结

针对移动互联网数据存储的安全及隐私保护需求，本章首先介绍了一种门限分布式可验证存储方案，该方案将门限秘密共享、同态 Hash 运算引入方案中，不仅实现了机密性和健壮性保证，还可以高效地进行存储完整性验证；然后，针对隐私数据存储的加密密钥的管理问题，介绍了一种基于因子分解和离散对数模型大素数的动态门限可变的密钥共享方案；最后，该方案结合属性加密的思想，实现了一个可保护隐私的细粒度访问控制方案，在密钥中引入用户全局身份信息，防止用户共谋，通过匿名密钥分发协议和用户假名，实现了用户身份保护。

参 考 文 献

[1] 吴吉义, 李文娟, 黄剑平, 等. 移动互联网研究综述[J]. 中国科学: 信息科学, 2015, 45(1): 45-69.

[2] 文军, 张思峰, 李涛柱. 移动互联网技术发展现状及趋势综述[J]. 通信技术, 2014, 47(9): 977-984.

[3] 卢卫, 陆希玉. 4G 时代移动互联网的发展趋势[J]. 电信科学, 2014(5): 51-54.

[4] 周涛, 邵震, 韦乐平. 移动互联网崛起对移动网络的影响及对策探讨[J]. 电信科学, 2013(3): 1-5.

[5] 孟令鹏, 许维胜, 吴启迪. 移动互联网技术的发展趋势与演进路径[J]. 管理现代化, 2015, 35(5): 89-91.

[6] 孙其博. 移动互联网安全综述[J]. 无线电通信技术, 2016, 42(2): 5-12.

[7] 王红凯, 王志强, 龚小刚. 移动互联网安全问题及防护措施探讨[J]. 信息网络安全, 2014(9): 207-210.

[8] 谢刚, 冯缨, 田红云, 等. 信息生态视角下移动网络隐私问题及防治措施[J]. 情报理论与实践, 2015, 38(8): 21-26.

[9] 李晖, 李凤华, 曹进, 等. 移动互联服务与隐私保护的研究进展[J]. 通信学报, 2014, 35(11): 1-11.

[10] 王妮娜. 移动互联网时代个人隐私保护研究[J]. 现代电信科技, 2015, 45(2): 45-49.

[11] 乔楠. 移动互联网时代的隐私权及其保护措施[J]. 公民与法(法学版), 2014(4): 61-64.

[12] 陈堂发. 互联网与大数据环境下隐私保护困境与规则探讨[J]. 暨南学报(哲学社会科学版), 2015, 37(10): 126-130.

[13] 华劼. 移动互联网时代个人信息隐私保护—对《香港个人资料(私隐)条例》的解读及启示[J]. 重庆邮电大学学报: 社会科学版, 2017, 29(5): 40-47.

[14] 中华人民共和国国家互联网信息办公室. 中国移动互联网发展状况及其安全报告[EB/OL]. [2017-5-18]. http://www.isc.org.cn/zxzx/xhdt/listinfo-35398.html.

[15] Wang Y, Zhong H, Xu Y, et al. Efficient conditional Privacy-Preserving authentication scheme supporting batch verification for VANETs[J]. International Journal of Network Security, 2016, 18(2): 374-382.

[16] Shen J, Chang S, Shen J, et al. A lightweight multi-layer authentication protocol for wireless body area networks[J]. Future Generation Computer Systems, 2018, 78(3): 956-963.

[17] Lee C C, Lai Y M. Toward a secure batch verification with group testing for VANET[J]. Wireless networks, 2013, 19(6): 1441-1449.

[18] Bayat M, Barmshoory M, Rahimi M, et al. A secure authentication schemefor VANETs with batch verification[J]. Wireless networks, 2015, 21(5): 1733-1743.

[19] Wang S, Yao N. LIAP: A local identity-based anonymous message authentication protocol in VANETs[J]. Computer Communications, 2017, 112: 154-164.

[20] Jiang S, Zhu X, Wang. An efficient anonymous batch authentication scheme based on HMAC for VANETs[J]. IEEE Transactions on Intelligent Transportation Systems, 2016, 17(8): 2193-2204.

[21] Azees m, Vijayakumar P, Deboarh L J. EAAP: Efficient anonymous authentication with conditional privacy-preserving scheme for vehicular adhoc networks[J]. IEEE Transactions on Intelligent Transportation Systems, 2017, 18(9): 1-10.

[22] Jie C, Jing Z, Hong Z, et al. SPACF: A secure privacy-preserving authentication scheme for VANET with cuckoo filter[J]. IEEE Transactions on Vehicular Technology, 2017, 66(11): 10283-10295.

[23] Xie Y, Wu L B, Shen J, et al. EIAS-CP: new efficient identity-based authentication scheme with conditional privacy-preserving for VANETs[J]. Telecommunication Systems, 2017, 65(2): 229-240.

[24] Lo N W, Tsai J L. An efficient conditional privacy-preserving authentication scheme for vehicular sensor networks without

pairings[J]. IEEE Transactions on Intelligent Transportation Systems, 2015, 17(5): 1-10.

[25] He D, Zeadally S, Xu B, et al. An efficient identity-based conditional privacy-preserving authentication scheme for vehicular ad hoc networks[J]. IEEE Transactions on Information Forensics and Security, 2015, 10(12): 2681-2691.

[26] Dodis Y, Katz J, Xu S, et al. Key-insulated public key cryptosystems[C]. In Proceedings of the International Conference on the Theory and Applications of Cryptographic Techniques: Advances in cryptology. Springer, Berlin, Heidelberg, 2002.

[27] Dodis Y, Katz J, Xu S, et al. Strong key-insulated signature schemes[J]. In Proceedings of the International Workshop on Public Key Cryptography, Miami, FL, USA, 2003, 2567(2567): 130-144.

[28] Gonzlez-Deleito N, Markowitch O, Dall' Olio E. A new key-insulated signature scheme[C]. In Proceedings of the International Conference on Information and Communications Security, Malaga, Spain, 2004: 465-479.

[29] Le Z, Ouyang Y, Ford J, et al. A hierarchical key-insulated signature scheme in the CA trust model[C]. In Proceedings of the International Conference on Information Security, Palo Alto, CA, USA, 2004: 280-291.

[30] Hanaoka G, Hanaoka Y, Imai H. Parallel key-insulated public key encryption[C]. In Proceedings of the International Workshop on Public Key Cryptography, New York, USA, 2006: 105-122.

[31] Zhou C, Zhao Z, Zhou W, et al. Certificateless Key-Insulated Generalized Signcryption Scheme without Bilinear Pairings[J]. Security and Communication Networks, 2017, 2017(2): 1-17.

[32] Hong H S, Xia Y H, Sun Z X. Provably Secure Key Insulated Attribute Based Signature without Bilinear Pairings for Wireless Communications[J]. DEStech Transactions on Computer Science and Engineering, 2017.

[33] Huang K, Ding X F, Li J. ID-based key-insulated encryption with message linkages for peer-to-peer network[J]. Computer Engineering, 2014, 40(4): 124-129.

[34] Shi Y, Lin J, Xiong G, et al. Key-insulated undetachable digital signature scheme and solution for secure mobile agents in electronic commerce[J]. Mobile Information Systems, 2016(3): 1-18.

[35] Kumar V, Kumar R. An optimal authentication protocol using certificateless ID-based signature in MANET[C]// In Proceedings of the Internationa Symposium on Security in Computing and Communication, Kochi India, 2015, 536(8): 110-121.

[36] Park Y, Sur C, Jung C D, et al. Efficient anonymous authentication protocol using key-insulated signature scheme for secure VANET[C]. In Proceedings of the International Conference on Mobile Lightweight Wireless Systems, Athens, Greece, 2009: 35-44.

[37] Boneh D, Crescenzo G D, Ostrovsky R, et al. Public key encryption with keyword search[C]. Advances in Cryptology-Eurocrypt 2004, Springer-Verlag: Berlin Heidelberg, 2004: 506-522.

[38] Waters B R, Balfanz D, Durfee G, et al. Building an encrypted and searchable audit log[C]. Proceedings of the Network and Distributed system security symposium, NDSS 2004, San Diego, California, USA, 2004.

[39] Jeong I R, Kwon J O, Hong D, et al. Constructing PEKS schemes secure against keyword guessing attacks is possible[J]. Computer Communications, 2009, 32(2): 394-396.

[40] Hofheinz D, Enav W. Searchable encryption with decryption in the standard model[EB/OL]. IACR Cryptology EPrint Archive, http://eprint.iacr.org/2008/423. pdf, 2008-1-14.

[41] Byun J W, Rhee H S, Park H A, et al. Off-line keyword guessing attacks on recent keyword search schemes over encrypted data[M]. Secure Data Management. Springer Berlin Heidelberg, 2006: 75-83.

[42] Chen Y C. SPEKS: Secure server-designation public key encryption with keyword search against keyword guessing attacks[J]. The Computer Journal, 2015, 58(4): 922-933.

[43] Park D J, Kim K, Lee P J. Public key encryption with conjunctive field keyword search[C]. WISA' 04 Proceedings of the 5th International Conference on Information Security Applications, 2004: 73-86.

[44] Khader D. Public key encryption with keyword search based on K-resilient IBE[J]. Computational Science and Its Applications-ICCSA 2006, 2006: 298-308.

[45] Hou C, Liu F, Bai H, Ren L. Public-Key Encryption with keyword search from lattice[C]. In 2013 Eighth International Conference on P2P, Parallel, Grid, Cloud and Internet Computing, 2013: 336-339.

[46] Golle P, Jessica S, Brent W. Secure conjunctive keyword search over encrypted data[M]. Applied Cryptography and Network Security. Springer-Verlag: Berlin Heidelberg, 2004: 31-45.

[47] Yong H H, Lee P J. Public key encryption with conjunctive keyword search and its extension to a multi-user system[J]. International Conference on Pairing-based cryptography, 2007,4575: 2-22.

[48] Zhang B, Zhang F G. An efficient public key encryption with conjunctive-subset keywords search[J]. Journal of Network and Computer Applications, 2011, 34(1): 262-267.

[49] Cao N, Wang C, Li M, et al. Privacy preserving multi-keyword ranked search over encrypted cloud data[J]. IEEE Transactions on Parallel and Distributed Systems, 2014, 25(1): 222-233.

[50] Witten I H, Alistair M, Timothy C B. Managing Gigabytes: Compressing and indexing documents and images[M]. San Francisco: Morgan Kaufmann, 1999.

[51] Li C T, Lee C W, Shen J J. An extended chaotic mapsbased keyword search scheme over encrypted data resist outside and inside keyword guessing attacks in cloud storage services[J]. Nonlinear Dynamics, 2015, 80(3): 1601-1611.

[52] Han S, Elizabeth C. Chaotic map based key agreement with/out clock synchronization[J]. Chaos, Solitons & Fractals, 2009, 39(3): 1283-1289.

[53] Zhang L H. Cryptanalysis of the public key encryption based on multiple chaotic systems[J]. Chaos, Solitons & Fractals, 2008, 37(3): 669-674.

[54] Farash M S, Mahmoud A A. An efficient and provably secure three-party password-based authenticated key exchange protocol based on Chebyshev chaotic maps[J]. Nonlinear Dynamics, 2014, 77(1): 399-411.

[55] Kasamatsu K, Matsuda T, Emura K, et al. Time-specific encryption from forward-secure encryption: generic and direct constructions[J]. International Journal of Information Security, 2016, 15(5): 549-571.

第四篇

刑事电子证据规则研究

第 14 章　电子数据概述

2012 年 3 月 14 日修订、2013 年 1 月 1 日起施行的《中华人民共和国刑事诉讼法》(以下简称《刑事诉讼法》)对我国的证据制度进行了重要的修改，增加了“电子数据”这一全新形态的证据。由此，长期被归入视听资料，或依赖鉴定意见书、公证书、笔录类证据才得以进入司法领域的电子数据，在经历了多年的尴尬身份后，终于获得了合法的地位，正式进入了刑事司法领域。2016 年，最高人民法院、最高人民检察院、公安部颁布了《关于办理刑事案件收集提取和审查判断电子数据若干问题的规定》(以下简称《电子数据规定》)，对电子数据的运用做了进一步的规范，标志着电子数据的研究进入了新的阶段。

虽然《刑事诉讼法》明确规定了“电子数据”这一证据种类，但是对于如何准确理解电子数据这一信息时代的新型证据形态，我们首先有必要对电子数据进行科学的界定。

14.1　电子数据的概念

在 2012 年《刑事诉讼法》修订以前，国内学者对电子数据或电子证据(当时多称为“电子证据”，两者的区分在下文讨论)的定义就进行了较广泛的研究。例如，何家弘和刘品新认为电子证据是：以电子形式存在的、当作证据使用的一切材料及其派生物；或者说，借助电子技术或电子设备而形成的一切证据[1]。皮勇教授认为电子证据是指：数字化信息设备中存储、处理、传输、输出的数字化信息形式的证据[2]。在 2012 年《刑事诉讼法》修订后，学界对电子数据的概念具有代表性的观点有：电子数据指与案件事实有关的网上聊天记录、电子签名、访问记录、电子邮件等电子形式的证据[3]；电子数据是以电子、光学、磁及类似手段生成、传播、存储的数据信息；它是指电子计算机、移动电话等电子设备所记载的数据资料[4]。从这些定义可以看出，《刑事诉讼法》修订前后，理论界关于电子数据的定义并没有太大的分歧，除要求必须具备相关性外，对电子数据这一证据形态均强调了两点：一是以数据形态存在；二是由电子设备生成、处理和识别。

《电子数据规定》使用了“概括+列举+排除”的方式对电子数据给出了明确的定义。《电子数据规定》第 1 条明确写明，电子数据是指“案件发生过程中形成的，以数字化形式存储、处理、传输的，能够证明案件事实的数据”。同时规定，“电子数据包括但不限于下列信息、电子文件：①网页、博客、微博、朋友圈、贴吧、网盘等网络平台发布的信息；②手机短信、电子邮件、即时通信、通讯群组等网络应用服务的通信信息；③用户注册信息、身份认证信息、电子交易记录、通信记录、登录日志等信息；④文档、图片、音视频、数字证书、计算机程序等电子文件。此外，还做了排除性的规定，即“以数字化形式记载的证人证言、被害人陈述以及犯罪嫌疑人、被告人供述和辩解等证据，不属于电子数据。”

《电子数据规定》代表了规范性法律文件对电子数据的权威观点，进一步明确了电子数据的内涵与外延，与之前的司法解释相比较具有较强的执行性和指导性。但该定义使用了“电子数据是……数据”的方式，又陷入逻辑学上的同义反复之嫌，即“定义项包括被定义项”，类似于“男人就是被称为男人的人”这样的定义错误。

逻辑学中下定义的方法，一般使用“种差+属”的方式，其中“种差”是指被定义项所反映的这种对象同该属概念中其他对象之间的本质差别。《刑事诉讼法》采用了“材料说”来对证据下定义，因此所有证据的属概念均是“材料”，而电子数据是以其表现形式区别于“材料”中的其他证据形态，因此，“种差”就是“数据”这一表现形式。综上，将电子数据定义为“数据化形态的材料”更加符合逻辑形式和尊重《刑事诉讼法》的立法条文。

14.2　电子数据的形态

《电子数据规定》将司法实践中常见的电子数据种类进行列举，并按照网络平台、网络应用、网络记录、电子文件进行分类，有利于实务中进一步明确电子数据的独立地位，促进该类证据的使用。但从研究的角度看，该分类仍然存在诸多问题，如逻辑不闭合、忽略了一些常见的数据形态等，同时，分类中所涉及的电子数据形态需要进行界定，以推进其在实践中的适用。

从逻辑上看，《电子数据规定》以简单列举的方式不可避免地会产生分类逻辑混乱的问题。例如，第一类中网页是一个广泛的概念，所有的网站或平台都有网页的形式，与后面的博客、微博客、贴吧存在交叉；第二类中即时通信也是泛指用户之间利用工具实时发送和接收的信息，包括 QQ、微信等，通讯群组也属于即时通信的范围；第三类中通信记录又是一个更加宽泛的概念，包括了第二类中的手机短信、电子邮件、即时通信；第四类中数字证书是用于用户身份认证的，属于第三类中的身份认证信息，音视频放在此处更容易引起误解，因为根据前述第一款关于电子数据的定义，这里的音视频不是所有的音视频，而仅限于“数字化”的音视频，同时，音视频放在此处表明立法将此类数据划入了电子数据而非视听资料，视听资料独立性的价值基本被否定。

从理论上看，《电子数据规定》没有区分证据的获取方式对隐私权的不同冲击，容易导致普通侦查措施与技术侦查措施的混用。对此，龙宗智教授有过精辟的分析，认为第二类信息属于《宪法》中规定的通信权利，第三类、第四类信息涉及公民的隐私权和商业秘密，对于第二类、第三类、第四类电子数据取证，均涉及与公民权利的冲突，其中必然包含部分强制侦查行为，尤其是主动侦查手段在电子数据收集、提取中的应用[5]，《电子数据规定》没有对获取数据的方式进行区分和规制，容易导致技术侦查措施的滥用。

14.3　电子数据的特点

在界定完电子数据的概念后，电子数据的特点就可以依此而展开。分析某一类证据的特点，其意义不仅在于让我们从理论上深化对该证据的认识，更能针对其特点制定行之有效的证据规则，据以指导司法实践。因此，本节所讨论的电子数据的特点，更多的是着眼于“数据”这一形态而对证据规则所造成的影响，不会造成影响的特点均不在本节的讨论范围之内。

14.3.1　虚拟的存在状态：存在于虚拟空间的数据形态

2012 年《刑事诉讼法》对证据的概念进行了修正，由“事实说”转向了“材料说”，许多学者认为此种改变体现了对证据认识的深化，注重证据是证据内容与证据形式(载体)的统一。以此观点看，证据的种类并不是由证据事实所决定的，而是由证据形式所确定的，因为证据事实是与案件有关的信息，可以依附于各种类型的载体(证据形式)之上，由此产生了不同的证据形态。

从证据法的角度看，证据既存在于客观的物质世界(即构成实物证据)，又存在于主观的精神世界(即构成言词证据)，还存在于客观的观念世界(即构成无须证明的司法认知)(由原理与规律所构成)。与之相对应的是，美国的证据有 3 种基本形式：言词证据(testimonial evidence)、实物证据(tangible evidence)和司法认知(judicial notice)[6]。电子数据产生以后，对于传统证据理论的贡献在于产生了新的证据存在方式，即事实信息除了可以存在于现实空间的人和物之上，还可以存在于虚拟空间之中，依附于“数据”这一形态之上。

电子数据依赖信息技术在虚拟空间中产生，在虚拟空间中以数据的状态存在，人们要想对其把握或认知，必须依赖一定的技术与设备。在虚拟空间内以数据状态存在的一种证据形态，电子数据的生成、存储、传输均依赖于信息技术，电子数据要想为人们所感知、掌握、理解、举示，实现从虚拟空间向现实空间的转化，也必须依赖一定的信息技术、电子设备和特定的软件，否则就只能是存在于虚拟空间中的信号，无法为人类所掌握，也就不能成为证据。

电子数据的虚拟性给司法实践带来的难题主要包括以下三点：

(1)数据与人的关联性证明。电子数据存在于虚拟空间中，数据的产生均基于现实空间中的人或行为。如何将现实空间中的人或行为与虚拟空间中的数据形成对应与关联，是司法实践中的难题。例如，在犯罪嫌疑人办公室搜出一台计算机，其中有涉嫌犯罪的数据。由于数据与人的分离性，侦查人员除要证明计算机的归属外，还要证明计算机里面的数据的归属，即“数据是犯罪嫌疑人或其行为所产生的”。这是电子数据与传统证据相比的一个重要特点，也是在刑事司法中控方必须承担的举证责任。

(2)取证技术的依赖性。由于电子数据的感知依赖于一定的电子设备与技术，因此，如果侦查人员不具备一定的技术水平(如密码破解)，电子数据就无法获得，更无法感知。此时，电子取证的技术水平直接制约了对电子数据的获取和感知，一旦技术水平不高，我们就无法获取、感知、展现电子数据的内容。例如，电子数据在删除后，如果侦查技术人员没有掌握一定的数据恢复技术，则完全无法恢复并展示被删除的数据；对于网络犯罪的大案要案，涉案电子数据体量巨大，如果没有掌握较高的数据检索与分析技术，则侦查人员也只能对着一堆硬盘而无可奈何。

(3)证据开示的方式和成本。在司法实践中，一些机构仅通过打印的方式展示电子数据，这种不正确的方式仅展示了电子数据可以看的内容，而无法展示电子数据的鉴真信息。此外，电子数据的开示，对于需要一定技术含量的常常由专业的机构和人员进行，由此必然产生一定的费用。因此，对于贫困地区或者办案经费较少的地区，如何合法经济地展示电子数据，也是一个现实的问题。

14.3.2 复杂的证据定位：电子数据的多样性

电子数据的多样性体现在表现形态的多样性与证据属性的多样性。从电子数据的外在形态看，电子数据具有丰富的表现形态。《电子数据规定》第 1 条以列举的方式，举示了电子数据的常见形态，如果把虚拟世界看成一个现实世界、把人在虚拟空间中的身份视为一个真实的人，那么这个世界里面的电子数据涵盖了所有传统的证据类型。

与《电子数据规定》排除言词证据不同，根据电子数据的分类，电子数据也具备所有的证据属性，既可能是物证，也可能是书证或人证。正如美国学者认为：在审判中使用电子证据的最大挑战在于，不能轻易地将其划归为传统的证据类型。[7]刘品新提出了“七分”的观点，认为所有的证据种类都具有电子形态[8]，虽然其观点的具体内容有待商榷，但这也表明电子数据的形态非常多样且存在多重证据属性。正是因为如此，在探讨电子数据适用何种规则时，我们发现学者既要探讨电子数据与物证相关的规则，如鉴真规则，又要研究电子数据与人证相关的规则，如传闻证据规则[9]，还要研究电子数据与书证相关的规则，如最佳证据规则[10]。一个证据要与 3 种不同类型的证据规则发生关系，这在其他证据中是不存在的。其根本原因在于电子数据本身具有多重证据的属性，因此才会展示出证据的多种面孔。

电子数据是一种多重证据属性的证据，既要遵循电子生成数据普遍适用于物证的规则，又要遵循电子存储或电子交互数据适用于书证或人证的规则。在使用电子数据时，应先对电子数据中的哪一部分内容进行证明作用的判断，再对该电子数据进行识别，最后分别符合物证、书证和人证的规则。

14.3.3 矛盾的可靠状态：脆弱性与稳定性并存

证据的可靠状态是指证据信息依附于特定的载体之上后，是否会发生改变的一种可能性。从理论上而言，越是无法改变的证据越可靠，越是容易改变的证据越不可靠。

电子数据是以数据形态存在的证据，对信息技术和电子设备的依赖性体现在其产生、传输、存储之上，同时，具备一定技术水平的人可使用信息技术和电子设备对其进行修改、篡改、伪造。在既往的研究中，许多学者据此认为电子数据的可靠性较差。但近年来研究发现，电子数据的修改或篡改必须依赖信息技术或电子设备、软件，这反而让电子数据具备了一定的稳定性。除可被恢复以外，电子数据的稳定性还表现在可记录修改或篡改行为上，包括对入侵行为的记录、文件被修改后文档属性信息的变化、硬盘的擦写痕迹、U 盘的使用记录等。一旦电子数据被认定为删除、修改或篡改，可以认定某些法律行为的成立乃至法律责任的承担。因此，虽然电子数据因容易被修改而显得比较脆弱，但由于它同时可以被恢复和记录操作行为，因此也更加可靠，是矛盾的综合体。

电子数据的这个特性对证据规则也产生了重要的影响。虽然说电子数据具有稳定性，但稳定性需要专业人员通过专业的技术和设备进行判断，普通人凭肉眼或听觉乃至生活经验均无法判断。因此对于一份电子数据，在其具有脆弱性的前提下，如何判断其是否被修改、篡改，就成了电子数据这一证据的关键问题，也是电子数据规则制定时应重点考虑的问题。

14.3.4　全新的再现方式：无损耗再生性

电子数据的第四个重要特点是无损耗再生性，即电子数据的再生可以实现完全一致、无损耗。这一特点是由数字信号传输本身的特性所决定的。以计算机中的文件为例，不论何种文件，均是以二进制编码的方式存储于计算机硬盘之中，每个 0 或 1(机械硬盘通过磁粉的磁极表示、固态硬盘通过电压高低表示)表示 1 位(bit)，8 位表示 1 字节(byte)。文件复制的本质，就是读取盘片上数据的每个字节至内存中，再写入目标盘片上，然后不停重复，直到源文件读取完毕就完成了复制，复制实质上是一种数据的写入。由于电子数据的特殊性，在此过程中，完全是对高低电平的读取和写入，因此，在计算机 Windows 系统中，除非是对文件的格式进行改变，否则原件复制是没有损耗的。

普通的物证、书证甚至人证，若再生一般都有损耗，甚至无法作为证据使用。电子数据与其他类型的证据相比，一经产生后再生(复制、传输、存储等)无损耗，可实现精确的复制，记录每个电子数据每个字节的情况，从而可以真实记录原始数据所记载的案件事实情况。这一特点对证据规则的最大影响在于，最佳证据规则中关于原件的规定在电子数据面前没有必要。因为电子数据的复制件可以做到与原件一模一样，其中所蕴含的案件事实信息没有改变，可以同样实现原件的证据功能。因此，最佳证据规则在遇到电子数据时应当进行调整，实现无损复制的复制件应当和原件一样，具有同等证据资格。

14.4　电子数据的理论分类

正如龙宗智教授所言：分类是一种把握事物共性同时辨识事物特性的逻辑手段……研究证据分类问题，就是要研究对证据进行分类的理由与依据，研究类型界定是否准确，是否便于使用[11]。研究电子数据的理论分类，其目的在于把握不同类型电子数据的特点，深化对电子数据的认识，并研究不同类型电子数据对证据规则有何影响，是否会产生独特的证据规则。

14.4.1　事实信息数据与鉴真信息数据

电子数据是在虚拟空间中依赖信息技术和电子设备而生成的，是案件信息依附于“数据”这一特殊形态的产物。从电子数据的构成上，一方面电子数据中有案件的事实信息，另一方面电子数据在生成、存储、传输的过程中会产生大量的记录信息，这些记录本身与案件事实无直接联系，但却可以反映出该电子数据生成、传输、修改的过程和所处的系统环境情况。由此，电子数据中所蕴含的信息，实际包含了多个维度，既有最终静态的数据内容，也有动态的过程信息，还有所处的环境信息，这些信息对于判断电子数据的真伪有着重要的价值。

皮勇把电子数据分为内容信息和附属信息，前者是记录了案件相关内容的电子证据，后者是用来记录前者的形成、处理、存储、传输、输出等与内容信息电子证据相关的环境和适用条件等附属信息的证据[12]。何家弘和刘品新将电子数据按内容分为 3 种：数据电文、附属信息和系统环境信息。数据电文是指记载法律关系的产生、变化与灭失的数据，附属信息是数据电文在其生成、存储、传递、修改、增删的过程中引起的记录，系统环境证据是指数据电文运行所处的硬件和软件环境信息[13]。之后研究电子数据的学者，基本上没有脱离上述两位学者所确定的框架范围。

上述两种分类方法反映了电子数据的多维性及不同的价值，这是值得肯定的。但这两种分类方法侧重于形式上的划分，而没有区分电子数据多维信息的证据功能。例如，附属信息是电子数据生成、存储过程中产生的记录，但也可能证明案件事实的发生、变更，此时套用上述两种分类方法就会无所适从。本书采用事实信息数据与鉴真信息数据重新进行分类。

事实信息数据为电子数据中承载案件事实的信息，与前述 3 位学者的概念相比，使用事实信息数据的优点如下：①内容信息和数据电文均忽略了诉讼证据应与案件相关，且数据电文系电子商务和国际贸易领域的专业术语，有其特殊的含义，不应混用；②事实信息数据突出了这类电子数据与案件事实直接相关，且从证据法的角度看，举示电子数据的目的均是通过电子数据的内容来证明某一事实的成立，因此，事实信息更符合法律上对证据的要求；③事实信息数据并不看重形式上的要求，如果是电子数据的生成记录类信息能够证明案件事实，这些数据也是事实信息数据。

鉴真信息数据是指证明电子数据真实性的数据，这些数据并非与案件事实直接相关，也不是为了证明案件中某一事实的成立，一般是指电子数据在产生、传输、修改、存储过程中产生的记录和运行环境信息(但也有例外)。这些数据的意义在于确保该电子数据的客观真实性，是该电子数据得以使用的前提。使用鉴真信息数据的优点如下：①附属信息或系统环境信息的分类方法过于强调形式，而没有注重这些数据所发挥的证据功能；②附属信息的“附属”二字，容易让人产生此类证据不重要的印象，但实际上，鉴真信息对于电子数据的可采性具有决定性的作用，在实践中司法机关也要首先判断电子数据是否真实，其所承载的案件事实信息才有价值，因此，鉴真信息的价值并不是“附属”，而是一种重要的证据；③以证明的内容来看，系统环境证据没有单列的必要，因为它也不能证明案件的事实，只是证明电子数据的运行环境。之所以鉴真信息如此重要，也与电子数据的脆弱性有关。鉴真信息是对证据的真实性加以证明的数据，更多的是证明电子数据生成、传输、存储的过程记录和环境记录，其最大的价值在于证明电子数据本身的真实性。

电子数据可以分为事实信息与鉴真信息，这一点对于电子数据取证具有重要的指导意义，根据这一要求，侦查人员在收集和固定电子数据时，既要提取电子数据的事实信息内容，又要固定电子数据的鉴真信息内容，才能做到全面取证。

14.4.2　静态电子数据和动态电子数据

根据电子数据是否处于形成或传输之中的状态，可以把电子数据分为静态电子数据和动态电子数据。静态电子数据是指电子设备已经完成处理，固定在电子设备中存储的数据，如个人计算机中存储的文件、音频、视频资料等；动态电子数据是指正在网络中传输的电子数据，如正在进行传输中的电话、电邮、文件等。静态数据与动态数据在表现形态上可能是一致的，如存储在计算机硬盘中的文档和正在传输的文档，都是电子文档，但状态不同，一个是处于存储的状态，一个是处于传输的状态。

静态电子数据和动态电子数据的根本区别在于，动态电子数据处于正在生成、存储、传输之中，一般是个体正在对电子设备进行操作，如正在打电话、发邮件、上网等，因此，对动态电子数据进行取证，一般所采用的是技术侦查措施中的网络拦截、网络嗅探、网络监听/监控等措施，所侵犯的权利涉及《中华人民共和国宪法》所规定的通信权和《中华人民共和国民法通则》所保护的隐私权。因此，对其进行取证要适用更严格的审批程序。静态电子数据是已经形成并固定在电子设备上的数据，对其进行取证一般只构成普通的搜查、扣押，或者对电子数据所存储的载体(如计算机、手机、光盘、移动硬盘等)进行勘验和检查。

静态电子数据所使用的方法仍是搜查、扣押、勘验、检查，只需要针对电子数据这一特殊形态的数据调整相关的程序性规则；动态电子数据则是正在形成或传输中的电子数据，采用的网络拦截、网络嗅探、网络监听/监控等措施，对通信自由权、隐私权和人权的侵犯要更严重，因此，应当基于正当程序并以比例原则来限制此类取证措施的使用。

14.4.3　电子生成数据、电子存储数据和电子交互数据

根据电子数据生成时电子设备与人的交互关系，可以把电子数据分为电子生成数据、电子存储数据和电子交互证据。此种分类主要借鉴国外学者对计算机证据的分类，Gahtan(1999)[14]把计算机证据分为计算机生成证据(computer-generated evidence)、计算机存储证据(computer-stored evidence)和计算机混合证据(computer-derived evidence)，其意义在于为传闻规则的适用提供依据。

电子生成数据是指由电子设备自动生成的数据，人的行为对于数据的产生没有实质影响。例如，服务器自动记录的访问或操作日志，这是由系统自动记录每个操作，人的操作行为只是一个客观的诱发因素、不会主观的对记录做任何修改，并不构成对数据进行任何加工、处理。又如，自动取款机、自动售货机、自动售票机、移动运营商处的通话清单等自动电子设备的操作记录，后台对电子设备的每个行为和金额都是客观地进行记录，并且国家对于此类设备都有专业的标准，通过认证的电子设备可以确保电子记录的准确性。因此，此类电子生成数据类似于实物证据，在美国被视为实在证据(physical evidence)。除电子数据的特殊规则外，还可适用实物证据的规则。

电子存储数据是指电子设备仅仅作为一个存储设备，人们利用该电子设备存储所制作的电子数据。例如，在民事案件中，使用录音机/录音笔进行的录音、使用摄影机拍摄的

照片，如需在法庭上主张录音、录像中的事实时，则相当于证人在法庭外使用电子设备进行记录，仍需适用传闻规则，记录人应当出庭作证。因此，此类电子数据类似于“言词证据”，除电子数据的特殊规则外，应适用言语证据的传闻规则。

电子交互数据是指电子数据的生成是基于电子设备与人的主观行为交互而形成的数据，人有向电子设备进行录入的行为，电子设备也有自己运行、运算的过程，这也是目前最常见的电子数据。例如，使用 Word 在计算机上进行写作、在浏览器上进行电子邮件的撰写、使用手机发送短信等，整个过程由电子设备与人的交互共同形成。在此过程中，电子设备的作用在于提供数据生成、加工的环境，主要是由人的行为完成的。在此类电子数据之中，既有类似于物证的日志记录，也有类似于书证的电子文书，还有类似于人证的言辞陈述，因此，复杂度较高，需视案件证明的需要进行具体分析。

将电子数据分为上述 3 种类型，其意义在于识别电子数据在形成过程中人的参与因素和是否包含陈述的内容，同时有助于我们区分不同属性的证据以便适用不同的证据规则。鉴于电子数据含有多维的信息，一种电子数据中可能既含有生成数据，也含有交互数据。例如，电子邮件、手机短信、微信等，人在编辑和录入信息时，基于人机之间的交互形成了交互数据、电子设备基于信息的生成与传递，形成了生成数据。因此，电子数据在进行适用时，首先应当判断是何种数据在发挥证明作用，再根据其证据属性分别适用物证、书证或人证的规则。

14.4.4　原始电子数据与传来电子数据

按电子数据是否直接来自原始出处，可以将电子数据分为原始电子数据与传来电子数据，原始电子数据是指直接来源于案件事实或原始出处的证据，传来电子数据是指经过复制等中间环节形成的证据，是证据原件的复制品。

在证据法学中，之所以要将证据分为原始证据与传来证据，其原因在于直接来源于第一手的证据材料真实性较高，而经过多次传递、复制、转述的证据，失真的可能性较大。因此，通常原始证据的可靠性要高于传来证据。在《关于办理死刑案件审查判断证据若干问题的规定》中，第六条、第八条也体现了对原始证据的重视，强调对物证、书证应当优先选用原始证据。

原始证据与传来证据的划分，从信息论的观点看，其根本原因在于信息传输的递减，特别是随着载体的不断变化会导致信息不断损耗，因此，最原始的载体是最可靠的。这在现实空间是成立的。但是，当证据以虚拟空间的“数据”状态呈现时，原用于现实空间的这一分类就显得没有必要，甚至会阻碍电子数据在刑事司法实践中的使用。其原因主要有 3 点。

(1)传来电子数据可以实现无损耗复制。根据电子数据自身的特性，电子数据的复制件可以实现与原件完全一致，如数字形态的电子数据在计算机内进行复制的过程中，可以实现没有任何损耗(如从 D 盘复制一张图片到 C 盘)。因此，信息的传递不像现实空间的证据那样，会随着复制载体的增加而递减，反而会与原始信息保持一致。

(2)传来电子数据可以通过校验来判断与原始电子数据是否一致。原始数据之所以受重视，其主要原因在于与二手数据进行比对，原始数据承载了第一手信息，对于现实空间的实物证据而言，第一手的信息最完整。但对于电子数据而言，第一手与第二手乃至更多的复制件，可以通过简单的数据校验来判断是否与原始数据一致。通过校验传来的电子数据，与原始电子数据完全一致，则没有区分的必要。

(3) 在特定情况下，传来电子数据可能是电子数据的唯一存在形态，原始电子数据可能并不存在。例如，普通人在更换计算机时对数据的刻盘备份，原数据已经不复存在，只有存储于光盘中的传来数据。特别是在云计算环境下，基于分布式存储的数据可能都不是原始的数据。在此前提下，由于传来证据可以与原始证据完全一样，再区分传来数据与原始数据则一无必要，二不尊重技术发展的现实。

第15章　电子数据的鉴真

15.1　鉴 真 概 述

15.1.1　鉴真的概念

“鉴真”系英文 authentication 翻译而来，来源于英美法系对证据真实性判断的一项制度，又译为“鉴证”，也有学者译为“鉴识”[15]“证真”[16]“验真”[17]。“鉴真”在《元照英美法词典》[18]和《英汉法律用语辞典》[19]中译为“认证、鉴定”。张保生、王进喜在翻译艾伦教授所著《证据法：文本、问题和案例》时，首次将 authentication 译为“鉴真”[20]。陈瑞华发表了论文《实物证据的鉴真问题》，跟进使用了该术语[21]。基于前述学者的努力，“鉴真”一词因此在学界得以获得承认并广泛应用。

鉴真来源于英美法，是证据具有可采性的前置程序，一开始只适用于文书证据，后扩大于实物证据。《麦考密克论证据》一书认为，在庭审中，确证(注：同“鉴真”，此处系翻译的不同)不仅构成了绝大多数文书证据得以引入的初步程序，而且也是其他各类物证得以引入的初步程序[22]。

根据美国《联邦证据规则》及其注释，鉴真是指“证明所举示的证据就是主张者所声称的证据”。张保生认为，鉴真是“确定物体、文件等展示证据真实性的证明活动。鉴真旨在证明物证、书证等展示性证据与案件特定事实之间联系的真实性”[23]。这里的“展示性证据”，采用了艾伦教授的理论，“包含着很宽的证据范围——实物证据和示意证据，各种文件、电子、图像及其他形式的数据汇编和复制品”[24]。邱爱民认为鉴真是“证据提出者为了使所提证据获得证据能力而对其形式真实性、形式关联性以及过程合法性等属性所进行的证明”[25]。上述概念从不同的角度对鉴真进行了界定，英美法的学者侧重鉴真的目的，我国学者的总结则注重鉴真的内容。

将前述定义的优点结合，将鉴真定义如下：鉴真是一种证据提出者证明其举示的证据为所主张证据的诉讼行为和义务，其目的是让所举示的证据具备可采性，实现的方法主要是提出证据形式相关性和过程合法性的证据材料。由于鉴真是典型的来自英美法的证据规则，因此，本章在研究分析鉴真时，也是主要从比较法的角度基于美国鉴真制度的相关规定进行研究。

15.1.2　鉴真的性质及其在我国法律中的规定

鉴真早期被引入我国的时候，多数学者将其等同于我国证据法中证据真实性的审查判断，并以此展开论述。英美法的鉴真不等于我国证据法的真实性判断，仅仅是可采性的前提。刘品新也指出：在英美法系国家，鉴真的本质与证据的关联性联系在一起，未经鉴真的证据等于不具备关联性，应当予以排除[26]。

鉴真并不是我国《刑事诉讼法》中明确的术语和制度，我国《刑事诉讼法》和相关司法解释只有关于证据真实性审核的规定，这与英美法的鉴真不能画上等号，属于我国《刑事诉讼法》基于实体真实观对证据真实性的实质要求，但目前较统一的说法是我国也在建立适合自己的鉴真制度。2010 年，《关于办理死刑案件审查判断证据若干问题的规定》(简称《死刑证据规定》)和《关于办理刑事案件排除非法证据若干问题的规定》(简称《排除非法证据规定》)颁布，我国首次借鉴英美特别是美国《联邦证据规则》中鉴真的规定[27]，建立了证据的鉴真制度。2013 年，《最高人民法院关于适用〈中华人民共和国刑事诉讼法〉的解释》(以下简称《刑诉法解释》)颁布实施，在第四章证据的审查认定中，对证据的真实性审查按证据种类进行了规定，奠定了我国《刑事诉讼法》对实物证据鉴真的基本标准。

《死刑证据规定》第 6 条、第 9 条对物证、书证规定了鉴真的方法，主要有：①审查证据的合法来源(第 6 条第 1 款)，即是否为原件或与原件相同，以及原存放地点的证明；②审查证据的收集程序和方式(第 6 条第 2 款、第 9 条)，即证据收集程序的合法性证明，主要是程序性证据；③审查证据在收集、保管、鉴定过程是否有改变(第 6 条第 3 款)，即证据保管链证明。从司法解释看，我国关于鉴真的审查方式，基本上确立了从合法来源、收集程序、保管链条 3 个方面进行鉴真的机制，其中对于收集程序，还引入了相关人员(取证人、制作人、持有人、见证人)的签字盖章。

《刑诉法解释》第 69 条对物证、书证也同样规定了鉴真的方法，主要有：①物证、书证是否为原物、原件，是否经过辨认、鉴定，物证的照片、录像、复制品或者书证的副本、复制件是否与原物、原件相符，是否由两人以上制作，有无制作人关于制作过程和原物、原件存放于何处的文字说明和签名；②物证、书证的收集程序、方式是否符合法律和有关规定，经勘验、检查、搜查提取、扣押的物证、书证，是否附有相关笔录、清单，笔录、清单是否经侦查人员、物品持有人、见证人签名，没有物品持有人签名的，是否注明了原因，物品的名称、特征、数量、质量等是否注明清楚；③物证、书证在收集、保管、鉴定过程中是否受损或者改变。

从司法解释的规定看，我国《刑事诉讼法》对实物证据的鉴真制度主要有如下特点。

(1) 注重证据的原始性。前述 3 个司法解释都强调实物证据必须是原物或原件，同时要求要明确原始证据的存放地点，以便随时进行核实。

(2) 建立了保管链制度。3 个司法解释都首先强调，实物证据的收集提取过程必须合法，要附有相关笔录、清单，证明证据收集、提取、保管的全过程，同时强调应当有相关人员的签字。

从条文上看，这 3 个司法解释初步规定了我国的证据保管链制度。证据保管链是指“从获取证据起至将证据提交法庭时止，关于实物证据的流转和安置的基本情况，以及保管证据的人员的沿革情况”。证据保管链制度要求对于每一份实物证据，从其被发现时起至被提交法庭时止，都必须有可以被相关记录确定的人员对其进行实物保管[28]。3 个司法解释中，都对证据的收集、提取的规范性进行了强调，同时要求明确证据的存放地点。

(3) 依赖笔录类证据，且不需要相关人员作为证人出庭作证。例如，对合法来源和收集程序的判断，主要是审查勘验、检查笔录、搜查笔录、提取笔录、扣押清单，注重对笔录类证据的形式审查。对于收集程序合法性的证明，虽然引入了相关人员的确认，但并不要求这些人员(取证人、制作人、持有人、见证人)出庭作证，这与英美法系的传闻规则的要求不同。

如果违反了鉴真的规定有何后果？《死刑证据规定》第 9 条规定，对物证、书证，如果“不能说明合法来源或者在收集的过程中有疑问”，只有在“不能做出合理解释的”，才不能作为定案的根据。《刑诉法解释》第 73 条规定，在勘验、检查、搜查过程中提取、扣押的物证、书证，未附笔录或者清单，不能证明物证、书证来源的，不得作为定案的根据。物证、书证的收集程序、方式有瑕疵，经补正或者做出合理解释的，可以采用，这些瑕疵主要包括笔录或清单上记载事项的遗漏、复制品说明事项的缺失等。同时规定，对物证、书证的来源、收集程序有疑问，不能做出合理解释的，该物证、书证不得作为定案的根据。

15.2　电子数据鉴真的方法

15.2.1　实物证据鉴真的通用方法

对于刑事诉讼而言，鉴真存在的其中一个重要原因在于从警察获取证据至检察官法庭举示证据均有一个较长的周期，为确保在法庭上所举示的证据与最初获取的证据是同一证据，避免来源不明，甚至篡改、错误的证据对定罪产生影响，对举示证据进行鉴真就显得非常必要。鉴真的最终目的是保证证据裁判原则的实现，即保证裁判是依据可采的证据而做出的。在美国，对实物证据的鉴真有两种方式：一种是旁证鉴真；另一种是自我鉴真。这些方式也适用于电子数据。

1. 旁证鉴真

美国对鉴真规则的规定主要见于《联邦证据规则》第 901～903 条，其中第 901 条规定了证据的鉴真与辨认，除规定了一般原则外，还规定了 10 种鉴真的方法，包括：知情证人的证言；关于笔迹的非专家意见；专家证人或者事实审判者所进行的比对；与众不同的特征和类似特点；关于声音的意见；关于电话交谈的证据；关于公共记录的证据；关于陈年文件或者数据汇编的证据；关于过程或系统的证据；制定法或者规则规定的方法[29]。这些方法通过证明证据的同一性和事实的同一性，以确保鉴真目的的实现。

根据《证据法：文本、问题和案例》中的观点，上述方法中对实物证据的鉴真常用的两个方法是与众不同的特征、类似特点及关于过程或系统的证据(证据保管链)，具体实施的方法一是通过对展示性证据的容易辨认的特征的辨认，二是通过证据保管链的证言[24]。对书面文件的鉴真主要是通过辨别作者或文件来源的证言，典型情况下通过签名、文书独特性的内容、文书存放的地点和时间(陈年文件)[24]。以此来看，证言是鉴真非常重要的方式，由知晓案件事实的证人出庭，对实物中容易辨认的特征、特定的文书进行证明，或者由证据的制作人、持有人、保管人出庭，就证据保管的链条的完整性进行作证，由此来确认证据与案件联系的真实性，从而实现鉴真。除此而外，文书证据、笔迹等也是鉴真的方式。

2. 自我鉴真

《联邦证据规则》第 902 条还规定了一系列自我鉴真(即满足一定条件的证据免于鉴真)的情形，主要是针对文书证据，非文书的实物证据一般不能自我鉴真，必须依靠旁证。文书分为公文书和私文书，可以自我鉴真的公文书有：带有印章和签名的国内公文；带有签名并经核证但未加盖印章的国内公文；外国公文；经核证的公共记录复制件；官方出版物；报纸和期刊；关于常规活动的经核证的国内记录；关于常规活动的经核证的外国记录。可以自我鉴真的私文书有：贸易标识和类似物；经公证的文件；商业票据与相关文件；联邦制定法规定的推定[29]。综上，针对公文书，可以通过印章和签名、核证来自我鉴真；对私文书，如果经过公证或是有签名的商业票据，也可以视为自我鉴真。

在英国，关于鉴真的规定侧重于文书证据，少有一般物证的鉴真。文书的鉴真与美国类似，对公文书的鉴真方法是自我鉴真或推定，对私文书的鉴真方法是通过旁证，如证言、笔迹证明、自认和推定、签章[30]。

前述实物证据鉴真的通用方法可以推及电子数据的鉴真，特别是旁证鉴真中“关于过程或系统的证据”，即证据保管链制度，可以使用电子数据的流转记录来证明电子数据生成、存储、保管过程的客观性，确保电子数据没有被篡改。此外，由于自我鉴真主要适用于文书证据，因此，电子数据中的电子文书同样适用于自我鉴真的相关规定。

15.2.2　电子数据鉴真的特殊方法

1. 适用通用方法时的特殊要求

电子数据对信息技术的依赖性使其鉴真与普通的实物证据不同。依赖信息技术而生成的电子数据中含有大量的人类无法直接感知的“数据”形态的信息，必须依赖电子设备、信息技术乃至专业知识才能解读，其所含有的科技属性对鉴真的方法也提出了一定的要求。美国司法判例中电子数据鉴真适用实物证据鉴真通用方法时的额外规定，就充分体现了这一点。

在美国，对实物证据的鉴真的重要方法就是知情证人出庭作证，这也是《联邦证据规则》第 901(b)(1)条所规定的示范性的鉴真方法。知情证人一般就其所掌握的案件事实进行陈述，证明某项证据与案件具有关联性，对于普通实物证据而言这就已经足够。但对电子数据的鉴真，仅对电子数据事实信息的了解的证言在法庭中被视为“不充分”，无法达到表面证据成立的标准。

另外，美国的判例法中还体现了对电子数据的鉴真要视电子数据的类型而定，通常使用一个方法无法解决所有问题，应当综合应用《联邦证据规则》第 901 条举示的鉴真示范性方法来达到鉴真的目的。在 Safavian[31]一案中，控方举示的电子邮件通过了多种方法进行鉴真，包括：①知情证人的证言；②电子邮件的特殊特征，如电子邮件的发送地址、发送人和收件人姓名、电子邮件中内容的特定性等；③电子邮件与其他已被鉴真或自我鉴真的邮件、电话记录相同等。这些方法也是美国司法实践中对电子数据鉴真的常用方法。

2. 电子数据鉴真的特殊方法——基于科学证据的属性

由于电子数据具有科学证据的属性，使得其鉴真的方法不完全是通过人的感知、辨认来完成，除常规的鉴真方法外，更多的是依赖科学技术。具体表现为电子数据在鉴真时借助了一定的技术手段，主要包括：①对侦查取证时获取的电子数据与法庭庭审时举示的电子数据进行对比，在技术上确定两者的一致性；②依据电子数据获取后的存储、获取、保管过程中所产生的记录来判断电子数据自获取后始终没有被篡改。美国《联邦证据规则》规定的鉴真方法中，涉及使用技术方法对电子数据鉴真的主要是第 901(b)(4)条“与众不同的特征及类似特点”以及第 901(b)(9)条“关于过程或者系统的证据”。

1)通过数据特征进行鉴真

《联邦证据规则》第 901(b)(4)条“与众不同的特征及类似特点”中规定，“证据与环境相联系的外观、内容、实质、内部结构或者其他与众不同的特征”[32]，即证据所具有的独一无二的特征，可以用来对证据进行鉴真。对于电子数据而言，什么是电子数据“与众不同的特征”呢？目前常用的有元数据和数据的 Hash 值。

元数据一般被称为“数据的数据”(data about data)，即用来描述数据环境或属性的数据，或者是提供某种资源信息结构的数据(structured data)。

在 Lorraine v. Markel 一案中，Grimm 法官指出，《联邦证据》规则第 901(b)(4)条允许通过证据的“外观、内容、实质、内部结构或者其他与众不同的特征”进行鉴真，因此，一份电子记录可以通过文件的权限、文件的所有人、创建或修改数据的时间以及其他能够将文档与创建人或管理人联系起来的元数据进行鉴真，这是通过对显著特征的运用和对电子记录鉴真的一种有效的方法[33]。

Hash 值可以简单地理解为电子数据的“指纹”或 DNA，其生成是通过一定的散列算法(如 md5、sha1、sha2、sha256 等)将任何长度的输入数据映射为固定长度的输出数值。在 Lorraine v. Markel 一案中，Grimm 法官赞同运用 Hash 值进行鉴真，其原因在于对电子数据生成 Hash 值是计算机取证的惯例[33]。Hash 值具有唯一性，原始数据的任何改变都会导致 Hash 值产生改变，因此，数据的 Hash 值常常被用来校验数据的完整性。此外，Hash 值还具有很高的保密性，不同的数据具有不同的 Hash 值①，并且经由 Hash 值后无法回溯生成原始数据。

2)借助计算机取证工具实现鉴真

《联邦证据规则》第 901(b)(9)条“关于过程或者系统的证据”中规定，“描述某过程或者系统，并表明该过程或者系统产生了准确结果”[34]的证据可以用来鉴真，该条一般要求必须提供准确且可信的系统信息。澳大利亚《联邦证据法》也有类似的规定，在该法第 146 条规定的“由工序、机器和其他设备生成的证据”中规定，如果物证、书证全部或部分由设备或者工序生成，并且“是由该书证或者物证生成过程中，该设备或者工序生

---

① 在绝大多数情况下，不同数据的 Hash 值不会一样，但鉴于中国科学家王小云于 2004 年宣布破译 md5 以来，md5 算法从技术上看已经存在不同的数据有相同的 md5 值的可能性。

成了某具体结果的当事人提交的”，那么可以推定该设备或者工序产生了该结果[35]。“设备或者工序的相关证据”与美国《联邦证据规则》中规定的“过程或系统的证据”一样，都是通过技术手段来实现鉴真。

那么，在司法实践中哪些是“关于过程或者系统的证据”，如何进行适用呢？对电子数据取证软件的运用就是一个典型的例子，即通过电子取证软件的运行结果来证明“证据同一性”与“事实同一性”，最终实现鉴真，但能够用来进行鉴真的软件必须符合一定的标准。

15.3　我国电子数据鉴真规则的建构

根据前述关于电子数据特点和分类的论证，电子数据根据其产生时是否含有人为的因素可以分为电子生成数据、电子存储数据及电子交互数据。由于电子数据是依赖信息技术而生成的，任何电子数据在生成时，均有系统自动生成的信息——电子生成数据。而电子生成数据不包含人的陈述内容，在证据法上应被视为实物证据。因此，不管是何种电子数据，均含有实物证据(电子生成数据)的“成分”。由于一切实物证据均适用鉴真规则，因而，一切电子数据均应进行鉴真。在鉴真完成后，如果电子数据中还含有存储数据，则应适用书证的规则，如果还含有人的陈述数据，则应适用言词证据的规则。

15.3.1　电子数据鉴真的目的、责任和标准

我国目前尚未建立起严格意义上的鉴真规则，更恰当的描述应当是建立了关于证据真实性的审查判断规则。但鉴于学界目前对此均采用了鉴真这一术语，因此也予以沿用，并参考英美法的鉴真规则，构建符合中国国情的电子数据鉴真制度。

1. 电子数据鉴真的必要性和目的

因电子数据均含有电子生成数据(实物证据)的“成分”，因此所有电子数据均应进行鉴真，否则电子数据不具有可采性。

对电子数据进行鉴真的目的是证明“所举示之证据即所主张之证据”，具体而言包括两个内容：①证明所举示的电子数据忠实地记录了主张事实的情况(事实同一性)；②证明所举示的电子数据在获取后始终没有经过修改(证据同一性)。

2. 电子数据鉴真的责任和证明标准

目前，在我国刑事司法实践中，由于刑事案件的举证责任在控方，因此，证明电子数据真实性的责任一般也由控方承担，辩方只需要进行反驳或异议即可。

在英美法国家，电子数据鉴真属于关联性证明的范畴，因此其证明负担较轻。我国电子数据的鉴真，控方除要证明关联性的真实外，还要对充分性进行证明，因此，证明负担较重。辩方却只需要提出异议或抗辩，法官一般就会继续给控方施加证明负担，要求其实质上回应异议。对电子数据的真实性问题，应当合理分配证明责任，并适当减轻控方的举证负担。具体设计如下。

举示电子数据的一方应对所举示的电子数据进行鉴真。由于刑事诉讼中，证明被告人有罪的证明责任在控方，因此，控方在举证时应同时承担对所举示电子数据进行鉴真的责任。如果辩方对控方电子数据的真实性提出抗辩，则辩方应当举示相关证据进行证明。如果辩方也举示了电子数据，那么辩方应同时承担证明所举示证据为真的责任。

对于电子数据鉴真应当达到何种证明标准？不用达到确实充分的标准，达到优势证据的标准即可，一方举示证据鉴真后，另一方如举示证据抗辩，法官根据双方所举示的证据，判断哪一方达到优势证据的标准，即可判断哪一方的主张成立。

15.3.2 电子数据鉴真的方法

1. 电子数据鉴真的通用方法

电子数据鉴真可以参照实物证据鉴真，通过旁证鉴真和自我鉴真两种方式进行，我国司法解释中的相关规定大多属于旁证鉴真，但内容较少，同时缺少自我鉴真的相关规定。美国在《联邦证据规则》第901～903条中规定了10种旁证鉴真的方法，其通过证言的方式，值得我国借鉴。

1）旁证鉴真

(1) 证人证言。对于电子数据具有“与众不同的特征及类似特点”的，可以由知情人提供相关的证言，通过独特性的识别来实现电子数据的鉴真。

(2) 证据保管链证明。电子数据的证据保管链是旁证鉴真的重要方式。控方在举示电子数据时，应首先证明电子数据的合法来源，通过提供电子数据获取的时间、地点、取证人员、持有人员、取证过程、证据存储介质等相关信息，并应说明所使用取证工具和设备的情况。如对上述记录有疑问的，侦查机关负责取证的人员应出庭作证。其次，控方还应当举示电子数据存储、流动、保管、分析等程序和环节的记录。我国目前司法解释对于电子数据的提取和保存较为重视，但对于保管、分析等过程不够重视，没有形成证据保管链的闭环。

如对上述记录有疑问的，制作人、持有人、见证人、证据保管人员应作为证人出庭作证。此种规定是为了贯彻传闻规则，在庭审时要求证明合法来源和证据保管链正常的人员出庭作证，对电子数据进行鉴真。考虑到中国的国情，特规定对记录有疑问时才有出庭的必要，在无疑问时可以凭借笔录类证据完成鉴真。

(3) 其他已被鉴真的证据的旁证。此种主要是通过印证的方法，通过与其他已经鉴真的证据进行对比、核实，如果一致，也可以完成鉴真。

2）自我鉴真

除通过旁证鉴真外，电子数据也可以通过自我鉴真的方式，免除举示方鉴真的责任。具体方法是通过附属于电子数据上的可信证明来确保文书本身的真实性。一般而言，以下电子数据可以进行自我鉴真。

(1) 电子公文。公文由国家党政军机关所制作，制作机构均获得了法律的授权，并且有着严格的制作和发布程序，对公文书的伪造会追究行政责任和刑事责任。因此，电子公文只要附有可信证明，哪怕是以打印的方式展示，均可完成自我鉴真。包括：有印章(含电子印章)的公文、公共档案等；经核实后的官方出版物、官方公告、电子报纸和期刊等。

(2)可信的电子私文书。对私文书，如果经过公证或是有电子签名保障，也可以视为自我鉴真。

2. 电子数据鉴真的特殊方法

在证明电子数据的合法来源和保管链时，还可以使用以下技术方法：鉴真信息的使用、特征值的识别与比对和电子数据取证工具的使用。

1)鉴真信息的使用

对电子数据是否被修改进行判断时，可以通过对电子数据的时间属性、权利属性、日志记录、缓存信息等鉴真信息进行，这些数据构成了“与众不同的特征及类似特点”，可以为电子数据鉴真所用。如发现上述数据存在被修改、篡改或删除的情况，则电子数据不具备真实性。

对上述信息的使用，往往要借助于专家意见或者专业工具。英美法往往将其归入专家证言，由专家证人出庭对电子数据的鉴真信息进行识别或说明。我国可以借助于《刑事诉讼法》第 192 条所确定的“专家辅助人”制度，通过专家辅助人的协助，实现对鉴真信息的识别、辨认和说明，从而实现鉴真。

2)特征值的识别与比对

对电子数据是否同一进行判断时，可以根据电子数据的 Hash 值比对进行判断。为达到这一目的，在电子数据取证时，取证人员应生成并固定该数据的 Hash 值(这也是计算机取证的通用方法)；那么在庭审时，检方可对所举示的电子数据现场再次生成 Hash 值，法官可以比对两个 Hash 值，如果 Hash 值一致，则电子数据具备“证据同一性”，即完成鉴真。

我国《电子数据规定》中明确规定，计算电子数据的完整性校验值是保证电子数据完整性的方法。但在实践中，法官一般最多查看电子数据检验报告中的 Hash 值，而没有进行现场比对。

3)电子数据取证工具的使用

为确保电子数据获取过程的合法性和验证电子数据的完整性，还可以通过使用电子数据取证工具的方式来实现鉴真。在美国，encase 取证工具已经获得了法庭的普遍认可，使用该工具可以实现取证和鉴真，这属于《联邦证据规则》规定的鉴真方法中“关于过程或系统的证据”。

与英美采用“多伯特规则”对电子取证工具进行审查不同，我国基于国情，对电子取证类工具一般采用的是“国家/行业标准+产品资质”的方式予以规范。因此，我国侦查人员在使用电子数据的取证软硬件来获取证据时，这些软硬件应当符合一定的标准，并通过国家相关部门的检测。未来国家应当加强取证工具统一标准的制定，让司法界可以普遍接受符合国家标准的取证工具，减轻电子数据鉴真的负担。

15.3.3　电子数据真实性的证据契约

证据能力契约是指控辩双方通过合意来赋予某材料具有的证据能力。控辩双方通过合意认可某材料的证据能力，是行使其诉讼权利的一种表现，并未损害程序正义的要求，同时，可以有效避免因举证所带来的诉讼负担。英美和德日等国，都存在关于证据能力契约的不同制度，并且运行情况良好[36]。鉴于信息技术的高度发展，未来在刑事案件中出现电子数据的机会将越来越多，采用证据契约的方式，在法庭的主持下，控辩双方对某电子数据的真实性予以认可，可以有效地节约诉讼资源，降低诉讼成本，并且无损程序正义的要求。具体操作上，可由控方提交相关电子数据的清单和详细内容，法庭在审前会议中，就该电子数据是否具备真实性征求辩方意见，如控辩双方达成一致，则该电子数据完成鉴真。

第 16 章　电子数据的可采性规则

16.1　传闻证据规则与电子数据：适用与例外

16.1.1　传闻证据规则概述

1. 传闻证据与传闻证据规则

传闻证据规则(或称“传闻证据排除规则”)是关于传闻证据的排除规则的总称，即除法律规定的情况外，传闻证据原则上不可采[37]。关于传闻证据的界定，目前有各种复杂和不同的学说，但一般对下述 3 点达成了共识：一是传闻是陈述，陈述是一种言词表达行为；二是传闻是法庭外的陈述，这一点是相对于陈述人在法庭中的陈述而言(此种情况是可采的陈述)；三是传闻的目的是证明原陈述人所主张的事实为真的陈述，这是传闻区别于一般陈述的关键所在[38]。

传闻证据规则作为英美法系的可采性证据规则之一，其形成和发展受到英美法系诉讼传统的深刻影响。证据的可采性是指证据具有法庭或法官接受的可能性，一般从反面进行规定，大多属于证据的预先排除法则。在美国，传闻证据之所以要被排除，其原因在于传闻证据违反了联邦宪法第六修正案，剥夺了被告对质权这一宪法性权利，并且由于无法接受交叉询问，无法通过对证人的现场询问、观察来判断其证言的可信度。美国宪法第六修正案规定了被告人与不利于乙方证人的对质权，联合国《公民权利和政治权利公约》第 14 条同样也规定，被告享有与证人的对质权，该权利系正当程序的要求。还有学者从人权角度指出，传闻证据规则是保障被告人对质权的基本措施，是裁判可接受性的重要前提[39]。

除此之外，传闻证据规则的制定也与传闻的性质有关。英美证据法理论上认为，证人证言可采一般应符合 3 个条件：亲自出庭、当庭宣誓和被交叉询问，只有这样方可确保陈述的真实性。但是，传闻证据未在法庭宣誓，也无法进行交叉询问，存在虚假的可能，陈述的真实性无法得到保障。同时，在“道听途说”的过程中，可能会产生复述不准确、产生错误或被捏造的可能。在当事人主动对抗庭审中，对证人的交叉询问是最为主要的质证方式，特别是通过反询问这一机制，可以通过法庭询问策略与技术全面考察证人是否可靠、证言是否虚假，通过对抗促进事实真相的发现[40]。而传闻证据获得进入法庭的资格，对方当事人无法进行反询问时，则无法有效确保证言的可靠性。

但是随着社会的进步和人类发现真实能力的提高，传闻证据的真实性也在逐渐提高，因此，传统的证据理论也越发无法解释当前传闻证据规则适用的价值和意义，个别学者也对传闻证据的理论根据进行了创新解释。例如，美国哈佛大学内森教授认为，传闻证据规则除传统的传闻不真实这一内在政策考量外，还有“参与、尊严、平等”等外在政策的价值[41]。由此可见，传闻证据规则在当今英美法系中的诉讼价值获得了重新解释，而这正是其保持持续生命力的根本所在。

2. 我国法律关于传闻证据规则之规定

如果单纯从文字上看，我国《刑事诉讼法》并未明确传闻证据规则，更无传闻证据的相关表述。但是通过分析我国《刑事诉讼法》的文本可知，我国刑事诉讼立法有一定的传闻证据规则的要素。《刑事诉讼法》第 59 条规定，证人证言作为定案根据的前提是在法庭上经过控辩双方质证并经查证属实，但《刑事诉讼法》同时也根据国情规定了证人可以不出庭的情形。此外，针对证人出庭率较低的“怪状”，《刑事诉讼法》规定了在特定情况下的证人强制出庭制度：①控辩双方对证人的证言有异议；②该证人的证言对定罪量刑有重大影响；③法院认为有必要。同时，规定了对拒不出庭可以采取的强制措施，并对证人保护和证人补偿问题进行了规定。

此外，根据 2012 年《刑事诉讼法》的相关规定，书面证人证言是可以作为定案依据的，只有在不能排除证言间的矛盾且无法通过印证来证实其真实性时，才不能成为定案之根据。这说明我国《刑事诉讼法》并未限制书面证人证言的法律资格，只是部分确立了传闻证据规则[42]。反观英美法系的传闻证据规则，对书面证言在原则上进行了排除，此类证据不得出现在裁判者的面前，当事人也不得提交该证据。通过与英美法的比较可知，我国《刑事诉讼法》中不仅缺乏传闻证据的准确界定，也缺乏传闻证据规则运行的支撑性程序，更没有关于传闻的例外规定。

16.1.2　传闻证据规则与电子数据

1. 电子数据适用传闻证据规则的必要性

在确认电子数据是否适用传闻规则时，应考虑电子数据中是否有传闻的要素，即是否有陈述及该陈述系用来证明陈述的内容为真。以此进路，在研究电子数据是否适用传闻证据规则时，分析电子数据中“数据”形态与“言词”陈述的双重属性，如果电子数据有言词陈述的要素，则应适用传闻规则。

在讨论电子数据的分类时，根据电子数据生成时电子设备与人的交互关系，把电子数据分为电子生成数据、电子存储数据和电子交互证据，这一分类方法考虑了电子数据中是否具有人的“陈述”这一因素，其证据法的意义在于判断何种电子数据应受传闻规则的制约。

电子生成数据是指完全由电子设备自动生成的数据，此类证据中，没有人的陈述，因而电子生成数据不适用传闻证据规则。电子生成数据类似于“实物证据”，在美国被视为“实在证据”(physical evidence)，适用实物证据的规则。电子存储数据是指电子设备仅仅作为一个存储设备，人们利用该电子设备所制作的电子数据。电子交互数据是指电子数据的生成是基于电子设备与人的主观行为交互而形成的数据，人有向电子设备进行输入的行为，电子设备也有自己运行、运算的过程。对于这两种数据而言，由于其中包含了人的言词内容，如陈述之表达、权利之主张、事实之描述、默示之行为等，因而，在用以证明其所主张之待证事实时，该数据可构成传闻，应适用传闻证据规则。

因此，对于电子数据应当进行识别，对含有人的陈述的电子存储数据和电子交互数据，应当适用传闻证据规则。

16.1.3　电子数据适用传闻规则的例外

随着信息技术的发展，特别是云计算的发展，电子存储与交互数据在实践中非常普遍，如果把传闻证据规则适用于所有的电子存储数据，容易造成举证成本过高而形成负担。为了让传闻证据规则能够适应信息网络时代的发展，让更多的具有一定可靠性的电子数据进入裁判者的视野，在英美法系国家，对具备特定条件的电子存储数据和电子交互数据创设了传闻证据规则，其中以美国《联邦证据规则》中的规定最为系统，其核心目的就是将可靠的包含陈述的电子数据从传闻证据中区别并解放出来，让其具有可采性。

1. 电子日常业务记录(records of a regularly conducted activity)

美国《联邦证据规则》第 803(6)条规定，对于日常性的活动记录，可以作为传闻证据规则的例外。只要这些关于“行为、事件、状况、意见或诊断的记录”符合如下条件：①在当时或者其后不久制作的，或者其内容来自该人所传递的信息；②该记录是在日常活动中保存的；③制作该记录是该活动的日常惯例；④所有这些条件都为保管人或者其他适宜证人的证言或证明书所证实；⑤信息来源、制作方法或者环境方面没有表明其缺乏可靠性[43]。

上述业务记录当然包括电子形态的业务记录，因此，该条关于传闻证据例外的规定也适用于电子记录，即电子存储数据或电子交互数据若系在日常业务活动中产生的关于“行为、事件、状况、意见或者诊断”的业务记录，则可以构成传闻证据规则的例外。如何认定电子数据属于日常活动记录？在美国的司法实践中，形成了一些判断的经验性标准：①该数据系在业务活动中，按照常规的业务流程做出的；②该资料必须有适宜之证人证明其可信度；③该资料应符合最佳证据规则；④该数据并非为证明数据的相关犯罪事实而专门准备的。

2. 电子公共记录(public record)

除业务记录外，电子数据构成传闻证据例外的情形还可能包括《联邦证据规则》第803(8)条所规定的电子公共记录。依该条之规定，下述公共记录构成传闻规则的例外，只要这些记录：列明了该机构的活动，观察到的并依法就此有报告职责的事项，但是不包括刑事案件中执法人员观察到的事项，或者在民事案件或者反对检控方的刑事案件中，根据法律授权进行的调查活动所获得的事实认定，并且信息来源或者其他方面情况并没有表明缺乏可靠性[44]。在 U.S. v. Smith 一案中，法院认定警方出具的关于失窃车辆的电子记录系警方基于其业务所形成的公务记录，构成传闻证据规则中关于公务记录之例外[45]。

3. 对方当事人的陈述(opposing party’s statement)

根据《联邦证据规则》第 801(d)(2)条的规定，在陈述由对方当事人做出，并用来反对对方当事人时，也可构成传闻证据的例外。其适用条件包括：①该当事人以个人或者代表身份做出的陈述；②当事人已经表明采认或者相信其真实性的陈述；③得到当事人授权就某主题做出陈述的人就该主题所做的陈述……；④当事人的合谋犯罪人在合谋过程中为促进合谋所做的陈述[46]。因而，对于具备对方当事人陈述的电子邮件、聊天记录、即时通信记录、社交媒体记录等，如果具备上述条件，也可构成传闻规则的例外。在 U.S.v. Burt[47]一案中，警方使用了被告与其同事之间的网络聊天记录作为证据，由于该对话记录系被告承认的情形，因此，法院认为该网络聊天记录构成传闻证据的例外。

16.1.4　我国电子数据传闻规则设置的前提

1. 前提一：传闻证据规则的设立

我国在庭审制度改革中，一直在向直接言词审理这一原则迈进，许多专家学者也在呼吁建立符合中国国情的传闻规则，贯彻最低限度的国际司法标准。但从立法、司法解释和司法实践看，传闻证据的排除在我国尚未确立，大量的书面证言在司法实践中畅通无阻，在司法解释中也充斥着书面证言可以使用的规定。《刑诉法解释》在规范证人出庭、排除书面证言方面，仍允许使用不出庭证人的书面证言，只有在特定情况下，才不能作为定案的根据。这与国际上通行的、以排除书面证言为原则的规则相去甚远。

从《中华人民共和国刑事诉讼法》的改革来看，建立符合中国国情的传闻规则非常有必要。传闻规则通过规范和限制书面证言的使用，实现法庭审判功能的实质化，使证据产生于法庭，事实确认于法庭。正是因为传闻规则在我国司法中的建立尚需时日，因此，在电子数据相关的传闻规则设置上，此处只能基于理论构建出一个理想的图景。毕竟，在传闻规则尚未确立、书面证言可以大量使用的情况下，电子数据的传闻估计与其他证据的传闻一样，在实践层面不会受到任何的特殊待遇。

2. 前提二：《电子数据规定》应扩张电子数据的范围

《电子数据规定》明确排除了电子言词证据，规定“以数字化形式记载的证人证言、被害人陈述以及犯罪嫌疑人、被告人供述和辩解等证据，不属于电子数据”，这实际上忽略了电子数据的多样性，把电子数据限定为实物证据，也排除了传闻证据规则适用的前提。电子数据是根据表现形式规定的证据类型，其电子化的形式囊括了文字、图片、音频、视频和其他信息技术产生的数据，从表现形式上可以涵盖言词证据。因此，电子数据具有多重证据属性，可以是物证、书证或者人证，主要是看依据电子数据的哪一部分信息发挥证据功能。

《电子数据规定》将言词证据排除出电子数据实无必要，电子数据就是以其数据的形态而区别于其他证据的，凡是具有数据形态的证据都应当划入电子数据，证据形态与证据规则的适用是两个不同的问题。

16.1.5　电子数据传闻证据规则的具体方案

此处在上述两个假设的前提下，对电子数据传闻规则提出如下考虑。

1. 电子生成数据不适用传闻规则

电子生成数据不包含人的陈述，因而不适用传闻规则。若以书面的方式打印完全由电子设备或系统自动生成的信息，则无须制作人作为证人出庭作证。例如，电话清单、服务器日志等，均系电子设备自动生成而无人的陈述，因而不适用传闻规则。在中国的司法实践中，单位在上述打印内容上盖章，证明系从本单位出具，并证明电子设备和系统工作正常，该证据即具备可采性。

2. 电子存储数据和电子交互数据适用传闻规则

这两类数据中，包含有人的陈述内容，系人的陈述或主张以数据的方式予以记载，从本质上看，构成了"陈述"，若以该证据来证明陈述内容的真实性，则应当适用传闻规则。若以书面的方式打印此两类证据，则该数据的制作人、生成人应作为证人出庭作证，否则该证据不具有证据能力。例如，对于即时通信记录(QQ、旺旺、微信、来往等即时通信软件的交流记录)，如果打印上述记录，并以记录中的对话来证明案件的某一事实，则该证据因含有人的陈述，应要求证人出庭作证，接受询问，以判断其证言的真假，而不能直接采纳该打印的即时通信记录。

特别需要注意的是，上述范围并不是针对单个数据，而是针对数据的性质，对于单个证据而言，其中可能既包含了电子生成数据，也包括了电子存储数据或电子交互数据，因此，在考虑是否适用传闻规则时，应首先对其判断是否含有人的陈述内容。

3. 电子数据传闻的例外

1) 电子业务记录

若电子数据是在日常业务活动中产生的记录，则可以构成传闻的例外。业务记录的范围包括各个行业的日常经营活动，如医院的电子病历，税务机关的电子税务记录，公司往来业务中制作的电子账单、业务记录等。其判断标准应考虑如下因素：①常规性，是否是在业务活动中，事先按该行业的常规业务流程做出；②原本性，该资料是否满足电子数据最佳证据规则对原本性的要求；③非为诉讼特别准备。该数据并非为证明犯罪事实而专门准备，如果由专人使用电子设备在事后生成相应的数据，则该数据构成传闻。

另外，警察利用电子设备进行的勘验，是否构成"业务记录"？在英美法系，该电子资料不能构成"业务记录"，警察应出庭就犯罪后使用电子设备进行勘察的资料作证。在大陆法系，对于警察应否作证问题也争论不休，法国认可警察作为证人出庭，日本也对警察出庭作证持赞成态度，中国台湾地区对警察出庭作证持不同的态度[48]。

中国 2012 年版的《刑事诉讼法》虽然规定了警察作证，但只是在以下两种情况下才有必要：一是在现有证据材料收集的合法性无法得到证明时，警察就收集手段的合法性出庭作证；二是警察作为目击证人就其看到的犯罪事实出庭作证。因此，警察使用电子设备所产生的数据或资料，无法依传闻规则之要求让警察在所有情况下出庭作证。

综上，在中国目前要求警察就电子交互数据或电子存储数据出庭作证，既有现实障碍，也有理论困惑，2012 年版《刑事诉讼法》的规定也体现了在理想与现实之间的一种折中。

基于我国对公权力信任的传统，目前对于警察使用电子设备所产生的电子数据，可以不适用传闻规则，但如果在现有证据材料不能证明电子数据收集程序的合法性时，应出庭就电子数据收信程序的合法性出庭作证。

2) 公共记录

电子数据如系公共行政管理部门在日常管理过程中产生的公共记录（公文），则构成传闻证据的例外。

从国际社会来看，对公共记录一般都承认其有证据能力。因其处于信息公开的范畴，受社会公众的监督，并且伪造行为会引发行政及刑事责任，出错的可能性较小[49]。我国《刑事诉讼法》在 2012 年修订前，没有明确公文的证据效力，但司法实践中一般都予以承认。2012 年《刑事诉讼法》第 52 条规定了电子数据如系行政机关在查办案件和行政执法中收集的，可以作为证据使用。该规定实际只规定了执法和查办案件中的电子公文，忽略了日常管理中电子公文的效力，实际上两者并无区别。因此，对于公共行政管理部门在履行其职责过程中产生的（不论是管理、执法，还是查办案件）电子公文，均应构成传闻的例外。以书面打印的方式递交该电子资料的，只要能够确认由行政机构出具（如有行政机关印章），即无须制作人出庭作证。

3) 电子数据非传闻的证据契约

证据能力契约是指控辩双方通过合意，同意本属于传闻或非法获取的材料作为证据使用。对于传闻证据而言，控辩双方通过合意认可某材料的证据能力，是行使其诉讼权利的一种表现，并未损害程序正义的要求，同时，可以有效避免因传闻所带来的诉讼负担。英美德日韩等国和我国，都在不同程度上存在证据能力契约制度，并且取得了良好的效果[50]。

鉴于信息技术的高度发展，未来在刑事案件中出现电子数据的机会将越来越多，电子交互数据和电子存储数据的数量也会越来越大。采用证据契约的方式，在法庭的主持下，控辩双方对某项电子数据的可采性予以认可，可以有效地节约诉讼资源，降低诉讼成本，并且无损程序正义的要求。

16.2　最佳证据规则与电子数据：扬弃与发展

16.2.1　最佳证据规则及发展概述

最佳证据规则是英美法系诉讼制度发展到一定程度的产物，具有特殊的产生背景。最佳证据规则起源于英国的“文书审”，据易延友教授考据，基于“文书审”的最佳证据规则经过了文书审判、文书答辩、文书证据 3 个阶段，并在文书作为证据提出时最终形成[51]。

早期，关于为什么司法中要引入最佳证据规则，其理论原因在于认为当事人必须向法官提供最好的证据，如果当事人能够提供最好的证据而未提供，则所提供的证据将被排除。在最佳证据发展的早期，计算机复印机等电子设备尚未发明，只有能够制作原始书证复制件的代笔人，因而，判例法的重点也在于对原始书证的认定。

随着人们认识的深化，逐渐认识到最佳证据规则在证据法上的意义，主要包括以下方面。一是最佳证据规则是用来规范书证可采性的规则。证据的可采性是指某一材料能够成为证据的资格，从反面看，法官应主动剔除不具备可采性的证据，防止其对裁判有影响。最佳证据规则要求当事人需要向法庭提供书证等证据的原件，如果提供复制件、抄本等非原始性材料，除非有充足的理由，否则不具有可采性。然而，在目前各国的司法实践中，也并非所有的文书证据都适用，而是仅仅适用于与案件重大问题相关的文字材料[52]。二是最佳证据可以预防错误。对于文书证据而言，其证明内容的真实性主要基于原始状态下的记载情况，任何第二手证据都可能改变内容的真实性，最佳证据规则的适用，可以排除司法上的错判。三是保存最佳证据，排除不相关的证据。正如英国的哈德威克勋爵曾言：最佳证据规则包含了容许性和排除性，从容许性看，只有最佳证据才是可采的；从排除性看，非最佳证据是不可采的[53]。因此，从实施效果看，最佳证据规则的实施变相形成了一种查明真相的激励机制，让当事人在日常生活中注重保存原始文书，避免将查明真相的压力全部推向司法机关。

16.2.2　最佳证据规则在不同国家的规定

1. 英美法系代表性国家

在早期，英国最佳证据规则的适用较为严格，法庭一律要求当事人必须提交原始文书，从而导致因特殊情形而无法提交原件的当事人败诉。为弥补最佳证据规则的不足，英国司法机关在实践中逐渐打破了提交原件的机械规定，从而增加了最佳证据规则的例外规定。然而，最佳证据规则的发展是以文书证据优先为前提的，在 19 世纪，随着社会和证据法的发展，证据法逐渐抛弃了文书证据这一核心，转向以庭审中的证人证言为核心，因此，最佳证据规则在证据法中逐渐失势[54]。20 世纪 90 年代以来，在“接近正义”运动中，英国减少了对证据可采性的限制，原本最佳证据规则所要求的提交代表实质性证据的原始书证(相对于复制件或其他二手书证的证据)，现在已经退化了。从英国实务中的做法来看，最佳证据规则的发展呈现出一种逐渐衰落并由一项纯粹的排除规则蜕变为“文书原件规则”的趋势[55]。

在美国，最早在判例法中，最佳证据规则是指除非可以提出原始文书缺失的令人信服的理由，否则应当引入文书的原始文本[56]。但近年来这一原则开始被改变，《联邦证据规则》第 1002 条对最佳证据规则进行了概括性规定，即“为证明书写品、录制品或者影像的内容，应当提供其原件，本证据规则或者联邦制定法令有规定者除外”[57]。《联邦证据规则》第 1004 条列举了最佳证据规则的例外情形，包括：原件已经丢失或被损毁，且并非证据提出者恶意丢弃或者损毁；通过可利用的司法资源得不到任何原件；当原件处于提供该原件所要反对的当事人的控制下，该当事人已经知悉该原件，但证明对象未在审判中提供；原件与案件的关键问题没有密切联系的[58]。

因此，从英美两国看，最佳证据规则基本上已经发展成原件规则，并且拓展至文书和类文件(录制品、影像等)等证据材料，同时伴随着若干例外的规则，这体现了司法政策上对复制件采取了有条件的宽容态度。

2. 大陆法系代表性国家

关于最佳证据规则，在大陆法系代表性国家一般没有直接规定，这与大陆法系的诉讼传统有关。在大陆法系，基于职权主义的传统，证据调查系法官的职权。文书是否构成原件、是否提出，属于法院职权调查的范围，因此，并无证据的优先法则——最佳证据规则存在的必要。与英美法系国家相比，大陆法系部分国家对最佳证据规则，明显不如英美国家那般重视。德国民事诉讼法规定，当事人原则上应提交文书的原件，但若提交复制件，对复制件是否具备证据能力应由法官进行自由裁量，而不是简单以复制件这一理由进行排除[59]。在德国刑事诉讼法中，有关证据能力的规定主要是证据禁止理论，主要包括证据取得的禁止和证据使用的禁止。证据取得的禁止是对于追诉机关获取证据过程之行为规范的限制，其规范的对象是行使职权追诉犯罪、发现事实真相的国家刑事司法机关，针对法官而言，是对于其调查事实权限之限制；证据使用的禁止是对法院审判行为的限制，即禁止法院在审判程序中使用已取得之特定证据作为形成自由心证的裁判基础[60]。由此，德国的证据禁止理论主要关注证据收集程序的合法性，而对于证据的形式方面关注较少。法国刑事诉讼法以“证据自由”为基本原则，对于证据形式和证据方法一般没有做出限制，只是规定对于违反法定程序并损害抗辩方的权利时不具有可采性[61]。因此，最佳证据规则在职权主义下并非重点关注。

纵观英美法系较为复杂详细的最佳证据规则及例外规定，大陆法系的相关规定则是粗疏简陋的，然而，这种形态各异的立法取向并非没有原因，而是深嵌于两大法系的司法传统中。基于当事人主义的司法传统，英美法系较为完善的证据规则主要是基于事实审与法律审的分离，为陪审制下的法官提供了处理证据信息的规范和标准，从而促进司法的平等对抗和公正。而大陆法系国家则不同，基于法官的职权主义和自由心证的规定，法官有权利自由评判证据，基于证据形成内心确信以认定案件事实。因此，法官对证据的取舍具有较大的裁量权，导致在大陆法系中没有像英美法系那样的最佳证据规则。

3. 最佳证据规则在中国《刑事诉讼法》中的规定

关于最佳证据规则，我国《刑事诉讼法》中并无直接的规定，但是在最高人民法院等五部门《关于办理死刑案件审查判断证据若干问题的规定》和《最高人民法院关于适用〈中华人民共和国刑事诉讼法〉的解释》中具有类似的规定，均强调了据以定案的物证、书证应当是原物、原件，同时也规定了在原物无法提供或原件无法取得时，才能够提供复制件。

从司法解释的条文看，可以说我国初步建立起了最佳证据规则制度。与英美国家相比，我国关于最佳证据规则的规定具有以下不同的特点。

一是适用范围广。英美的最佳证据规则主要规范文书证据，我国司法解释中关于最佳证据规则的规定，除规制文书证据外，还适用于物证、视听资料。从原则上讲，所有的实物类证据都要提交原物。

二是证据规则的定位不同。我国对最佳证据规则的规定不仅规范了证据的可采性问题，而且也规范了证明力问题[62]，这与英美法系的最佳证据是纯粹用来规范可采性规则不同，体现了我国证据立法对案件真实性的强烈追求导向，以及证据实践中法定证明的倾向。

结合前述两点，有学者认为我国实际上实施的是原始证据优先原则，即“凡是能够收集原始证据的，不得只收集派生证据或传来证据，从证据证明力的角度来讲，原始证据的证明力大于传来证据”，既规范了可采性，也规范了证明力[63]。

三是效力层次低及裁量度大。我国关于最佳证据规则的规定主要散见于司法解释中而不是在《刑事诉讼法》中，立法层次较低；同时司法解释的规定缺少对“原件”例外情形的详细规定，只是简单描述了“原件取得困难”或者“原件不便移动”等粗略的情形，法官的自由裁量度较大。

四是关于复制件独立使用的范围较小。美国对于原件例外的规定(即复制件可以使用的情形)规定了较多的情况，特别是原件与案件关键问题没有密切联系时，复制件可以直接使用。我国关于复制件的使用，强调必须要与原件核对一致或者经鉴定或其他方式确认为真实，强调了印证的作用，实际上导致复制件独立使用的范围较小，甚至在实践中极少独立使用。

16.2.3　比较法视野下电子数据原件规则的调整

如前所述，在信息技术日新月异、急速发展的今日，最佳证据规面临着一系列的挑战，乃至陷入颓势，最佳证据规则实际上变成了“最佳证据例外规则”。特别是随着电子数据的大量出现，最佳证据规则明显已经无法适用于电子数据这一形态的证据，各国近十几年来也纷纷采取了一些变通的措施。

美国采取了比较务实的态度，对最佳证据规则进行了一系列的修正，使得电子数据及复制件已经突破了传统最佳证据规则对原件的要求。

(1) 对“文书”的含义进行扩充解释。《联邦证据规则》对传统的“文书”证据进行了扩充，如第 1001 条规定了文书包括书写品、录制品及影像，其中书写品包括以任何形式记下的字母、文字、数字或者其等同物，录制品包括以任何方式录制的字母、文字、数字或者其等同物，影像是指以任何形式存储的摄影图像或者其等同物[64]。这样，最佳证据规则的适用范围实际就扩展至了电子形态的文书、图像、音视频。

(2) 对电子数据的复制件进行包容性规定。《联邦证据规则》第 1001 条规定，对于电子形式存储的信息而言，原件是指准确反映该信息的任何打印输出，或者其他目的的输出。影像的原件包括负片或者由此冲洗出来的胶片。副本是指通过准确复制原件的机械、影像、化学、电子或者其他的相当过程或者技术制作的对等物[65]。第 1003 条规定了副本与原件具有同等程度的可采性。除非对原件的真实性产生疑问，或者采纳副本会导致不公[66]。该条规定实际把“准确反映原件信息”的“电子文书打印件”和“电子副本”视为了原件，刘品新教授称之为“拟制原件”。

(3) 电子数据可适用最佳证据规则的例外。《联邦证据规则》第 1004 条规定了书写品、录制品或者影像可以不要求原件而具有可采性的例外情况，这一规定同样适用于电子数据，即在遇有下列情形时，电子数据可以不用出具原件：①原件已经丢失或者被损毁，且并非证据提出者恶意丢弃或者损毁；②通过可资利用的司法程序得不到原件；③原件处于对方当事人的控制之下且该当事人明知该原件将在法庭中被用作证明对象；④与案件关键问题没有密切联系[67]。

通过上述调适，美国在电子数据的问题上，已经放弃了最佳证据规则对待传统书证的原件要求，转而要求能够“准确反映原件信息”的电子复制件，甚至是“打印件”，仅在原件真实性受到质疑及采纳副本会产生程序不公时，才要求必须出示原件，最佳证据规则实际上已经面向电子数据进行开放。

澳大利亚则将文书扩展至电子数据领域，并明确废除了原件规则，承认了复制件的法律效力。《联邦证据法》明确规定“有关证明书证内容之方式的普通法原则和规则予以废除”（第 51 条），并认可了复制件的法律效力。《联邦证据法》将“复制件”界定为“虽非有关书证的精密复制件，但在所有相关方面等同于有关书证的文件”（第 47 条），并允许当事人在庭审中提交，即要么提交“精密复制件”，要么提交“等同于书证的复制件”（第 48 条）[68]。此外，第 48 条(b)款特别规定了可提交“通过复制书证内容的设备生成的书证，或者载明如此生成的书证”，即不仅允许提交电子数据的复制件，还允许提交电子复制设备所生成的复制件。可见，澳大利亚由要求原件转向认可满足一定条件的复制件，承认了电子数据可以复制且都具有法律效力。

加拿大在电子数据的处理上，也放弃了最佳证据规则，转向了电子数据的完整性规则。加拿大《证据法》第 31.2(1)(a)条规定，只要举证方能够证明“记录或存储电子文件的电子系统的完整性”，则对电子数据的提交就满足了最佳证据规则。同时，加拿大《证据法》第 31.3 条规定了电子文书完整性的推定方法：存储介质运行正常，或者虽然运行不正常但也不会影响电子文书的完整性；由对方当事人所持有；电子文书系在诉讼外的商业经营过程中产生。第 31.5 条还规定，证明电子文书完整性可以通过宣誓书(affidavit)的方式呈现。此外，法官对电子数据完整性进行判断时，应考虑当前技术水平、技术标准，如对电子文书的完整性进行审查判断时，应参考加拿大统一标准委员会制定的《作为书证的电子文书标准》(*Standards on Electronic Records as Documentary Evidence*)[69]。

从各国关于原件的进化性规定来看，各国关于电子数据是否适用最佳证据规则均进行了调整，基本上都放弃了对原件的严格要求，认可等同于或者精确反映原件内容的复制件或者满足一定技术要求的复制件的证据能力。从目前的发展来看，目前对电子数据如何适用最佳证据规则的代表性的做法主要有两种：一种是以美国、澳大利亚为代表，将满足一定条件的复制件视同原件的做法，此种做法是在“承认原件与复制件有区分”的前提下，对复制件满足一定条件的认可，刘品新教授称之为“拟制原件”[70]；另一种是以国际贸易法委员会和加拿大为代表，从技术上要求复制件具备完整性并可替代原件，此种做法是放弃了原件与复制件的区分，以实质真实性作为电子数据是否有证据能力的认定标准。

16.2.4　我国电子数据最佳证据规则的建构

1. 我国关于电子数据原件的规定

我国目前对于电子数据最佳证据规则的规定，主要见于《死刑证据规定》《刑诉法解释》和《电子数据规定》3 个司法解释之中。《电子数据规定》对前述司法解释继承的同时进行了发展，引入了大量的技术元素。我国目前关于电子数据原件问题的司法解释，既不同于以美国为代表的拟制原件，也不同于以加拿大为代表的电子数据完整性原则，而是一种尊崇原始数据的“原始数据优先”原则，完整性并没有成为原件与复制件之间的桥梁，与原件完整性校验值相同的复制件并不能随意使用。因此，以《电子数据规定》为代表，我国《刑事诉讼司法》解释虽然较以前有了进步，但由于对信息技术的进步把握不足，在复制件的采纳上仍然偏于保守。

在我国国情的基础上，提出改良的电子数据原本性规则，试图从根本上解决上述问题。

2. 电子数据原本性规则的内容

根据上述分析，在信息技术(包括复制与克隆技术、云计算技术等)已经实现重大突破的前提下，强调原件与复制件的区分已无意义。因此，以美国为代表的关于在特定条件下复制件与原件等同的做法，完全可以再向前推进一步，放弃对原件与复制件的区分。同时，电子数据的不同形态均可以复制，因此电子数据应当也可以适用统一的最佳证据规则，只要电子数据产生后的全部信息得以固化，即构成“完整”，具有可采性。因此，以联合国国际贸易法委员会为代表的完整性规则也可以向前推进一步，将完整性标准适用于全部的数据形态，并且所采用的方法也应拓展至一切可校验完整性的技术与机制。我国《电子数据规定》中的原件优先的规则，也可以进行拓展，将完整性引入最佳证据规则领域，引入技术审查的维度，赋予复制件的可采性。

为了不与《电子数据规定》中的完整性相混淆，可以采用原本性这一概念来诠释最佳证据规则在电子数据时代的调适，这一规则可简单表述为：对于电子数据，应审查其是否具备原本性，不应考虑其是原件还是复制件，只要具备电子数据生成时所含有的全部案件信息均为原件，都可以作为证据使用。具体内容包括以下四点。

1) 电子数据原本性的法律界定

电子数据的原本性是指电子数据生成时所含有的全部案件信息的确定状态，由于电子数据根据其内容可分为事实信息与鉴真信息，因此，这一状态包括事实信息与鉴真信息在形成后的完整状态。对电子数据原本性做如上界定，突破了对原件“原始性”和“最初形成”的限制，不再强调原件与复制件，只要电子数据保留了生成时全部信息的确定状态，即构成了原件。

2) 电子数据原本性的判断

电子数据是基于信息技术在电子设备中所形成的，因此，对其原本性的判断离不开信息技术的支持。确保和判断电子数据原本性应该从时间、主体、再生、校验四个方面来进行，其中涉及的主流技术有以下四种。

(1) 无损再生——电子数据的精确复制技术，即对电子数据实现“位对位”的复制技术或精确克隆技术，实现对电子数据的无损再生。关于该技术的描述，在本章已有论述，此处不再赘述。

(2) 身份认证——电子签名技术。根据《电子签名法》第 2 条的规定，电子签名是指电子形式的、可以识别签名人的身份并表明其认可的数据。对于电子数据而言，电子签名的重要意义在于识别电子数据的身份，同时也可以防止电子数据被篡改。

(3) 时间认证——时间戳技术。时间戳是数字签名技术的一种变种的应用，其目的在于提供数据文件的日期和时间信息的安全性保护。时间戳技术对于电子数据的获取与固定非常重要，它通过第三方权威时间认证的方式，证明电子数据在特定的时间和日期是存在的，并且可配合数据检验技术来验证其不曾被修改。

(4) 数据检验——Hash 校验技术。这是判断电子数据是否被篡改的最基础、最常用的技术。Hash 算法又称为“数字摘要算法”，是一种不可逆的单向散列算法。作为一种加密技术，在电子数据获取和检验过程中，Hash 算法通过计算电子数据的“数字指纹”，可以来固定完整的电子数据，并且只要电子数据有任何改变，该数据的“数字指纹”即会改变，因而 Hash 算法还可以用来判断电子数据的原本性。具体方法如下：技术人员在获取、固定电子数据时，计算并得出该数据的数字指纹 A，在对电子数据的复制件进行审查时，再次计算该数据的数字指纹 B。如果 A 和 B 一致，则可以确定该复制件和原件一致。

综上，在对电子数据的原本性进行判断时，可以从以下两个方面进行。

第一，取证过程是否符合技术规范。电子数据的获取是否采取精确复制技术进行复制，取证是否采用了通用、成熟的取证技术(如前所述)来确定时间、身份和内容。同时，应附有电子数据获取的勘验笔录，除载明电子数据取证的时间、地点、对象、制作人、制作过程及设备情况外，还应载明电子数据获取时的数字指纹和使用的算法。

第二，复制件是否采用了可靠的计算机取证技术，是否与原件的数字指纹一致。在审查电子数据时，应审查制作复制件的技术方法是否规范，应根据提供的算法对提交审查的电子数据计算其数字指纹，将之与原数字指纹进行对比。如果一致，则电子数据构成原件；如果发生变化，则电子数据被修改或篡改，不构成原件。

3) 非电子复制件的使用

此外，为考虑目前司法实践和技术水平，电子文书仍然有大量的打印件或复印件等非电子复制件。严格来说，打印件或复印件不具备原本性、不构成电子数据的原件。但鉴于司法对电子数据原本性的认识会有一个持续的过程，并且电子文书具备书证的特点，而书证是以其内容来证明案件的事实，在法庭调查中一般是以朗读、询问的方式进行调查，打印件/复制件不影响对书证内容的理解、调查与质证。因此，针对电子文书可仿照美国《联邦证据规则》设置最佳证据规则的保守条款：对于电子形态的文书，如果打印件或复制件与原文件内容一致，或者有其他可信证明来确保打印件或复制件与原文件一致，该打印件或复制件即构成原件，可以用来证明案件事实。

4) 电子数据原本性的配套制度——电子数据第三方存证

基于前述的电子数据原本性原则，在信息网络时代，电子数据的原件已经不再重要，确保电子数据生成时全部信息的原本性更为重要。从经验上可以判断，最为有效的措施是对电子数据在生成时进行即时固定，此时可以保留电子数据生成时的全部信息，即对电子数据的原本性进行即时存证。

随着“大数据”时代的到来，为了确保电子数据不受原件的限制，美国、日本等一些发达国家专门成立了电子数据存证公司，向社会提供电子数据存证服务。用户在数据产生时即上传至平台，在遇有纠纷需要使用时，再从平台上下载证据进行使用。严格意义上，平台上的证据已经构成复制件，但因其符合“原本性”的要求，可以作为证据使用。

16.3　非法证据排除规则与电子数据

16.3.1　非法证据排除规则概述

关于非法证据排除的规则，学界形成了纷繁复杂的学说与理论，但一般认为，非法证据排除规则是指违反法定程序，以非法方法获取的证据不具有可采性，不能为法庭所采纳[71]。

目前学界关于非法证据排除的界定，来源于英美法系国家(特别是美国)的非法证据排除规则(exclusionary rules)。在美国法中，非法证据排除规则有狭义与广义之分，狭义的非法证据排除仅指对违反联邦宪法第四修正案关于不合理搜查、扣押而获得的实物证据的排除；广义的排除规则还包括对违反联邦宪法第五修正案“不得强迫自证其罪”、第六修正案“获得律师帮助权”和第十四修正案“正当程序”所获取的言辞证据的排除。美国非法证据排除规则捍卫的是宪法规定的基本权利，其立法、判例与实践对全世界有着深远的影响。

从目前各国的发展来看，非法证据的排除根据是否侵犯的是宪法性的权利，分为强制排除和裁量排除。如果取证手法侵犯的是宪法性权利或者刑事诉讼法等基本法律所确定的权利，则证据倾向于绝对被排除；如果侵犯的是非宪法性权利，则该证据倾向于裁量排除，即由法官权衡各种因素考虑是否排除[72]。

从非法证据排除规则的确立历史上看，非法证据排除规则的建立一般基于 3 种理论，即人权保障理论、违法制裁理论和排除虚伪理论[73]。上述三大理论基本构成各法治国家在非法证据排除规则上的价值基础。在美国，作为最为重要的宪法权利救济方式，非法证据排除规则根据美国联邦最高法院的解释，其设置的目的主要在于实现 3 个功能，即保护宪法确定的公民权利、抑制警察的非法行为和维护司法制度的诚实性[74]。其目的是将非法证据剔除出去，使之不进入审判者裁判案件、认定事实的视野，防止审判被“污染”。

16.3.2　中国非法证据排除规则及内容

1. 法律及司法解释沿革

最高人民法院等五部门分别于 2010 年和 2017 年联合颁布了《关于办理死刑案件审查判断证据若干问题的规定》(以下简称《死刑证据规定》)和《关于办理刑事案件排除非法证据若干问题的规定》(以下简称《排除非法证据规定》)，从范围、程序和后果 3 个层面对非法证据排除进行了初步规定，标志着非法证据排除制度在我国的初步建立。

2017 年，《排除非法证据规定》总结了《刑事诉讼法》和《刑诉法解释》的有益经验，借鉴了理论界研究非法证据排除的合理内容，对司法实践中非法证据所存在的模糊问题进行了回应。《排除非法证据规定》对“非法方法收集证据”的范围做出进一步界定；在对非法实物证据与非法言词证据分别适用裁量排除与绝对排除的基础上，对言词证据的非法取证方式进行了列举，细化了绝对排除的场景；强化了检察院在证据排除中的主动性职责；细化了审判阶段非法证据排除的程序，可以说是目前关于非法证据排除中最为翔实的司法解释和行动指南。有学者认为，《排除非法证据规定》可以和美国联邦最高法院宣示的“米兰达规则”媲美，标志着我国实质确立了非法证据排除制度，在我国刑事诉讼法制史上具有里程碑的意义[75]。

16.3.3　非法电子数据排除的比较法考察

非法证据排除规则是通过规范侦查机关的取证措施，实现程序正义和对人权的保障。因此，非法电子数据排除的焦点，应当是在电子数据取证措施的合法性上。对于有言词内容的电子数据，同样适用于言词证据的排除规定，并无特殊之处；对于实物类的电子数据，不管是在我国还是在其他国家，一般获取电子数据的措施主要有两种：一种是常规的侦查取证手段，即对电子设备的搜查、扣押，所获取的电子数据一般是计算机、智能手机或其他电子设备中的静态电子数据；另一种是技术措施，常见的是监听、监视、监控，所获取的数据一般是动态电子数据或者音像资料。本节将简单介绍和总结代表性法治国家在非法电子数据排除上的经验。

1. 英美法系代表性国家

美国是非法证据排除规则的发源地，在美国法律中，排除规则设置的目的是阻吓警察的违法侦查取证，维护司法程序的纯洁性，是非常重要的宪法权利救济方式。当然，美国在发展过程中也形成了大量的排除规则的例外。

美国非任意自白排除的依据是联邦宪法第五修正案中规定的反对强迫自证其罪原则。根据该原则，对被告人供述采用以任意性为限，即被追诉人不得被迫自证其罪，缺乏任意性的自白不具有可采性。对于包含言词内容的电子数据，同样适用上述规则，如果违反了自白任意性规则并且不构成公共安全的例外，则应当予以排除。但鉴于包括言词内容的电子数据多是视听资料，因此，传闻规则也要考虑适用问题。

在美国，获取实物类电子数据的手段主要有两种：一种是常规的搜查扣押；另一种是监听、监视等监控类措施。非法实物类电子数据采取了非法搜查、扣押之证据或非法监听、监控之证据。根据《美国法典》第 2518 条的规定，任何利益受到损害的人都可以申请排除非法采取技术侦查措施所获得的电子数据或其派生证据，理由可基于采取技术侦查措施的令状是非法的或者没有按照令状实施[76]。同时，联邦最高法院在判例中也肯定了电子监听等秘密侦查所获的证据也应当适用非法证据排除规则，指出警察在犯罪侦查中所实施的电子监听等秘密侦查行为与第四修正案所规范的搜查和扣押行为具有等质性，也应遵循令状原则，在实施前向法官申请电子监听的令状，并获得法官的授权[77]。“9 • 11”事件发生后，为加大对恐怖主义的防范和打击力度，美国国会颁布了《爱国者法》，该法极大限度地扩大了美国政府在打击恐怖主义犯罪方面所实施的监听、逮捕、搜查等侦查权力，并允许侵犯公民隐私权的“非法证据”被采信并作为定案的依据[78]，这在一定程度上放宽了对非法电子取证的要求。

英国非法自白排除规则主要体现在《1984 警察和刑事证据法》，根据该法规定，对于排除被告人供述的标准和规则，法律则做出具体细分①。对于被告人主动申请排除的非法自白，一经查实必须排除，法官没有裁量余地；而对于被告人没有主动申请排除的，法官可要求控方提供证据来证明供述取得方式的合法性[79]。此外，《1984 警察和刑事证据法》第 76 条第 4 项至第 6 项还对非法自白的派生证据的排除予以规定，即被告人供述是否被排除，不影响该供述派生证据的可采性，即英国证据法并不认可“毒树之果”原则[80]。对于非法搜查扣押取得的证据则如英国普通法传统所规定的那样，赋予了普通法院法官排除相关证据的自由裁量权[81]。

在非法技术侦查措施所获取的证据排除方面，英国相关的法律主要有《侦查权限制法》《情报法》《调查权利法》等法律。与美国和德国不同的是，英国对通信拦截、通信数据获取、监听、监控等技术侦查措施的采用，并没有建立起以司法令状为核心的司法审查制度，而是取代以行政令状制度，并构建起周密的监督体系[82]。但是，对于通信截获(如电话监听、所获得的证据材料)，由于长期的传统，不允许作为证据使用。在 1985 年的《通信截获法令》中，明确了监听的适用范围、对象及适用程序，但同时明确规定监听的结果不得作为证据使用，只能作为线索或情报使用，这一点与 2012 年前中国《刑事诉讼法》关于秘密侦查的司法实践类似。

2. 大陆法系代表性国家

相比于英美法系中的证据排除，德国法是通过证据禁止来实现对非法证据的排除。关于非法言词证据，主要规定在《刑事诉讼法典》第 136 条②，从其表述上看，该条款第一、第二部分主要是指证据举证禁止，也就是法律明文禁止的取证手段，第三部分则明确了证据使用禁止，即对于违反第一、第二部分条款所获得的被告人供述，即使被告人同意，也应当排除，该规定是强制性条款。而对于非法实物证据，德国学界一般认为应当“个案分析”，不能仅因是非法证据便予以直接排除，而应在各种利益的衡量中进行综合的判断[83]。在非法搜查和扣押获取的证据方面，由于德国刑事法律赋予了侦查人员广泛的侦查权力，且限制较少，所以非法搜查和扣押所获取的证据一般允许在法庭上出现[84]。

在非法监听和电子监控证据方面，德国《刑事诉讼法典》第 100a、100b 条列举了可以使用监听和电子监视的罪名以及使用这些措施需要满足的具体条件[85]，上述措施只有在实质性地违反宪法权利时才予以排除。为了有效打击组织犯罪，在 1998～2000 年间，

---

① 《1984 警察和刑事证据法》第 76 条：(2)在控诉一方计划将被告人供述作为本方证据提出的任何诉讼中，如果在法庭上有证据证明供述是或者可能是通过以下方式取得的：(a)对被告人采取压迫的手段；(b)该供述是在当时情况下使所有供述都不可信的任何语言或行为的结果，那么，法庭应当不允许将该供述作为对被告人不利的证据，除非控诉一方向法庭证明该供述(尽管它可能是真实可靠的)没有采取上述手段取得，这种证明要达到排除合理怀疑的程度。(3)在控诉一方计划将被告人的供述作为本方证据提出的任何诉讼中，法庭可以自行要求控诉一方证明供述并非采取本条(2)所提及的手段而取得，并以此作为采纳该供述的条件。参见何家弘、张卫平主编：《外国证据法选译》，人民法院出版社 2000 年版，第 87-88 页。

② 德国《刑事诉讼法典》第 136a 条：第一，对被指控人决定和确认自己意志的自由，不允许用虐待、疲劳战术、伤害身体、服用药物、折磨、欺诈或者催眠等方法予以侵犯。只允许在刑事诉讼法准许的范围内实施强制。禁止以刑事诉讼法的不准许的措施相威胁，禁止以法律没有规定的利益相许诺。第二，有损被指控人记忆力、理解力的措施，禁止使用。第三，第 1 款、第 2 款的禁止性规定必须执行，即使被告人同意使用以上措施，亦不予考虑。违反禁止性规定所获得的陈述，即使被告人同意使用，也不可使用。

德国《刑事基本法》和相关的法规都进行了修订(《打击有组织犯罪法》于 1998 年 5 月 4 日颁布，这部法律颁布后，基本法第 13 条和《刑事诉讼法典》第 100a 条也进行了修订)，扩大了监听和电子监视的适用对象和条件，由此使排除的范围更加有限。在非法技术侦查措施所获取的证据排除方面，德国法基于隐私权的保护，进行了严格的限制。德国《刑事诉讼法典》一方面对技术侦查措施适用的前提进行严格的规定，并限定了使用案件的范围，从而限制了技术侦查措施的使用，另一方面对超出范围或不符合法定情形的技术侦查措施所获取的证据剥夺其证据能力，从而实现法律对特殊价值的保护[86]。

日本《刑事诉讼法》第 319 条规定：强制、拷问或胁迫获得的自白、因长期不当羁押拘留后做出的自白以及其他非自愿的自白，不能作为证据[87]。由此可见，对于非法言词证据，日本采取了绝对排除原则。

对于搜查、扣押取得的实物证据，依最高法院的看法，非法搜查和扣押取得的证据要根据个案来衡量，而非完全采取美国自动排除的做法，这样法官的自由裁量权在其中有了更多的发挥空间[88]。在非法技术侦查证据排除方面，日本在《关于犯罪侦查中监听通信的法律》中对技术侦查措施适用的对象、条件、程序、技术侦查材料的使用和受监听人的权利等都做了明确规定[89]。从该法的规定来看，其对非法技术侦查资料的证据能力的确定是灵活的。允许法官以合理隐私期待为依据进行裁量，在监听这一事由中，根据监听的违法程度、侵权权益的大小以及监听所获取的视听材料对于事实认定的重要性进行综合考量，最终由法官选择排除或者不排除。

3.比较与趋势

从历史上看，英美法系国家证据法更加注重证据的可采性，非法证据排除规则是其重要组成部分，且形成了复杂的排除体系。与英美法系相反，大陆法系国家由于追求实质真实理念，在刑事诉讼中并未对证据设置具体而复杂的规则体系，而将证据的证据能力和证明力均交付给法官进行自由裁量，由此造成非法证据排除规则不发达[90]。

随着欧洲一体化进程的深入，欧洲人权法院在促进法律统一，实现人权保障方面的作用越来越大。欧洲人权法院关于是否排除非法证据的做法与英美法系国家有诸多不同，在非法证据排除问题上并无系统的指导性纲要，而代以在个案中关注侦查人员的非法取证行为对诉讼程序公正性和证据关联性的损害程度[91]。2008 年，欧洲人权法院对格夫根案的大审判庭裁决，则反映出欧洲人权法院在非法证据排除问题上的完整立场，即对于言词证据，如果系通过酷刑或非法手段获得，则自动排除；对于实物证据，如果系以非人道待遇的方式取得，应根据比例原则裁量排除；对于派生证据，以公正审判为尺度，根据利益权衡决定排除[92]。

16.3.4　中国非法电子数据排除的现行规定与问题

1. 有关电子数据取证与排除的现行规定

1)普通侦查措施

《电子数据规定》中规定的电子数据收集与提取的普通技术方式包括提取原始存储介

质、提取电子数据、打印拍照或录像、冻结电子数据、调取电子数据 5 种，根据法律及有关司法解释的规定，这 5 种技术方式对应的刑事诉讼侦查措施是搜查、扣押、勘验、检查、冻结、调取。

对于电子数据取证的普通侦查措施，《刑事诉讼法》及其司法解释主要是从程序法上予以规制，其方式是规定搜查、扣押、勘验、检查、冻结、调取 6 类侦查措施的启动、实施和救济。《电子数据规定》主要是从技术的角度予以规范，主要是规定了提取原始存储介质、提取电子数据、打印拍照或录像、冻结电子数据、调取电子数据的实施步骤与技术规范。因此，电子数据在适用非法证据排除规则时，应当考虑上述法律法规及司法解释对电子数据获取的措施、程序和技术的规定。

2) 技术性侦查措施

涉及电子数据的技术侦查措施主要包括两大类：一类是通信截收，即对各种通信方式所包含的内容在传递过程中进行监控或获取，如邮件的截收、声音的窃听、秘密录像等，这一措施侵犯的是通信自由和通信秘密这一宪法权利；另一类是监听、监控，即利用各种手段对网络声音、文字、图片、影像、电子邮件、微信等网络资讯的监视与截取，如采用定位技术获取人的位置信息、使用特侦工具获取手机里面的信息等，这一类措施侵犯的是公民的基本权利——隐私权。由于技术侦查措施侵犯的都是基本权利，因此，法治国家一般都设置了严格的规制程序，贯彻比例原则和必要性原则，能够避免使用就尽量不使用。

我国《刑事诉讼法》也对技术侦查措施的范围和程序进行了全面的规制。一是案件范围限制，只限于“危害国家安全犯罪、恐怖活动犯罪、黑社会性质的组织犯罪、重大毒品犯罪或者其他严重危害社会的犯罪案件”，以及“重大的贪污、贿赂犯罪案件以及利用职权实施的严重侵犯公民人身权利的重大犯罪案件”。二是进行严格审批，并严格限定实施期限。但限于我国刑事诉讼追求实体真实的传统，《刑事诉讼法》及其司法解释对于非法技术侦查措施获取证据的排除采取非常保守的态度[93]。

2. 非法电子数据排除的相关规定

《刑事诉讼法》对非法电子数据是否排除没有做出直接规定，仅规定了非法言词证据应当排除，对于非法实物证据，第 56 条仅规定了“收集物证、书证不符合法定程序，可能严重影响司法公正的，应当予以补正或者作出合理解释；不能补正或者作出合理解释的，对该证据应当予以排除”。至于非法电子数据是否适用该条进行排除，目前尚有争议。

《刑诉法解释》第 93 条、第 94 条专门规定了电子数据的审查、适用规则。对于非法证据（严重违反程序或侵犯公民基本权利的方法获得的电子数据）是否要排除未做明确规定。《排除非法证据规定》全文均未提到电子数据，该规定中将非法证据分为非法言词证据和非法实物证据，其中言词证据对应“犯罪嫌疑人或被告人供述、证人证言、被害人陈述”，实物证据对应“物证、书证”，并没有明确指明电子数据是否被包含在内。

《电子数据规定》是严格按照证据的三性，即相关性、合法性与真实性来规范电子数据在司法实践中的应用。这里的“合法性”与非法证据排除规则中的“非法”并不能形成对立关系，而是指主体不合法、程序不合法、方法不合法等。从内容上看，都不属于非法证据排除规则中严重违法程序或者侵犯公民基本权利的措施，而属于程序性和技术性的瑕疵。

3. 非法电子数据适用排除规则的问题

非法电子数据是否排除、如何排除，这是信息网络时代对非法证据规则提出的新挑战。从目前我国《电子数据规定》看，电子数据适用排除规则有以下三个重要的缺陷。

1) 电子数据是否适用非法证据排除规则规定模糊

《电子数据规定》在第一部分“一般规定”中将需要排除的非法证据严格限定在5种类型上，至于其他的证据种类，如采用暴力方法截取获得的电子数据、视听资料等并不能称为非法证据，自然没有纳入《电子数据规定》的规范对象[94]。闵春雷教授也认为现有的非法证据不包括电子数据，但应增加非法证据排除规则适用的证据种类，全面贯彻该规则的立法宗旨，并支持电子数据未来应纳入非法证据排除规则体系[95]。还有不少学者也持同样的观点，认为我国非法实物证据仅限于书证和物证[96]。从实践的情况看，易延友教授统计一些地区也出现了对电子数据提出非法证据排除申请的案件，但实际上均没有对电子数据进行排除[97]。

因此，从司法解释的文本上看，电子数据不适用非法证据排除规则，但从理论上看，此种做法一与立法宗旨相冲突，二与国际惯例相冲突，三会造成实践障碍。假设违法搜查获得的匕首与手机，匕首适用非法证据排除，而手机不适用，同样具有实物证据属性的证据适用非法证据排除时呈现出不同的结果，这是非常可笑的。

2) 电子数据的获取未区分任意侦查与强制侦查

《电子数据规定》从立法语言上看，偏重于技术语言的应用，而忽略了法律语言的应用，导致法律适用上可能的误判。最典型的就是《电子数据规定》第二部分用了“电子数据的收集与提取”这样的标题，而“收集与提取”并不是《刑事诉讼法》法定的侦查行为，等同于技术领域的“计算机取证”或者“电子取证”。这样就很容易造成一种印象，即电子数据证据的获得方式主要是技术方面的问题，任何案件都可以根据实际情况使用不同的技术手段获取证据。但实际上，将“电子数据的收集与提取”还原成法律术语，在理论上对应“任意侦查”与“强制侦查”，在我国的《刑事诉讼法》中也有“普通侦查措施”与“技术侦查措施”的区分，《电子数据规定》对此不加区别，容易导致非法证据排除规则适用缺少前提或被规避。

3) 对电子数据更多地强调以瑕疵证据的排除

对于电子数据的排除，也要考虑作为非法证据的排除和作为瑕疵证据的排除。如前文所论述，如果严格按照司法解释的文本规定，电子数据不属于“物证、书证”，因此，其不适用非法证据的排除，在“不符合法定程序、可能严重影响司法公正”时不排除。

16.3.5　非法电子数据排除规则的构建

1. 电子数据适用非法证据排除规则的必要性

电子数据本身具有多重证据属性，既有言词证据的属性，也有实物证据的属性，无论是哪一种属性，从国际社会的趋势来看，都属于非法证据排除规则的适用范围。此外，电子数据中均有“鉴真信息”这一类具有实物证据属性的数据，从主要法治国家来看，也是更多地将电子数据适用实物证据的非法证据排除规则。

非法证据排除规则的设置目的之一便是实现对违法取证行为的阻吓、保障宪法权利和公民的基本人权。电子数据取证的措施，更容易侵犯公民的基本权利，包括通信权、人身自由权、隐私权等。特别是在技术性侦查程序中，使用高科技手段进行侦查取证，对于被调查者的人权可能带来更大的侵犯，如监听涉及被监听者的隐私权、电信监控涉及被监控人的通信自由和通信秘密[98]。因此，对电子数据适用非法证据排除规则，更能够彰显非法证据排除规则所设置的理论根源——遏制政府的违法行为，保障被追诉者的人权，维护司法的纯洁性。

2. 非法电子数据排除规则的设置

电子数据适用非法证据规则时，应当按照我国非法证据排除分类，将电子数据按不同的属性划分为言词证据与实物证据，分别探讨其中非法证据排除规则的适用性。

1)具有言词证据属性的非法电子数据

电子数据具有多重证据的属性，既具备“数据”形态，又具备“物证、书证、人证”的特性。因此，从逻辑上看，具备“人证”特性的电子数据也应考虑适用非法证据排除规则的问题。电子形态的言辞证据是指包括言词内容(陈述)的一切电子数据，如视听资料、手机短信、电子邮件、即时通信记录、电子文书(含陈述内容)、社交媒体数据等。

采用刑讯、暴力、非法限制人身自由和威胁等方法获取的包含言词内容的电子数据，属于严重侵犯宪法权利和基本人权的非法言词证据，根据法律规定和国际通例，应当予以排除。

“引诱、欺骗”所产生的包含言词内容的电子数据，属于言词证据的裁量排除。之所以不采用强制排除，因其侵犯权利的严重性不如“刑讯和暴力”；之所以要排除，是因为会造成不良诱导，甚至鼓励侦查机关的不当取证行为。但鉴于中国目前的国情，应由裁判者对电子数据内容本身的真实性进行判断，以合法性、合理性、真实性 3 个标准进行衡量[99]，判断“引诱、欺骗”对言词内容的影响，如果严重违反社会公德或者足以导致虚假陈述，则应当予以排除。

2)具有实物证据属性的非法电子数据

电子数据适用非法证据排除规则，更多地体现在具备实物证据特性的电子数据上。根据违反程序与侵犯权利的轻重，可以从以下两个层次设置排除规则。

(1) 侵犯宪法权利和基本权利的非法电子数据。为落实对宪法基本权利的保护和程序正义的底线要求，消除技术性侦查措施被滥用的可能，对于严重违反程序、侵犯宪法权利和公民基本权利的手段所获取的非法电子数据，应当予以排除。技术侦查所获取的证据同样适用非法证据排除规则，不构成例外。

(2) 违反程序或技术规范的非法电子数据。其一，违反程序规范。对于违反程序而获取的非法电子数据，应以裁量排除为主，并建立是否影响公正审判和证据真实性的综合考量指标。在中国目前的国情下，可能影响公正审判的，应允许控方对其进行补正(说明或合理解释)，如果能够确认电子数据的真实性和原本性，则该电子数据不排除；如果无法确认电子数据的真实性和原本性，则该电子数据应当排除。从国际范围来看，对于违反程序性规定而获取的非法证据，出于平衡犯罪控制与保障人权的考虑，一般均采用裁量排除。例如，德国通过“个案处理”的方式，美国通过“内部惩戒”的方式，对此种行为进行制裁。

其二，违反技术操作规范的非法电子数据。从技术上看，不按照标准规范进行操作可能导致两种后果：一是取证失败，即要么破坏了原件，要么没有获取与原件一致的复制件；二是取证虽然取得成功，但是因为取证程序存在瑕疵，因此不能排除出错的可能。从各国非法证据排除规则的发展来看，对于违反技术规范的证据，应建立起以真实性为底线的裁量排除原则。在对此类证据是否应排除进行裁量时，凡能够确认电子数据为真实的，一般都不排除；无法确定其真实性的，应予以排除。

综上所述，电子数据适用排除规则，从理论上看是确定无疑的，从实践发展来看也是一个必然的趋势。我国《刑事诉讼法》及相关司法解释应当将电子数据纳入非法证据排除规则的范畴。

第 17 章　电子数据证明力的评判

17.1　自由心证及其挑战

不管是英美法系，还是大陆法系，运用证据对纠纷进行裁判时，从逻辑上都要经历两个阶段。首先要解决哪些证据可以在法庭上出现的问题，英美法系国家称之为证据的可采性问题，大陆法系国家称之为证据能力问题；其次运用可采的证据对事实进行证明，看看这些证据在多大程度上能够证明案件事实，即证明力的问题。前者是法律问题，由专业的法官予以判断；后者是事实问题，在英美法系国家有陪审团的审判中，一般交由陪审员判断，在大陆法系国家则由法官心证。电子数据在司法中运用时，也要遵循从可采性到证明力的两个阶段的判断。

从理性证明的标准来看，人类社会经过神意证明(非理性)、法定证明(半理性)和自由心证(理性)3 种证明方式，最终，自由心证成为法治国家的一致选择。自由心证是法官自由评价证据证明力的原则，是对法定证据制度否定的产物，其基点就是对人类理性的信任和尊重[100]。

科学技术的发展在为自由心证的确立和发展创造条件的同时，也为自由心证带来了一定的冲击和挑战。自由心证的核心在于裁判者(陪审员或法官)依据自身的经验和逻辑，对证明力进行自由评判而不受其他限制；然而，随着科学技术特别是高科技的发展，裁判者对证据证明力进行自由评判这一权利和方式受到了挑战。当某一事实的确定需要自然科学专业知识时，法官依据逻辑和经验的心证就无用武之地，法官也不能脱离科学知识用主观上的恣意判断来形成确信[101]。在美国，伴随着科学技术的快速发展，刑事法庭审判中出现了越来越多的专家，来辅助陪审团对案件事实进行认定[102]，“第三方专家”的介入，使得裁判者的判决不再以个人心证为基础，而更多地被技术专家或者设备仪器予以科学化的认定，这必将对自由心证制度形成巨大冲击。正如达马斯卡所言：随着科技的迅猛发展，更为可靠的仪器和方案很可能就会开发出来；而这些手段的应用，将会给事实裁判者的自由心证施加更大程度的干涉提供正当性[103]。因此，从现实发展看，裁判者对证据证明力的评价的自由裁量权在逐渐萎缩[104]。

17.2　电子数据对自由心证的影响

电子数据对自由心证的影响主要体现在以下两个方面。

(1) 电子数据的科学属性对自由心证的影响。从广义上说，电子数据均是依赖信息技术(科学技术中的一种)而生成的，因此属于科学证据。裁判者一般都具备法学教育背景，在判断证据证明力时，是依据经验法则和逻辑法则进行法律判断。但面对科学证据时，却需要依据科学技术知识，进行一个科学判断。两个不同性质的判断虽然从本质上都在提示着真相，但科学判断本身所追求的实验性、技术性以及所使用的试错性方法，与法律认知有着本质的区别，导致裁判者"在科学证据这样的实验理性问题面前，处于十分尴尬的境遇，他们是科学外行，却被迫要像科学内行一样解读科学实验报告"[105]。

(2) 电子数据的虚拟性对自由心证的影响。裁判者面对具有虚拟空间的证据时，必须要将虚拟空间的事实与现实空间的行为和人进行对应，但鉴于现实空间与虚拟空间的分离性，法官运用电子数据去判断现实空间的人或行为时，不可避免地会遇到各种障碍。

在证明案件事实时，如何将虚拟空间与现实空间进行关联、将电子数据与犯罪行为进行关联、将电子设备与犯罪人进行关联，是进行电子数据证明力判断面临的第二个挑战。

17.3 电子数据证明力评判之应对

电子数据证明力的评判，从大的原则看，仍然由法官进行自由心证。在我国的司法实践中，可以采用印证的方式，通过电子数据与其他证据之间的相互印证来证明案件事实。但鉴于电子数据科学性、虚拟性的影响，法官在进行心证时需要强化其解读信息技术的能力，在评判电子数据对案件的证明程度时，需要对电子数据的关联性和真实性进行增强。

17.3.1 电子数据专家辅助人制度的设立

1. 专家辅助人制度的问题与改良

职权主义国家在近十多年来对鉴定制度进行了改革，对当事人主义模式下的专家证人制度进行了有益的借鉴，在不同程度上引入一个不同于鉴定人的技术辅助人员，以协助法官理解、解读科学证据中的科技信息。例如，法国、德国在现有的鉴定人制度的基础上，平行设置了专家证人制度，允许专家证人对鉴定意见提出自己的判断意见，并可以对涉及信息技术的专门性问题发表自己的观点。混合制的意大利设置了"技术顾问"制度，公诉人和当事人有权任命己方的技术顾问参与鉴定人的工作，并对鉴定报告发表意见[106]。这些方法都有助于在庭审时，法官和控辩双方对鉴定意见进行有效质证。

我国 2012 年修订的《刑事诉讼法》和《刑诉法司法解释》也引入了专家辅助人制度。《刑事诉讼法》第 192 条规定了公诉人、当事人和辩护人、诉讼代理人有权申请具有"专门知识的人"出庭，就鉴定意见提供专业的意见①。《刑诉法司法解释》中，进一步赋予了专门知识的人可以出具检验报告②。因此，我国也设置了与鉴定人制度平行的专家辅助人

① 《刑事诉讼法》第 192 条：法庭审理过程中，当事人和辩护人，诉讼代理人有权申请通知新的证人到庭，调取新的物证，申请重新鉴定或者勘验。公诉人，当事人和辩护人，诉讼代理人可以申请法庭通知有专门知识的人出庭，就鉴定人做出的鉴定意见提出意见。法庭对于上述申请，应当做出是否同意的决定。第二款规定有专门知识的人出庭，适用鉴定人的有关规定。

② 《最高人民法院关于适用〈中华人民共和国刑事诉讼法〉的解释》第 87 条：对案件中的专门性问题需要鉴定，但没有法定司法鉴定机构，或者法律，司法解释规定允许进行检验的，可以指派，聘请有专门知识的人进行检验，检验报告可以作为定罪量刑的参考。对检验报告的审查与认定，参照适用本节的有关规定。经人民法院通知，检验人拒不出庭作证的，检验报告不得作为定罪量刑的参考。

制度。目前关于该项制度，学界对其基本持肯定态度，但同时认为该制度比较粗糙，特别是在出庭的法律程序、出庭规范、选任制度等方面存在诸多没有解决的问题[107]。

除此之外，我国《刑事诉讼法》关于专家辅助人的设置，存在一个很大的缺陷，即专家辅助人不中立问题。我国《刑事诉讼法》所确定的“专门知识的人”是由控辩双方所聘请的，并非由法庭指派，其服务对象是控辩双方中的一方，而不是为法官提供独立的意见。虽然通过控辩双方所聘请的“专门知识的人”就鉴定意见进行深入有效的质证，有助于解决我国鉴定意见质证流于形式的问题，但这种对抗式的专家意见，在英美法系国家早已经出现不可解决的弊端，即在对抗制下，由一方当事人所聘请的专家，其发表的专家意见最终总是倾向于本方当事人，会有意无意地放大争议中的科学问题，使“科学证据先天地就具有当事人性”[108]。一方的专家总会根据需要，放大或缩小专家证言中的科学技术问题，把法律纠纷的解决变成科学上的争论。

而在大陆法的一些国家，这一问题得到了较好的解决。在职权主义模式下，鉴定人一般被视为法官的助手，协助法官发现案件的真实，鉴定人对于双方而言处于中立的地位[109]。专家的聘请属于法官的职权范围，法庭会选择比较权威的专家来解答专业问题，专家的解答更“先天的不具有当事人性，它具有更多的中立色彩”[110]。但是，大陆法系鉴定人的超然与独立也容易造成法官依赖鉴定意见，甚至使得质证流于形式的问题。为解决这一问题，德、法、意等国家引入了专家辅助人制度，在中立的鉴定人制度的基础上，增强对鉴定意见质证的对抗性，由双方的专家证人发表专业的意见。例如，意大利刑事诉讼改革后，鉴定人由法官指派，控辩双方享有申请权，检察官和当事人可以通过聘请技术顾问来参与整个鉴定活动。这一做法在保存了职权主义鉴定中立的前提下，增强鉴定中的对抗性[111]。这种对抗当然无法和当事人主义下专家证言的对抗相比，但在一定程度上缓解了法官对鉴定意见的依赖，有助于法官对其证明力的判断。

中国目前的刑事诉讼程序中，司法鉴定的启动权在法律上由侦查机关、检察机关和法院享有，互相不形成制约关系。在司法实践中，侦查机关和检察机关在使用科学证据时，一般由内设的鉴定机构出具鉴定意见，具有一定的倾向性。“具有专门知识的人”由控方或者辩方聘请，其专家意见也具有一定倾向。因而，对于法官而言，并没有中立的专业人员辅助其理解科学证据的鉴定意见。专家辅助人的设置出发点是为了促进案件真相的发现，但现行的《刑事诉讼法》的规定对抗性有余、中立性不足。没有专业知识和技术背景的法官，面对意见相左的两份专家意见，仍然无法去解读其中的科技信息。从职权主义国家的改革来看，鉴定意见的中立性和权威性是改革的主线，引入专家辅助人的目的只是通过增强对抗性来确保中立性，让法官在对抗中能够更好地评判鉴定意见的证明力。

2. 电子数据专家辅助人制度的引入与设置

如上所述，《刑事诉讼法》应当规定法官也可以聘请专家辅助人，并且专家辅助人的工作职责不应被限定在对鉴定意见证明力的评判上，而是应该拓展至科学证据的证明力的评判上。对电子数据这一形态的证据，法官在判断其证明力时，仅凭其教育背景和生活经历所获得的经验和逻辑远远不足以支撑其对电子数据证明力的判断，因此，应同时允许法官聘请电子数据专家辅助人(简称电子数据专家)。

电子数据专家应明确其法律地位为“诉讼参与人”，发表的专家意见可视为证言，在诉讼中的功能是协助法官对电子数据中的技术信息进行理解与评判。电子数据专家的工作职责不仅是解读司法鉴定意见书，而且还包括对案件中的专业性问题进行分析答疑，为审判法官提供咨询意见。对于科学描述型的电子数据，可以向法官解释其所代表的含义(如电子数据的时间属性、电子邮件的收件发件人、路由地址等)，协助法官判断这些信息对案件事实证明的可靠程度；对于科学分析的电子数据，如果有相应的鉴定意见书，电子数据专家经法官许可有权查阅当事人提供的鉴定报告及相关资料，可以就鉴定的程序问题和科学问题询问鉴定人，其意见可以以备忘录的形式提交法庭，以有助于法官对鉴定报告的审查判断。电子数据专家应保持客观中立的地位；保守秘密(包括因鉴定所知悉的国家秘密和案件秘密)，并且不得泄漏当事人的隐私。

17.3.2　电子数据的辅助证明

1. 辅助证据对于电子数据的重要性与必要性

从证据的理论分类上看，国内主流观点一般把证据分为直接证据和间接证据、原始证据和传来证据、实物证据和言词证据等。近年来，有学者从证据材料与待证事实的关系出发，把证据分为实质证据与辅助证据。实质证据与辅助证据既构成一个整体，也有区别。实质证据是指由待证事实直接生成的证据，辅助证据是指“独立于待证事实之外”的其他事实生成的证据，其分类依据在于证据与待证事实之间是否存在生成关系[112]。例如，对于陈述类证据(证人证言或犯罪嫌疑人供述)，陈述中关于案件事实的内容属于实质证据，而陈述人的个人特征属于辅助证据。这些个人特征，如陈述人的品格、案前经历、案后表现等，虽然不能证明待证事实的成立，但对于陈述的可信性有增强或减弱的作用，对基于心证所达到的排除合理怀疑的证明标准，有着重要的影响[113]。

辅助证据不是为了证明待证事实，而是为了证明待证事实的外在生成因素，其意义并不在于证明案件待证事实的成立，而是在于通过对辅助事实的证明，来增强实质证据的可靠性，如关于待证事实发生的因果关系、关于待证事实所依赖的外在生成因素或者可类比待证事实生成的原理等[114]。特别是在如何达到刑事案件的证明标准的实践中，辅助证据对于自由心证发挥了重要的作用。

由于电子数据是依赖信息技术在虚拟空间中产生的，在虚拟空间中以数据的状态存在，人们要想对其把握或认知，必须依赖一定的技术与设备。裁判者面对具有虚拟空间的证据时，必须要将虚拟空间的事实与现实空间的行为进行对应，完成从虚拟空间到现实空间的跳跃。从证据的关联性上看，存在于虚拟空间的电子数据，需要和现实空间的行为和人形成关联，这样才能够证明现实空间具体的犯罪行为的成立。从证据的可靠性上看，存在于物理空间的实物证据和司法认知可靠性最高，基于人的陈述形成的言词证据的可靠性较低，容易被自身和外界影响。而存在于虚拟世界中的电子数据，兼具了稳定性与脆弱性，但这均需要具备专业的信息技术才可以判断。

因此，电子数据在证明犯罪行为时，需要对其与现实空间的关联性、真实性进行辅助证明，其目的不是证明待证事实，而是通过对辅助事实的证明，以增强电子数据的关联性与可靠性，增强其对待证事实的证明度。

2. 电子数据如何进行辅助证明

辅助证据首先应当与案件具有相关性，否则就不能成为证据。辅助证据也应当是可采的，否则就应当被排除。辅助证据一般不是用来直接证明待证事实，而是用来证明实质证据的可靠性和真实性，只要能够证明这一点，其任务即可完成。辅助证据无须达到排除合理怀疑的证明标准，对于电子数据而言，主要是为了证明电子数据本身的可靠性和关联性。

《电子数据规定》第 25 条规定："认定犯罪嫌疑人、被告人的网络身份与现实身份的同一性，可以通过核查相关 IP 地址、网络活动记录、上网终端归属、相关证人证言以及犯罪嫌疑人、被告人供述和辩解等进行综合判断。认定犯罪嫌疑人、被告人与存储介质的关联性，可以通过核查相关证人证言以及犯罪嫌疑人、被告人供述和辩解等进行综合判断。"该条实际上就是对目前电子数据的关联性问题提出解决方案。从内容上看，一部分属于印证的方式，即通过核查"相关 IP 地址、证人证言以及犯罪嫌疑人、被告人供述和辩解"进行印证；另一部分属于寻求辅助证据，即"核查网络活动记录、上网终端归属"来判断网络身份与现实身份的同一性，司法解释似乎也借助于辅助证据来解决电子数据的证明力问题。但该条的缺陷在于辅助证据的内容太狭窄，忽略了电子数据证明力判断的复杂性。

电子数据的辅助证明，应当主要包括两类证据：一是电子数据与现实空间相联系的证据，以该证据来实现"从虚拟空间到现实空间的跳跃"，实现数据与空间、行为和人的关联；二是电子数据取证技术可靠性的证据，以该证据来证明依靠该技术获取电子数据的可信性。

1) 电子数据与现实空间关联性的辅助证明

电子数据系虚拟空间数据形态的证据，其生成、存储、传输均依赖信息技术和电子设备。因数据中蕴含了能够证明案件事实的相关信息，因此，电子数据能够证明案件在虚拟空间内完成的行为。例如，一封电子邮件，根据鉴真信息，可以证明该邮件从一个邮箱地址发送至另一个邮箱地址(包括发送接收时间等)，最终可以定位发送的 IP 地址。但是，电子邮件也仅能证明至此，对于这封电子邮件是哪台计算机、哪个人发送的，并不能形成准确的对应关系，即电子数据自身无法实现从"虚拟空间至现实空间的跳跃"，无法将虚拟空间的行为与现实空间的实施人对应起来。

因此，电子数据成为证明案件事实的依据时，仅能够证明虚拟空间的犯罪行为。将虚拟空间的行为与现实空间的行为相联系起来的，就是现实空间电子设备持有人的操作行为，在电子设备作为犯罪工具时，持有人则是可能的犯罪嫌疑人。为了实现从虚拟空间到现实空间的跳跃，将虚拟空间的行为与现实空间的人挂钩，应当对能够证明犯罪事实的电子数据主证据进行辅助证明，主要的辅助证据包括如下五类。

(1) 电子设备持有或使用证据。证明电子设备与犯罪嫌疑人的占有或使用关系；也可以用来在犯罪嫌疑人否定电子设备系其所有时，证明电子设备在犯罪期间被其占有使用，主要包括：

①电子设备的所有权证明。例如，购物发票、收据或保修卡等；可以证明电子设备为某人长期使用的证人证言等。

②电子设备的使用数据。例如，电子设备内的照片或音视频，特别是照片里面反映出来的人物社会关系信息；通话记录及其中反映出的社会关系信息等。

③属于个人使用的特定程序数据。例如，手机微博、微信等程序如果设置了自动登录，点击即可登录具体的实名微博或实名微信账号，这也可以用来证明手机持有人或使用人。

④实名制的相关信息。实名制是用来将虚拟空间的身份与现实空间的具体人进行关联的一种制度。实名制通过两种方式实现：一种是在虚拟身份开通时，提交真实身份信息；另一种是在虚拟身份开通后，核实真实身份。不管是哪种方式，其核心在于确认虚拟空间的真实身份。常见的实名制有手机上网实名、网络实名、网吧上网实名、火车票实名、机票实名等。对于犯罪现场发现的电子设备或者某电子设备被确定为犯罪工具时，可通过实名制的相关信息(如运营商、服务商提供的信息或记录)来确认其所有人。

(2) 电子设备排除其他人使用的证据。由于电子数据形成于虚拟空间，与现实空间有一道天然的屏障，当确定某嫌疑人，但同时电子设备存在他人(甚至任何他不知道的人)使用的可能时，可以通过如下辅助证据来排除他人使用。

①电子设备设置了密码。例如，计算机或手机设置了数字密码、指纹密码或手势密码保护，则一般可排除其他人的使用。一般而言，密码均只有本人或亲近的人才可能知晓，因此，可推断无其他人使用。当电子设备设置了密码，但犯罪嫌疑人仍提出其他人使用的抗辩时，可要求其提供具体人的姓名，对该人进行审查。

②特定程序的密码保护。当特定程序设置了密码保护，并发现特定程序在特定时间运行时，可推定在该时间段系电子设备所有人在使用设备。

③特定事项属于个人事务等。在特定的时间内(犯罪时间)，如果通过对计算机或手机的日志进行查询，发现设备正在处理某具体的事项，且该事项属于个人隐私性较强的事务，则可排除他人使用。

(3) 电子设备具备成为犯罪工具的能力证明。在电子设备作为犯罪工具时，如利用计算机实施的相关犯罪，应对计算机是否具备成为犯罪工具的能力进行辅助证明，主要包括：

①电子设备的入网证明，即在网络犯罪中，应提供计算机、手机或其他电子设备接入互联网、移动互联网的证明，辅助其作为犯罪工具的条件。

②电子设备的功能证明。对于特定的犯罪，就提供电子设备的功能说明或证明，以证明电子设备可以完成某种行为，如产品说明书、检测报告或厂家提供的证明。

(4) 电子设备在犯罪时间内的使用证明。对于认定电子设备作为犯罪工具的，除相关的搜查、扣押笔录外，还应通过计算机的日志记录、历史文件、操作记录等辅助证明电子设备在犯罪行为实施时处于开机运行的状态。

(5) 电子设备操作环境的稳定性证明。用于辅助电子设备未受到外来因素的干扰，处于正常的工作状态。例如，计算机没有受到停电、黑客攻击、人为破坏等外来因素的干扰，以此排除电子设备被他人操作的可能。

2) 电子数据取证技术的辅助证据

在对科学证据进行评判时，一些学者利用贝叶斯评估方法(概率分析法)对专家所做的科学结论进行了评估，并得出一些结论：①科学家对科学结论的可靠性有夸大或缩小的倾向，其可信性存疑；②科学结论如果不同于先验的概率，则应通过其他证据印证科学结论本身的正确性[115]。单个电子数据既有鉴真这类科学描述型数据，也有事实信息这类科学分析型数据，是集科学描述型与科学分析型于一体的证据。因此，在对电子数据的证明力进行评估时，应当对电子数据进行获取、固定与分析的信息技术可能具有的学科知识不足与缺陷，保持足够的警惕。

我国法律中对电子数据的提交，在现行的法律和司法解释中，更多地强调形式上的合法性，法官所进行的也是形式审查，而对电子数据所使用的技术本身没有任何评价的指引和方法。因此，在前述电子数据专家辅助人制度建立以后，在法庭上提交电子数据时，在电子数据取证技术本身被质疑或有疑问时，控方应同时提交电子数据技术可靠性的辅助证明，以辅助法官判断电了数据的可靠性。这些辅助证据主要包括以下四个部分。

(1) 关于技术通用性、成熟度的证据。主要是关于电子数据获取、固定、分析所使用的技术的证明，证明其是否是该领域通用、成熟的理论与技术，而不是该领域新近提出、不成熟或尚处于检测状态的技术。特别是对于当前技术无法达到法律要求的，应当提供辅助证据说明该技术的局限性和有效性。

(2) 关于取证产品权威性的证据。电子数据取证及分析使用了技术工具的，法官应审查是否是市面上公开出售的且经权威认证的产品。由于电子数据在我国于 2012 年才写入法律，电子数据取证与分析的市场发展时间较短。目前市面上的电子数据取证产品，一些经过了我国公安部的认证，一些经过了国际组织或所在国家的认证，但也有一些产品未经任何认证，甚至还是不同实验室或公司自行研发的内部工具，所获取和分析证据的结果和展现方式也各不相同。因此，电子数据取证所使用的技术工具应提供相应的产品认证证明或权威证明，以辅助对其证明力的评判。

(3) 关于电子取证技术的缺陷和出错率的证据。科学证据的分析判断在很大程度上有一个概率的问题，对于跨越虚拟空间与现实空间的电子数据更是如此。例如，顶尖黑客可以在入侵计算机后篡改电子数据，然后抹掉全部痕迹，电子数据专家在分析证据时，可能因为技术所限而无法发现。又如，不同的取证软件，由于技术的局限性，对电子数据所进行的获取和分析可能存在出错的概率问题。因此，在提交电子数据的相关提取和分析报告时，应当提供相关的技术缺陷或可能性的证明，以便法官结合个案判断其可靠性和出错的可能性。

(4) 取证人员或机构的资质证明。由于电子数据取证涉及技术分析与解读的问题，因此取证和分析人员的资质、经验、声誉对于电子数据的取证结果的可靠性也有一定的影响。如果相关人员、实验室或鉴定中心取得了国家的资质认证，如中国认证机构国家认可委员会和中国实验室国家认可委员会开展的中国合格评定国家认可委员会(China National Accreditation Service for Conformity Assessment，CNAS)，就属于国内权威的资质证明，则可以通过提供相关人员或机构的这些资质证明，作为取证或分析结果具备可靠性的辅助证明。

参 考 文 献

[1] 何家弘, 刘品新. 电子证据法研究[M]. 北京: 法律出版社, 2002: 5.

[2] 皮勇. 刑事诉讼中的电子证据规则研究[M]. 北京: 中国人民公安大学出版社, 2005: 3.

[3] 郎胜. 中华人民共和国刑事诉讼法修改与适用[M]. 北京: 新华出版社, 2012: 113.

[4] 陈瑞华. 刑事证据法学[M]. 北京: 北京大学出版社, 2012: 110.

[5] 龙宗智. 寻求有效取证与保证权利的平衡——评“两高一部”电子数据证据规定[J]. 法学, 2016(11): 7-14.

[6] 何家弘. 外国证据法[M]. 北京: 法律出版社, 2003: 174.

[7] Gahtan A M, electronic evidence[M]. Canda: Carswell Thomson Professional Publishing, 1999: 138.

[8] 刘品新. 论电子证据的定位——基于中国现行证据法律的思辨[J]. 法商研究, 2002(4): 37-44.

[9] 陈江华, 张凯. 电子证据的定位与传闻证据规则的发展[J]. 科技与法律, 2006(2): 81-87.

[10] 欧阳爱辉. 网络环境下的刑事诉讼最佳证据规则[J]. 玉溪师范学院学报, 2013, 29(7): 56-59.

[11] 龙宗智. 证据分类制度及其改革[J]. 法学研究, 2005(5): 86-95.

[12] 皮勇. 刑事诉讼中的电子证据规则研究[M]. 北京: 中国人民公安大学出版社, 2005: 11.

[13] 何家弘, 刘品新. 电子证据法研究[M]. 北京: 法律出版社, 2002: 34.

[14] Gahtan A M. Electronic evidence[M]. Carswell Thomson Professional Publishing, 1999: 139.

[15] 何家弘, 张卫平. 外国证据法选译(下卷)[M]. 北京: 人民法院出版社, 2000: 851.

[16] 陈界融. 美国联邦证据规则(2004)[M]. 北京: 中国人民大学出版社, 2005: 242.

[17] 王进喜. 美国联邦证据规则条解(2011 年重塑版)[M]. 北京: 中国法制出版社, 2012: 307.

[18] 薛波. 元照英美法词典[M]. 北京: 法律出版社, 2003: 119.

[19] 宋雷. 英汉法律用语大辞典[M]. 北京: 法律出版社, 2005: 130.

[20] 罗纳德 •J. 艾伦, 理查德 •B. 库恩斯, 埃莉诺 •斯威夫特. 证据法: 文本, 问题和案例[M]. 3 版 张保生, 王进喜, 等译. 北京: 高等教育出版社, 2006: 1120.

[21] 陈瑞华. 实物证据的鉴真问题[J]. 法学研究, 2011, 33(5): 127-142.

[22] 约翰 • W.斯特龙. 麦考密克论证据[M]. 汤维建, 等译. 北京: 中国政法大学出版社, 2004: 451.

[23] 张保生. 证据法学[M]. 北京: 中国政法大学出版社, 2009: 199-200.

[24] 罗纳德 • J. 艾伦, 理查德 • B. 库恩斯, 埃莉诺 • 斯威夫特. 证据法. 文本, 问题和案例[M]. 3 版. 张保生, 王进喜, 等译. 北京: 高等教育出版社, 2006: 218-236.

[25] 邱爱民. 实物证据鉴真制度研究[M]. 北京: 知识产权出版社, 2012: 81.

[26] 刘品新. 论电子证据的理性真实观[J]. 法商研究, 2018, 35(4): 58-70.

[27] 张军. 刑事证据规则理解与适用[M], 北京: 法律出版社, 2010: 103.

[28] 陈永生. 证据保管链制度研究[J]. 法学研究, 2014, 36(5): 175-191.

[29] 王进喜. 美国联邦证据规则条解(2011 年重塑版)[M]. 北京: 中国法制出版社, 2012: 308-330.

[30] 邱爱民. 实物证据鉴真制度研究[M]. 北京: 知识产权出版社 2012: 126.

[31] Safavian D H. Vnited States of America V[J]. 435 F. Supp. 2d36.

[32] 王进喜. 美国联邦证据规则条解(2011 年重塑版)[M]. 北京: 中国法制出版社, 2012: 310.

[33] Jack R. Lorraine, Beverly Mack v. Markel American insurance company[J]. Rule, 1996, 241(534): 73-446. 241 F. R. D. 534, 73

Fed. R. Evid. Serv. 446.
[34] 王进喜. 美国联邦证据规则条解(2011 年重塑版)[M]. 北京: 中国法制出版社, 2012: 311.
[35] 王进喜. 澳大利亚联邦证据法[M]. 北京: 中国法制出版社, 2013: 227-229.
[36] 宋志军. 域外刑事证据能力契约制度之比较研究[J]. 法律科学(西北政法大学学报), 2011, 29(2): 183-194.
[37] 沈德咏, 江显和. 变革与借鉴: 传闻证据规则引论[J]. 中国法学, 2005(5): 153-160.
[38] 郭志媛, 蔡澂. 传闻证据规则变革评述——兼谈对我国确立传闻证据规则的启示与借鉴[J]. 证据科学, 2009, 17(2): 240-249.
[39] 王超. 警察作证制度研究[M]. 北京: 中国人民公安大学出版社, 2006: 44.
[40] 刘玫. 传闻证据规则及其在中国刑事诉讼中的运用[M]. 北京: 中国人民公安大学出版社, 2007: 23.
[41] 朱立恒. 传闻证据规则研究[M]. 北京: 中国人民公安大学出版社, 2006: 161.
[42] 陈瑞华. 刑事证据法学[M]. 北京: 北京大学出版社, 2012: 172.
[43] 王进喜. 美国联邦证据规则条解(2011 年重塑版)[M]. 北京: 中国法制出版社, 2012: 337.
[44] 王进喜. 美国联邦证据规则条解(2011 年重塑版)[M]. 北京: 中国法制出版社, 2012: 377.
[45] UNITED STATES of America v. James Edward SMITH, 973 F. 2d 603, 36 Fed. R. Evid. Serv. 384.
[46] 王进喜. 美国联邦证据规则条解(2011 年重塑版)[M]. 北京: 中国法制出版社, 2012: 378.
[47] United States of America v[J]. Charles Burt, 1989,495(733): 74-286.
[48] 樊学勇. 评刑事诉讼法修正案(草案)中“警察出庭作证”条款的设置[J]. 中国人民公安大学学报(社会科学版), 2012, 28(1): 17-20.
[49] 卿利军. 论公文的证据属性和效力[J]. 前沿, 2006(5): 147-149.
[50] 宋志军. 域外刑事证据能力契约制度之比较研究[J]. 法律科学(西北政法大学学报), 2011, 29(2): 183-194.
[51] 易延友. 最佳证据规则[J]. 比较法研究, 2011(6): 96-111.
[52] 刘广三. 刑事证据法学[M]. 北京: 中国人民大学出版社, 2007: 148.
[53] 齐树洁. 英国证据法[M]. 厦门: 厦门大学出版社, 2002: 400.
[54] Langbein J. Foundations of the law of evidence: a view from the ryder sources[M]. Columbia Law Review 96, 1996: 1194.
[55] 齐树洁. 美国证据法专论[M]. 厦门: 厦门大学出版社, 2011: 351.
[56] 何家弘, 刘品新. 电子证据法研究[M]. 北京: 法律出版社, 2002: 497.
[57] 王进喜. 美国联邦证据规则条解(2011 年重塑版)[M]. 北京: 中国法制出版社, 2012: 336.
[58] 王进喜. 美国联邦证据规则条解(2011 年重塑版)[M]. 北京: 中国法制出版社, 2012: 342.
[59] 马贵翔. 刑事证据规则研究[M]. 上海: 复旦大学出版社, 2009: 195.
[60] 李倩. 德国证据禁止理论对中国的启示[J]. 集美大学学报(哲学社会科学版), 2008(1): 51-55.
[61] 余昕刚. 法国刑事证据法评介[J]. 证据学论坛, 2000, 1(1): 459-462.
[62] 易延友. 最佳证据规则[J]. 比较法研究, 2011,25(6): 96-111.
[63] 陈学权. 最佳证据规则研究[J]. 上海公安高等专科学校学报, 2007(5): 92-96.
[64] 王进喜. 美国联邦证据规则条解(2011 年重塑版)[M]. 北京: 中国法制出版社, 2012: 332.
[65] 王进喜. 美国联邦证据规则条解(2011 年重塑版)[M]. 北京: 中国法制出版社, 2012: 333.
[66] 王进喜. 美国联邦证据规则条解(2011 年重塑版)[M]. 北京: 中国法制出版社, 2012: 339.
[67] 王进喜. 美国联邦证据规则条解(2011 年重塑版)[M]. 北京: 中国法制出版社, 2012: 342.
[68] 王进喜. 澳大利亚联邦证据法[M]. 北京: 中国法制出版社, 2013: 69.

[69] Chasse, Ken. Electronic records as documentary evidence[J]. Canadian Journal of Law and Technology, 2007, 6(3): 1.
[70] 王进喜. 美国联邦证据规则条解(2011 年重塑版)[M]. 北京: 中国法制出版社, 2012: 122.
[71] 杨宇冠. 非法证据排除规则研究[M]. 北京: 中国人民公安大学出版社, 2002: 4.
[72] 王景龙. 为“非法证据排除规则”正名[J]. 甘肃政法学院学报, 2017(3): 43-61.
[73] 张智辉. 刑事非法证据排除规则研究[M]. 北京: 北京大学出版社, 2006: 58-67.
[74] 陈瑞华: 比较刑事诉讼法[M]. 北京: 中国人民大学出版社, 2010: 56-57.
[75] 张斌. 我国非法证据排除规则运用的十大技术难题——兼评关于办理刑事案件排除非法证据若干问题的规定[J]. 中国刑事法杂志, 2010(10): 74-80
[76] 李明. 监听制度研究[M]. 北京: 法律出版社, 2008: 192.
[77] 陈永生. 国外的秘密监听立法[J]. 北京: 人民检察, 2000(7): 58-61.
[78] 任华哲, 万平. 美国非法证据排除规则的新变化——以爱国者法为视角[J]. 法学评论, 2006(4): 96-100.
[79] 陈瑞华. 英国刑事证据法中的排除规则[J]. 人民检察, 1998(08): 60-62.
[80] 陈瑞华. 比较刑事诉讼法[M]. 北京: 中国人民大学出版社, 2010: 46.
[81] 郭志媛. 刑事证据可采性研究[M]. 北京: 中国人民公安大学出版社, 2004: 311.
[82] 郭华. 技术侦查中的通讯截取: 制度选择与程序规制——以英国法为分析对象[J]. 法律科学(西北政法大学学报), 2014, 32(3): 175-183.
[83] 陈光中, 张小玲. 论非法证据排除规则在我国的适用[J]. 政治与法律, 2005(1): 101-111.
[84] 玛格丽特 · K. 路易斯, 林喜芬. 非法证据排除规则在中国: 通过“控制滥权”实现“权力正当”(上)[J]. 东方法学, 2011(6): 127-138.
[85] 罗科信. 德国刑事诉讼法[M]. 吴丽琪, 译. 台北: 三民书局, 1998: 290-292.
[86] 李明. 监听制度研究[M]. 北京: 法律出版社, 2008: 107.
[87] 宋英辉. 日本刑事诉讼法[M]. 北京: 中国政法大学出版社, 2000: 73.
[88] 田口守一. 刑事诉讼法[M]. 张凌, 于秀峰, 译. 北京: 中国政法大学出版社, 2010: 244.
[89] 李明. 监听制度研究[M]. 北京: 法律出版社, 2008: 202-203.
[90] 黄利. 两大法系非法证据排除规则比较研究[J]. 河北法学, 2005, 23(10): 101-106.
[91] 刘国庆, 汪枫. 论欧洲人权法院的非法证据排除[J]. 西南政法大学学报, 2013, 15(4): 12-19.
[92] 孙长永, 闫召华. 欧洲人权法院视野中的非法证据排除制度——以“格夫根诉德国案”为例 [J]. 环球法律评论, 2011, 33(02): 143-153.
[93] 陈瑞华. 刑事证据法学[M]. 北京: 北京大学出版社, 2012: 289-290.
[94] 董坤. 非法证据排除规则若干新问题释疑——以关于办理刑事案件严格排除非法证据若干问题的规定为分析场域[J]. 兰州大学学报(社会科学版), 2018, 46(2): 81-94.
[95] 闵春雷. 非法证据排除规则适用范围探析[J]. 法律适用, 2015(3): 7-11.
[96] 杨宇冠, 郭旭. 论非法证据之范围[J]. 兰州学刊, 2015(06): 153-160.
[97] 易延友. 非法证据排除规则的中国范式——基于 1459 个刑事案例的分析[J]. 中国社会科学, 2016(01): 140-162, 206-207.
[98] 陈瑞华, 黄永, 褚福民. 法律程序改革的突破与限度——2012 年刑事诉讼法修改述评[M]. 北京: 中国法制出版社, 2012: 144-149.
[99] 龙宗智. 两个证据规定的规范与执行若干问题研究[J]. 中国法学, 2010(06): 17-32.
[100] 宋英辉, 许身健. 刑事诉讼中法官评判证据的自由裁量及其制约[J]. 证据学论坛, 2000, 1: 365-382.

[101] 沈德咏. 刑事证据制度与理论[M]. 北京: 法律出版社, 2002: 273.
[102] 米尔建 • R. 达马斯卡. 漂移的证据法[M]. 李学军, 等译. 北京: 中国政法大学出版社, 2003: 200.
[103] 沈德咏. 刑事证据制度与理论[M]. 北京: 法律出版社, 2002: 210-228.
[104] 李训虎. 美国证据法中的证明力规则[J]. 比较法研究, 2010(04): 82-96.
[105] 张斌. 证据概念的学科分析——法学, 哲学, 科学的视角[J]. 四川大学学报(哲学社会科学版), 2013(1): 139-154.
[106] 龙宗智, 孙末非. 非鉴定专家制度在我国刑事诉讼中的完善[J]. 吉林大学社会科学学报, 2014, 54(1): 102-111, 174-175.
[107] 龙宗智, 孙末非. 非鉴定专家制度在我国刑事诉讼中的完善[J]. 吉林大学社会科学学报, 2014, 54(01): 102-111.
[108] 张斌. 科学证据采信的基本原理[J]. 四川大学学报(哲学社会科学版), 2011(04): 131-144.
[109] 沈健. 比较与借鉴: 鉴定人制度研究[J]. 比较法研究, 2004(02): 111-121.
[110] 龙宗智, 孙末非. 非鉴定专家制度在我国刑事诉讼中的完善[J]. 吉林大学社会科学学报, 2014, 54(01): 174-175.
[111] 裴小梅. 司法鉴定启动程序的改革刍议[J]. 中国司法鉴定, 2010(04): 80-84.
[112] 周洪波. 实质证据与辅助证据[J]. 法学研究, 2011, 33(03): 157-174.
[113] 周洪波. 诉讼证据种类的区分逻辑[J]. 中国法学, 2010(06): 138-151.
[114] 周洪波. 实质证据与辅助证据[J]. 法学研究, 2011, 33(03): 157-174.
[115] 张斌. 证据概念的学科分析——法学, 哲学, 科学的视角[J]. 四川大学学报(哲学社会科学版), 2013(01): 139-154.

索　引